国家技能型、实用型人才培养工程规划教材
国家示范性职业院校专业建设项目成果

金属切削原理与刀具

JINSHU QIEXIAO YUANLI YU DAOJU

主　审　周志民
主　编　陈爱荣　李新德
副主编　孔令水　王青林
　　　　韩祥凤　董学勤
　　　　苏　丹

中国商业出版社

图书在版编目(CIP)数据

金属切削原理与刀具/陈爱荣，李新德主编. —北京：中国商业出版社，2014.5

ISBN 978-7-5044-5936-7

Ⅰ.金… Ⅱ.①陈…②李… Ⅲ.①金属切削-高等学校:技术学校-教材②刀具(金属切削)-高等学校:技术学校-教材 Ⅳ.TG

中国版本图书馆 CIP 数据核字(2007)第 088983 号

责任编辑:刘树林

中国商业出版社出版发行

(100053 北京广安门内报国寺 1 号)

新华书店总店北京发行所经销

北京市书林印刷有限公司印刷

* * * * *

开本:787×1092 毫米 1/16 印张:17.5 字数:400 千字

2014 年 5 月第 2 版 2014 年 5 月第 1 次印刷

定价: 39.80 元

* * * *

(如有印装质量问题可更换)

编写说明

本书是根据国家机械委高等职业院校机械类专业教材编写委员会通过的“金属切削原理与刀具”教学大纲，为高等职业院校编写的规划教材。也可作为机械类专业的科技人员参考、培训使用。

本书由“金属切削原理”与“金属切削刀具”两部分组成。原理部分主要以车削为中心，系统地阐述了车削过程的基本规律与应用，然后介绍钻削、铣削及磨削等机械加工的过程和特点；刀具部分以常用刀具的类型、结构特点及其选用和常用非标准刀具的设计为主。每章之后附有思考题，以便读者重点复习所学内容和进一步思考、解决一些较为深入的问题。本书是按60～80授课时数编写的，内容比较丰富，不同专业和院校可根据具体情况予以取舍。

在本书的编写过程中，我们始终坚持了以下几个原则：

1. 以能力为本位，重视实践能力的培养，突出高等职业教育的特色。根据机械制造业的实际需要，确定学生应具备的能力结构与知识结构，在保证必要专业基础知识的同时，加强实践性教学内容，以增强对学生实际工作能力的培养。

2. 理论与实践相结合。本书采用了理论知识和技能训练一体化的模式，使教材内容更加符合学生的认知规律，保证理论与实践有机地结合起来。

3. 更新教材内容，使之更具时代特征。根据科学技术发展的需求，在教材中充实了新技术、新设备和新材料等方面的内容，体现了教材的先进性。

4. 贯彻国家关于职业证书与学业证书并重，职业资格证书制度与国家就业制度相衔接的精神，力求教材涵盖有关国家职业标准的知识、技能要求，确保学者达到中、高级技能人才的培养目标。

5. 本书中的主要名词术语、符号和计量单位等，均依照国家标准和技术标准的最新规定。

本书由陈爱荣、李新德担任主编，孔令水、王青林、韩祥凤、董学勤、苏丹任副主编。周志民担任本书的主审。

由于水平有限，书中缺点错误之处在所难免，恳请广大读者批评指正。

编 者

2014年5月

目 录

目
录

绪　论

一、本课程在机械制造业中的地位

金属切削加工，是指利用金属切削刀具，从工件毛坯或半成品上切去加工余量，从而获得在形状、精度、表面粗糙度等都符合技术要求的一种加工技术。

在现代机械制造中，凡是精度和表面质量要求较高的零件，一般皆需经过切削加工。为了达到高效率高质量的加工目的，必须掌握金属切削的基本规律，采用性能良好的高效率的机床与刀具。刀具虽小，作用很大。高效率的机床必须有先进的刀具与之相配合才能充分发挥其作用；而新型刀具的出现，则常常把生产效率提高到一个新的水平，并促使机床结构发生相应的变化。国际生产技术研究会(CIRP)的一项研究报告指出："由于刀具材料的改进，刀具所允许的切削速度每隔十年几乎提高一倍；由于刀具结构和几何参数的改进，刀具寿命每隔十年提高两倍"。由此可见，正确设计、合理选用与不断革新刀具对于促进金属切削加工的发展与提高具有显著效果和重大意义。

二、金属切削加工发展的趋势

自从20世纪50年代起，我国在机械加工中就广泛使用了高速钢，硬质合金刀具，推广了高速切削、强力切削、多刀刃切削等方法，开展了刀具几何参数的改进与研究，创造了大量的先进刀具。如群钻、75°强力车刀、高速螺纹刀、细长轴车刀、宽刃精刨刀、强力铣刀、拉削丝锥、深孔钻等。

近年来，我国在刀具材料方面使用的硬质合金和高速钢的规格和品种不断增多，质量不断提高，产量跃入世界先进行列。还生产出新型刀具材料，如高性能高速钢、粉末冶金高速钢、涂层高速钢、细晶粒与涂层硬质合金、复合陶瓷、立方氮化硼与人造金刚石等。

在刀具结构方面，机夹刀具(包括车刀、铣刀、刨刀、镗刀、深孔钻和套料钻等)已在我国广泛使用。

随着机械制造业的发展，新材料、新产品的不断出现，在金属切削加工中碰到的新问题也日益增多。从国内外金属切削原理与刀具的发展趋势来看，主要有以下几个方面：

1. 进一步推广使用新型优质刀具材料，以满足机械加工的要求，提高加工表面质量与切削效率，降低成本。

2. 不断研究改革刀具的结构、几何参数、切削图形与切削方法；扩大硬质合金、可转位刀具的应用范围；提高刀具标准化、系列化的程度；改革刀具使用中的管理方法，提高经济效益。

3. 采用现代化测试手段，先进的实验方法，开展对切削理论的研究。特别是研究难加工材料与新型刀具材料的切削规律，使之不断创新。

4. 用电子计算机处理数据，优化切削参数，设计复杂刀具等。

三、本课程主要内容及学习方法

本课程主要由两大部分组成：

(一)金属切削原理

1. 基本概念(第1章)

主要阐明切削运动、刀具几何形状、切削用量和切削层参数的基本定义。由于金属切削加工是依赖具有一定几何形状的刀具与被切削工件间产生相对运动来实现的，因此，掌握这些基本定义，是学习本课程的基础。

2. 金属切削的基本规律（第3章）

切削变形、切削力、切削温度和刀具磨损等是金属切削过程中的主要物理现象。讨论和揭示这些现象的本质和各因素间的关系，以获得其变化规律，作为控制和应用金属切削加工这一加工技术的理论依据。

3. 提高金属切削效益的途径（第4章）

学习切削理论并掌握其规律的目的在于应用，在于提高金属切削的效益。从控制金属切削过程中的各因素来看，合理选择切削条件是提高金属切削效益的主要途径，通常是改善工件材料的可加工性，合理选择刀具几何参数和切削用量等。

（二）金属切削刀具

1. 常用刀具的合理选择与使用

车刀（第5章）、孔加工刀具（第6章）、铣刀（第7章）、齿轮刀具（第9章）、螺纹刀具（第11章）等是生产中常用的刀具。本书在介绍这些刀具的种类、结构特点与应用的同时，并着重阐明其切削刃（或刀具前、后面）的形成方法和刃磨方法，使学生对该刀具的合理选择与使用有较具体的了解。

2. 常用非标准刀具的设计

对成形车刀（第5章）、机用铰刀（第6章）、成形铣刀（第7章）和拉刀（第8章）等非标准刀具，本书在介绍它们的设计时，以该刀具的主要结构要素为基点，阐明它们在设计时考虑的主要问题。至于设计顺序、所需的资料及举例，则由有关辅助教材去解决。这对培养学生查阅资料、设计方法等独立工作能力，是会有益的。

本课程是实践性较强的一门课程，学习本课程时，除应牢固掌握基本概念和基本原理外，还必须注意理论联系实际，掌握正确的学习方法。

（1）学习本课程时，要注意区分切削理论中各基本规律的影响因素及相互间的联系。

（2）要注意灵活运用切削理论去分析、解决生产劳动和工作实践中的具体问题。

（3）学习本课程时，要注意阅读课外的有关杂志、参考书，查寻与刀具设计有关的图册、手册等资料，以扩展知识视野，增强实践能力。

第1章 基本概念

本章参照国家标准(GB/12204 - 90)规定,以车刀为代表,讲解车削运动、刀具几何角度、切削要素等方面的名词术语与定义;讲述刀具静止参考系与静态角度、角度转换及其刀具工作角度等。掌握这些内容,并深刻理解,就能达到分析各种刀具的目的。本章是学习金属切削原理、刀具设计与使用的重要基础。

§1.1 切削运动与切削用量

1.1.1 切削运动

切削时,工件和刀具间的相对运动,称为切削运动。按对切削加工过程所起的作用不同,可分为主运动和进给运动。

1. 主运动。主运动是切除工件上多余金属、形成工件新表面所不可少的基本运动。这个运动速度最高,消耗功率最大。机床的主运动只有一个,它可由工件完成;也可由刀具完成。车削工件的旋转运动(图1 - 1)、钻削和铣削时钻头和铣刀的回转运动以及刨削时刨刀的往复直线运动(图1 - 2)等都是主运动。主运动的速度用切削速度 v_c 表示(单位:*m/min* 或 *m/s*)。

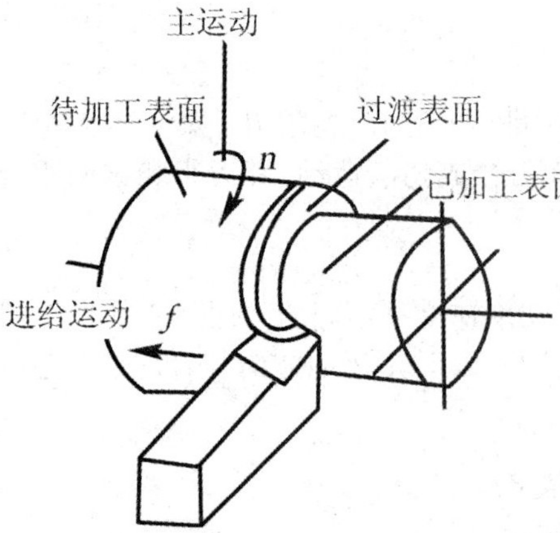

图1 - 1 外圆车削的切削运动与加工表面

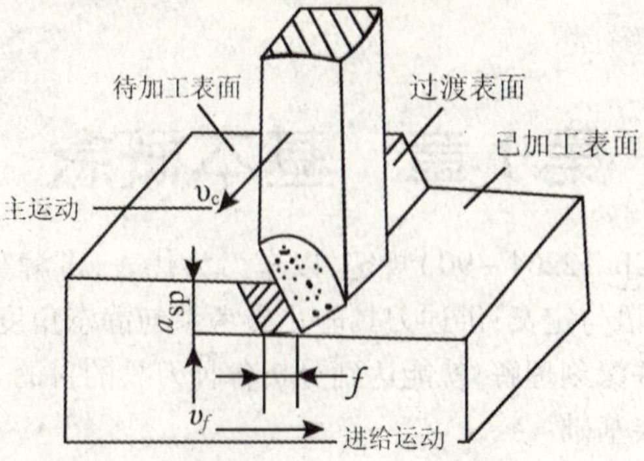

图 1-2　平面刨削的切削运动与加工表面

2. 进给运动。使新的金属层不断投入切削，以便切除工件表面上全部余量的运动称为进给运动。进给运动的速度小，消耗的功率少。进给运动与主运动配合即可完成所需的表面几何形状的加工。进给运动可以是连续的（如图 1-1 车削加工），也可以是步进的（如图 1-2 刨削加工）；进给运动可由刀具完成（如车削），也可由工件完成（如铣削），用进给速度 v_f 表示（单位：*mm/min*）或进给量 f 表示（单位：*mm/r*）。图 1-3 为各种切削加工的切削运动。

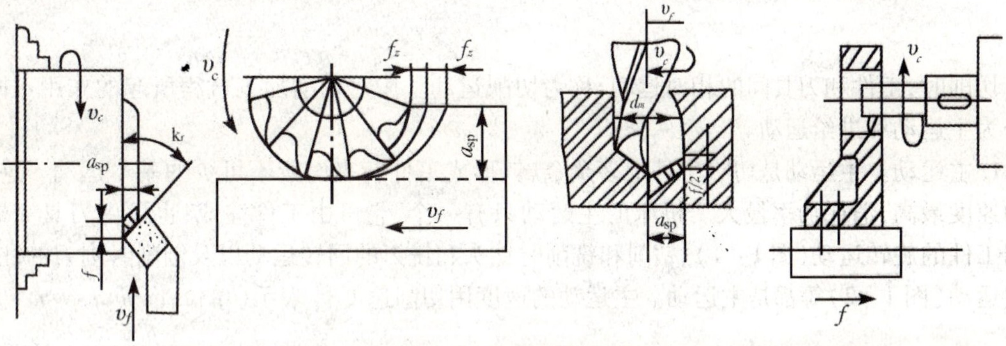

图 1-3　各种切削运动

1.1.2 合成切削运动 v_e

当主运动和进给运动同时进行时，刀具切削刃上某一点相对于工件间的切削运动，是主运动和进给运动的合成运动，称为合成切削运动，其大小和方向用合成速度 v_e 表示，由图 1-4 可知

$$v_e = v_c + v_f \tag{1-1}$$

显然，刀刃上各点的合成切削速度是不同的。切削速度 v_c 和进给速度 v_f 所在的平面称为工作平面 p_{fe}，在工作平面内，同一瞬时主运动方向与合成切削运动方向之间的夹角称为合成切削速度角，以 η 表示。

1.1.3 工件上的加工表面

切削刃相对于工件的运动过程就是表面形成过程。

切削加工过程是一个动态过程，在切削加工过程中，工件上通常存在着三个不断变化的切削表面（如图 1-1、图 1-2 所示）。

（1）待加工面　将要被切去金属层的表面。

（2）已加工面　切去金属层后形成的表面。

(3)过渡表面　主切削刃正在切削的表面,亦称切削表面。

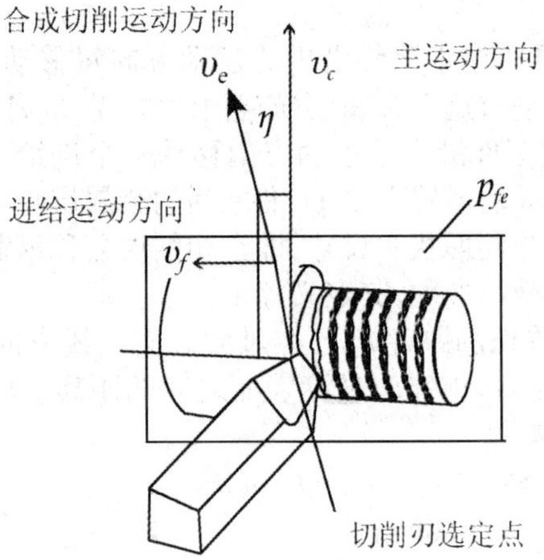

图1-4　合成切削运动

1.1.4 切削用量

切削用量可用来表示主运动及进给运动参数的数量,以便用于调整机床。它包括切削速度、进给量、背吃刀量三个要素。

1. 切削速度 v_c。切削速度是刀具切削刃上选定点相对于工件的主运动速度。由于切削刃上各点的切削速度可能不同,计算时常用最大切削速度代表刀具的切削速度。当主运动为旋转运动时,

$$v_c = \frac{\pi dn}{1000} \tag{1-2}$$

式中,v_c - 切削速度,单位为 m/min 或 m/s;

d - 完成主运动的刀具或工件的最大直径,单位为 mm;

n - 主运动的转速,单位为 r/min 或 r/s。

2. 进给量 f、进给速度 v_f。进给量 f 是指刀具在进给运动方向上相对于工件的位移量,用刀具或工件每转或每行程的移动量来表述,单位 mm/r(用于车削、镗削等主运动是回转运动)或 mm/行程(用于刨削等主运动是直线运动)。对于多齿刀具,如钻头、铣刀等,还用每齿进给量 f_z 表示,它是刀具每转时每个刀齿相对于工件在进给运动方向的位移量(单位是 mm/z 或 mm/齿)。进给量表示进给运动的速度,进给运动速度用进给速度 v_f 表示(单位 mm/s 或 mm/min)。

进给速度 v_f 是指切削刃上选定点相对于工件的进给运动的瞬时速度。

$$v_f = n \cdot f \quad \text{(车削)}$$
$$v_f = n \cdot z \cdot f_z \quad \text{(铣削)} \tag{1-3}$$

3. 背吃刀量 a_{sp}。对于车削和刨削加工来说,背吃刀量 a_{sp}(切削深度)是在与主运动和进给运动方向相垂直的方向上度量的已加工表面与待加工表面之间的距离,单位 mm。

$$a_{sp} = \frac{d_w - d_m}{2}(mm) \tag{1-4}$$

式中:d_w - 待加工表面直径;

d_m - 已加工表面直径。

1.1.5 切削层参数、材料切除率及切削方式

1. 切削层参数

在各种切削加工中,刀具相对于工件沿进给运动方向每移动一个进给量f所切除的金属层称为切削层。切削层参数是指这个金属层横截面尺寸,它影响切削变形及刀具的负荷。如图1-5所示,当刀具相对于工件沿进给运动方向移动一个进给量f的距离后,刀具主切削刃从过渡表面Ⅰ的位置移至到Ⅱ的位置上。Ⅰ、Ⅱ之间的金属层将转变为切屑。切削层参数,是指切削层在基面内所截得的截面形状和尺寸,即在切削层公称横截面中度量。

车削时的切削层公称横截面参数,其定义如下:

(1)切削层公称厚度简称切削厚度h_D。在过渡表面法线方向测量的切削层尺寸,等于主切削刃工作长度在基面的投影即相邻两过渡表面之间的距离。h_D反映了切削刃单位长度上的切削负荷。由图1-5可知:

$$h_D = f \cdot \sin k_r \tag{1-5}$$

其中:h_D-切削层公称厚度,(mm);

f-进给量(mm/r);

k_r-车刀主偏角(°)。

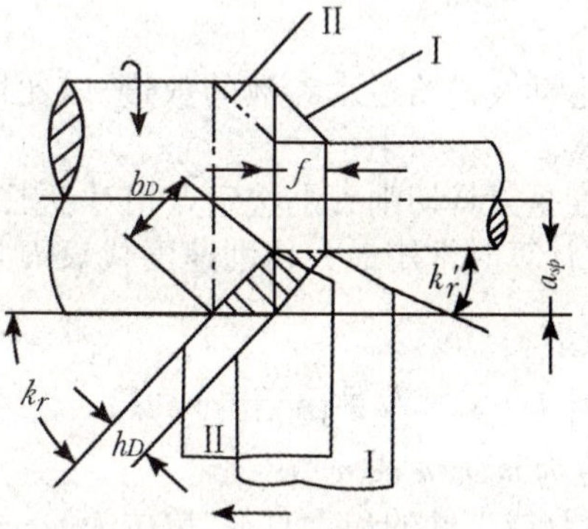

图1-5 切削层参数

(2)切削层公称宽度简称切削宽度b_D。沿过渡表面测量的切削层尺寸。b_D反映了切削刃参加切削的工作长度。当$\lambda_s=0$时由图1-5得

$$b_D = \frac{a_{sp}}{\sin k_r} \tag{1-6}$$

式中:b_D-切削层公称宽度(mm);

a_{sp}-背吃刀量(mm)。

(3)切削层公称横截面积A_D。切削层公称厚度与切削层公称宽度的乘积。

$$A_D = h_D b_D = f \cdot \sin k_r \cdot \frac{a_{sp}}{\sin k_r} = f \cdot a_{sp} \tag{1-7}$$

其中:A_D-切削层公称横截面积,(mm^2)。

2. 材料切除率 Q

单位时间里切下工件材料的体积称为材料切除率。

$$Q = 1000 v_c \cdot a_{sp} \cdot f (mm^3/min) \tag{1-8}$$

切除率是衡量切削效率的重要指标。显然,v_c、a_{sp}、f的大小直接影响材料切除率,从而影响切削加工的生产效率。

3. 切削方式

(1)自由切削和非自由切削

刀具在切削过程中,如果只有一条切削刃参与切削,这种切削称为自由切削。它的主要特征是刀刃上各点切屑流出方向大致相同,被切金属的变形基本发生在二维平面内。图1－6所示是自由切削的例子,特点是主切削刃长度大于工件被切削层的宽度,没有其他切削刃参加切削,且主切削刃各点切屑流出方向基本上都沿着切削刃的方向,所以属于自由切削。反之,若刀具上的切削刃为曲线或折线,或有几条切削刃(包括主切削刃和副切削刃)同时参加切削,并同时完成整个切削过程,这种切削称为非自由切削。它的主要特征是各切削刃汇交处切下的金属互相影响和干涉,金属变形更为复杂,且发生在三维空间内。例如外圆车刀切削时除主切削刃外,还有副切削刃同时参加切削,所以它属于非自由切削方式。

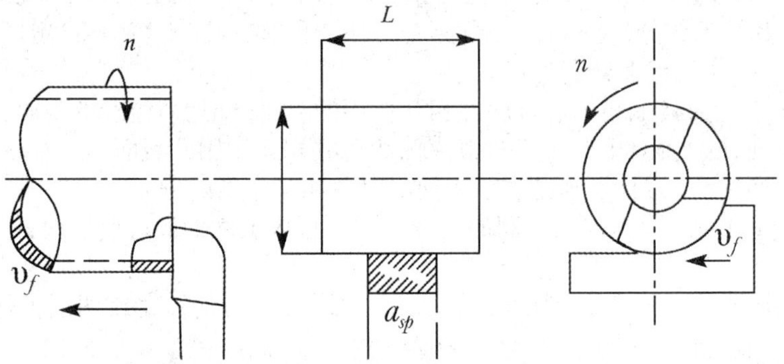

图1－6　自由切削

(2)直角切削和斜角切削

直角切削是指刀具主切削刃的刃倾角 $\lambda_S=0$ 时的切削,此时主切削刃与切削速度方向成直角,故又称为正交切削。图1－7(a)所示为直角刨削简图,它是属于自由切削状态下的直角切削,其切屑流出方向沿切削刃的法向。斜角切削是切削刃刃倾角 $\lambda_S\neq0$ 的切削,此时,主切削刃与切削速度不成直角。如图1－7(b)所示为斜角刨削,切屑流出方向与直角切削不同,切屑将偏离切削刃方向流出。由于多数刀具的刃倾角不为零,所以在实际切削加工中多数属于斜角切削方式。但在理论讨论与实验研究中,则常用直角切削方式。

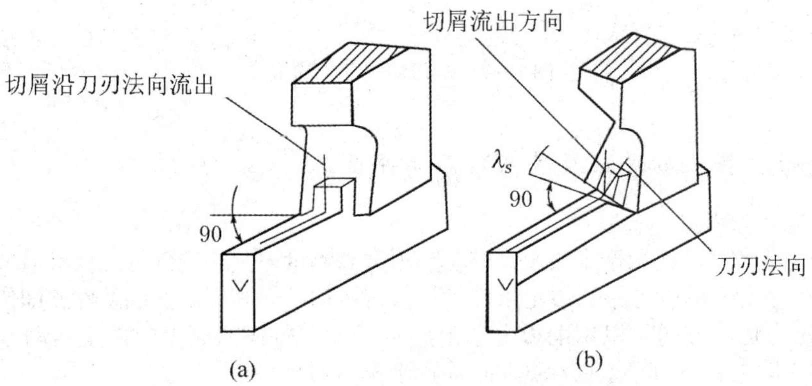

图1－7　直角切削与斜角切削

§1.2 刀具的静态角度

1.2.1 车刀切削部分的组成

金属切削刀具的种类繁多,形状各异。但从切削部分的几何特征上看,却具有共性。外圆车刀切削部分的形态,可作为其他各类刀具切削部分的基本形态。外圆车刀是最基本、最典型的切削刀具,其切削部分(又称刀头)由前面、主后面、副后面、主切削刃、副切削刃和刀尖所组成(图1-8(a))。其定义分别为:

(1)前面 A_r。刀具上与切屑接触并相互作用的表面(即切屑流经的表面)。

(2)主后面 A_α。刀具上与工件过渡表面相对并相互作用的表面。

(3)副后面 A'_α。刀具上与已加工表面相对并相互作用的表面。

(4)主切削刃 S。前面与主后面的交线。用以形成工件上的过渡表面,担负着大部分金属的切除工作。

(5)副切削刃 S'。前面与副后面的交线。它配合主切削刃完成切削工作,并最终形成已加工表面。

(6)刀尖。主切削刃和副切削刃连接处的一段刀刃。它可以是小的直线段或圆弧。

不同类型车刀其切削部分组成可能不同。如图1-8b所示的切断刀,除前面、后面、切削刃外,有两个副后面,两个副切削刃和两个刀尖。其他各类刀具,如刨刀、钻头铣刀等都可以看作是车刀的演变和组合。

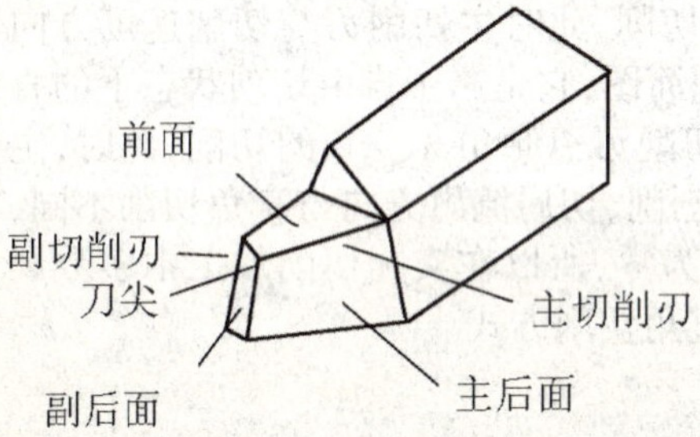

(a)车刀切削部分的组成

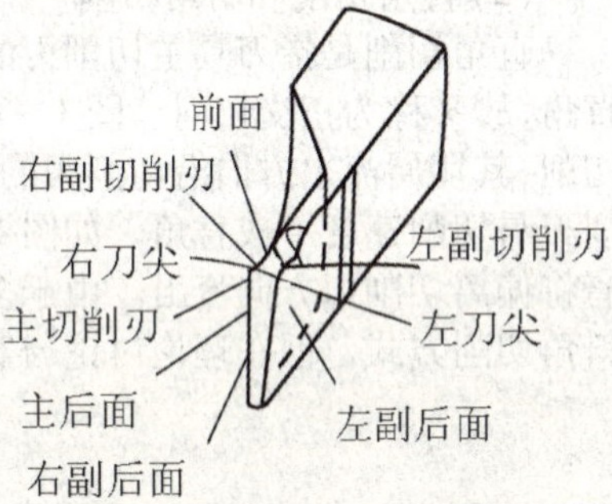

(b)切断刀切削部分的组成

图1-8 车刀切削部分的组成

1.2.2 刀具静止参考系及其基准参考平面

1. 刀具静止参考系

刀具静止参考系是指用于定义设计、制造、刃磨和测量刀具切削部分几何参数的参考系。它是在假定条件下建立的参考系。假定条件是指假定运动条件和假定安装条件。即作如下假设:

(1)假定主运动方向。以切削刃上选定点 m 位于工件中心高上时的主运动方向作为假定主运动方向。图1-9中假定主运动方向垂直于车刀刀杆底面。

(2)假定进给运动方向。以切削刃上选定点的进给运动方向,作为假定进给运动方向。图1-9中,假定进给运动方向平行于车刀刀杆底面。

(3)假定安装条件。假定车刀安装绝对正确，即假定刀具的刃磨和安装基准面垂直或平行于参考系的平面，同时假定刀杆中心线与进给运动方向垂直。例如对于车刀来说，规定刀尖安装在工件中心高度上，刀杆中心线垂直于进给运动方向等。

由此可见，刀具静止参考系是简化了切削运动和设定刀具标准位置下建立的一种参考系。

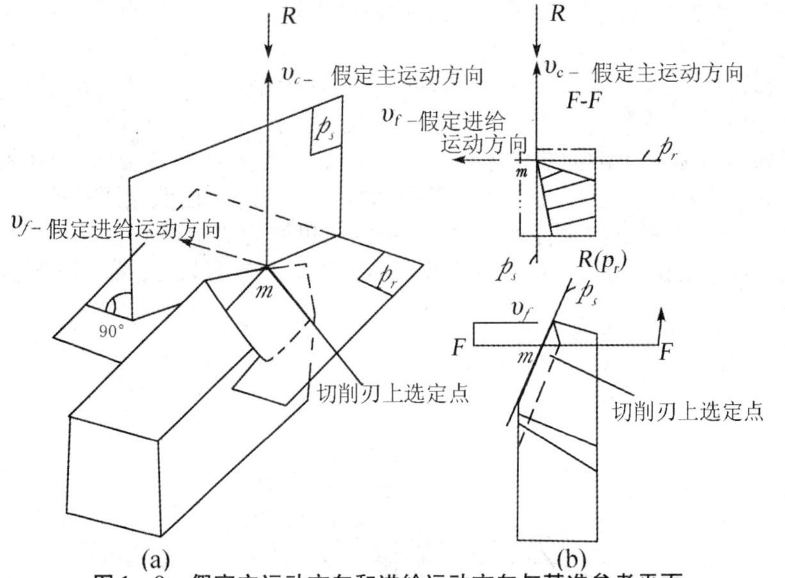

图 1－9　假定主运动方向和进给运动方向与基准参考平面

2. 刀具基准参考平面

上述假设条件下建立起来的基准参考平面包括基面 p_r 和切削平面 p_s。

(1)基面 p_r。基面是通过主切削刃上选定点，垂直于假定主运动方向的平面。如图 1－9 所示。它平行于或垂直于刀具在制造、刃磨和测量时适合于安装和定位的一个平面或轴线。例如，对于车刀和刨刀等，它的基面 p_r 按规定平行于刀杆底面，假定进给运动方向在基面 p_r 内；对于回转刀具(如铣刀、钻头等)，它的基面 p_r 是通过切削刃上选定点并包含轴线的平面。

(2)切削平面 p_s。切削平面是指过主切削刃上选定点包含该点假定主运动方向并与主切削刃相切的平面。如图 1－9 所示。车刀的切削平面 p_s 垂直于刀杆底面，假定主运动方向在切削平面内。

显然，切削平面与基面是相互垂直正交的。由图 1－9(b)可见，由于建立了相互垂直的基面 p_r 和切削平面 p_s，它们各自与前面和后面间形成了相应的角度。但是两面间夹角的大小，随所选用测量平面而不同。为了测量出两平面间的夹角，还应规定出用于测量前后面角度大小的“测量平面”(切削刃剖切平面)。常用的切削刃剖切平面有：

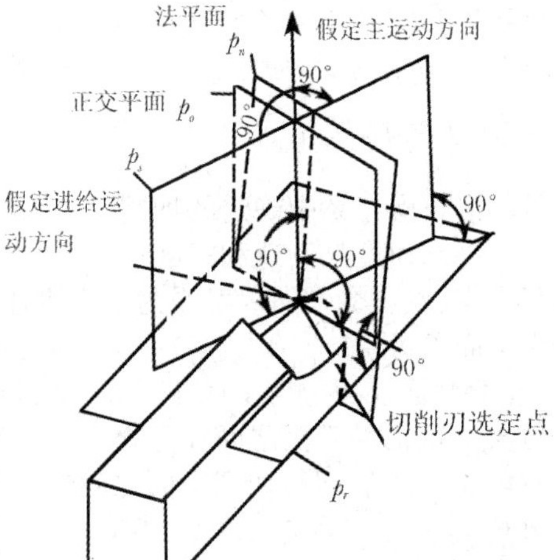

图 1－10　正交平面与法平面

①正交平面 p_o(也称主剖面)。正交平面是通过主切削刃上选定点，并同时垂直于基面和切削平面的平面。也可认为，正交平面是通过主切削刃上选定点垂直于主切削刃在基面上的投影的平面。如图 1－10 所示。

②法平面 p_n（也称法剖面）。法平面是通过主切削刃上选定点与主切削刃垂直的平面。如图 1-10 所示。若 $\lambda_S=0$，则 p_n 与 p_o 重合。

③假定工作平面 p_f（也称进给剖面）。假定工作平面是通过主切削刃上选定点平行于假定进给运动方向并垂直于基面的平面。

④背平面 p_p（也称切深剖面）。背平面是指通过主切削刃上选定点，垂直于假定工作平面和基面的平面。

以上四个刃剖面可根据需要任选一个，然后与另两个坐标平面（基面 p_r 和切削平面 p_s）共三个平面组成相应的参考系。如图 1-11 中由正交平面 p_o、基面 p_r 和切削平面 p_s 组成的参考系称为正交平面参考系或主剖面参考系（$p_r-p_s-p_o$）；由法平面 p_n、基面 p_r 和切削平面 p_s 组成的参考系称为法平面参考系或称为法剖面参考系（$p_r-p_s-p_n$）；由假定工作平面 p_f、基面 p_r 和切削平面 p_s 组成的参考系称为假定工作平面参考系，也称为进给剖面参考系（$p_r-p_s-p_f$）；由背平面 p_p、基面 p_r 和切削平面 p_s 组成的参考系称为背平面参考系，或称为切深剖面参考系（$p_r-p_s-p_p$）。

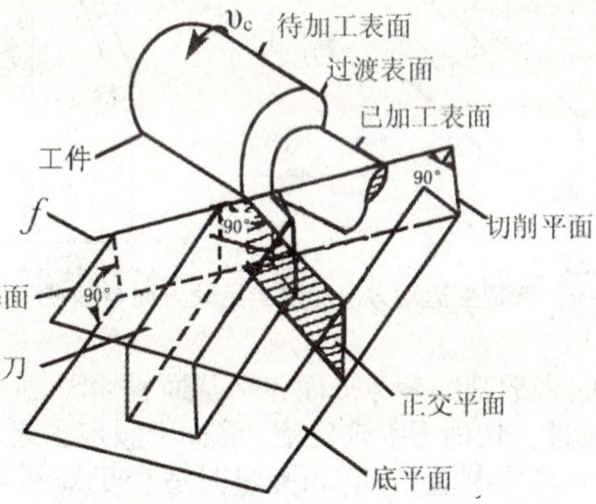

图 1-11　正交平面参考系

对于副切削刃的静止参考系，也有同样的上述的坐标平面。为区分起见，在相应符号可上方加“′”。如 P_o' 为副切削刃的正交平面，其余类同。

1.2.3 刀具的静态角度

在刀具的静止参考系中确定的切削刃与刀面的方位角度，称为刀具的静态角度，又称标注角度。刀具的静态角度是制造和刃磨刀具所需要的，并在刀具设计图上予以标注的角度。现以外圆车刀为例，以正交平面参考系为重点讲述刀具静态角度名称、符号与定义（图 1-12）。

1. 正交平面参考系（$p_r-p_s-p_o$）中标注的刀具角度

（1）在正交平面 p_o 内测量的角度（$O-O$ 剖面）

①前角 γ_0。前面与基面之间在正交平面内测量的夹角。

②主后角 α_0。主后面与切削平面之间在正交平面内测量的夹角。

③楔角 β_0。它是一个派生角度，指前面与主后面在正交平面内之间的夹角。

前角、后角和楔角三者之间的关系为：

$$\gamma_0+\alpha_0+\beta_0=90° \tag{1-9}$$

刀具角度正负值规定：前面与基面平行时前角为零；前面与切削平面间夹角小于 90°即前面低于基面时，前角为正；前面与切削平面间夹角大于 90°即前面高于基面时，前角为负。后面与基面夹角小于 90°时，后角为正；大于 90°时后角为负。

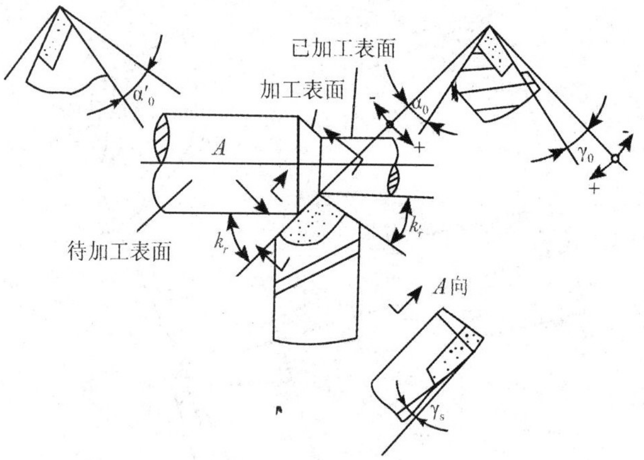

图1－12 正交平面参考系中标注的车刀角度

（2）在基面 p_r 内测量的角度

①主偏角 k_r。主切削刃在基面内的投影与进给运动方向之间的夹角。

②副偏角 k'_r。副切削刃在基面内的投影与进给运动反方向之间的夹角。

③刀尖角 ε_r。主、副切削刃在基面内的投影之间的夹角。它也是一个派生角度。主偏角、副偏角和刀尖角三者之间的关系为：

$$k_r + k'_r + \varepsilon_r = 180° \qquad (1-10)$$

（3）在切削平面 p_s 内测量的角度

刃倾角 λ_s。即主切削刃和基面在切削平面内的投影之间的夹角。当刀尖为主切削刃上的最低点时刃倾角为负值；当刀尖为主切削刃上的最高点时刃倾角为正值；当主切削刃为水平时刃倾角为零。如图1－13所示。

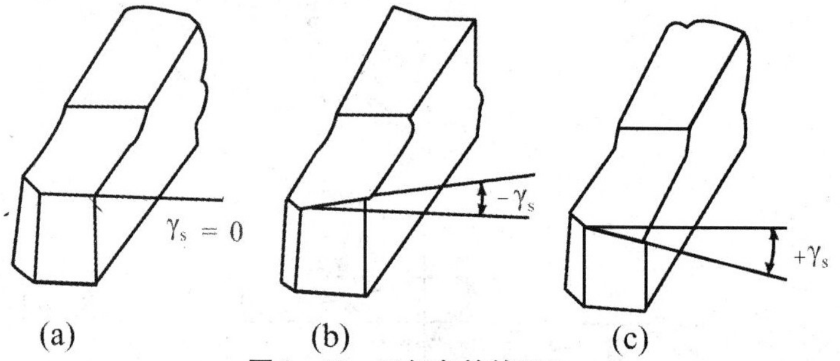

图1－13 刃倾角的符号

同理，对副切削刃也可建立副基面 p'_r、副切削平面 p'_s 和副正交平面 p'_0，以定出其相应的角度。由于副切削刃与主切削刃共处于同一个前面内，当主切削刃的前角 γ_o 和刃倾角 λ_S 被确定后，副切削刃的 γ'_o 和 λ'_s 也同时被确定。因此副切削刃只需确定副偏角 k'_r 和副后角 α'_o。

副后角 α'_o：在副正交平面 p'_o 中，副后面与副切削平面间的夹角。外圆车刀在正交平面系中，有六个独立角度和两个派生角度。

2. 法平面参考系（$p_r - p_s - p_n$）中标注的刀具角度

它与正交平面参考系不同的只是采用了法平面来反映刀具的前后角。在法平面内标注的前角称为法前角 γ_n、后角称为法后角 α_n 及楔角称为法楔角 β_n，而主偏角 k_r 和刃倾角 λ_s 仍分别在基面和切削平面内标注。如图1－14所示。副切削刃的标注仍如前所述。

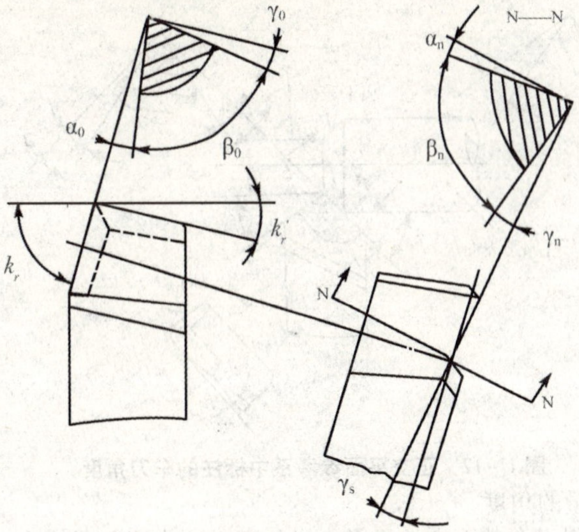

图 1-14 外圆车刀法平面参考系的静态角度

3. 假定工作平面参考系($p_r - p_s - p_f$)和背平面参考系($p_r - p_s - p_p$)

假定工作平面参考系是由基面 p_r、切削平面 p_s 和假定工作平面 p_f 三平面组成。背平面参考系是由基面 p_r、切削平面 p_s 和背平面 p_p 三平面组成。

它们与正交平面参考系的不同也只是采用不同的刃剖面反映刀具的前、后角。在假定工作平面内标注的前、后角及楔角称为侧前角 γ_f(进给前角)、侧后角 α_f(进给后角)、侧楔角 β_f;在背平面内标注的前、后角及楔角称为背前角 γ_p(切深前角)、背后角 α_p(切深后角)、背楔角 β_p。如图 1-15 所示。而主偏角和刃倾角仍分别在基面和切削平面内标注。

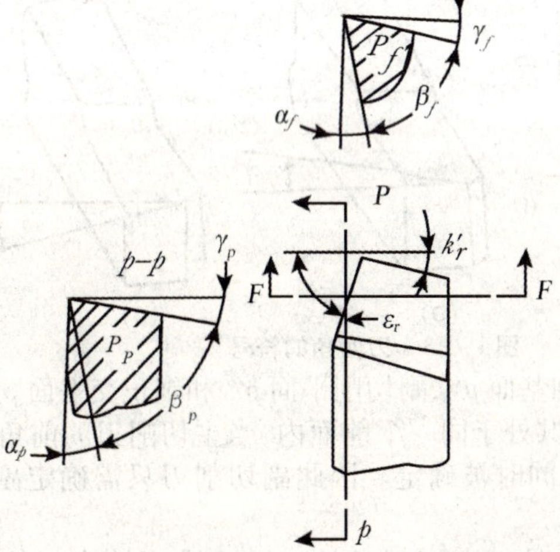

图 1-15 外圆车刀假定工作平面、背平面参考系的静态角度

1.2.4 刀具角度的换算

设计刀具时,刀具几何角度是主要参数,是加工和刃磨刀具时进行工艺调整的依据。在制造和刃磨刀具时,常需对不同参考系内的静止角度进行换算,也就是主剖面、法剖面、切深剖面、进给剖面之间的角度换算。

1. 正交平面与法平面内的角度换算

正交平面参考系能较好反映刀具的切削性能，是刀具中使用较多的一种参考系。但法平面参考系能较好地反映螺旋切削刃、大刃倾角刀具的切削性能。许多斜角切削刀具特别是大刃倾角刀具必须标注法平面角度。法平面内的角度一般是从正交平面内的角度换算得来的。图1－16所示，过主切削刃 S 上的选定点 x 作参考系平面 p_r、p_s、p_o、p_n。平面 p_o 垂直于主切削刃在基面上的投影，它与基面 p_r 的交线为 $\overline{xa}$，与前面的交线为 $\overline{xb}$；平面 p_n 垂直于主切削刃 S，它与基面 p_r 的交线仍为 $\overline{x\alpha}$，与前面的交线为 $\overline{xc}$。由于 abc 所在的平面平行于切削平面 p_s，故 $\overline{bc}\,//\,S$；$\overline{ac}\perp\overline{bc}$。下面以前角计算为例，公式推导如下：

$$\tan\gamma_n=\frac{\overline{ac}}{\overline{xa}}\qquad\qquad \tan\gamma_o=\frac{\overline{ab}}{\overline{xa}}$$

$$\frac{\tan\gamma_n}{\tan\gamma_o}=\frac{\overline{ac}}{\overline{xa}}\cdot\frac{\overline{xa}}{\overline{ab}}=\frac{\overline{ac}}{\overline{ab}}=\cos\lambda_s$$

$$\tan\gamma_n=\tan\gamma_o.\cos\lambda_s \tag{1－11}$$

式中：γ_o－主前角；

γ_n－法前角；

λ_s－刃倾角。

当 $\lambda_s=0$ 时，正交平面与法平面重合，$\gamma_o=\gamma_n$；当 $\lambda_s\neq0$ 时，$\gamma_o>\gamma_n$。

将式(1－11)中的 γ_o、γ_n 换成 α_o、α_n 的余角函数，即得法后角 α_n 和主后角 α_o 的关系：

$$\cot\alpha_n=\cot\alpha_o\cos\lambda_s \tag{1－12}$$

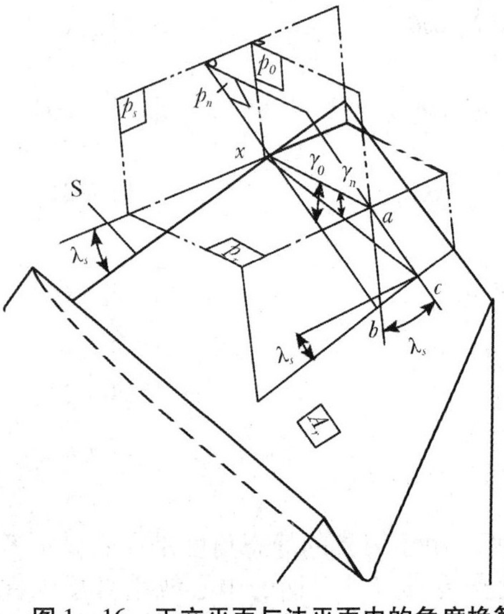

图1－16 正交平面与法平面内的角度换算

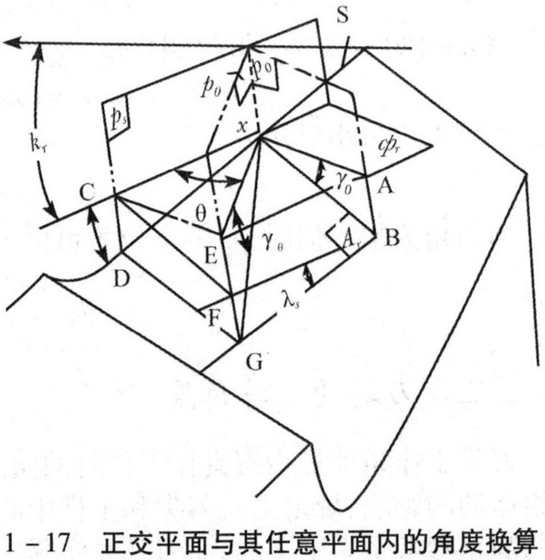

图1－17 正交平面与其任意平面内的角度换算

2. 正交平面与其他任意平面内的角度换算

在刃磨刀具或加工刀槽的调整计算时，常需要知道 p_o、p_f 和 p_p 之间刀具角度的关系。如图1－17所示，过主切削刃上 x 点作基准参考平面 p_r、p_s、p_o 及任意平面 p_θ，p_θ 垂直于 p_r，它与 p_s 之间的夹角为 θ。图中 p_o 与 p_r 的交线为 $\overline{XA}$，p_o 与前面的交线为 $\overline{XB}$；p_s 与 p_r 的交线为 $\overline{XC}$，p_s 与与前面 A_γ 的交线为 $\overline{XD}$；p_θ 与 p_r 的交线为 $\overline{XE}$，p_θ 与前面 A_γ 的交线为 $\overline{XG}$。取 $\overline{EF}=\overline{AB}$，则 $\overline{CF}\,//\,\overline{XB}\,//\,\overline{DG}$，故在 p_θ 平面中前角 γ_θ 为

$$\tan\gamma_\theta = \frac{\overline{EG}}{\overline{xE}} = \frac{\overline{EF}+\overline{FG}}{\overline{xE}} = \frac{\overline{AB}+\overline{CD}}{\overline{xE}} = \frac{\overline{xA}\tan\gamma_o + \overline{xC}\tan\lambda_s}{\overline{xE}}$$

得 $\tan\gamma_\theta = \tan\gamma_o \cdot \sin\theta + \tan\lambda_s \cos\theta$ (1-13)

从上式可知，γ_θ 随 θ 角变化，即当 P_θ 平面的位置不同时，γ_θ 角的大小也不相同：

当 $\theta = 0°$时，p_θ 与 p_s 重合，$\gamma_\theta = \lambda_s$；

当 $\theta = 90° - k_r$ 时，p_θ 与 p_p 重合，$\gamma_\theta = \gamma_P$；

可得背前角（切深前角）γ_P：

$$\tan\gamma_p = \tan\gamma_o \cos k_r + \tan\lambda_s \sin k_r \quad (1-14)$$

当 $\theta = 90°$时，p_θ 与 p_o 重合，$\gamma_\theta = \gamma_o$；

当 $\theta = 180° - k_r$ 时，p_θ 与 p_f 重合，$\gamma_\theta = \gamma_f$；

可得侧前角（进给前角）γ_f：

$$\tan\gamma_f = \tan\gamma_o \sin k_r - \tan\lambda_s \cos k_r \quad (1-15)$$

对式 1-13 利用微商求极值，可得最大前角 γ_g：

$$\tan\gamma_g = \sqrt{\tan^2\gamma_o + \tan^2\lambda_s} \quad (1-16)$$

$$\text{或 } \tan\gamma_g = \sqrt{\tan^2\gamma_f + \tan^2\gamma_p} \quad (1-17)$$

当前角为最大值时，p_θ 的方位角可由下式求得：

$$\tan\theta_{\gamma max} = \frac{\tan\gamma_0}{\tan\lambda_s} \quad (1-18)$$

在 1-13 中，令 $\gamma_\theta = 90° - \alpha_\theta$，$\gamma_0 = 90° - \alpha_o$，便可求出任意剖面内的后角 α_θ：

$$\cot\alpha_\theta = \cot\alpha_o \sin\theta + \tan\lambda_s \cos\theta \quad (1-19)$$

当 $\theta = 90° - k_r$ 时，可得背后角（切深后角）α_p：

$$\cot\alpha_p = \cot\alpha_o \cos k_r + \tan\lambda_s \sin k_r \quad (1-20)$$

当 $\theta = 180° - k_r$ 时，可得侧后角（进给后角）α_f：

$$\cot\alpha_f = \cot\alpha_o \sin k_r - \tan\lambda_s \cos k_r \quad (1-21)$$

还可求出最小后角 α_b：

$$\cot\alpha_b = \sqrt{\tan^2\lambda_s + \cot^2\alpha_o} \quad (1-22)$$

当后角为最小值时，p_θ 的方位角可由下式求得：

$$\tan\theta_{\alpha min} = \frac{\cot\alpha_o}{\tan\lambda_s} \quad (1-23)$$

1.2.5 刀具的工作角度

刀具工作角度是指刀具在工作时的实际切削角度。由于刀具的静态角度是在假设不考虑进给运动的影响、规定刀具刀尖和工件中心等高以及安装时刀具刀柄的中心线垂直于工件轴线的静止参考系中定义的，而刀具在实际工作中不可能完全符合假设的条件，在实际的切削加工中，由于刀具安装位置和进给运动的影响，上述静态角度会发生一定的变化。以切削过程中实际的切削平面、基面和切削刃的剖切平面为参考平面所确定的刀具角度称为刀具的工作角度，又称实际角度。因此，刀具必须在工作参考系中定义其工作角度。

1. 刀具工作角度参考系及工作角度

刀具工作角度参考系的坐标平面应根据合成切削速度方向 v_e 来确定。工作参考系中的坐标平面和刀具几何角度，其符号应加注下标“e”。

（1）工作基面 $p_{\gamma e}$。通过切削刃上选定点与合成切削速度方向垂直的平面。

（2）工作切削平面 p_{se}。通过切削刃上选定点与切削刃相切并垂直于工作基面的平面。

在刀具工作角度参考系中，同样有：工作正交平面参考系（$p_{re}-p_{se}-p_{oe}$）；工作法平面参考系（$p_{re}-p_{se}-p_{ne}$）和工作平面及背平面参考系（$p_{re}-p_{fe}-p_{pe}-p_{se}$）。其相应的角度也有工作前角、工作法前角、工作侧前角等，依次类推。

通常的进给运动速度远小于主运动速度，因此刀具的工作角度近似地等于静态角度（差别不大于1°），对多数切削加工（如普通车削、镗削），无需进行工作角度的计算。只有在进给速度或刀具的安装对刀具角度的大小产生显著影响时（如刀具安装位置高低、左右倾斜、切断、车丝杆等），才需进行工作角度的计算。

2. 进给运动对工作角度的影响

（1）横向进给运动对工作角度的影响

以切断车刀为例，由图1-18可知，在不考虑进给运动时，刀具切削刃与工件任一接触点的运动轨迹为一圆周，主运动速度方向为过该点的圆周切线方向。此时，刀具基面 p_r 是过该点并垂直于 v_c 方向的平面，切削平面 p_s 是过该点并垂直于基面的平面。由此得静止前角 γ_o 和静止后角 α_o。当考虑横向进给运动时（即有 v_f），刀具切削刃与工件任一接触点的运动轨迹为一条阿基米德螺旋线。切削平面变为通过切削刃切于螺旋面的平面 P_{se}，基面也相应倾斜为 p_{re}，角度变化值为 η。工作主剖面 p_{oe} 仍为主剖面 p_o。此时在工作正交平面参考系（$p_{re}-p_{se}-p_{oe}$）中的工作角度 γ_{oe} 和 α_{oe} 分别为：

$$\gamma_{oe}=\gamma_o+\eta \tag{1-24}$$

$$\alpha_{oe}=\alpha_o-\eta \tag{1-25}$$

η 角称为合成切削速度角，它是主运动方向与合成运动切削速度方向之间的夹角。由 η 角定义可知：

$$\tan\eta=\frac{v_f}{v_c}=\frac{f}{\pi d} \tag{1-26}$$

式中，d 为随着车刀进给而不断变化着的切削刃选定点处工件的旋转直径，η 值是随着切削刃趋近工件中心而增大的；在常用进给量下当切削刃距离工件中心 1mm 时，$\eta=1°40'$。再靠近中心，η 值急剧增大，工作后角变为负值，此时刀具已不是切削而是挤压。

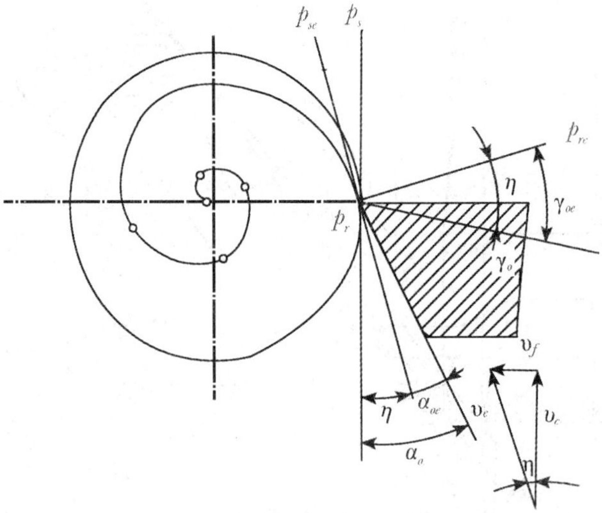

图1-18 横向进给运动对工作角度的影响

（2）纵向进给运动对工作角度的影响

纵车时，由于工作中基面和切削平面发生了变化，形成了一个合成切削速度角 η，引起了工作角度的变化。如图 1－19 所示，假定车刀 $\lambda_s=0$，在不考虑进给运动时，切削平面 p_s 垂直于刀杆底面，基面 p_r 平行于刀杆底面，静态角度为 γ_o、α_o；考虑进给运动后，工作切削平面 p_{se} 为切于螺旋面的平面，刀具工作角度的参考系（p_{se}、p_{re}）倾斜一个角度 η，则工作进给剖面（仍为原进给剖面）内的工作角度为：

$$\gamma_{fe}=\gamma_f+\eta \tag{1-27}$$

$$\alpha_{fe}=\alpha_f-\eta \tag{1-28}$$

由合成切削速度角 η 的定义可知：

$$tan\eta=\frac{v_f}{v_c}=\frac{f}{\pi d_w} \tag{1-29}$$

式中 f－进给量；

d_w－切削刃选定在 A 点时的工件待加工表面直径。

上述角度变化可以换算至正交平面内：

$$tan\eta_o=tan\eta\cdot sink_r \tag{1-30}$$

$$\gamma_{oe}=\gamma_o+\eta_o \tag{1-31}$$

$$\alpha_{oe}=\alpha_o-\eta_o \tag{1-32}$$

由上式 1－29 可知：η 值不仅与进给量 f 有关，也同工件直径 d_w 有关；d_w 越小，角度变化越大。一般外圆纵车时的 η 值仅 30～40′，因此可忽略不计。但在车螺纹时，尤其是多头螺纹时，进给量很大，它等于螺纹的导程，即螺距乘头数，η 值将很大，因而必须进行工作角度的验算。

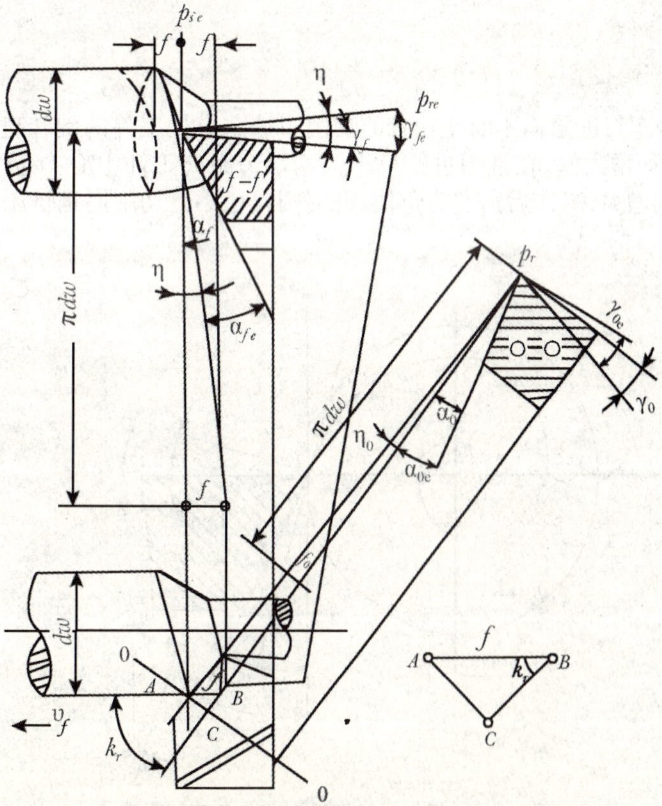

图 1－19　轴向进给运动对工作角度的影响

3. 刀具安装对工作角度的影响

(1)刀尖安装高低对工作角度的影响

如图1－20所示,设刀具$\lambda_s=0$,当刀尖安装得高于工件中心线时,工作切削平面将变为p_{se},工作基面变为p_{re},工作角度γ_{pe}增大,α_{pe}减小。背平面$p_p(P-P)$仍为标注背平面,工作基面p_{re}与基面p_r的夹角为θ_p。在背平面内:

$$\gamma_{pe}=\gamma_p+\theta_p \tag{1-33}$$

$$\alpha_{pe}=\alpha_p-\theta_p \tag{1-34}$$

$$tan\theta_p=\frac{h}{\sqrt{[\frac{d_w}{2}]^2-h^2}} \tag{1-35}$$

式中:h－刀尖高于工件中心线的数值(mm);

d_w－工件直径(mm)。

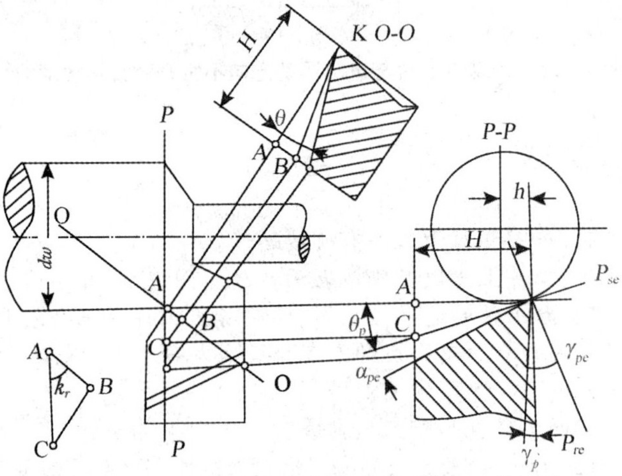

图1－20　刀具安装位置的高低对工作角度的影响

换算到工作正交平面p_{oe}内,

$$tan\theta_o=\frac{AB}{H}\qquad tan\theta_p=\frac{AC}{H}$$

$$tan\theta_o=tan\theta_p\frac{AB}{AC}=tan\theta_p cosk_r \tag{1-36}$$

$$\gamma_{oe}=\gamma_o+\theta_o \tag{1-37}$$

$$\alpha_{oe}=\alpha_o-\theta_o \tag{1-38}$$

式中,θ_o—正交平面内p_r与p_{re}的转角。

若刀尖安装低于工件中心时,工作角度变化于上述相反。镗孔时,刀具安装高低的影响与车外圆相反。

(2)刀柄中心线与进给运动方向不垂直对工作角度的影响

如图1－21所示,当刀柄中心线与进给运动方向不垂直时,刀具主切削平面与假定工作平面(相当于进给运动方向)之间的夹角为工作主偏角;刀具副切削平面与假定工作平面之间的夹角为工作副偏角。工作主偏角与静态主偏角、工作副偏角与静态副偏角之间的关系式

$$k_{re}=k\pm G \tag{1-39}$$

$$k'_{re}=k\mp G \tag{1-40}$$

式中,G－刀柄中心线与进给运动方向的垂线之间的夹角。

当刀柄中心线绕刀尖逆时针转动时,式(1－39)取“＋”号,式(1－40)取“－”号。

当刀柄中心线绕刀尖顺时针转动时,式(1－39)取“－”号,式(1－40)取“＋”号。

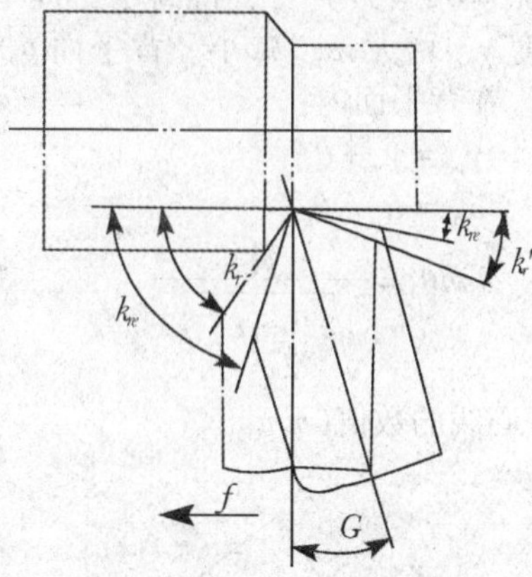

图1－21　刀柄中心线与进给运动方向不垂直对工作角度的影响

思考题

1. 外圆车削加工时,车刀相对于工件有哪些运动?

2. 外圆车削加工时,工件上出现了哪些表面? 试绘图说明,并对这些表面下定义。

3. 绘出刨削时,刀具和工件的运动关系图,同时标出工件上三个表面的位置。

4. 合成切削运动是由什么运动合成的? 怎样合成? 什么叫做合成切削速度角?

5. 何谓切削用量三要素? 怎样定义?

6. 切削层公称横截面参数包括哪几项内容?

7. 车削外圆直径为 $100mm$,长度 $200mm$ 的 45#钢棒料,选用切削用量 $a_{sp}=4mm, f=0.5mm/r, n=240r/min$。

(1)计算切削速度 v_c、刀具移动的速度 v_f;

(2)如果 $k_r=75°$,计算切削层宽度 b_D、切削层厚度 h_D 和切削层横截面积 A_D。

8. 何谓自由切削?

9. 标注出下图刨削、车内孔、铣端面、钻削等加工方式的主运动方向、进给运动方向和合成运动方向;并标出过渡表面、待加工表面、已加工表面;标出背吃刀量。

(a)刨削

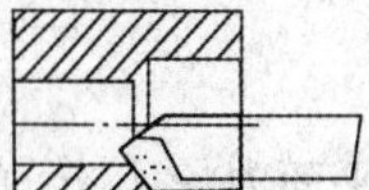
(b)车内孔

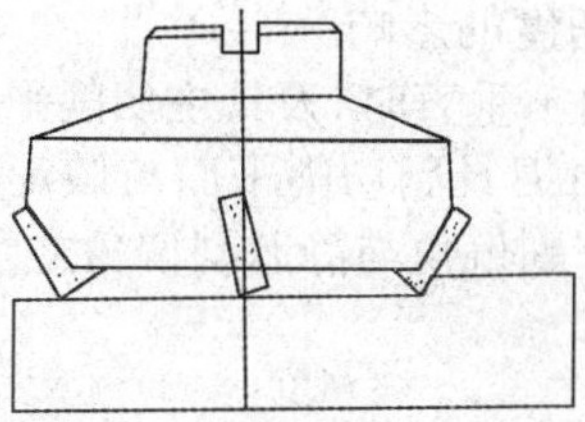
(c)铣端面

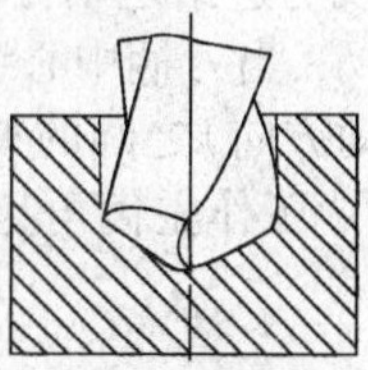
(d)钻削

图1－22

10. 刀具切削部分的组成有哪些？如何定义？

11. 刀具静止角度参考系有哪几种？它们由哪些参考平面构成？试给这些参考平面下定义。

12. 试绘图表示外圆车刀在正交平面参考系中标注的六个基本角度。

13. 试述判定车刀前角 γ_o、后角 α_o 和刃倾角 λ_s 正负号的规则。

14. 为什么要建立刀具工作角度参考系？它与刀具静止参考系有什么差别？

15. 刀具的工作角度和静态角度有什么区别？影响刀具工作角度的主要因素有哪些？

16. 切断车削时，进给运动怎样影响工作角度？

17. 纵车时进给运动怎样影响工作角度？

第2章 刀具的材料

切削过程中,刀具直接完成切除余量和形成已加工表面的任务。刀具切削性能的好坏,取决于构成刀具切削部分的材料、几何形状和刀具结构。刀具材料对刀具使用寿命、加工效率、加工质量和加工成本等都有很大影响,因此,要重视刀具材料的正确选择与合理使用,重视新型刀具材料的研制。目前广泛采用的刀具材料有高速钢和硬质合金。随着生产率的不断提高和难加工材料的日益广泛采用,超硬刀具材料也不断涌现,如陶瓷、立方氮化硼和人造金钢石等。

§2.1 刀具材料应具备的性能

在切削加工时,刀具切削部分与切屑、工件相互接触的表面上承受很大的压力和强烈的摩擦,刀具在高温条件下进行切削的同时,还承受着切削力、冲击和振动,因此刀具材料应具备以下基本要求:

1. 高的硬度和耐磨性。刀具材料要比工件材料硬度高,常温硬度在 HRC62 以上;耐磨性表示抵抗磨损的能力,它取决于组织中硬质点的硬度、数量和分布。它是材料的硬度、强度、化学成分、显微组织等综合效果。刀具材料组织中硬质点(碳化物、氮化物等)的硬度越高,数量越多,且呈均匀弥散状态分布,则其耐磨性越高。

2. 足够的强度和韧性。为了承受切削中的压力和冲击,避免崩刀和折断,刀具材料应具有足够的强度和韧性。强度是指抵抗切削力的作用而不致于刀刃崩碎与刀杆折断所应具备的性能。一般用抗弯强度来表示。冲击韧性是指刀具材料在间断切削或有冲击的工作条件下保证不崩刃的能力,一般地,硬度越高,冲击韧性越低,材料越脆。硬度和韧性是一对矛盾,应当根据它的使用要求,兼顾以上两方面的性能,而有所侧重。

3. 高耐热性。耐热性又称红硬性,是衡量刀具材料性能的主要指标。它综合反映了刀具材料在高温下保持硬度、耐磨性、强度、抗氧化、抗粘结和抗扩散的能力。

4. 导热性和膨胀系数。在其他条件相同的情况下,刀具材料的导热系数(热导率)越大,则由刀具传出的热量越多,有利于降低切削温度和提高刀具使用寿命。线膨胀系数小,则可减少刀具的热变形。对于焊接刀具和涂层刀具,还应考虑刀片与刀杆材料、涂层与基体材料线膨胀系数的匹配。

5. 良好的工艺性和经济性。为了便于制造,要求刀具材料有较好的可加工性,包括锻、轧、焊接、切削加工和可磨削性、热处理特性等。当然在制造和选用时应综合考虑经济性。性能良好的刀具材料,如成本和价格较低,且立足于国内资源,则有利于推广应用。当前超硬材料及涂层刀具材料费用都较贵,但其使用寿命很长,在成批大量生产中,分摊到每个零件中的费用反而有所降低。因此在选用时一定要综合考虑。

表2－1　**各种刀具材料的物理力学性能**

材料种类＼材料性能		密度 g/cm^3	硬度	抗弯强度 GPa	抗压强度 GPa	冲击韧性 kJ/m^2	弹性模量 GPa	热导率 W/(m℃)	线膨胀系数 1/℃ ×10^{-6}	耐热性 ℃
碳素工具钢		7.6～7.8	63～65 HRC	2.16	4	–	210	41.8	11.72	220～250
合金工具钢		7.7～7.9	63～66 HRC	2.35	4	–	210	41.8	–	300～400
高速钢 W18Cr4V		8.7	63～66 HRC	3～3.4	4	180～320	210	20.9	11	620
硬质合金	YG6	14.6～15	89.5 HRA	1.45	4.6	30	630～640	79.4	4.5	900
	YT14	11.2～12	90.5 HRA	1.2	4.2	7	–	33.5	6.21 900	
陶瓷	Al_2O_3 陶瓷 AM①	3.95	91 HRA	0.45～0.55	5	5	350～400	19.2	7.9	1200
	Al_2O_3 + TiC 陶瓷 T8	4.5	93～94 HRA	0.55～0.65						
	Si_3N_4 陶瓷 SM	3.26	91～93 HRA	0.75～0.85	3.6	4	300	38.2	1.75	1300
金刚石	天然金刚石	3.47～3.56	10000 HV	0.21～0.49	2	–	900	146.5	0.9～1.18	700～800
	聚晶金刚石复合刀片②		6500～800HV	2.8	4.2	–	560	100～108.5	5.4～6.48	700～800
立方氮化硼	烧结体③	3.45	6000～8000HV	1.0	1.5	–	720	41.8	2.5～3	1000～1200
	立方氮化硼复合刀片 FD		≥5000 HV							>1000

①除密度、硬度和抗弯强度外，其余数据取自苏联 LIM322 牌号陶瓷。

②数据取自美国 Compax 刀片，国产 FJ 刀片的硬度 >7000HV，抗弯强度≥1.5GPa。

③数据取自前苏联 эJIbδop－P 牌号。

常用刀具材料可以分为工具钢（碳素工具钢、合金工具钢和高速钢）、硬质合金、陶瓷和超硬刀具材料（金刚石、立方氮化硼）等四大类。

刀具材料的物理力学性能是决定其能否作为刀具材料、衡量其切削性能优劣的主要指标。各种刀具材料的物理力学性能见表 2－1。

§2.2 高速钢

高速钢是加入了钨（*W*）、钼（*Mo*）、铬（*Cr*）、钒（*V*）等合金元素的高合金工具钢。按重量计，钨和钼占 10%～20%，铬约占 4%，钒占 1% 以上，它们都是强烈的碳化物形成元素，在熔炼与热处理过程中与碳形成了高硬度的碳化物，从而提高了钢的耐磨性。另外，高速钢采用了接近熔点的淬火温度，得到细晶粒的合金化的马氏体组织，它在低温回火（约 560℃）时又使合金碳化物析出，从而进一步提高了硬度与耐磨性。在高速钢中，钼和钨的作用基本相同，1% 的钼可代替 2% 的钨。钼并能减少钢中碳化物的不均匀性，细化碳化物晶粒，提高韧性。

另外，在某些高速钢中，为了提高高温硬度，添加钴、铝、硅、铌等元素；为了提高耐磨性，可适当增加含钒量。但是，随着含钒量的增加，可磨削性变差，因此钒的含量不宜超过 3%。表 2－2、表 2－3 分别列出了主要高速钢的成分和性能。从表中可见，高速钢在 600℃时，仍能保持切削加工所要求的硬度，切削中碳钢时，切削速度可达 0.5*m/s*（30*m/min*）左右。

高速钢的强度、韧性和工艺性能均较好，能进行锻造，磨出的切削刃比较锋利，熔炼质量稳定，使用比较可靠。各种刀具都可用高速钢制造；尤其是形状复杂的刀具和小型刀具，均大量使用高速钢。目前，高速钢占刀具材料总使用量的 60% 以上。

按基本化学成分，高速钢可分为钨系、钨钼系。按切削性能分，则有普通高速钢和高性能高速钢。按制造方法分，则有熔炼高速钢和粉末冶金高速钢。

2.2.1 普通高速钢

普通高速钢的特点是工艺性好，切削性能可满足一般工程材料的常规加工，常用品种有：

1. *W*18*Cr*4*V*。属钨系普通高速钢。它的历史悠久，至今尚在普遍使用。其综合机械（力学）性能和可磨削性好，可用以制造包括复杂刀具在内的各类刀具。

2. *W*14*Cr*4*VMn*－*Re*。属钨系普通高速钢。这种高速钢有较大的塑性，可作热轧刀具用。此钢种中含钨量较 *W*18*Cr*4*V* 少，而含有少量的锰及稀土元素 *Re*，其切削性能相当于 *W*18*Cr*4*V*。

3. *W*6*Mo*5*Cr*4*V*2。属钨钼系普通高速钢。其碳化物分布的均匀性、韧性和高温塑性均超过 *W*18*Cr*4*V*，但是，可磨性比 *W*18*Cr*4*V* 略差，切削性能则大致相同。国外由于资源关系，已淘汰所谓传统高速钢 *W*18*Cr*4*V* 而以 *W*6*Mo*5*Cr*4*V*2 代替。这一钢种目前我国主要用于热轧刀具（如麻花钻），也可用于制作大尺寸刀具。

4. *W*9*Mo*3*Cr*4*V*。是近年我国研制出的一种钨钼系高速钢，其性能接近于 *W*6*Mo*5*Cr*4*V*2。

表2-2　　高速钢的化学成分

钢种		化学成分(重量%)									
		C	W	Mo	Cr	V	Co	Mn	Si	Al	其他
普通高速钢	W18Cr4V	0.7 ~ 0.8	17.5 ~ 19.0	≤0.3	3.80 ~ 4.40	1.00 ~ 1.40	–	–	–	–	–
	W6Mo5Cr4V2(M2)	0.80 ~ 0.90	5.50 ~ 6.75	4.50 ~ 5.50	3.80 ~ 4.40	1.75 ~ 2.20	–	–	–	–	–
	W14Cr4VMn-Re	0.85 ~ 0.95	13.50 ~ 15.00		3.50 ~ 4.00	1.40 ~ 1.70	–	0.35 ~ 0.55	≤ 0.50	–	Re 0.07
高性能高速钢	W2Mo9Cr4VCo8(M42)	1.10	1.50	9.50	3.75	1.15	8.00	≤ 0.40	–	–	–
	W6Mo5Cr4V2Al(501)	1.05 ~ 1.20	5.50 ~ 6.75	4.50 ~ 5.50	3.80 ~ 4.40	1.75 ~ 2.20	–	≤ 0.40	≤ 0.60	0.80 ~ 1.20	–
	W10Mo4Cr4V3A1(5F6)	1.30 ~ 1.45	9.00 ~ 10.50	3.50 ~ 4.50	3.80 ~ 4.50	2.70 ~ 3.20	–	≤ 0.50	≤ 0.50	0.70 ~ 1.20	–
	W12Mo3Cr4V3Co5Si(Co5Si)	1.20 ~ 1.35	11.5 ~ 13.0	2.80 ~ 3.40	3.80 ~ 4.40	2.80 ~ 3.40	4.70 ~ 5.10	≤ 0.40	0.80 ~ 1.20	–	–
	W6Mo5Cr4V5SiNbAl(B201)	1.55 ~ 1.65	5.00 ~ 6.00	5.00 ~ 6.00	3.80 ~ 4.40	4.20 ~ 5.20	–	≤ 0.40	1.00 ~ 1.40	0.30 ~ 0.70	Nb0.20 ~ 0.50

注:1. M42、M2为AISI(AmericanIronandSteelInstitute)牌号。2. 牌号中化学元素后面数字表示质量分数的大致百分比,未注者约在1%左右。

表 2-3　　几种高速钢的物理力学性能

类型		牌号（YB12-77 牌号 / 美国 AISI 代号 / 国内有关代号）	硬度（HRC）室温℃	硬度（HRC）500℃	硬度（HRC）600℃	抗弯强度 GPa	冲击韧性 MJ/㎡
普通高速钢		W18Cr4V（T1）	63~66	56	48.5	2.94~3.33	0.176~0.344
普通高速钢		W6Mo5Cr4V2（M2）	63~66	55~56	47~48	3.43~3.92	0.294~0.392
普通高速钢		W14Cr4VMnRe	64~66	–	50.5	~3.92	~0.245
高性能高速钢	高碳	95W18Cr4V	67~68	59	52	~2.92	0.166~0.216
高性能高速钢	高钒	W12Cr4V4Mo（EV4）	65~67	–	51.7	~3.136	~0.245
高性能高速钢	高钒	W6Mo5Cr4V3（M3）	65~67	–	51.7	~3.136	~0.245
高性能高速钢	含钴	W6Mo5Cr4V2Co8（M36）	66~68	–	54	~2.92	~0.294
高性能高速钢	含钴	W2Mo9Cr4VCo8（M42）	67~70	60	55	2.65~3.72	0.225~0.294
高性能高速钢	含铝	W6Mo5Cr4V2Al　（501）	67~69	60	55	2.84~3.82	0.225~0.294
高性能高速钢	含铝	W10Mo4Cr4V3A1　（5F6）	67~69	60	54	3.04~3.43	0.196~0.274
高性能高速钢	含铝	W6Mo5Cr4V5SiNbAl　（B201）	66~68	57.7	50.9	3.53~3.82	0.255~0.265
高性能高速钢	含氮	W12Mo3Cr4V3N　（V3N）	67~70	61	55	1.96~3.43	0.147~0.392

2.2.2 高性能高速钢

调整普通高速钢的基本化学成分和添加其他合金元素，使其机械（力学）性能和切削性能有显著提高，这就是高性能高速钢。高性能高速钢的常温硬度可达 HRC67-70，高温硬度也相应提高，可用于高强度钢、高温合金、钛合金等难加工材料的切削加工，并可提高刀具使用寿命。高性能高速钢主要有以下几种：

1. 高碳高速钢。高碳高速钢碳的质量分数提高到 0.9%~1.05%，使钢中的合金元素全部形成碳化物，从而提高钢的硬度、耐磨性和耐热性。但其强度和韧性略有所下降。

2. 高钒高速钢。高钒高速钢钒的质量分数提高到 3%~5%，由于碳化钒量的增加，从而提高钢的耐热性，一般用于切削高强度钢。但这种钢的刃磨比普通高速钢困难。

3. 钴高速钢。钴高速钢是在高速钢中加入钴,可提高钢的高温硬度和抗氧化能力。故可提高切削速度。

典型钢种是 *AISI* 的 *M*42,它的特点是综合性能好,硬度高(接近 *HRC*70),高温硬度在同类钢中居于前列,可磨削性也好。表2-4 为其磨削比的参考数据,从表中可知,*M*42 的磨削比接近普通高速钢 *W*6*Mo*5*Cr*4*V*2。用 *M*42 制作的刀具用于加工高温合金、不锈钢等效果很好。然而,这一钢种含有较多含钴元素,价格较贵。针对国内资源情况,我国应发展低钴或无钴的高性能高速钢。

4. 低钴高速钢。低钴高速钢(*W*12*Mo*3*Cr*4*V*3*Co*5*Si*)是用减少钴增加硅的办法以获得高性能。其耐磨性比 *M*42 好,但韧性比 *M*42 差。缺点是仍然含有一定的钴,而且由于增加了含硅量,使可磨性变差。因而不宜用于制造复杂刀具。

5. 铝高速钢。铝高速钢(*W*6*Mo*5*Cr*4*V*2*Al*)是我国独创的无钴高速钢,它在 *W*6*Mo*5*Cr*4*V*2 的基础上加铝增碳,其高温硬度在600℃时约为 *HV*602,抗弯强度 3.50-3.80*GPa*(350-380kgf/mm^2),冲击韧性 0.20kJ/m^2(2.0$kgf \cdot m/cm^2$),均与 *M*42 相当,抗弯强度及冲击韧性高于 *W*12*Mo*3*Cr*4*V*3*Co*5*Si* 钢。缺点是可磨削性略低于 *M*42。此钢种不含钴,性能好,生产成本较低。但其热处理温度较难控制,钢材成材率较低。

此外,我国研制的无钴高速钢还有加铝强化的 5*F*6 钢和加铝、铌强化的 *B*201 钢等,性能达到钴高速钢的水平,但也存在着含钒多而可磨性差的问题。它仍在生产中用得不多。近年来,我国研制成功无钴和低钴的高性能钢 *W*12*Mo*3*Cr*4*V*3*N*(*V*3*N*)与 *W*12*Mo*3*Cr*4*VCo*3*N*(*Co*3*N*)颇有应用前景。*V*3*N* 价格较低,但可磨性稍差。

表2-4 可磨削性比较

钢种	磨削比	*HRC*
*W*2*Mo*9*Cr*4*VCo*8(*M*42)	6.50	68.8
*W*6*Mo*5*Cr*4*V*2(*M*2)	7.20	64.9
155*W*12*Cr*4*V*5*Co*5(*T*15)	0.62	65.7

注:钢种栏括号内 *M*42、*M*2 和 *T*15 为相应的美国牌号。

2.2.3 粉末冶金高速钢

高速钢的制造质量受多方面因素的影响,其中对性能影响较大而又难以改善的因素,是对碳化物分布的均匀性及其粒度粗细的控制。熔炼高速钢中碳化物偏析比较严重,完全消除碳化物偏析的方法是粉末冶金法。其基本原理是将高频感应炉熔炼的钢液用高压惰性气体(如氩气)雾化成粉末,再经过热压(同时进行烧结)制成刀坯,或制成钢坯再经轧制或锻造成材。

粉末高速钢与熔炼高速钢相比,有很多优点:如韧性与硬度较高,可磨削性能显著改善(例如含钒5%的粉末冶金高速钢的可磨削性相当于含钒2%的普通高速钢),材质均匀,热处理变形小,质量稳定可靠,故刀具使用寿命较长。粉末冶金高速钢可以切削各种难加工材料,特别适合于制造各种精密刀具和形状复杂的刀具。

高速钢刀具可以用盐浴软氮化、气体软氮化、辉光离子化及离子氮注入等方法进行表面处理,形成高硬、耐磨的薄层(0.02~0.1mm);也可以采用物理气相沉积(PVD)等方法在高速钢刀具表面涂覆一层(约10μm)TiN或TiC等材料。经过表面处理或涂层后,刀具的耐磨性和使用寿命可以得到显著提高。近年来,TiN涂层高速钢刀具发展较快,应用较广。高速钢钻头、丝锥、铣刀及齿轮刀具,经涂层后,其耐用度常可提高3-5倍以上。

§2.3 硬质合金

硬质合金是高硬度、难熔的金属化合物(主要是WC、TiC等,又称高温碳化物)微米级的粉末,用钴或镍等金属作粘结剂烧结而成的粉末冶金制品。其中高温碳化物含量超过高速钢,允许切削温度高达800℃~1000℃。切削中碳钢时,切削速度可达1.67~3.34m/s(100~200m/min)以上。

硬质合金是当今最主要的刀具材料之一。绝大多数车刀、端铣刀和部分立铣刀、深孔钻、浅孔钻、铰刀等均已采用硬质合金制造。由于硬质合金的工艺性较差,它用于复杂刀具尚受到很大限制。目前,硬质合金占刀具材料总使用量的30%-40%。

2.3.1 高温碳化物

硬质合金的性能,主要取决于金属碳化物的种类、性能数量、粒度和粘结剂的分量。

1. 碳化物的种类和性能。表2-5所列为几种碳化物的性能。由表可见,这几种碳化物的硬度和熔点都很高。TiC的硬度和熔点高于WC、TiN,但弹性模量却小于WC、TiN。WC的密度远大于TiC、TiN,导热系数亦较大。在硬质合金中碳化物所占的比例大,则硬度高;反之,碳化物减少,粘结剂增多,则硬度低,但抗弯强度提高。

2. 碳化物粒度。碳化物的粒度越细,则有利于提高硬质合金的硬度与耐磨性。但当粘结剂含量一定时,如碳化物粒度减小,则碳化物颗粒的总表面积加大,使粘结层厚度减薄,从而降低了合金的抗弯强度,提高了合金的硬度。反之,则使合金的抗弯强度提高,硬度降低。欲使细晶粒硬质合金具有较高的抗弯强度,就必须增加粘结剂含量,并在制造工艺上加以控制。

碳化物粒度的均匀性,也影响硬质合金的性能。粒度均匀的碳化物可形成均匀的粘结层,有利于防止由于热应力和机械冲击而产生裂纹。在合金中添加TaC能使碳化物粒度均匀和细化。

2.3.2 硬质合金的种类和牌号

目前绝大部分硬质合金是以WC为基体,并分为WC-Co、WC-TiC-Co、WC-TaC(NbC)-Co以及WC-TiC-TaC(NbC)-Co等四类。表2-6列出了国内常用各类合金的牌号、成分和性能。YT类合金,ISO(国际标准化组织)称为P类,主要用于加工长切屑的黑色金属;YG类合金,ISO称为K类,主要用于加工短切屑的黑色金属、有色金属和非金属材料;YW类合金,ISO称为M类,可覆盖P类、K类合金的应用范围。

表 2－5　　金属碳化物的某些物理力学性质

碳化物	熔点℃	硬度 HV	弹性模量 GPa	热导率 W/(m℃)	密度 (g/cm3)	对钢的粘附温度
WC	2900	1780	720	29.3	15.6	较低
TiC	3200～3250	3000～3200	321	24.3	4.93	较高
TaC	3730～4030	1599	291	22.2	14.3	－
TiN	2930～2950	1800～2100	616	16.8～29.3	5.44	－

表 2－6　　硬质合金成分和性能

合金牌号		化学成分				物理机械性能							相近 ISO 牌号
		WC	TiC	TaC (NbC)	Co	硬度 HRA	硬度 HRC	弯强度 GPa	冲击韧性 KJ/m^2	热导率 W/(m℃)	线膨胀系数 10^{-6} (1/℃)	密度 g/cm^3	
WC 基合金													
WC + Co	YG3	97	－	－	3	91	78	1.10	－	87.9	－	14.9～15.3	K01 K05
WC + Co	YG6	94	－	－	6	89.5	75	1.40	26.0	79.6	4.5	14.6～15.0	K15 K20
WC + Co	YG8	92	－	－	8	89	74	1.50	－	75.4	4.5	14.4～14.8	K30
WC + Co	YG3X	97	－	－	3	92	80	1.00	－	－	4.1	15.0～15.3	K01
WC + Co	YG6X	94	－	－	6	91	78	1.35	－	79.6	4.4	14.6～15.0	K10
WC + TaC (NbC) + Co	YG6A (YA6)	91～93	－	1～3	6	92	80	1.35	－	－	－	14.4～15.0	K10
WC + TiC + Co	YT30	66	30	－	4	92.5	80.5	0.90	3.00	20.9	7.00	9.35～9.7	P01
WC + TiC + Co	YT15	79	15	－	6	91	78	1.15		33.5	6.51	11.0～11.7	P10
WC + TiC + Co	YT14	78	14	－	8	90.5	77	1.20	7.00	33.5	6.21	11.2～12.7	
WC + TiC + Co	YT5	85	5	－	10	89.5	75	1.30	－	62.8	6.06	12.5～13.2	

续表

合金牌号		化学成分				物理机械性能							相近ISO牌号
		WC	TiC	TaC(NbC)	Co	硬度		弯强度 GPa	冲击韧性 KJ/m^2	热导率 W/(m℃)	线膨胀系数 10^{-6}(1/℃)	密度 g/cm^3	
						HRA	HRC						
WC+TiC+TaC(NbC)+Co	YW1	84	6	4	6	92	80	1.25	–	–	–	13.0~13.5	
	YW2	82	6	4	8	91	78	1.50	–	–	–	12.7~13.3	
TiC+WC+Ni-Mo	YN10	15	62	1	Ni-12 Mo-10	92.5	80.5	1.10				6.3	
	YN05	8	71		Ni-7 Mo-14	93	82	0.90				5.9	

表中：Y—硬质合金；G—钴，其后数字表示含钴量；X-细晶粒合金；T-TiC，其后数字表示TiC含量；A-含TaC(NbC)的钨钴类合金；W—通用合金；N-以镍、钼作粘结剂的TiC基合金。

2.3.3 硬质合金的性能

1. 硬度。碳化物WC、TiC等的硬度很高，所以合金整体也就具有高硬度，一般在HRA89-93之间。如前节所述，硬质合金的硬度值随碳化物的性质、数量和粒度而变化，又随粘结剂含量的增多而降低。在粘结剂含量相同时，WC-TiC-Co合金的硬度高于WC-Co合金。

硬质合金的硬度又随着温度升高而降低。在700℃~800℃时，部分合金保持着相当于高速钢在常温时的硬度，另一部分合金则低些。合金的高温硬度仍取决于碳化物在高温下的硬度，故WC-TiC-Co合金的高温硬度比WC-Co合金高些。添加TaC(或NbC)能提高高温硬度。

2. 抗弯强度和韧性。常用牌号硬质合金的抗弯强度在0.90-1.50GPa(90~150kgf/mm^2)范围内。粘结剂含量越高，则抗弯强度也就越高。当粘结剂含量相同时，WC-TiC-Co合金的抗弯强度总是低于WC-Co合金，并随着TiC含量的增加而下降。

硬质合金是脆性材料，常温下其冲击韧性仅为高速钢的1/8~1/30。韧性不足是硬质合金的弱点。故硬质合金刀具一般是将合金刀片焊接或夹固在刀柄(刀体)上使用，有的小模数齿轮滚刀或小的硬质合金钻头和立铣刀等才做成整体的。和抗弯强度的情况一样，WC-TiC-Co类的韧性低于WC-Co类。

3. 导热系数。由于TiC的导热系数低于WC，所以WC-TiC-Co合金导热系数比WC-Co合金低，并随TiC含量增加而下降，从表2-6中可见，YG6的导热系数比YT15大一倍多。

4. 线膨胀系数。总的说来，硬质合金的线膨胀系数比高速钢小得多。$WC-TiC-Co$ 合金的线膨胀系数大于 $WC-Co$ 合金，且随 TiC 含量增加而加大。

由于 $WC-Co$ 合金的线膨胀系数比 $WC-TiC-Co$ 合金小，而且 $WC-Co$ 合金抗弯强度较高，导热系数较大，所以焊接时产生裂纹的倾向比 $WC-TiC-Co$ 合金小。

5. 抗冷焊性。硬质合金与钢发生冷焊的温度高于高速钢，$WC-TiC-Co$ 合金与钢发生冷焊的温度高于 $WC-Co$ 合金。

2.3.4 普通硬质合金及其选用

普通硬质合金分为钨钴类、钨钛钴类和钨钛钽（铌）钴类，其主要成分都是 WC，故可统称为碳化钨基硬质合金。

1. 钨钴类硬质合金（$WC-Co$ 硬质合金）　　牌号为 YG，这类硬质合金是由 WC 和 Co 组成，其硬度为 89～91.5HRA，抗弯强度为 1.1～1.5GPa，耐热性为 800℃～900℃，YG 类合金适用于加工脆性金属（如铸铁、青铜）及非金属材料，不适于加工钢料，因为用 YG 类硬质合金刀具切削时的温度约在 640℃时，就会与钢产生粘结，使刀具产生粘结磨损，刀具的耐用度下降。

常用的牌号有 $YG3$、$YG6$、$YG8$ 等（YG 后面的数字代表含钴 Co 的质量分数，其余则为 WC），当 Co 质量分数较多，WC 的质量分数较少时，则硬度较低，但抗弯强度较高。反之，则抗弯强度较低，而硬度、耐磨性和耐热性较高。所以，$YG8$ 能够承受较大的冲击负荷，适用于粗加工，$YG6$ 适用于半精加工，$YG3$ 适用于精加工。

为了适应各种加工情况的需要，在 Co 的质量分数相同情况下，生产不同粒度的 WC 粉末，可分为粗晶粒（$YG8C$）、细晶粒（$YG6X$，1.5μm）、超细晶粒（$YG10H$，0.1～1μm，大部分在 0.5μm 以下）。

$YG8C$，强度高，硬度和耐磨性稍有降低，能够承受较大的冲击力，适合制造刨刀、插刀等。

$YG6X$，硬度和耐磨性比 $YG6$ 高，但抗弯强度和韧性低一些，适于加工一些特殊的硬铸铁、奥氏体不锈钢、耐热合金、钛合金、硬青铜、硬的和耐磨的绝缘材料等。

$YG10H$，由于硬度相和粘结相高度分散，增加了粘结面积，在适当增加 Co 的质量分数的情况下，能获得高的硬度和抗弯强度（202GPa），适于加工高强度钢、耐热合金等难加工材料。

2. 钨钛钴类硬质合金（$WC-TiC-Co$ 硬质合金）　　牌号为 YT，这类硬质合金是由 WC、TiC 和 Co 组成。其耐热性可达 900℃～1200℃。硬度为 89.5～92.5HRA，抗弯强度为 0.9～1.4GPa，常用的牌号有 $YT5$、$YT15$、$YT30$ 等，T 后面的数字代表 TiC 的质量分数。当 TiC 质量分数较多，Co 的质量分数少时，硬度和耐磨性均提高，但抗弯强度有所下降；反之，则相反。所以，$YT5$ 适用于粗加工，$YT15$ 适用于半精加工，$YT30$ 则适用于精加工。YT 类硬质合金适用于加工塑性大的钢料，因为加工这类材料时，切削变形大，切削温度高，并且由于硬质合金中的元素钛向被加工钢料扩散慢和能提高粘结温度，因而刀具磨损小。但 YT 类硬质合金不适用于加工含钛不锈钢。因为两者的钛元素之间亲和力强，会产生严重的粘结，使刀具磨损加剧。加工这种材料宜采用韧性较高的 YG 类硬质合金。

3. 钨钽（铌）钴类硬质合金（$WC-TaC(NbC)-Co$）　　牌号为 YA，这类硬质合金是由 WC、$TaC(NbC)$ 和 Co 组成。它有较高的常温硬度和耐磨性，而且提高了高温硬度、高温强度和抗氧化能力，并能细化晶粒。如 $YG6A$ 硬质合金，抗弯强度为 1.35GPa，比 $YG6$ 稍低，但硬度高（91.5HRA），耐磨性好，有一定的通用性，适用于加工冷硬铸铁、有色金属及其合金的半精加工，也可用于高锰钢、淬火钢等的半精加工和精加工。

4. 钨钛钽（铌）钴类硬质合金（$WC-TiC-TaC(NbC)-Co$）　　牌号为 YW，这种硬质合金是由

第2章

WC、TiC、$TaC(NbC)$和 Co 组成，其抗弯强度、疲劳强度、冲击韧度、耐热性、高温硬度和抗氧化能力都有很大提高，既可加工铸铁、有色金属，又可加工碳素钢、合金钢，也适合于加工高温合金、不锈钢等难加工材料，从而有“通用合金”之称。常用的牌号有 $YW1$ 和 $YW2$。这两种硬质合金 NbC 的含量都为4%。$YW1$ 的抗弯强度为1.17GPa，硬度为91.5HRA；$YW2$ 含 Co 较多(8%)，故抗弯强度较高(1.32GPa)，但硬度稍低(90.5HRA)。这两种硬质合金都具有 YG 类硬质合金的韧性，比 YT 类硬质合金的抗刃口剥落能力强。适用于对钢、铸铁和有色金属进行粗、精加工，通用性较好。在 YW 类合金中，进一步提高 TaC(达10% ~14%)与钴(达10%)的含量，则形成铣削专用牌号的硬质合金，抗弯强度高，并能有效地提高抗机械冲击与抗热裂的性能。还有 TiC 含量高(>15%)并添加了钽、铌的硬质合金，多用于高强度钢的切削。目前，添加钽、铌的硬质合金应用日益广泛。

正确选用适当牌号的硬质合金对于发挥其性能具有重要意义。$WC-Co$ 硬质合金一般用于加工铸铁、有色金属及其合金，$WC-TiC-Co$ 硬质合金则用于高速切削钢料(表2-7)。

切削铸铁及其他脆胜材料时，由于形成崩碎切屑，切削力集中在切削刃近旁的很小面积上，局部压力很大，并具有一定的冲击性，所以宜选用抗弯强度和韧性较好的 $WC-Co$ 合金。另一方面，$WC-Co$ 合金虽然抗弯强度较高，但试验证明，这类合金与钢料摩擦时，其抗月牙洼磨损的能力较 $WC-TiC-Co$ 合金差，因此不宜用于高速切削普通钢料。

然而对于高温合金、不锈钢等难加工材料，又有不同情况。这类工件材料中含钛，导热系数低，容易发生冷焊，切削力大，切削温度高，因而要求刀具中不含(或少含)钛，并有较好的导热性，以便减轻冷焊并降低切削温度。这就说明对于上述难加工材料选用 $WC-Co$ 合金并采用较低的切削速度较为合适。

显然，精加工时宜选用含钴少、硬度高的合金；粗加工或有冲击载荷时，宜选用含钴多、抗弯强度大的合金。

表2-7　**各种硬质合金的应用范围**

牌号	应用范围
YG3X	铸铁，有色金属及其合金的精加工、半精加工，不能承受冲击载荷
YG3	铸铁、有色金属及其合金的精加工、半精加工，不能承受冲击载荷
YG6X	普通铸铁、冷硬铸铁、高温合金的精加工、半精加工
YG6	铸铁、有色金属及其合金的半精加工和粗加工
YG8	铸铁、有色金属及其合金、非金属材料的粗加工，也可用于断续切削
YG6A	冷硬铸铁、有色金属及其合金的半精加工，亦可用于高锰钢、淬硬钢的半精加工和精加工
YT30	碳素钢、合金钢的精加工
YT15	碳素钢、合金钢在连续切削时的粗加工、半精加工，亦可用于断续切削时精加工
YT14	同 YT15
YT5	碳素钢、合金钢的粗加工，可用于断续切削
YW1	高温合金、高锰钢、不锈钢等难加工材料及普通钢料、铸铁、有色金属及其合金的半精加工和精加工
YW2	高温合金、不锈纲、高锰钢等难加工材料及普通钢料、铸铁、有色金届及其合金的粗加工和半精加工

2.3.5 新型硬质合金

1. 添加钽、铌（Ta、Nb）的硬质合金。在 $WC-Co$ 合金中添加少量 TaC（或 NbC）可显著提高常温硬度、高温强度、高温硬度和耐磨性，而抗弯强度则略有降低。但总的来说，添加少量 TaC（或 NbC）的结果是利多弊少，使 $WC-Co$ 合金的性能获得改善。表2-7中的 $YG6A$ 就是一种合金。在 TiC 含量小于10%的 $WC-TiC-Co$ 合金中，添加少量 TaC（或 NbC），可以获得较好的综合性能，既可加工铸铁、有色金属，又可加工碳素钢、合金钢，也适合于加工高温合金、不锈钢等难加工材料，从而有“通用合金”之称。表2-7中的 $YW1$、$YW2$ 就是这种合金。在 YW 类合金中，进一步提高 TaC（达10%~14%）与钴（达10%）的含量，则形成铣削专用牌号的硬质合金，抗弯强度高，并能有效地提高抗机械冲击与抗热裂的性能。还有 TiC 含量高（>15%）并添加了钽、铌的硬质合金，多用于高强度钢的切削。目前，添加钽、铌的硬质合金应用日益广泛，而没有钽、铌的 YG、YT 类旧牌号合金在国际上有淘汰的趋势。

除 TaC、NbC 外，有些新型硬质合金中还添加了 Cr_3C_2、VC 和钨粉、铌粉等。Cr_3C_2 和 VC 的加入，可以抑制合金晶粒长大；钨粉、铌粉可强化粘结相。

第2章

2. 涂层硬质合金。通过化学气相沉积（CVD）等方法对硬质合金刀片实行表面涂层，是近年来的重大技术进展。涂层硬质合金采用韧性较好的基体和硬度、耐磨性极高的表层（TiC、TiN、Al_2O_3 等，厚度 $5\sim10\mu m$），较好地解决了刀具的硬度、耐磨性与强度、韧性之间的矛盾，因而具有良好的切削性能。在相同的刀具使用寿命下，涂层硬质合金允许采用较高的切削速度，或能在同样的切削速度下大幅度地提高使用寿命。与未涂层刀具相比，涂层刀具能降低切削力、切削温度，并能改善已加工表面质量。此外，涂层刀片的通用性较好。

涂层材料为晶粒极细的碳化物、氮化物或氧化物。其中以 TiC 和 TiN 应用最为广泛，二者各具优缺点：TiC 硬度高，耐磨性好，线膨胀系数与基体比较接近，结合比较牢固；TiN 的硬度低于 TiC，与基体结合稍差，但与铁基金属之间的摩擦系数更小，抗月牙洼磨损的能力更强，且不易生成中间层（脆性相），故涂层允许较厚。$A1_2O_3$ 涂层的高温化学性能稳定，适用于更高速度下的切削。HfN（氮化铪）的线膨胀系数与基体最接近，涂层后表面残余应力很小。几种涂层材料复合使用，可以得到两层、三层和多层的涂层合金。例如 $TiC/Ti(C,N)/TiN$ 三涂层刀片，内层为 TiC，与基体结合牢固，外层为 TiN，与被加工材料摩擦力小，不易发生冷焊，中间用 $Ti(C,N)$ 过渡，其中 TiN 的百分比由内到外递增。多层涂层合金的切削性能常优于单层。目前涂层材料还有 $Ti(B,N)$、$A1(O,N)$ 等，它们可与 TiC、TiN、$A1_2O_3$ 等组合成不同的多层涂层合金。

由于涂层材料的线膨胀系数总是大于基体合金，故涂层后合金表面不可避免地存在着残余张应力，使涂层合金的抗弯强度有所降低。研制新的涂层合金，应注意涂层与基本材料在性能上的匹配，并提高基体合金的韧性。

涂层硬质合金适用于各种钢料、铸铁的精加工和半精加工，负荷较轻的粗加工亦可使用。含钛的涂层材料不能加工高温合金、钛合金和奥氏体不锈钢，因为它们之间的亲和力强，从而加剧了冷焊作用。

涂层刀片不能采用焊接结构，不能重磨使用。由于机夹可转位刀具的普及，为发展和使用硬质合金涂层刀具创造了有利条件。目前，在工业发达国家中，涂层刀片的使用已占可转位硬质合金刀片的50%~60%以上。

此外还可用物理化学气相沉积（*PCVD*）或物理气相沉积（*PVD*）法在硬质合金表面上涂层，但它们的工艺方法不如化学气相沉积（*CVD*）法成熟。

3. 细晶粒和超细晶粒硬质合金。细化晶粒，可以提高硬质合金的硬度与耐磨性。矿山用硬质合金为粗晶粒，平均晶粒尺寸为 4－5μm；普通的刀具用硬质合金（如 *YT*15、*YG*6 等）为中晶粒，平均晶粒尺寸为 2～3μm；细晶粒合金（如 *YG*6*X* 等）的晶粒尺寸为 1～2μm；超细晶粒合金的晶粒尺寸为 0.5μm。如适当增加钴含量，可同时提高合金的抗弯强度。表 2－8 中选列了两种超细晶粒合金的成分与性能。其中 *YS*2*T* 中含有使晶粒细化的碳化物 Cr_3C_2。这类硬质合金可用于加工冷硬铸铁、淬硬钢、不锈钢、高温合金等难加工材料。

4. *TiC* 基和 *Ti*（*C*，*N*）基硬质合金。以上各类硬质合金，都属于 *WC* 基，因为 *WC* 是它们的主要成分，并以钴为粘结剂。*TiC* 基合金是以 *TiC* 为主体成分，以镍、钼作粘结剂的硬质合金。*TiC* 含量达 60%～70% 以上。与 *WC* 基合金比较，它的硬度较高，对钢的摩擦系数较小，切削时抗冷焊磨损能力强，高温下硬度下降较少，具有较好的耐磨性；但韧性和抗塑性变形的能力较差，性能介于陶瓷和 *WC* 基合金之间。我国的代表性牌号是 *YN*10 和 *YN*05。在此合金中加入少量的 *WC*、*NbC*，是为了改善合金的导热性能和韧性。实践证明，*YN*10 和 *YN*05 适用于碳素钢、合金钢的半精加工和精加工，其性能分别优于 *WC* 基合金 *YT*15 和 *YT*30。

在 *TiC* 基合金的成分中加入氮化物，可进一步改善合金的性能，这就是 *Ti*（*C*，*N*）基硬质合金。除具有 *TiC* 基合金的优点以外，*Ti*（*C*，*N*）基合金的强度、韧性、抗塑性变形能力及导热性均高于 *TiC* 基合金，因此它是一种有发展前景的刀具材料。其应用范围略同于 *TiC* 基合金。

5. 添加稀土元素的硬质合金。在 *WC* 基合金中，添加少量的稀土元素，可以有效地提高合金的韧性和抗弯强度，并使耐磨性有所提高。这是因为稀土元素的存在，改善了碳化物固熔体对粘结相的湿润性，并强化了硬质相与粘结相。这类合金最适用于粗加工牌号，生产成本提高不太多。目前虽尚处于研究阶段，但颇有发展前途。

6. 高速钢基硬质合金。这种材料是以 *TiC* 或 *WC* 作硬质相（占 30%～40%），以高速钢作粘结相（占 60%～70%），用粉末冶金工艺制成的。其性能介于硬质合金与高速钢之间，具有良好的耐磨性和较好的韧性；而且能够接受锻造、热处理和切削加工，具有较好的工艺性。高速钢基硬质合金可以用来制造结构复杂的刀具，如钻头、铣刀等。

表 2－8

超细晶粒硬质合金

牌号	硬度 *HRA*	抗弯强度 *GPa*（kgf/mm^2）	成分			
			Co	*TiC*	*TaC*	*WC*
*YS*2＊	91.5	2.10（210）	10	–	$Cr_3C_2$0.5	其 3 余
*YM*051，*YM*052，*YM*053＊＊	92.5	＞1.60（＞160）	6～7	1～4	1～4	其余

＊*YS*2*T* 原用牌号为 *YG*10*HT*。＊＊*YM*051、*YM*052、*YM*053 原用牌号分别为 *YH*1、*YH*2、*YH*3。

§2.4 其他刀具材料或超硬度刀具材料

1. 陶瓷。陶瓷刀具比硬质合金刀具有更高的硬度、耐磨性、耐热性、化学稳定性和抗粘结性能,而摩擦系数则较小。其刀具耐用度可比硬质合金高几倍到十几倍,适用于高硬度材料、大件及高精度零件的加工;摩擦系数低,切屑不易粘结,不易产生积屑瘤,可使易加工表面粗糙度减小;化学稳定性好,切削刃即使处于赤热状态也能长时间连续使用,这对高速切削及加热切削有重要意义。陶瓷刀具对于高硬度材料(冷硬铸铁和淬硬钢)、大件及高精度零件加工特别有效。

陶瓷刀具的最大缺点是强度、韧性低,脆性大。因此目前主要用于各种金属材料(钢、铸铁、有色金属等)的精加工和半精加工。

刀具用陶瓷按化学成分可分为:

(1)高纯氧化铝陶瓷。主要由 Al_2O_3 加微量添加剂(MgO),经冷压烧结而成,硬度为 91 ~ 92HRA,抗弯强度为 0.392 ~ 0.491GPa。纯 Al_2O_3 陶瓷的强度低,已被各种 Al_2O_3 基复合陶瓷所代替。

(2)复合氧化铝陶瓷。在 Al_2O_3 基体中添加 TiC、Ni、Mo,经热压成形,以提高其物理机械性能,尤其是强度、韧性。硬度达到 93 ~ 94HRA,抗弯强度为 0.589 ~ 0.785GPa。

(3)复合氮化硅陶瓷。在 Si_3N_4 基体中添加 TiC 和 Co,经热压成形,它的力学性能与复合氧化铝陶瓷相近。

由于陶瓷刀具材料的脆性较大,强度和韧性较低,所以限制了它的应用推广。事实上,硬度高的材料往往强度和韧性低,要想提高韧性往往是以硬度的下降为代价的。陶瓷刀具材料的这种硬度与韧性之间的矛盾使得研究具有高硬度同时又具有高强度、高韧性的陶瓷成为陶瓷刀具材料研究的热点。超微粉技术的发展和纳米复合材料的研究为陶瓷的发展增添了新的活力。近年来,超微粉末的制备技术推动了纳米固体材料的进程,使得陶瓷基纳米复合材料的研究成了最热门的课题之一,因为纳米复合材料能使基体材料的强度和韧性提高 2 ~5 倍。

2. 金刚石。金刚石分天然和人造两种,是碳的同素异形体。金刚石硬度极高,接近于 HV10000(硬质合金仅为 HV1300 - 1800),是目前已知的最硬物质。天然金刚石的质量好,但价格昂贵。人造金刚石是在高压高温条件下,借助于某些合金的触媒作用,由石墨转化而成。用专用设备压制出的单晶金刚石,可以制造金刚石砂轮。金刚石砂轮是磨削高硬度脆性材料(如硬质合金)的特效工具。切削加工用的聚晶金刚石刀片是单晶金刚石经第二次压制形成的。

金刚石刀具既能胜任硬质合金、陶瓷、高硅铝合金等高硬度、耐磨材料的加工,又能胜任有色金属及其合金的加工,但它不适合加工钢铁材料,因为金刚石中的碳原子和铁有很强的化学亲和力,在高温条件下,铁原子容易与碳原子作用而使其转化为石墨结构,刀具极易损坏。

3. 立方氮化硼。立方氮化硼刀具有整体聚晶立方氮化硼刀具和立方氮化硼复合刀片(在硬质合金基体上烧结一层厚度约为 0.5mm 的立方氮化硼)两种。立方氮化硼是六方氮化硼的同素异形体。

立方氮化硼是由软的六方氮化硼在高温高压条件下加入催化剂转变而成，其硬度高达8000～9000*HV*，耐磨性好，耐热性高达1400℃。因此，可对高温合金、淬硬钢、冷硬铸铁进行半精加工和精加工。氮化硼的性质与形状同石墨很相似。石墨经高温高压处理转化为人造金刚石，用类似的手段处理六方氮化硼就能得到立方氮化硼（*CBN*）。立方氮化硼是六方氮化硼的同素异形体，是人类已知的硬度仅次于金刚石的物质。

立方氮化硼的热稳定性和化学惰性大大优于金刚石。在空气中，人造金刚石在700℃～800℃时即石墨化，而立方氮化硼可耐1300℃～1500℃的高温，在这样的温度下也不发生显著的相变，从而保持其硬度。

聚晶立方氮化硼刀片可用机械夹固或焊接的方法固定在刀柄上。也可以将立方氮化硼与硬质合金压制在一起成为复合刀片，能以加工普通钢和铸铁的切削速度切削淬硬钢、冷硬铸铁、高温合金等，从而大大提高生产率。当用以精车淬硬零件时，其加工精度与表面质量足以代替磨削。

聚晶立方氮化硼刀具能用金刚石砂轮磨削，而聚晶金刚石刀具的磨削则要困难得多。

▲ 思考题

1. 对刀具材料有哪些性能要求？它们对刀具的切削性能有何影响？
2. 试比较普通高速钢和高性能高速钢的性能、用途、主要化学成分，并举出几种常用牌号。
3. 什么是硬质合金？常用的牌号有哪几大类？一般如何选用？
4. 试比较*YG*类与*YT*类硬质合金的性能、用途、主要化学成分，并举出几种常用牌号？
5. 按下列用途选用刀具材料种类或牌号：

(1)45钢锻件粗车；(2)*HT*200铸件精车；

(3)低速精车合金钢蜗杆；(4)高速精车调质钢长轴；

(5)高速精密镗削铝合金缸套；(6)中速车削淬硬钢轴；

(7)加工65*HRC*冷硬铸铁。

第3章 金属切削过程的基本规律

金属切削过程是指通过切削运动,使刀具从毛坯上切下多余的金属层,以得到一定精度及表面质量的工件的过程。在这个过程中产生了一系列的物理现象,如切削变形、切削力、切削热和刀具磨损等。学习并掌握这些规律,对于合理使用及设计刀具、夹具和机床,以及正确拟定工艺规程,保证切削加工、提高切削加工的生产率和降低生产成本等方面均起着重要作用。

§3.1 切削变形与切屑的形成

切削变形是切削过程中最基本的物理现象,由于切削变形而引发切削力、切削热及刀具磨损等一系列物理现象。金属切削过程,实质就是产生切屑和形成已加工表面的过程。产生切屑和形成已加工表面是金属切削时密切相关的两个方面。因此学习切削变形是学习其他物理现象的基础。

第3章

3.1.1 切屑的形成

在材料力学课程中,已研究过金属受挤压的情况,图3-1(a)所示为塑性金属挤压示意图,试件受压时,随着外力F的增加,金属内部应力增加,先产生弹性变形继而产生塑性变形,并使金属晶格产生滑移,滑移面DA、CB与外力的方向大致成45°,最后断裂。图3-1(b)所示为金属切削过程示意图,与挤压试验相似,切削层受刀具挤压后也产生弹性变形和塑性变形,不过工件上只是切削层受挤压,DB以下受工件母体金属的阻碍,所以金属只沿DA方向滑移,滑移面DA就是切削过程中的剪切面,部分金属沿剪切面滑移离开母体金属而形成切屑。

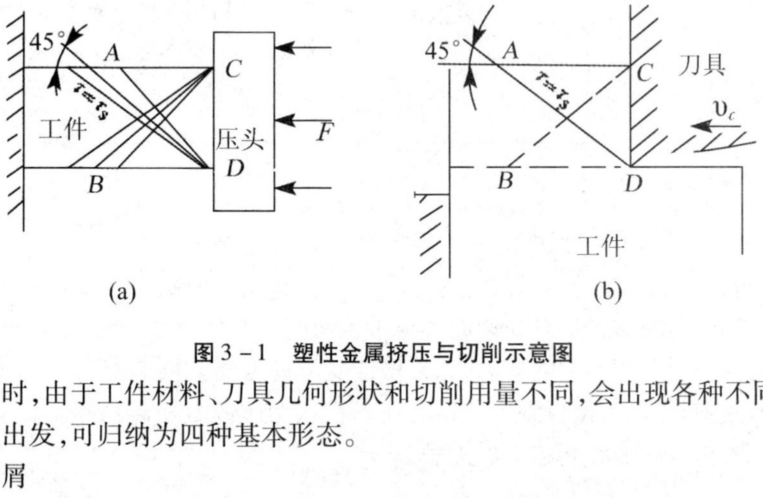

图3-1 塑性金属挤压与切削示意图

金属切削时,由于工件材料、刀具几何形状和切削用量不同,会出现各种不同形状的切屑。但从变形观点出发,可归纳为四种基本形态。

1. 带状切屑

如图3-2(a)所示,带状切屑的外形呈带状,加工塑性金属,如碳钢、合金钢等,当切削厚度较小，切削速度较高，刀具前角较大时，一般常得到这种切屑。

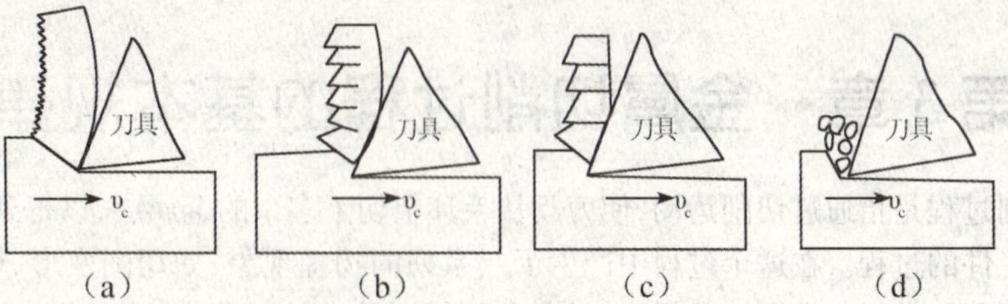

图 3－2　切屑的类型

2. 节状切屑

如图 3－2(*b*)所示，在切屑形成过程中，切屑背面的剪应力达到材料的剪切强度极限，使切屑的背面局部开裂成节状，切削黄铜、或低速切削钢，就容易得到这种切屑。

3. 粒状切屑

如图 3－2(*c*)所示，在切屑形成过程中，剪切面上的剪应力超过材料的剪切强度极限产生了剪切破坏，使切屑沿剪切面方向断裂成均匀颗粒状态。在切铅或极低速切削钢时，可得到这种切屑。

4. 崩碎切屑

如图 3－2(*d*)所示，在切削脆性金属如铸铁、黄铜等时，切削层几乎不经过塑性变形就产生了剪切崩裂，从而使切屑呈不规则的颗粒状。

在形成带状切屑的条件下，切削过程较平稳，切削力波动小，已加工表面粗糙度较小，但很长的带状切屑会缠绕工件、刀具和机床部件，影响操作安全。节状切屑与粒状切屑引起切削力波动大，会产生冲击振动。图 3－3 是上述三种切屑的切削力波形。对铸铁而言，崩碎切屑是从铸铁组织结构最薄弱的石墨界面上崩碎形成。因而已加工表面粗糙度较大。

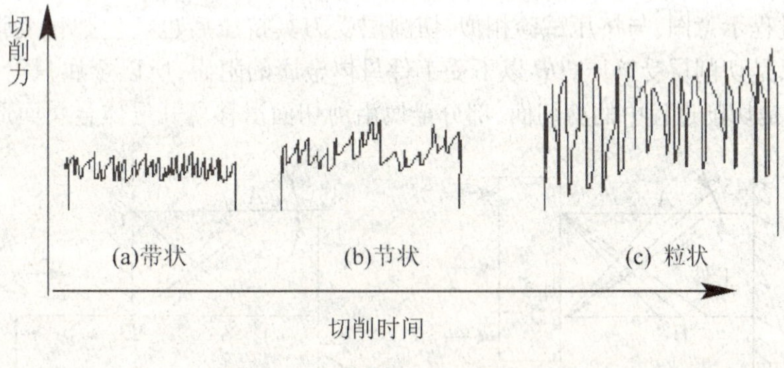

图 3－3　不同切屑的切削力波形

上述切屑的类型是由被切材料的应力－应变特性和切削时的塑性变形程度所决定的，如切削条件相同，塑性高的材料不易断裂而形成带状切屑。改变切削条件，被切材料的塑性变形程度随之变化，而得到不同类型的切屑，如果塑性变形尚未达到断裂点就被切离，便得到带状切屑，塑性变形达到断裂点，便得到节状切屑或者粒状切屑或者崩碎切屑。因此，生产中常通过改变切削条件，获得较为有利的切屑类型。

3.1.2 金属切削层的三个变形区

根据实验，切削时（图3-4），当厚度为h_D，宽度为b_D的切削层，以切削速度v_c向刀具接近时，塑性变形由*OA*开始，至*OM*终了，形成*AOM*塑性变形区。由于塑性变形的主要特点是晶格间的剪切滑移，因此称为剪切区或第*I*变形区；当切削层经剪切区后形成的切屑以v_{ch}速度沿前面流出时，摩擦力使切屑底层的金属又以剪切滑移的方式再一次变形。由于该变形主要由摩擦所引起，因而称为摩擦区或第*II*变形区；刀具后面和已加工表面间，由于挤压、摩擦，使已加工表面产生变形，称为已加工表面变形区或第*III*变形区。切削过程中的变形，包括上述三个变形区，它们汇集于切削刃附近。以下分别从三个变形区讨论切削变形。

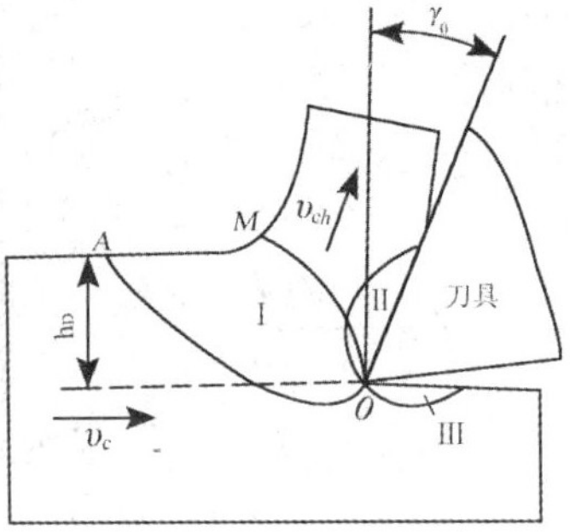

图3-4 切削时三个变形区

3.1.3. 第一变形区的变形

1. 剪切区的形成

由材料力学可知，如图3-5(*a*)所示物体，受外力作用后，当其内部的切应力达到材料的屈服点时，就产生塑性变形。这时，在物体的表面上出现大约成45°的线纹（*AB*、*OM*），称为滑移线。滑移线是金属晶格的一部分对另一部分产生相对滑移所形成的滑移面和物体表面的交线。产生滑移是金属塑性变形的主要特征。

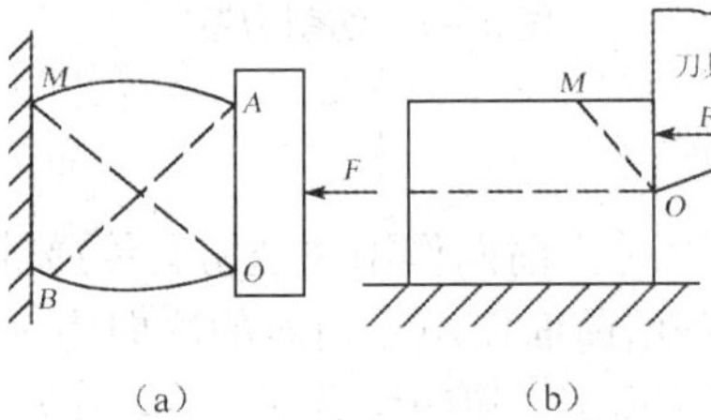

图3-5 金属挤压变形

切削加工时，工件上的切削层，受到刀具的挤压时（图3-5(*b*)），切削层产生弹性变形而至塑性变形。由于受下部金属的阻碍，切削层只沿*OM*产生滑移，形成塑性变形。下面讨论剪切区的形成。如图3-6所示，若切削层上有一质点*P*，以切削速度v_c向刀具接近，当*P*未到达剪切区前，只产生弹性变形，当*P*到达滑移线*OA*上的1点时，金属的应力达到屈服点而产生剪切滑移，于是点*P*未到达2′，而移动到2，2-2′就是质点*P*的滑移量。同样，在滑移线*OC*、*OM*上的3-3′、4-4′都是滑移量。当*P*到达4点后，不再产生滑移而沿前面流出。把*OM*叫终滑移线；*OA*是金属开始产生滑移的滑移线称为始滑移线。从*OA*滑移开始到*OM*滑移终了，形成了剪切滑移区

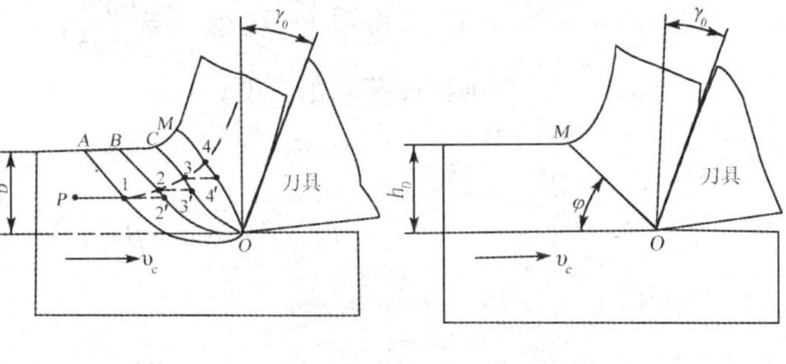

图3-6 剪切区的形成与剪切面

（第一变形区）。在这个区域中，金属沿滑移线产生剪切滑移形成塑性变形。

图3-6中，每条滑移线都代表一个剪应力相等的曲面（宽度 b_D 图中未标出），不同滑移线上的切应力大小不相等，OA 上的切应力值等于金属的屈服点，而 OB、OC、OM 上的切应力，则由于变形、加工硬化而依次升高，在 OM 达到最大值 τ_{max}。当 τ_{max} 未达到金属的强度极限时，产生的切屑为带状切屑；当 τ_{max} 达到强度极限时，就产生节状切屑。

剪切区实际上是一个区域，一般很窄约在 0.02-0.2mm 之间。为方便计算，常用一个平面 OM 代表（图3-6b），称为剪切面。剪切面 OM 与切削速度 v_c 间的夹角 ϕ 称为剪切角。

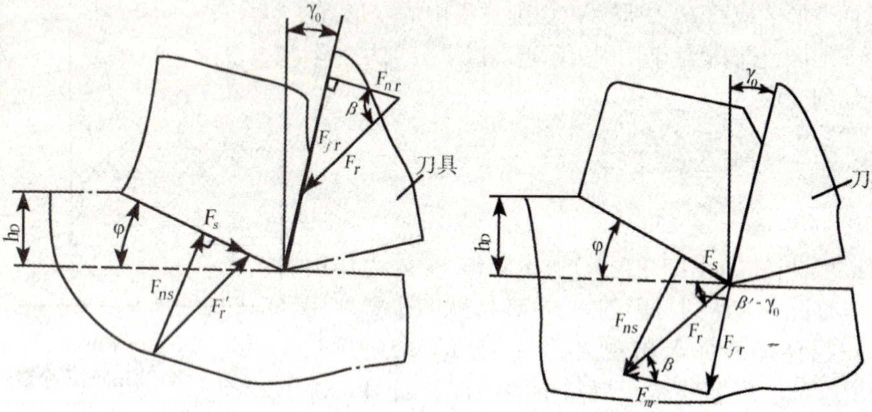

图3-7　切削力系

2. 剪切区的应力与应变

（1）切削力系与应变

使剪切区产生滑移所需的力，是由前面作用并经切屑传递的。若以切屑为分离体，如图3-7(a)所示，作用于切屑的力有：由前面作用于切屑的法向力 F_{nr} 和摩擦力 F_{fr}，其合力为 F_r；由剪切面作用于切屑的力有：正压力 F_{ns} 和剪切力 F_s，其合力为 F'_r。设力系处于平衡状态，则 F_r 与 F'_r 大小相等方向相反，作用于同一直线上。

为讨论方便，把切削力系集中到切削刃上（图3-7(b)）。于是剪切区的切应力为 τ_ϕ

$$\tau_\phi = \frac{F_s}{A_s} = \frac{F_s sin\phi}{h_D b_D} \tag{3-1}$$

式中 F_s——剪切力；

As——剪切面面积，由图3-7b 得 $A_s = \dfrac{h_D b_D}{sin\phi}$；

h_D、b_D——切削厚度和切削宽度；

ϕ——剪切角。

由图3-7b 得：

$$F_s = F_r cos(\phi + \beta - \gamma_o) \tag{3-2}$$

式中 β——摩擦角，　$tan\beta = \dfrac{F_{nr}}{F_{fr}}$。

由式(3-1)得

$$F_s = \frac{\tau_\phi h_D b_D}{sin\phi} F_x \tag{3-3}$$

由式(3－2)和(3－3)得

$$F_r = \frac{\tau_\phi h_D b_D}{sin\phi cos(\phi + \beta - \gamma_o)} \quad (3-4)$$

式(3－4)为切削时,使切削层产生切屑的切削合力,也是切削力的理论公式。当已知切屑厚度 h_D、切削宽度 b_D 和刀具前角 γ_o 时,在一定条件下,若能求得切应力 τ_ϕ、剪切角 ϕ 和摩擦角 β,即可求出切削合力 F_γ。

(2)衡量变形程度的方法

①切屑厚度压缩比 Λ_h。

切削厚度压缩比表示切屑外形尺寸变化的程度,如图3－8所示,切削层经切削成为切屑,由于变形,长度缩短、厚度变厚。若切削层长度为 l_D、切削厚度为 h_D,切削长度为 l_{ch}、切屑厚度为 h_{ch}。则 $l_D > l_{ch}$、,$h_{ch} > h_D$。

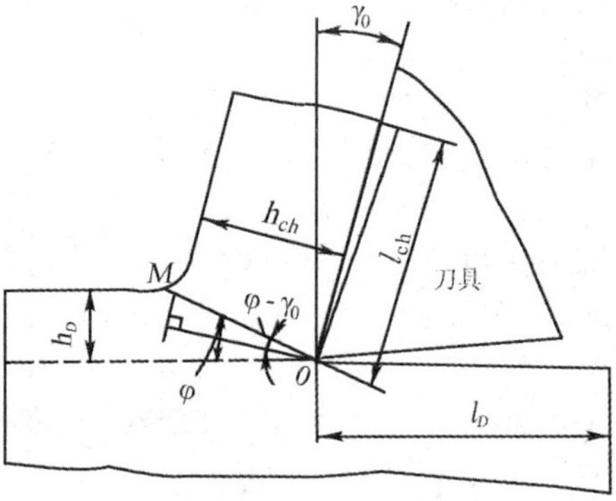

图3－8　变形系数

设金属在变形前、后的体积不变,则 $l_D h_D b_D = l_{ch} b_D h_{ch}$。

于是切削厚度压缩比 Λ_h

$$\Lambda_h = \frac{l_D}{l_{ch}} = \frac{h_{ch}}{h_D} > 1 \quad (3-5)$$

同时,由图3－8得

$$\Lambda_h = \frac{h_{ch}}{h_D} = \frac{OMcos(\phi - \gamma_o)}{OMsin\phi} = \frac{cos(\phi - \gamma_o)}{sin\phi} \quad (3-6)$$

若前角 γ_o 为10°、剪切角 $\phi = 15° \sim 20°$,则切削厚度压缩比 $\Lambda_h = 2.78 \sim 3.85$。可见切削变形相当大。

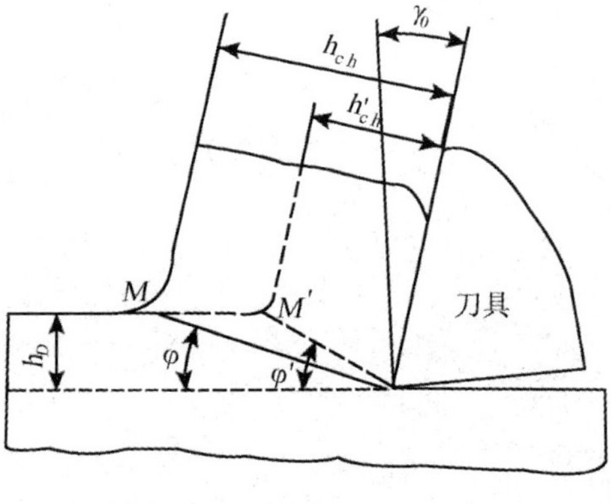

图3－9　剪切角与变形的关系

由于切削厚度为 h_D 已知,切屑厚度 h_{ch} 又能直接测量,因而切削厚度压缩比 Λ_h 可用实验方法求得。Λ_h 越大,表示切削变形越大。

由式(3－5)、式(3－6)可知,变形的大小与剪切角 ϕ 有关。由图3－9可见,在前角 γ_o、切削厚度 h_D 一定的情况下,当剪切角为 ϕ 时,切屑厚度为 h_{ch},剪切角为 ϕ'时,切屑厚度为 h'_{ch}

$$\Lambda_h = \frac{h_{ch}}{h_D}$$

$$\Lambda'_h = \frac{h'_{ch}}{h_D}$$

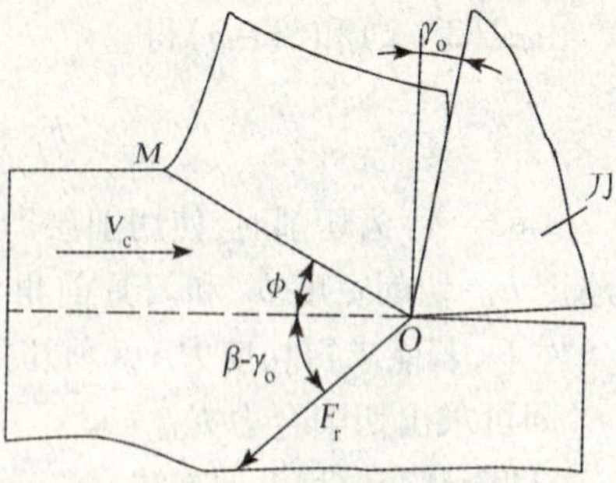

图 3－10　剪切角 ϕ 的导出

由于 $h_{ch} > h'_{ch}$，

所以 $\Lambda_h > \Lambda'_h$，

这时 $\phi < \phi'$。

由此可见，剪切角 ϕ 大时，变形小；剪切角 ϕ 小时，变形大。

②剪切角 ϕ。由图 3－7 可知，切削合力 F_r 与切削速度 v_c 间的夹角为 $(\beta-\gamma_o)$，剪切面的剪切角为 ϕ，表现在图 3－10 上。

根据材料力学可知，剪切滑移产生在切应力最大的平面 OM 上，它和作用力方向间的夹角约为$\frac{\pi}{4}$。于是由图 3－10 得：

$$\phi + (\beta - \gamma_o) = \frac{\pi}{4}$$

所以　　$\phi = \frac{\pi}{4} - (\beta - \gamma_o)$　　(3－7)

式中 β——摩擦角，既切削合力 F_r 与法向力 F_{nr} 间的夹角；

$(\beta-\gamma_o)$——作用力或切削合力 F_r 与切削速度 v_c 间的夹角。

由式(3－7)可知，金属切削时，采用增大刀具前角 γ_o，减小前面摩擦，使摩擦角 β 减小，从而使剪切角 ϕ 增大，以减小切削变形。

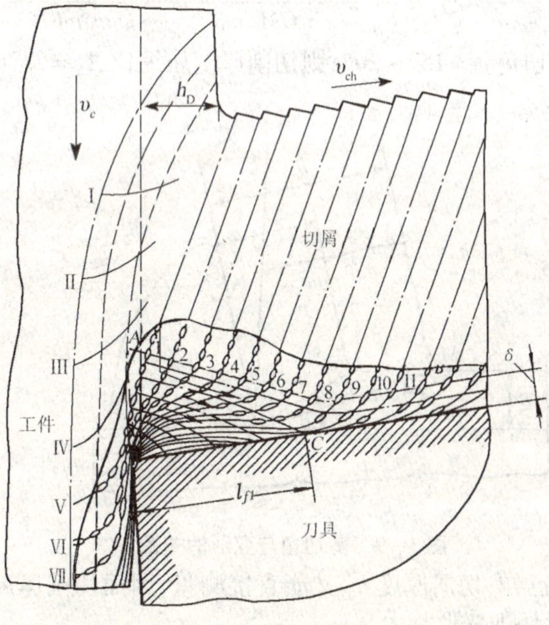

图 3－11　滞流层

3.1.4 第二变形区的变形

1. 摩擦区的形成

切削层经剪切面形成切屑，沿前面流出时，因受前面的挤压和摩擦，切屑底层各金属层间流动速度依次降低，使这层金属再一次产生剪切滑移，结果金属晶粒变为与前面趋于平行的纤维状，把切屑上的这一层金属称为滞流层(图3－11)。滞流层的变形程度要比上层切屑剧烈几倍到十几倍，其厚度决定于切削速度 ν_c、切削厚度 h_D 和前角 γ_o 的大小。增大 ν_c 与 γ_o 使滞流层厚度减小；增大 h_D 使滞流层厚度增大。滞流层厚度一般约占切屑厚度的1/8～1/10。

由图可见，在 L_{fl} 范围内，愈靠近前面切屑流动速度愈低，在滞流层(厚度为δ)以外，切屑以均匀的 ν_{ch} 向外流出。在 C 点以后，切屑与前面接触层也以 ν_{ch} 向外流出。

2. 前面的摩擦特性

根据实验，当前角 γ_o 由－45°增大到45°时，切屑与前面间的摩擦因数 μ 约由0.3增大到1.0(图3－12(a))。此值比一般摩擦面间的滑动摩擦因数高很多(一般约为0.1到0.15)，并且是一个变量。

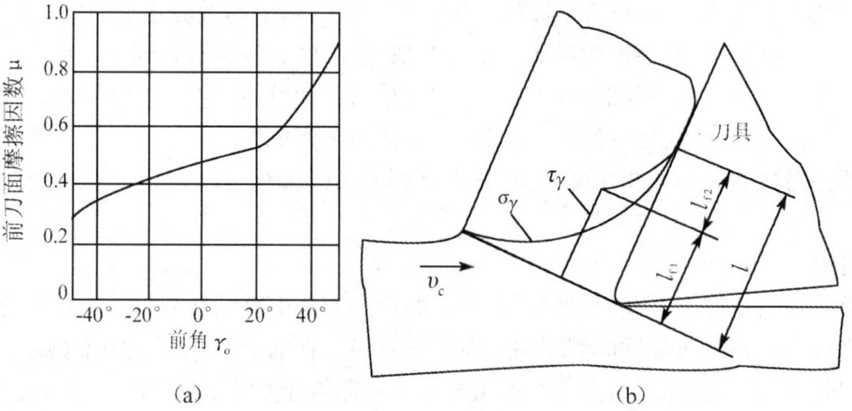

工件材料：4－6黄铜切削用量：a_{sp}＝0.1mm.f＝0.1mm/r

刀具材料：高速钢不用切削液

图3－12 前面的摩擦特性

又由图3－12(b)的光弹性试验测出的前面应力分布图可知，正应力 σ_r 的分布是在切削刃处大，沿切屑流出方向逐渐减小至零；而切应力 τ_r 在一定范围(l_{fl})保持常数，在另一范围(L_{f2})逐渐减小为零。这说明，切削时前面与切屑间的摩擦状态和一般滑动面间的摩擦状态不同。

在一般滑动摩擦下，两物体接触面间凹凸不平，使实际接触面积 A_r 远远小于名义接触面积 A_a(图3－13(a))。实际接触面积 A_r 随法向力 F_{nr} 的增大而增大。结果摩擦力 F_{fr} 与法向力 F_{nr} 成正比，摩擦因数 μ 与接触面积无关，并且为一常数(库仑摩擦定律)。

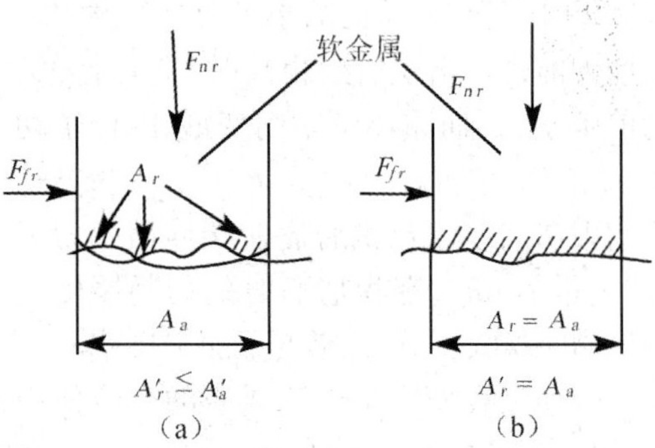

图3－13 摩擦力与接触面的关系

切削时，切屑与前面是在高压（$2GPa \sim 3GPa$）和高温（700℃ ～1200℃）的作用下，切屑底层不断以新生表面和前面接触。切屑底层变软的滞流层，会嵌入到前面的凹凸不平中，形成全面积接触（$A_r = A_a$）。（图 3－13（b）），阻力增大，滞流层底层的流动速度可降低为零。在适当的温度与压力条件下，就形成粘结现象，把这个区域称为粘结区（图 3－12 中的 L_{f1}）。在粘结区内，摩擦现象不是产生于切屑底层与前面之间，而是产生于滞流层的内部，既滞流层金属内部材料的剪切滑移代替了接触面的相对滑移。因而，在粘结区（L_{f1}）内的摩擦力，主要决定于切削材料的切应力 τ_r 和接触面积 A_a 的大小。$F_{fr} = \tau_r A_a$ 称为粘结摩擦力或内摩擦力。由于一定材料的切应力为一常数，因而，在 l_{fl} 范围内的 τ_r 为一常数。于是摩擦因数为 μ：

$$\mu = \frac{F_{fr}}{F_{nr}} = \frac{\tau_r A_a}{\sigma_r A_a} = \frac{\tau_r}{\sigma_r} \tag{3-8}$$

在粘结区内，由于 σ_r 减小而 τ_r 为一常数，因而 μ 是变化的；前角 γ_o 增大，减小 F_{nr}，使 σ_r 减小，而 τ_r 为一常数，因而 μ 增大。

在粘结区以外的范围内（图 3－11（b）的 C 点以后），由于切削温度低、压力小，切屑与前面的实际接触面积减小，其摩擦性质属于滑动摩擦，这个区域称为滑动区（l_{f2}）。

由此可知，切削时，切屑与前面的接触面积由粘结区和滑动区组成。粘结摩擦力远大于滑动摩擦力，在研究前面的摩擦特性时，应以粘结摩擦为主要依据。

前面摩擦因数的大小和变化规律，将影响摩擦角 β（$tan\beta = \mu$）、剪切角 ϕ、切削力、切削温度等。

3. 积屑瘤

在一定的切削条件下，切削塑性金属，刀刃附近的前面上粘结或冷焊着一块高硬度的楔形金属堆积物可代替刀刃切削，称为积屑瘤，如图 3－14。在滞流层内，其底层金属与前面的粘结强度较大时，则滞流层靠近前面的一薄层金属就粘结在前面上，随着切削过程的进行，一层层地堆积成一个块，这就是积屑瘤。

（1）积屑瘤的作用

①保护刀具。由图可以看出，积屑瘤包围着切削刃，同时覆盖着一部分前面。当积屑瘤硬度很高时，可代替刀刃和前面进行切削。于是刀刃和前面都得到了保护，从而减小了刀具的磨损。

②增大前角。当积屑瘤很高时，它具有 30°左右的前角 γ_o，因而减小了切削变形，降低了切削力。

③增大切削厚度。积屑瘤前端伸出了刀刃之外，伸出量为 Δh_D，有积屑瘤时的切削厚度比没有积屑瘤时增大了 Δh_D，影响了加工尺寸。

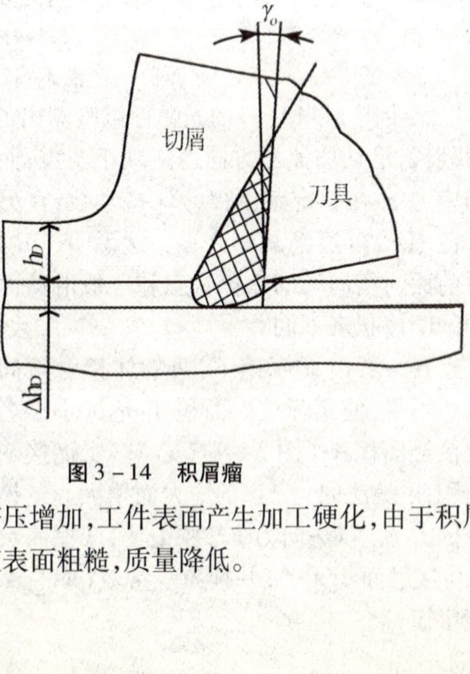

图 3－14　积屑瘤

④影响加工表面质量。积屑瘤的生成使刃口圆弧半径增大了，刃口变钝，则对已加工表面的挤压增加，工件表面产生加工硬化，由于积屑瘤不一定是稳定的，其碎片粘在已加工表面上，将使表面粗糙，质量降低。

（2）切削条件对积屑瘤的影响

①工件材料的影响。工件材料的硬度低，塑性大，切削过程中变形大，强化现象严重，易形成积屑瘤，且积屑瘤的高度大。

②切削速度的影响。切削速度对积屑瘤的影响最大。如图3－15，车削碳钢时生成积屑瘤的高度与速度的变化关系。由图可见低速和高速都不产生积屑瘤，因低速时切屑与前面的摩擦性质属于滑动摩擦，而高速切削时切削温度很高，切屑软化，摩擦系数减小，也不产生积屑瘤。只有在中速时，积屑瘤最大。实践证明，车削中碳钢最大的摩擦系数发生在切削温度为300°C左右，则300°C时积屑瘤最高；560°～600°时积屑瘤消失；切削速度在1～2m/min或80～100m/min以内，很少产生积屑瘤。

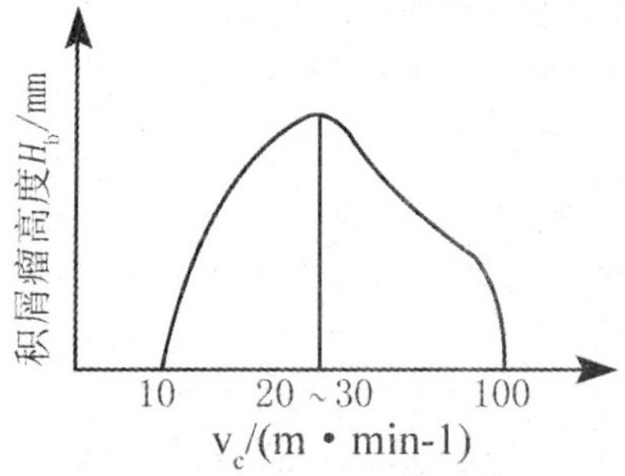

图3－15 切削速度对积悄瘤的影响

③切削厚度的影响。减小切削厚度，切屑变薄，刀－屑接触长度减小，积屑瘤的高度减小。

④前角的影响。增大刀具前角，剪切角ϕ增大，切削变形减小，切削力、切削温度都降低，积屑瘤高度减小，当前角γ_o大于40°时一般不易产生积屑瘤。

3.1.5 第三变形区的变形

1. 已加工表面的形成过程。实际上无论如何精细刃磨的刀具，刃刃都不可能是绝对锋利的，都存在一个切削刃钝圆半径r_n，r_n的大小与刃磨质量、刀具材料及刀具楔角有关，刃磨后高速钢刀具$r_n=3\sim10\mu m$，硬质合金刀具$r_n=18\sim32\mu m$，细颗粒金刚石砂轮$r_n=3\sim6\mu m$，此外，刀具刚开始切削不久，后面就会发生磨损，形成一段工作后角$\alpha_{oc}=0°$的刃带$b_{\alpha1}$，因此，研究已加工表面过程时，必须考虑r_n和$b_{\alpha1}$的影响。

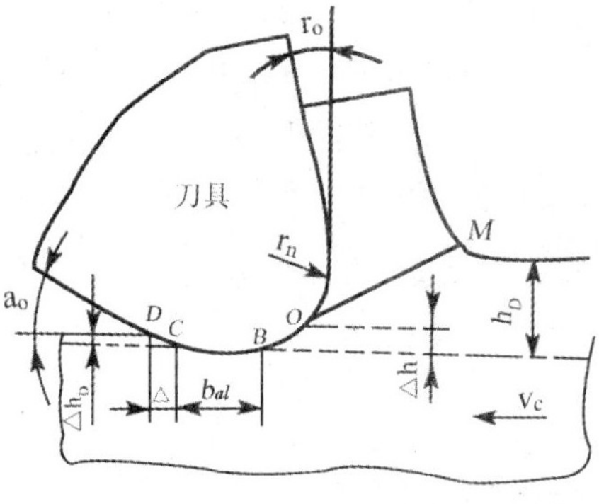

图3－16　已加工表面的形成过程

图3－16表示已加工表面的形成过程，当切削层h_D的金属以ν_c速度接近刀刃时，便发生挤压与滑移变形，O点以上的金属沿剪切面OM滑移分裂成为切屑并沿前面流出，O点以下的金属将有Δh_D一层金属由于r_n的作用无法沿OM方向滑移，而是从O点下面挤压过去，这部分金属经过刀刃钝圆部分B点之后，又受到后面的b_{a1}刃带的挤压与摩擦，使工件表层金属受到剪切应力，金属离开C点后，开始弹性恢复，设弹性恢复的高度为Δh，则加工表面在CD长度上继续受到后面的挤压与摩擦，通过这一剧烈变形过程，在C点之后形成了工件已加工表面。还要指出，在已加工表面形成过程中，除了上述挤压、摩擦使表面层金属产生变形之外，表面层还受到切削热的作用，这些都会影响已加工表面的质量。

2. 已加工表面的质量指标

已加工表面的质量又称为表面完整性，包含两方面的指标。

（1）表面几何学

表面几何学指工件的已加工表面的几何形状，通常用表面粗糙度表示。

(2)表面层材质的变化

已加工表面在一定深度内出现材质变化,例如晶粒组织发生严重畸变;金属的力学、物理及化学性质均发生变化等。其材质特性可以用塑性变形、加工硬化、微观裂纹、残余应力、晶粒变化、热损伤区以及化学性能和电性能的变化来表达。

表面质量对机器零件的使用性能如寿命、耐磨性、耐腐蚀性等有很大的影响,表面质量问题日益引起人们的重视,并作为分析机器故障的重要原因之一。

通常对零件使用性能有较大影响的已加工表面质量的指标包含:表面粗糙度、加工硬化和残余应力。

表面粗糙度大的零件,因实际接触面积小,单位压力大,所以耐磨性差,容易磨损。并且装配后,接触刚性低,运动平稳性差,从而影响机器的工作精度。对于液压零件,表面粗糙度大则会影响其密封性,甚至不能正常工作。零件受周期作用载荷时,表面粗糙度大,易产生应力集中,因而降低疲劳强度。此外,在粗糙表面的波谷和细微裂缝处,腐蚀性的物质容易积聚和吸附,易使零件受腐蚀。但是也不能认为表面粗糙度越小越好,例如,机床导轨表面粗糙度太小反而不利于润滑油的存储,增加导轨的磨损,此外,粗糙度小会增加制造成本。

工件经过切削加工后,已加工表面的硬度将高于工件材料原来的硬度,这个现象称为加工硬化。适当的表面硬度可以提高工件的耐磨性和疲劳强度,滚压加工就是为了达到这一目的。但切削加工后所产生的加工硬化常伴随产生大量微观裂纹,反而会降低零件的耐磨性和疲劳强度。此外,工件表面的加工硬化还将使后续工序的切削变得困难,因为它会加速刀具的磨损和增大切削力。因此,一般希望减少或消除加工硬化。

工件在切削加工后,已加工表面常存在残余应力,残余应力会使加工好的零件逐渐变形,影响工件的形状和尺寸的精度。残余应力还容易使表面产生微观裂纹,降低零件的耐磨性、疲劳强度和耐腐蚀性。

3. 已加工表面粗糙度

(1)表面粗糙度产生的原因

表面粗糙度产生的原因可归纳为以下两个方面:

几何因素产生的表面粗糙度。它由刀具运动过程中所产生的残留面积高度来决定;

切削过程不稳定因素产生的表面粗糙度。其中包括鳞刺、振动、刀具磨损和切削变形等。

①残留面积高度。切削时,由于刀具与工件间的相对运动及刀具几何形状的关系,工件上会有一小部分金属未被切下而残留在已加工表面上,称为残留面积,其高度 R_{max} 直接影响已加工表面粗糙度。如图 3-17 所示为车削时的残留面积高度。当刀尖圆弧半径 $r_\varepsilon=0$ 时(图 3-17(*a*)),

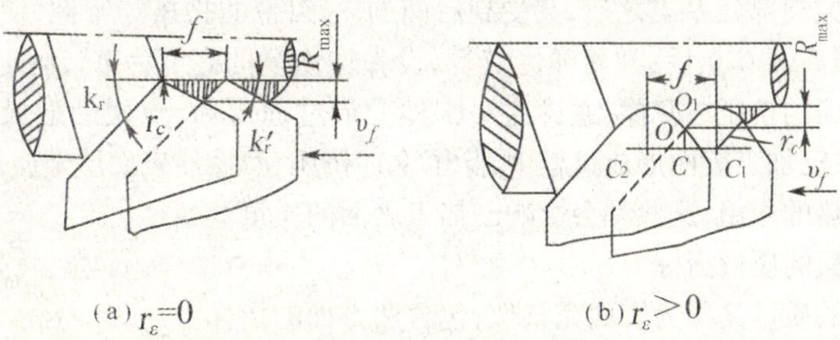

图 3-17　车削时残留面积高度

$$R_{max} = \frac{f}{cotk_r + cotk'_r} \tag{3-9}$$

当刀尖圆弧半径 $r_\varepsilon \neq 0$ 时(图 3－17b)

$$R_{max} = o_1o = o_1c - oc = r_\varepsilon - \sqrt{r_\varepsilon^2 - (\frac{f}{2})^2}$$

$$(r_\varepsilon - R_{max})^2 = r_\varepsilon^2 - \frac{f^2}{4}$$

因为 $R_{max} \ll r_\varepsilon$，故 R_{max}^2 可忽略不计，简化后得到：

$$R_{max} = \frac{f^2}{8r_\varepsilon} \tag{3-10}$$

由式(3－9)及式(3－10)可知：残留面积高度 R_{max} 随进给量 f 的减小、刀尖圆弧半径 r_ε 的增大或主偏角 k_r 及副偏角 k'_r 的减小而降低。

②鳞刺。鳞刺就是已加工表面上的鳞片状毛刺(如图 3－18)。生产实践和科学实验证明，在较低及中等的切削速度下，用高速钢、硬质合金或陶瓷刀具切削一些常用的塑性金属，如低碳钢、中碳钢、铬钢、不锈钢、铝合金、紫铜等，在车、刨、插、钻、拉、滚齿、螺纹车削等工序中都可能出现鳞刺，它使已加工表面粗糙度增加。

插齿；工件材料：20Cr

图 3－18 鳞刺剖面的显微照片

鳞刺是如何形成的？各研究者的解释不一，有的认为鳞刺是留在已加工表面上的积屑瘤碎片；有的认为鳞刺的成因是切削层金属周期地在挤裂切屑或单元切屑的单元体前方，或在积屑瘤前方层积，并周期地被顶切而成。通常认为其形成过程可分为抹拭、导裂、层积、切顶四个阶段，如图 3－19 所示，在这四个阶段里，导裂和层积阶段是停留在刀具前面上；抹拭和切顶阶段切屑是沿前面流出，并且认为有无积屑瘤时都可能形成鳞刺。

为了减少表面粗糙度，必须避免在已加工表面上形成鳞刺。

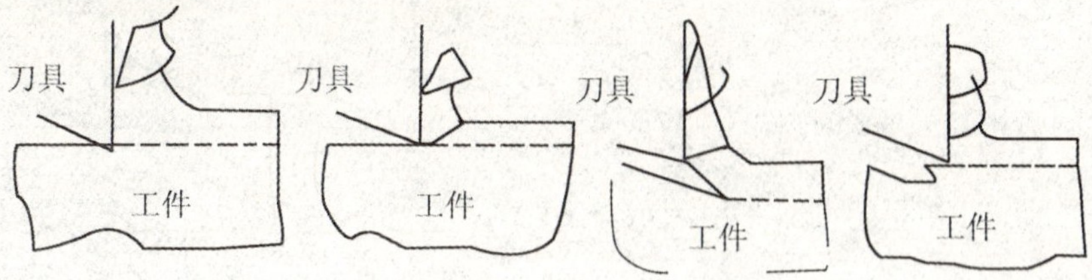

(a)抹拭　(b)导裂　(c)层积　(d)切顶

图 3－19　鳞刺形成的四个阶段

③振动。切削过程中产生的振动不仅恶化了已加工表面质量，而且对机床的精度和刀具磨损都有不利的影响。

切削振动分强迫振动和自激振动两类。

强迫振动是由外界周期性作用力引起的，例如机床运动的不平稳，包括主轴径向跳动；安装误差造成离心力作用；工件材质不均匀；间断切削和崩碎切屑的作用等。当强迫振动产生的频率接近工艺系统固有频率时，形成共振，此时，由振动造成的破坏性更大。

自激振动是由于切削过程中非周期性作用力的变动而引起的，例如切削力与刀具间摩擦力变化、刀具磨损产生作用力、积屑瘤不稳定导致切削厚度的变化等。假设在工艺系统刚性不足的情况下，由于刀具后面产生较大磨损、摩擦系数 μ 增大，由背向力 F_p 引起附加摩擦力 μF_p 增加，就会出现自激振动。

④其他原因。除上述原因以外，影响表面粗糙度的还有：切削过程中的塑性变形；刀具磨损造成的挤压和摩擦痕迹；刀刃上的缺陷复映在加工表面上的沟痕；被切屑拉毛和划伤的痕迹等。

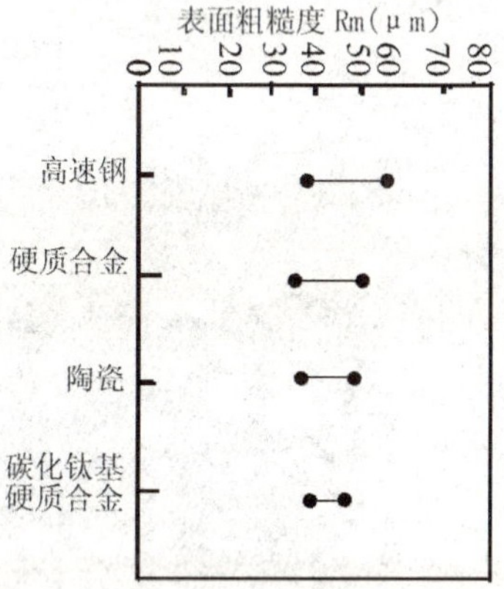

刀具：$\gamma_O=0°,\alpha_o=6°,k_r=75°,k_r'=0°$,
$\lambda=0°,\gamma_\varepsilon=0$，工件材料：25 钢，切削条件；
$v_c=20m/min,a_{sp}=0.5mm,f=0.4mm/r$,
不加切削液，车外圆

图 3－20　刀具材料对表面粗糙度的影响

(2)减少表面粗糙度的措施

由上述分析可知，要想减少表面粗糙度，必须减少残留面积；消除积屑瘤和鳞刺；减小切削过程中的振动及材料的塑性变形等，具体可采用以下措施：

①刀具方面。刀具材料不同，与工件材料的亲和力就不同，因而产生积屑瘤的难易程度就不同，当切削碳素钢时，在其他条件相同的情况下，用高速钢刀具加工的工件表面粗糙度最大，见图 3－20，而按硬质合金、陶瓷及碳化钛基硬质合金刀具的顺序，工具表面粗糙度依次减小。

刀具几何参数中，加大前角是减少积屑瘤和鳞刺从而减小表面粗糙度的有效措施。为了减小残留面积应采用较大的刀尖圆弧半径 γ_ε，较小副偏角 k'_r，尤其是使用 $k'_r=0°$的修光刃，对减小表面粗糙度甚为有效。

刀面及刀刃的表面粗糙度对已加工表面粗糙度有直接影响。因此，刀具前面与后面的粗糙度必须小于工件所要求的表面粗糙度。

刀具的剧烈磨损及破损，也都将使加工表面粗糙度增大，应该严格按磨损限度换刀。

②工件方面。工件材料性质中,对表面粗糙度影响最大的是材料的塑性和金相组织,为了减小表面粗糙度,在切削低碳钢、低合金钢时,常将工件预先进行调质处理,以提高其硬度、降低塑性。对于中碳钢及中碳合金钢,在较高的切削速度时,粒状珠光体的表面粗糙度较小。在较低的切削速度时,片状珠光体加细晶粒的铁素体的表面粗糙度较小。易切钢中含有硫、铅等元素,可以减小加工表面粗糙度。此外,工件材料的韧性越大,加工时材料的变形越大,已加工表面粗糙度越大。减小灰铸铁中石墨的颗粒尺寸,可使表面粗糙度减小。

③切削条件方面。在中、低切削速度的情况下,在切削塑性材料时,易产生积屑瘤和鳞刺,表面粗糙度都较大;提高切削速度可以使积屑瘤和鳞刺减小甚至消失,并可减小工件材料的塑性变形,因而可以减小表面粗糙度。图3-21表示切削速度对表面粗糙度的影响,当切削速度超过积屑瘤消失的临界值时(图3-21中 $v_c > 100m/min$),表面粗糙度急剧地减小并稳定在一定数值上,基本上不再变化;切削脆性材料时,由于不产生积屑瘤,故切削速度对表面粗糙度没有明显影响。

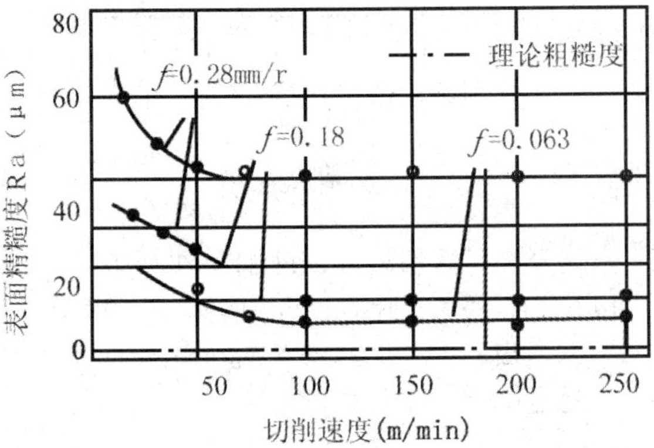

工件材料:35钢,刀具:YT15 切削深度:$a_{sp} = 0.5mm$

图3-21 切削速度及进给量对表面粗糙度的影响

减小进给量,不仅可以减小残留面积,而且可以抑制积屑瘤和鳞刺的产生,故可以减小加工表面粗糙度。采用高效切削液,可以减小工件材料的变形和摩擦,可以抑制积屑瘤和鳞刺的产生,是减小表面粗糙度的有效措施。

4. 加工硬化

(1)加工硬化产生的原因

已加工表面层产生加工硬化的原因是在已加工表面的形成过程中,表层金属经受了复杂的塑性变形。具体的说就是第一变形区扩展到切削层下方,使将成为已加工表面层的金属产生塑性变形,加上第三变形区的变形,既已加工表面在形成过程中又受到刀具切削刃钝圆部分和后面的挤压、回弹与摩擦,导致晶粒进一步拉长,使表层金属纤维化与加工硬化。

加工硬化通常以硬化程度 N 及硬化层深度 h_d 表示。硬化程度 N 是已加工表面的显微硬度增加值对原始显微硬度的百分数

$$N = \frac{H - H_o}{H_o} \times 100\%$$

式中,H—已加工表面的显微硬度,GPa;

H_o—原基本金属的显微硬度,GPa。

硬化层深度 h_d 是已加工表面至未硬化处的垂直距离，单位为 μm。

一般 h_d 可达几十到几百微米，而硬化程度可达 120%～200%，研究证实：硬化程度 N 大时，硬化层深度也大。

（2）影响加工硬化的因素

凡是增大变形与摩擦的因素都将加剧加工硬化，而有利弱化的因素，如较高的温度、较低的熔点等，都会减轻加工硬化。

①刀具方面。前角增大，变形减小，硬化减小，如图 3－22。切削刃钝圆半径 r_n 越大，挤压增大，硬化增大，如图 3－23。后面磨损 VB 增加，摩擦增大，硬化增大，如图 3－24。

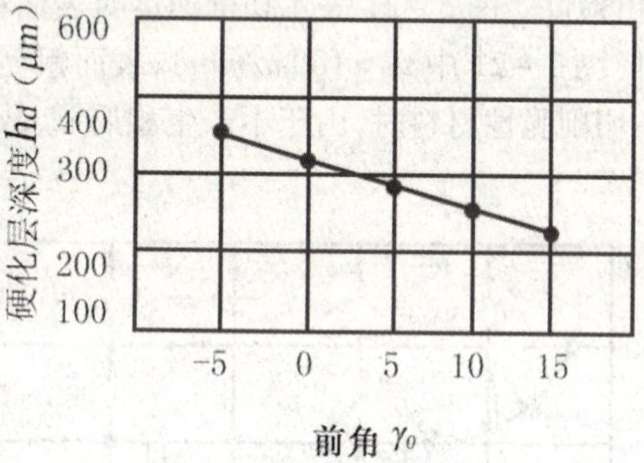

刀具：$YG6X$ 端铣刀，工件材料：$1Gr18Ni9Ti$

削用量：$a_{sp}=0.5-3mm$，$v_c=51.7mm/min$，$f_z=0.5mm/Z$

图 3－22　前角对硬化深度的影响

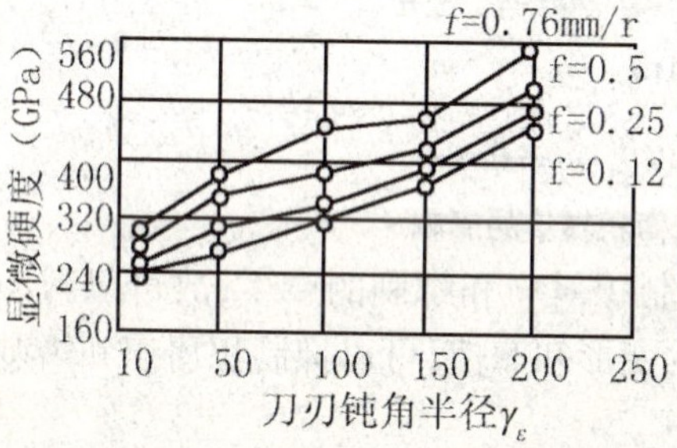

工件：45 钢

图 3－23　刀刃钝圆半径对加工硬化的影响

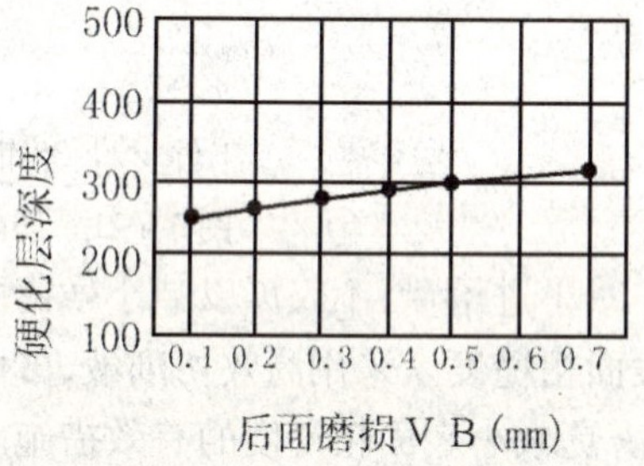

刀具、工作材料及切削用量与图 3－25 相同

图 3－24　刀具磨损对硬化层深度的影响

②工件方面。工件材料塑性越大，强化指数大，硬化增大，一般碳素结构钢，含碳量越少，塑性越大，硬化越严重；高锰钢 $Mn12$，强化指数大，加工后硬度可增高二倍以上。有色金属熔点低，容易弱化，加工硬化比结构钢小得多；铜合金的已加工表面硬度比钢小 30%，铝合金比钢小 75% 左右。

③切削用量方面。切削速度增加，塑性变形减小，塑性变形区域缩小，硬化层深度减小。切削速度增加，温度升高，当温度超过相变温度 A_{c3} 时，表面层形成淬火组织，硬化增加，实验结果如图 3－25 所示。

增加进给量，切削力及塑性变形区域范围增大，硬化增加，如图 3－26 所示。背吃刀量对硬化影响不大。此外，良好的冷却润滑可减少硬化，如精车镍钛合金叶片时，利用高压喷射切削液，可使 h_d 由 0.15mm 减少至 0.065mm。

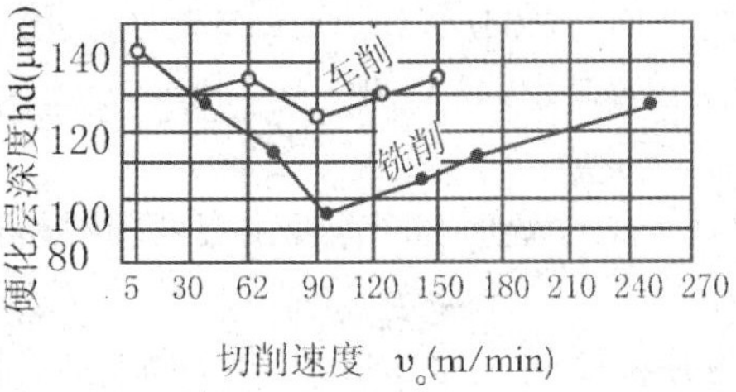

刀具:硬质合金,工件材料:45 钢切削用量:车削时

$a_{sp}=0.5mm$,$f=0.14mm/r$,铣削时 $a_{sp}=3mm$

$fz=0.04mm/z$

图 3-25 切削速度对硬化层深度的影响

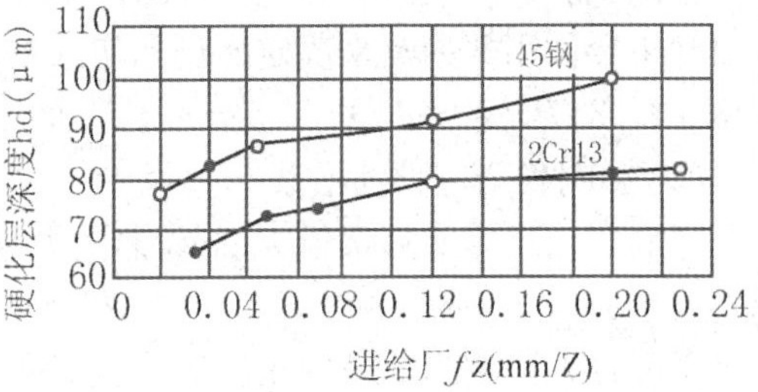

刀具:单齿硬质合金端铣刀

切削用量:$a_{sp}=2.5mm$,$v_c=320m/min$(45 钢)

$v_c=180m/min(2Cr13)$

图 3-26 进给量对硬化层深度的影响

5. 残余应力

残余应力是由于塑性变形不均匀,在物体内部又要保持平衡而产生的应力。

已加工表面常有残余应力。残余应力又有残余拉应力和残余压应力之别。残余拉应力会降低零件的疲劳强度,有时甚至在切削加工之后,就会使零件表面产生微裂纹;而残余压应力有时却能提高零件的疲劳强度。各部分的残余应力由于分布不均匀,会使工件发生变形,影响工件的形状和尺寸精度。

(1)残余应力产生的原因

①机械应力引起塑性变形产生残余应力。切削过程中,刀刃前方的工件材料受到前面的挤压,从而使既将成为已加工表面层的金属,在切削方向(沿已加工表面方向)产生压缩塑性变形;而在已加工表面垂直方向产生拉伸塑性变形,切削后受到与之连成一体的里层未变形金属的牵制,从而在表层产生残余拉应力,里层产生残余压应力。

此外,在已加工表面形成过程中,刀具的后面与已加工表面产生很大的挤压与摩擦,使表层金属产生拉伸塑性变形,刀具离开后,在里层金属作用下,表层金属产生残余压应力;相应地,里层金属产生残余拉应力。

刀刃前方的压缩塑性变形与刀刃后方的拉伸塑性变形相比较:前者大时,已加工表面最终产生残余拉应力;后者大时,产生残余压应力。

②热应力引起塑性变形产生残余应力。切削时已加工表面层的温度很高;而里层温度较低,形成温度分布不均匀,因此,表层体积膨胀受到里层金属的阻碍,从而使表层金属产生热应力,热应力超过材料的屈服极限时,使表层金属产生压缩塑性变形。切削后冷却至室温时,表层金属体积的收缩又受到里层金属的牵制,因而使表层金属产生残余拉应力,里层金属产生残余压应力。

③相变引起金相组织体积变化产生残余应力。切削时,若表层温度高于相变温度,则表面组织产生相变。由于各种金相组织的体积不同,从而产生残余应力。如高速切削碳素钢,切削温度可达600°C~800°C,而碳素钢在720°C时发生相变,形成奥氏体,冷却后变为马氏体,而马氏体的体积比奥氏体大,因而表层金属膨胀,但受到里层金属的阻碍,而使表层产生残余压应力,里层产生残余拉应力。加工淬火钢时,若表层金属产生退火,则马氏体转变为屈氏体或索氏体,表层体积缩小,但受到里层金属的牵制,而表层产生残余拉应力,里层产生残余压应力。

已加工表面的残余应力是上述诸因素综合作用的结果，其大小和符号（拉应力或压应力）则由起主导作用的因素来决定。例如切削碳素钢时，已加工表面层常为残余拉应力，其值可达0.78～1.08GPa（80～110k—kgf/mm^2），而残余应力层的深度可达0.40～0.50mm。

（2）影响残余应力的因素

影响残余应力的因素较为复杂，总的说来，凡能减少塑性变形和降低切削温度的因素都能减少残余应力。

①刀具方面。当前角由正值变为负值时，刀刃前方金属的压缩变形及刀具对已加工表面的挤压与摩擦作用越大，使残余应力减小。当在一定的切削用量时，采用绝对值较大的负前角，甚至可以使已加工表面层得到残余压应力。

刀具后面磨损量 *VB* 增加，摩擦增加，温度也随之增加，从而由热应力引起的残余拉应力增加，相应地，残余应力层的深度也随之增加。

②工件方面。塑性较大的材料，如工业纯铁、奥氏体不锈钢，切削加工后通常产生残余拉应力，而且塑性较大，而残余拉应力也越大。切削灰铸铁等脆性材料时，后面的挤压与摩擦起主导作用，加工表面产生拉伸变形，表面层将产生残余压应力。

③切削条件方面。切削速度增加，切削温度随之增加，热应力引起的残余拉应力起主导作用，并随切削速度的提高而增加。当切削温度超过金属的相变温度时，残余应力的大小及符号取决于表面层金相组织的变化。

进给量增加时，切削力及塑性变形区域随之增大，并且热应力引起的残余应力占优势，从而表面层的残余拉应力及残余应力层深度随之增加。

背吃刀量对残余应力的影响不大，在加工淬火并回火的45钢时，随着切削深度的增加，表面层残余拉应力略为减小。

§3.2 切削力及切削功率

切削力就是在切削过程中作用在刀具与工件上的力。切削力作的功就是切削功率。在切削过程中，切削功率转变为切削热，影响刀具的磨损、耐用度、加工精度及加工质量。生产中切削力又是计算切削功率、设计和使用机床、刀具和夹具的主要依据。因此，研究切削力及其规律，将有利于分析切削过程，并对生产实践有重要的指导意义。

3.2.1 切削力的合力、分力和切削功率

1. 切削力的来源

切削力来源于两个方面，既切削层弹性变形与塑性变形的变形抗力和切屑与刀具前面与后面的摩擦力。如图3－27所示。

2. 切削合力与分力

合力可以按不同的要求和方向来分解，如图3－28所示为正交切削力的分解。图中 F 可分解为三对力，既沿前面的摩擦力 F_γ 和垂直前面的正压力 $F_{\gamma N}$；沿剪切面的摩擦力 F_{sh} 和垂直于剪切面的正压力 F_{shN}；沿主运动方向的切削力 F_c 和沿进给运动方向的进给力 F_f。

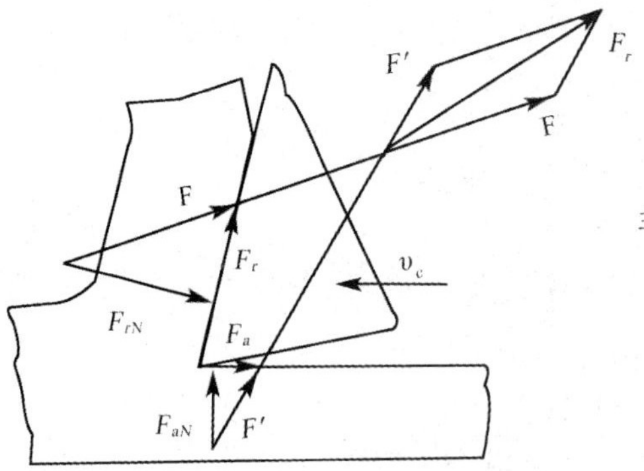

图3-27 作用在刀具上的力

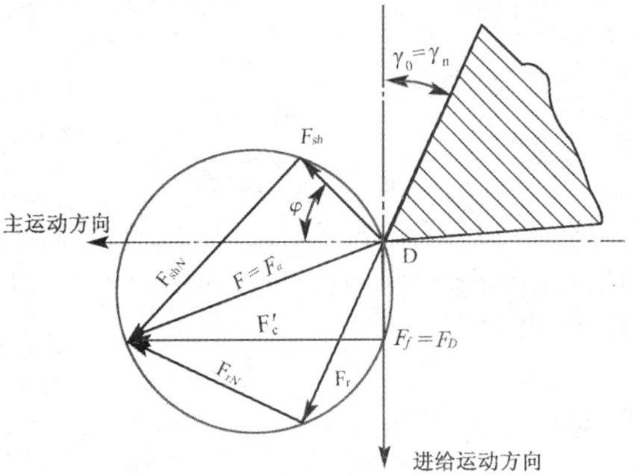

图3-28 正交切削力的分解

为了实际应用,常分解为沿机床三个运动方向且互相垂直的三个分力,如图3-29所示。F_c 为切削力或主切削力或切向力,是总切削力在主运动方向上的正投影,是计算车刀强度、设计机床零件、确定机床功率所必需的;F_f 为进给力或轴向力,是总切削力在进给方向上的正投影,是设计机床走刀机构强度,计算刀具进给功率所必需的;F_p 为背向力或径向力,是总切削力在垂直于工作平面上的分力,是计算机床零件和车刀强度所必需的。F_p 还用来确定与工件加工精度有关的工件挠度,也是使工件在切削过程中产生振动的力。由图3-29得

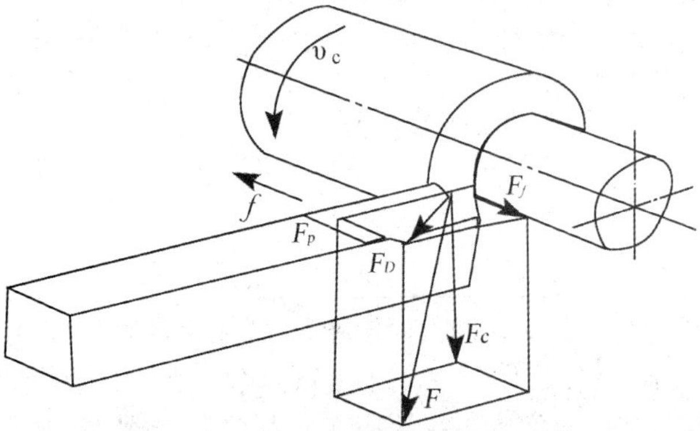

图3-29 切削力的合力和分力

$$F=\sqrt{F_c^2+F_D^2}=\sqrt{F_c^2+F_f^2+F_p^2} \qquad (3-11)$$

$$F_p=F_D cosk_r \qquad F_f=F_D sink_r \qquad (3-12)$$

根据实验,当 $k_r=45°$,$\lambda_s=0°$,$\gamma_o=15°$时,F_c、F_f 和 F_p 之间有如下的近似关系

$F_p=(0.4\sim0.5)F_c$;$F_f=(0.3\sim0.4)F_c$;$F=(1.12\sim1.18)F_c$

随着刀具几何参数、切削用量、工件材料和刀具磨损等情况的不同,F_c、F_f、F_p 之间的比例可在较大的范围内变化。

切削力的大小,可以用测力仪进行测量,也可以通过理论公式或经验公式进行计算,以下分别加以介绍。

3. 切削功率 P_c

切削功率就是消耗在切削过程中的功率，是一瞬间切削刃基点上的切削力与切削速度的乘积。

$$P_c = (F_c \cdot \nu_c + \frac{F_f \cdot \nu_f}{1000}) \times 10^{-3}(KW) \qquad (3-13)$$

式中 ν_f – 进给速度，mm/min。

式(3–13)等号右侧的第二项是进给力 F_f 消耗在进给运动中的功率，它相对于主切削力 F_c 所消耗在主运动中的功率来说很小（ <1 ~2%），可以忽略。此外，背向力 F_p 不消耗功率，于是

$$P_c = F_c \cdot \nu_c \cdot 10^{-3}(KW) \qquad (3-14)$$

求出 P_c 之后，如要计算机床功率 P_E，还应将 P_c 除以机床传动效率 η_c，即

$$P_E \geq \frac{P_c}{\eta_c} \qquad (3-15)$$

3.2.2 切削力的理论公式

多年来，国内外许多学者对计算切削力的理论公式作了大量工作，力图建立切削力的理论公式，但由于切削过程非常复杂，影响因素众多，如变形速度高、应力状态复杂、温度影响大等，迄今为止还未能建立起与实验结果足够符合的理论公式。但是理论公式能相当充分地反映切削过程，可以解释切削过程的许多现象，使用简单，因此有必要对它进行研究。

用材料力学的原理，可以推导出切削力的理论公式

$$F_c = \tau_s h_D b_D (1.4\Lambda_h + C) = \tau_s a_{sp} f (1.4\Lambda_h + C) \qquad (3-16)$$

式中 C—与前角 γ_o 有关的系数，见表 3–1

表 3–1　　不同前角 γ_o 时的系数 C

前角	-10°	$0°$	$10°$	20° 以上
C	1.2	0.8	0.6	0.45

由式(3–16)可以看出各因素对切削力的影响，τ_s 代表材料的性能，Λ_h 代表变形，a_{sp} f 代表切削用量，$h_D b_D$ 代表切削面积，γ_o 代表刀具前角，既这个公式反映了影响切削力诸因素的内在联系，但是在公式推导过程中简化了许多因素，如切削温度、内摩擦、刀刃钝圆半径以及材料内部缺陷等，因而计算出的切削力不够精确，但随着塑性理论、金属物理学、摩擦学、位错理论学的发展，相信今后能建立与实验结果符合的切削力理论公式。

3.2.3 切削力的测量

在切削实验和生产条件下，可以用测力仪测量切削力。测力仪按工作原理可分为机械、液压和电气三类。电气式测力仪应用较为广泛，又可分为电阻式、电容式、电感式和电磁式等，目前常用的是电阻式测力仪。

电阻式测力仪的工作原理如图 3–30 所示。

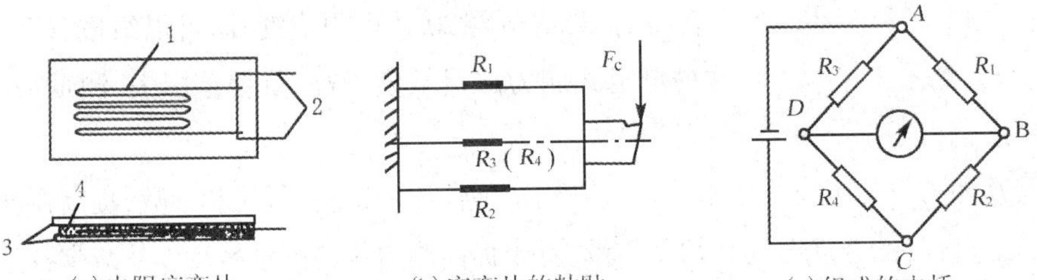

（a）电阻应变片　（b）应变片的粘贴　（c）组成的电桥

1. 金属电阻丝；2. 引出线；3. 绝缘层；4. 胶

图 3－30　电图阻式测力仪工作原理

具有一定电阻值的电阻应变片粘贴在测力仪的弹性元件上，且各电阻应变片连接成电桥。电桥各臂的电阻分别为 R_1、R_2、R_3 和 R_4。如果 $R_1/R_2=R_3/R_4$，则电桥平衡，既 B、D 两点的电位差为零。切削时，在切削力的作用下，电阻应变片随着测力仪弹性元件的弹性变形而变形。在 3－30 图中应变片 R_1 受拉伸。断面积缩小，电阻值增大；应变片 R_2 受压缩，断面积增大，电阻值减小。于是电桥平衡遭到破坏，B、D 两点出现电位差，电流表有电流通过。切削力愈大，这种变化愈大。电流表中指示的读数可代表出切削力大小。电流读数和切削力之间的关系可以通过对测力仪的定标获得。测力时，只要知道电流读数，就能从标定曲线上查出切削力的数据。

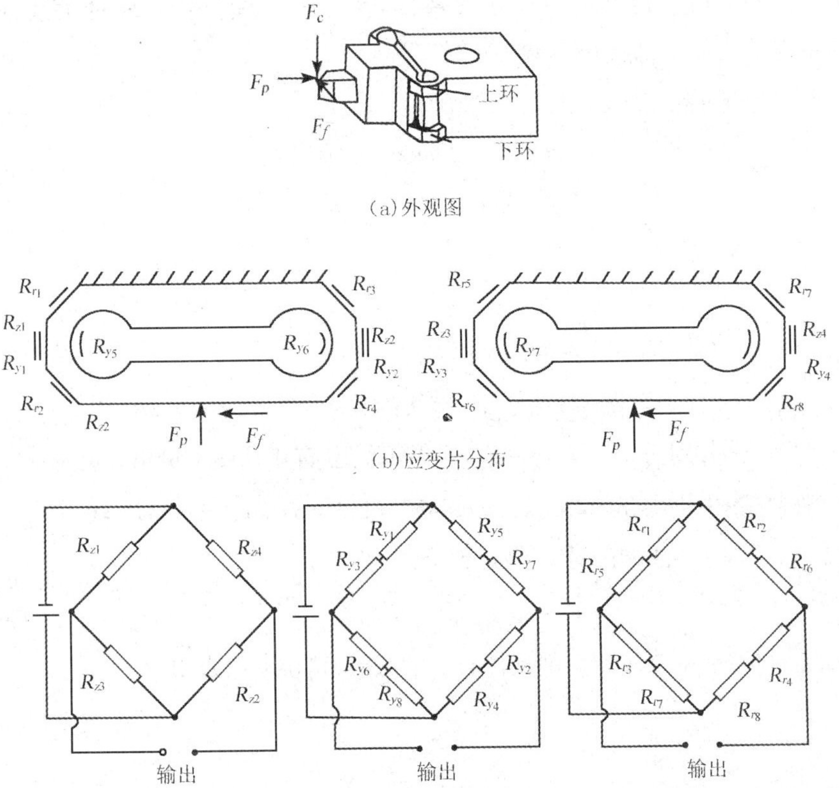

（a）外观图

（b）应变片分布

（c）电桥联线图

图 3－31　八角环形三向车削测力仪

图 3-31 是一种常用八角环电阻式三向车削测力仪的传感器,图 3-31(a)为装上车刀的八角环,在它的上环和下环的各个表面上,共粘贴着 20 片电阻应变片,可以组成三个电桥,分别测 F_c、F_p、F_f,见图 3-31b、c。这种电阻式测力仪灵敏度较高,量程范围大,测量精度较高,即可用于静态也可用于动态测量。

传感器是测力仪的主要组成部分。合理确定弹性体的结构、形状和参数,提高弹性体的制造精度,保证应变片的合理布局和粘贴质量,对于提高测力仪的测量精度以及减少各分力的相互干涉十分重要。

3.2.4 切削力的经验公式

目前,生产实际中计算切削力的经验公式可分为两类:一类是切削力的指数公式;一类是单位切削力公式。

1. 切削力的指数公式

切削力的指数公式的建立步骤,以主切削力 F_c 为例来说明。

(1)进行切削实验,测量出切削力

采用单因素分析法,先固定其他因素如工件材料、刀具几何参数、切削速度等不变,以不同的背吃刀量 a_{sp} 进行切削,得出 $a_{sp} \sim F_c$ 的关系,再以同样方法得出 $f \sim F_c$ 的关系,将这两组关系数据画在双对数坐标中,如图 3-32 所示。

(2)求出直线的对数方程,如图 3-32 所示。

$$1gF_c = 1gC_{a_{sp}} + x_{Fc} \cdot 1ga_{sp}$$

$$1gF_c = 1gC_f + y_{F_c} \cdot 1gf$$

将上二式去掉对数,改写为

$$F_c = C_{a_{sp}} \cdot a_{sp}^{x_{Fc}}$$

$$F_c = C_f \cdot f^{y_{Fc}}$$

式中,x_{Fc}、y_{Fc}——分别为 $a_{sp} \sim Fc$,$f \sim Fc$ 直线的斜率,即 $tan\alpha$ 及 $tan\beta$;

$C_{a_{sp}}$、C_f——分别为 $a_{sp} - F_c$、$f - F_c$ 直线的截距,直接从图中量出。

α、β 可直接从图中量出,$\alpha = 45°$,$x_{F_c} = tan45° = 1$;$\beta = 37^o$,$y_{Fc} = tan37^o = 0.75$。

(3)综合 a_{sp}、f 对 F_c 的影响,求出的指数公式为

$$F_c = C_{Fc} \cdot a_{sp}^{x_{Fc}} \cdot f^{y_{Fc}} \quad (3-17)$$

式中,C_{Fc}—与被加工金属和切削条件有关的系数,可由实验求出。

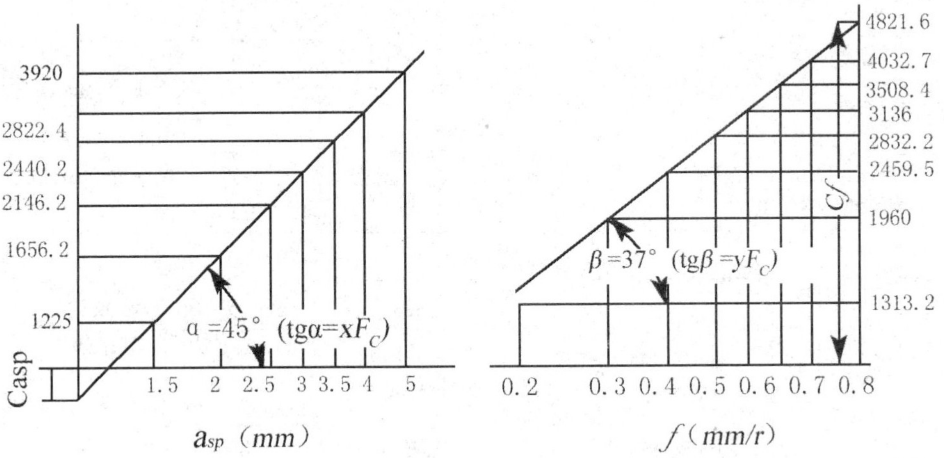

实验条件:刀具:$YT15$,$\gamma_o=15°$,$\alpha_o=8°$,$k_r=45°$

工件:45 钢,切削用量:$v_c=105m/min$ 干切

图 3－32 $a_{sp}-F$、$f-F_c$ 在双对数坐标中的直线图形

(4)考虑其他因素对切削力的影响,可以用修正系数表示。上述指数公式是在特定实验条件下得到的,如果切削条件与实验条件不符,一般是在实验公式的基础上乘上一个修正系数 K_F,K_F 是许多因素的修正系数的乘积,是用实验方法求出的。最后得到三个分力的指数公式为

$$\begin{aligned}F_c&=C_{F_c}\cdot a_{sp}^{x_{F_c}}\cdot f^{y_{F_c}}\cdot v_c^{n_{F_c}}\cdot K_{F_c}\\F_p&=C_{F_p}\cdot a_{sp}^{x_{F_p}}\cdot f^{y_{F_p}}\cdot v_c^{n_{F_p}}\cdot K_{F_p}\\F_f&=C_{F_f}\cdot a_{sp}^{x_{F_f}}\cdot f^{y_{F_f}}\cdot v_c^{n_{F_f}}\cdot K_{F_f}\end{aligned}\qquad(3-18)$$

式中,F_c、F_p、F_f、——分别为主切削力、背向力和进给力;

C_{Fc}、C_{Fp}、C_{Ff}——分别为被加工金属和切削条件有关的系数(表 3－2);

x_{Fc}、y_{Fc}、n_{Fc}、x_{Fp}、y_{Fp}、n_{Fp}、x_{F_f}、y_{F_f}、n_{F_f}—分别为三个分力公式中背吃刀量 a_{sp},进给量 f 和切削速度 v_c 的指数(表 3－2)。

K_{Fc}、K_{Fp}、K_{F_f}——分别为各因素对切削力的修正系数的乘积(表 3－3、3－4、3－5)。

求出 F_c 后代入式(3－14)既可计算出切削功率 P_c。

表 3－2　　车削时的切分力及切削功率的计算公式

计算公式		
切削力 F_c	$F_c=9.81C_{F_c}a_{sp}^{x_{F_c}}f^{y_{F_c}}v_c^{n_{F_c}}K_{F_c}$	式中　F_c 的单位为 N； P 的单位为 kW； ν_c 的单位为 m/min。
背向力 F_p	$F_p=9.81C_{F_p}a_{sp}^{x_{F_p}}f^{y_{F_p}}v_c^{n_{F_p}}K_{F_p}$	
进给力 F_f	$F_f=9.81C_{F_f}a_{sp}^{x_{F_f}}f^{y_{F_f}}v_c^{n_{F_f}}K_{F_f}$	
切削时消耗的功率 P_c	$P_c=F_c\cdot\nu_c\times10^{-3}$	

公式中的系数和指数

加工材料	刀具材料	加工型式	公式中系数及指数											
			切削力 F_c				背向力 F_p				进给力 F_f			
			C_{F_c}	x_{F_c}	y_{F_c}	n_{F_c}	C_{F_p}	x_{F_p}	y_{F_p}	n_{F_p}	C_{F_f}	x_{F_f}	y_{F_f}	n_{F_f}
结构钢及铸钢 $\sigma_b=0.65GPa$	硬质合金	外圆纵车、横车及镗车	270	1.0	0.75	-0.15	199	0.9	0.6	-0.3	294	1.0	0.5	-0.4
		切槽及切断	376	0.72	0.8	0	142	0.73	0.67	0	–	–	–	–
		切螺纹	133	–	1.7	0.71	–	–	–	–	–	–	–	–
	高速钢	外圆纵车、横车及镗车	189	1.0	0.75	0	94	0.9	0.75	0	54	1.2	0.65	0
		切槽及切断	222	1.0	1.0	0	–	–	–	–	–	–	–	–
		成形车削	191	1.0	0.75	0	–	–	–	–	–	–	–	–
不锈钢 IGr18Ni9Ti HBS＝141	硬质合金	外圆纵车、横车及镗车	204	1.0	0.75	0	–	–	–	–	–	–	–	–
灰铸钢 HBS＝190	硬质合金	外圆纵车、横车及镗车	92	1.0	0.75	0	54	0.9	0.75	0	46	1.0	0.4	0
		切螺纹	1.03	–	1.8	0.82	–	–	–	–	–	–	–	–
	高速钢	外圆纵车、横车及镗车	114	1.0	0.75	0	119	0.9	0.75	0	51	1.2	0.65	0
		切槽及切断	158	1.0	1.0	0	–	–	–	–	–	–	–	–
可锻铸钢 HBS＝150	硬质合金	外圆纵车、横车及镗车	81	1.0	0.75	0	43	0.9	0.75	38	1.0	0.4	0	
	高速钢	外圆纵车、横车及镗车	100	1.0	0.75	0	88	0.9	0.75	0	40	1.2	0.65	0
		切槽及切断	139	1.0	1.0	0	–	–	–	–	–	–	–	–
中等硬度不均质铜合金 HBS＝120	高速钢	外圆纵车、横车及镗车	55	1.0	0.66	0	–	–	–	–	–	–	–	–
		切槽及切断	75	1.0	1.0	0	–	–	–	–	–	–	–	–
铝及铝硅合金	高速钢	外圆纵车、横车及镗车	40	1.0	0.75	0	–	–	–	–	–	–	–	–
		切槽及切断	50	1.0	1.0	0	–	–	–	–	–	–	–	–

注:1. 成形车削深度不大,形状不复杂的轮廓时,切削力减小 10%～15%；

2. 切螺纹时切削力按下式计算。

$$F_c=\frac{9.81C_{F_c}t_1^{\,y_{F_c}}}{N_0^{\,n_{F_c}}}$$

式中，t_1——螺距；N_0——走刀次数。

3. 加工条件改变时，切削力的修正系数见表3－3、表3－5。

表3－3　**钢和灰铸铁的强度硬度改变时切削力的修正系数 K_{mF}**

加工材料	结构钢和铸钢						灰铸铁		可锻铸铁	
系数 K_{mF}	$K_{mF}=\left(\frac{\sigma_b}{0.65}\right)^{n_F}$						$K_{mF}=\left(\frac{HBS}{190}\right)^{n_F}$		$K_{mF}=\left(\frac{HBS}{150}\right)^{n_F}$	
上列公式中的指数 n_F										
加工材料	车削时的切削力						钻孔时的轴向力 F 及扭矩 M		铣削时的圆周力 F_c	
	F_f		F_c		F_p					
	刀具材料									
	硬质合金	高速钢	硬质合金	高速钢	硬质合金	高速钢	硬质合金	高速钢	硬质合金	高速钢
	指数 n_F									
结构钢及铸钢 $\sigma_b \leqslant o.6Gpa$ $\sigma_b >0.6Gpa$	0.75	0.35 0.75	1.35	2.0	1.0	1.5	0.75		0.3	
灰铸铁及可锻铸铁	0.4	0.55	1.0	1.3	0.8	1.1	0.6		1.0	0.55

2. 单位切削力公式

（1）单位切削力 K_c：

单位切削力 K_c 就是切削力与切削层公称横截面积之比。如果单位切削力 K_c 为已知，则可计算出主切削力 F_c。其计算公式为

$$K_c=\frac{F_c}{A_D}=\frac{F_c}{a_{sp}f}=\frac{F_c}{h_Db_D}\quad (N/mm^2) \tag{3-19}$$

$$F_c=K_c\cdot A_D=K_c\cdot a_{sp}\cdot f\quad (N) \tag{3-20}$$

（2）单位切削功率 p_c

单位切削功率 p_c 就是单位时间内切除单位体积材料所需的切削功率。

$$p_c = \frac{P_c}{Q} \quad (KW/mm^3/min) \tag{3-21}$$

式中 Q—单位时间内的金属切除量。$Q = 1000\nu_c a_{sp} f mm^3/min$；

P_c—切削功率。

切削功率 P_c 为

$$P_c = F_c \cdot v_c \cdot 10^{-3} = K_c \cdot v_c \cdot a_{sp} \cdot f \cdot 10^{-3} \quad (KW) \tag{3-22}$$

将 Q、P_c、K_c 代入(3-21)得

$$p_c = \frac{K_c \cdot a_{sp} \cdot f \cdot \nu_c 10^{-3}}{1000 \cdot v_c \cdot a_{sp} \cdot f} = K_c \cdot 10^{-6} \tag{3-23}$$

通过实验求得 K_c 后，即可通过式(3-23)和式(3-22)求出 p_c 和 P_c。表3-6中列出几种常用材料的单位切削力。应该指出，对于不同材料单位切削力不同。即使是同一种材料，如果切削用量、刀具几何参数不同，K_c 值也不同。因此在计算 F_c 和 P_c 时，如果切削条件与表列条件不同，也应乘以修正系数加以修正。

还要说明，用切削力的指数公式计算出的切削力和用单位切削力公式计算出的切削力，二者可能有较大的差别，这是因为实验条件不同，表3-2至表3-6的数据来源不同，不过每种经验公式对于求出它的具体条件来说都是正确的。

表3-4　　铜及铝合金的物理机械性能改变时切削力的修正系数 K_{mF}

铜合金的系数 K_{mF}						铝合金的系数 K_{mF}			
不均匀的		非均质的铅合金和含铅不足10%的均质合金	均质合金	铜	含铅大于15%的合金	铝及铝硅合金	硬铝		
中等硬度 HBS =120	高硬度 HBS >120						σ_b=0.25GPα	σ_b=0.35GPα	σ_b>0.35GPα
1.0	0.75	0.65~0.70	1.8~2.2	1.7~2.1	0.25~0.45	1.0	1.5	2.0	2.75

表3-5　　加工钢及铸铁刀具几何参数改变时切削力的修正系数

参数		刀具材料	名称	切削力		
名称	数值[°]			F_c	F_p	F_f
主偏角 k_r	30	硬质合金	K_{krF}	1.08	1.30	0.78
	45			1.0	1.0	1.0
	60			0.94	0.77	1.11
	75			0.92	0.62	1.13
	90			0.89	0.50	1.17
	30	高速钢		1.08	1.63	0.7
	45			1.0	1.0	1.0
	60			0.98	0.71	1.27
	75			1.03	0.54	1.51
	90			1.08	0.44	1.82
前角 γ_o	-15	硬质合金	γ_{oF}	1.25	2.0	2.0
	-10			1.2	1.8	1.8
	0			1.1	1.4	1.4
	10			1.0	1.0	1.0
	20			0.9	0.7	0.7
	12~15	高速钢		1.15	1.6	1.7
	20~25			1.0	1.0	1.0
刃倾角 λ_s	+5	硬质合金	$K_{\lambda sF}$	1.0	0.75	1.07
	0				1.0	1.0
	-5				1.25	0.85
	-10				1.5	0.75
	-15				1.7	0.65
刀尖圆弧半径 $r_\varepsilon(mm)$	0.5	速钢	$K_{r\varepsilon F}$	0.87	0.66	.0
	1.0			0.93	1.82	
	2.0			1.0	1.0	
	3.0			1.04	1.14	
	5.0			1.1	1.33	

表 3-6　　硬质合金外圆车刀切削几种常用材料的单位切削力

<table>
<tr><th colspan="5">工件材料</th><th colspan="4">实验条件</th></tr>
<tr><th>名称</th><th>牌号</th><th>制造、热处理状态</th><th>硬度 HBS</th><th>单位切削力 N/mm^2</th><th colspan="3">刀具几何参数</th><th>切削用量范围</th></tr>
<tr><td rowspan="5">钢</td><td rowspan="3">45</td><td>热轧或正火</td><td>187</td><td>1962 (200)</td><td rowspan="5">$_o=15°$
$k_r=75°$
$\lambda_s=0°$</td><td rowspan="5">前面带卷屑槽</td><td>$b_{r1}=0$</td><td rowspan="5">$_c=90\sim105$ m/min
$a_{sp}=1\sim5$ mm
$f=0.1\sim0.5$ mm/r</td></tr>
<tr><td>调质(淬火及高温回火</td><td>229</td><td>2305(235)</td><td rowspan="2">$b_{r1}=0.1\sim0.15mm$
$r_{01}=-20^o$</td></tr>
<tr><td>淬硬(淬火及低温回火</td><td>44 (HRC)</td><td>2649(270)</td></tr>
<tr><td rowspan="2">40Cr</td><td>热轧或正火</td><td>212</td><td>1962(200)</td><td>$b_{r1}=0$</td></tr>
<tr><td>调质(淬火及高温回火</td><td>285</td><td>2305(235)</td><td>$b_{r1}=0.1\sim0.15mm$
$\gamma_{a1}=-20°$</td></tr>
<tr><td>灰铸铁</td><td>HT200</td><td>退火</td><td>170</td><td>1118 (114)</td><td></td><td colspan="2">$b_{r1}=0$
平前面无卷屑槽</td><td>$v_c=70\sim80$ m/min
$a_{sp}=2\sim10$ mm
$f=0.1\sim0.5$ mm/r</td></tr>
</table>

3.2.5 影响切削力的因素

1. 被切削材料的影响

从理论公式和经验公式都可以看出:被加工材料的物理机械性质、加工硬化能力、化学成分、热处理状态和切削前的状态都对切削力的大小产生影响。

材料的强度愈高、硬度愈大,切削力就愈大。有的材料如奥氏体不锈钢虽然初期强度和硬度都较低,但加工硬化大,切削时较小的变形就会引起硬度大大的提高,从而使切削力增大。

材料的化学成分会影响其物理机械性能,从而影响切削力的大小,如含碳量高,硬度高,切削力较大。此外,在钢中增加硫、铅的含量,就会引起钢中结构成分间的应力集中,容易形成挤裂切屑,其切削力约比正常钢减少 20% ~30%,且易断屑,这种钢就叫易切钢。

同一材料,热处理状态不同,金相组织不同,硬度就不同,也影响切削力的大小。

铸铁等脆性材料,切削层的塑性变形很小,加工硬化小,切屑为崩碎切屑且与前面的接触面积小,摩擦力也小,切削力比切钢时小。

铜、铝等有色金属强度低，塑性较大，但加工硬化小，因而切削力也较低。

2. 切削用量

(1)背吃刀量 a_{sp} 和进给量 f。a_{sp} 和 f 增大，都会使切削面积 A_D 增大($A_D=h_Db_D=a_{sp}f$)，切削力也随之增大，但 a_{sp} 和 f 对切削力的影响大小不同。背吃刀量 a_{sp} 增加一倍，切削力 F_c 也增大一倍，a_{sp} 对 F_c 的影响呈正比例关系，如图3－33(a)所示。进给量 f 增大切削力也相应增大，但同时 Λ_h 减小，μ 降低，又使切削力减小，这正反两方面作用的结果，使切削力的增大不与 f 成正比，如图3－33b 所示。由表3－2可以看出，a_{sp} 的指数 x_F 都等于1或者略大于1，而 f 的指数 y_F 除切槽或切断外都小于1。

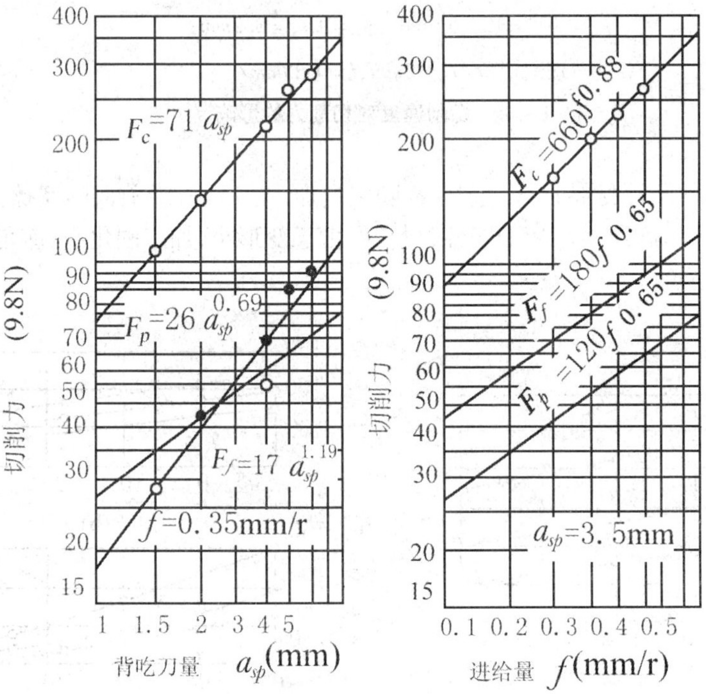

(a)a_{sp} 对切削力的影响　　(b)f 对切削力的影响

工件：45钢 $HBS=187$

刀具：YT15焊接外圆车刀，$\gamma_o=15°$，$\alpha_o=6°\sim8°$，$\alpha_0'=4°\sim6°$，

$k_r=75°$，$k_r'=10°\sim12°$，$\lambda_s=0°$，$b_{r1}=0$，$r_\varepsilon=0.2mm$

切削速度：$v_c=115m/min$

图3－33　背吃刀量和进给量对切削力的影响

由上述分析可知：从切削力和能量消耗的观点来看，用大的 f 切削比用大的 a_{sp} 切削更有利。

(2)切削速度 ν_c。切削塑性金属时，ν_c 对切削力的影响如同对切削变形的影响一样，是通过积屑瘤与摩擦的作用进行的。如图3－34所示，当 $\nu_c<40m/min$ 时，由于积屑瘤的产生和消失，使车刀的实际前角 γ_{o1} 增大或减小，导致了切削力的减小或增大。当 $\nu_c>40m/min$ 时，μ 减小，ϕ 增大，Λ_h 减小，使切削力减小，同时，切削温度增高，使被加工材料的强度和硬度降低，也会导致切削力的下降。故只要条件允许，宜采用高速或超高速切削，同时还可以提高生产效率。

切削脆性金属时，因为形成崩碎切屑，粘结和摩擦系数 μ 均较小，所以 ν_c 对切削力的影响不大。

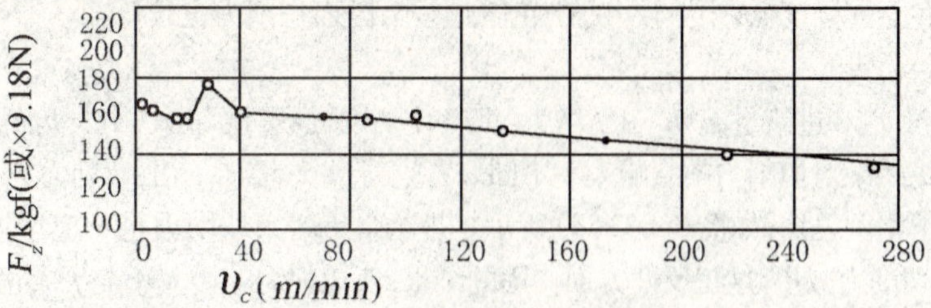

工件材料:45 钢(正火),$HB=187$;刀具:外圆车刀,$YT15$;

刀具几何参数:$\gamma_o=18°,\alpha_o=6°\sim8°,\alpha_o'=4°\sim6°,k_r=75°$,

$k_r'=10°\sim12°,b_{r_1}=0°,\gamma_a=0,r_\varepsilon=0.2mm$;

切削用量:$a_{sp}=3mm,f=0.25mm/r$

图 3－34　切削速度对切削力的影响

3. 刀具几何参数

(1)前角 γ_o。切削塑性材料时,γ_o 增加,ϕ 随之增加,Λ_h 减小,沿前面的摩擦力也减小,因此切削力降低,如图 3－35 所示。切削脆性材料时,由于变形小,加工硬化小,前角对切削力的影响不显著。

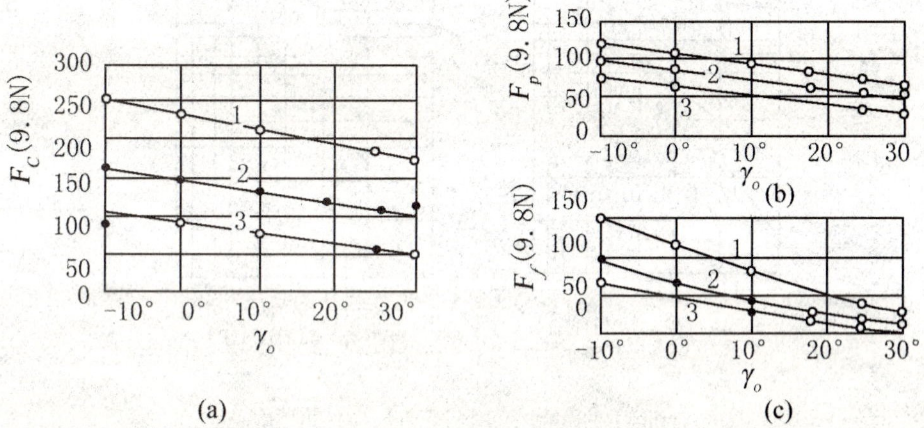

1. $a_{sp}\times f=4\times0.25$　2. $a_{sp}\times f=2.5\times0.25$　3. $a_{sp}\times f=3\times0.1$

工件、刀具条件与图 3－33 相同

切削速度:$v_c=96.5\sim105m/min$

图 3－35　前角对切削力的影响

(2)主偏角 k_r。随着 k_r 的改变,切削厚度与切削刃曲线部分长度发生变化,如图 3－36 所示。k_r 对切削力的影响见图 3－37,在 a_{sp}、f 相同的情况下,k_r 增加,h_D 增大,Λ_h 减小,F_c 减小。但当 k_r 增至 60°～75°之间时,曲线上出现了转折,F_c 逐渐增大。这是因为 k_r 增大使刀尖圆弧部分成比例增大,刀刃的不自由切削段的长度加大,切屑向圆弧部分中心排挤量增加,变形加剧,变形力增加,但 F_c 的增加或减少都不超过 10%。k_r 改变还影响 F_p 和 F_f 的比值。如图 3－38,$F_p=F_D\cdot\cos k_r$,$F_f=F_D\cdot\sin k_r$,可见 F_f 随 k_r 的增大而增大,而 F_p 随 k_r 的增大而减小。车削细长轴,刚性差,为避免振动,提高加工质量,宜用大的 k_r,如常用 $k_r=90°$或 93°的车刀。

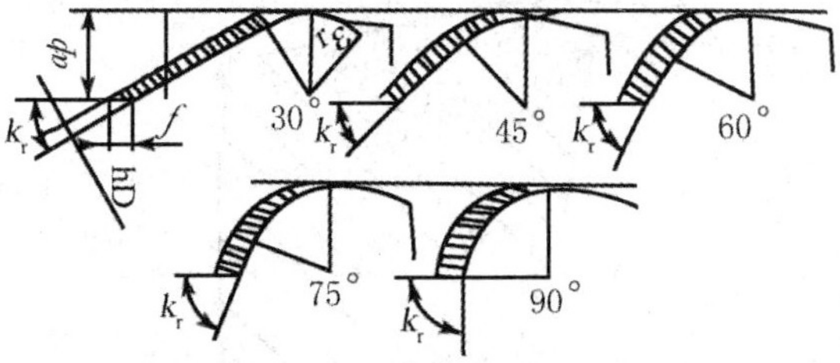

图 3-36　主偏角改变时切削厚度与切削刃曲线部分长度的变化

(3)倒棱 b_{r1}。前面上的倒棱 b_{r1}(图 3-39),可以增加刀刃的强度,但也增加了切屑变形程度,因此切削力略有增大。

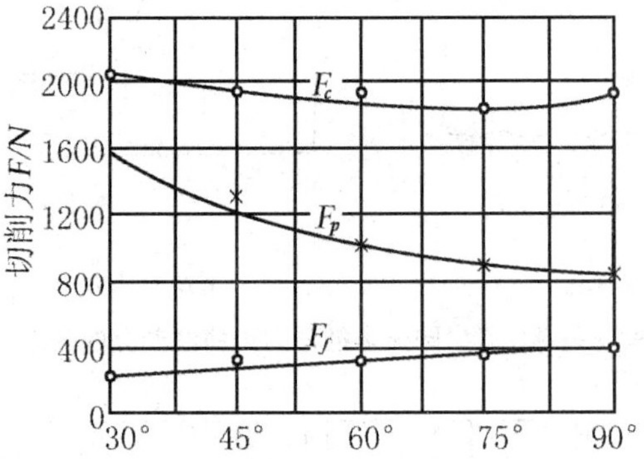

工件材料:45 钢(正火)*HBS*187

刀具:*YT*15 焊接外圆车刀,$\gamma_O=18°\alpha_O=6°\sim8°, k_r=10°\sim12°, \lambda_s=0°, b_r=0, r_\varepsilon=0.2mm$

切削用量:$a_{sp}=3mm, f=0.3mm/r, v_c=95.5-103.5m/min$

图 3-37　主偏角对切削力的影响

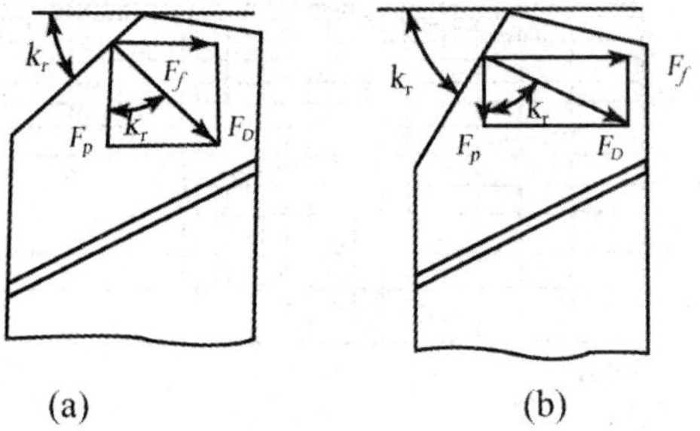

图 3-38　主偏角不同时,F_p 和 F_f

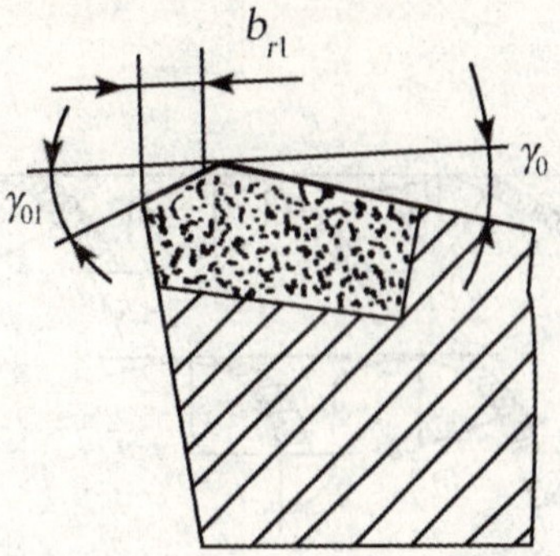

图 3－39　负倒棱对切削力的影响

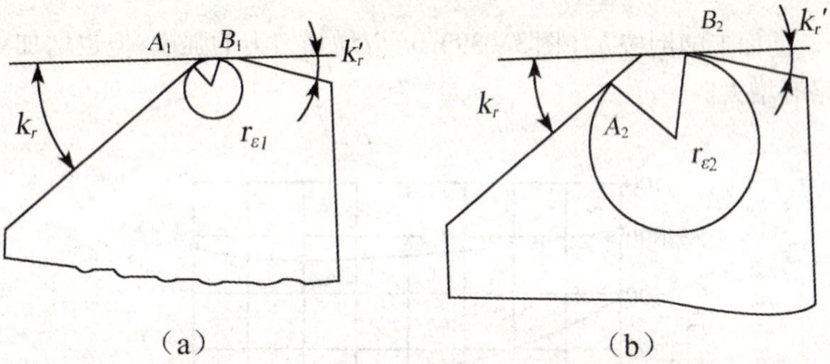

$r_{\varepsilon2} > r_{\varepsilon1}$　　　　$A_2B_2 > A_1B_1$

图 3－40　刀尖圆弧半径与刀刃曲线部分的关系

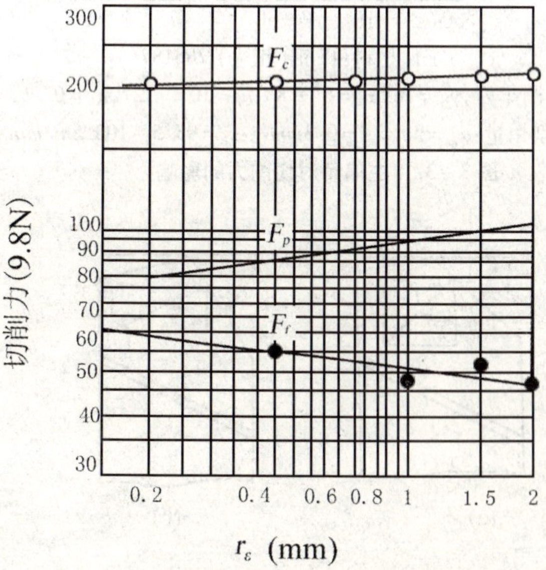

工件材料：45 钢（正火）HBS187

刀具：YT15 焊接平前面外圆车刀 $\gamma_o = 18°$，$\alpha_o = 6° \sim 7°$，$k_r = 75°$，$k_r' = 10° \sim 12°$. $\lambda_s = 0$，$b_{r1} = 0$

切削用量：$a_{sp} = 3mm$，$f = 0.35mm/r$，$v_c = 96m/min$

图 3－41　刀尖圆弧半径对切削力的影响

(4)刀尖圆弧半径 r_ε。刀尖圆弧半径 r_ε(图3-40)增大,切削刃曲线部分的长度和切削宽度也随之增大,曲线刃上各点 k_r 减小,切削变形增大,切削力增大。所以 r_ε 增大相当于 k_r 减小时对切削力的影响。如图3-41所示,当 r_ε 增大时,对 F_p 的影响比对 F_c 的影响大,因为 r_ε 增大,k_r 相对减小,因之 $F_p = F_D cosk_r$ 就增大。所以为了防止振动,应减小 r_ε。

(5)刃倾角 λ_s。实验证实 λ_s 对 F_c 的影响不大,但对 F_f、F_p 的影响较大,如图3-42所示,这是因为随着 λ_s 的增加,在背平面中测量的背前角 γ_p 增大,F_p 就减小。同时在假定工作平面中测量的侧前角 γ_f 减小,F_f 就增大。

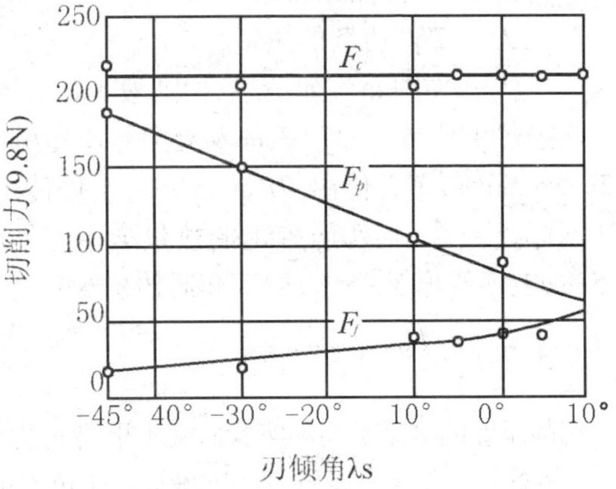

工件材料:45钢(正火).HBS187

刀具:YT15焊接平前面外圆车刀,

$\gamma_o = 18°, \alpha_o = 6°, \alpha'_o = 4° \sim 6°$,

$k_r = 75°, k'_r = 10° \sim 12°, b_{r1} = 0, r_\varepsilon = 0.2mm$

切削用量:$a_{sp} = 3mm, f = 0.35mm/r, v_c = 100m/min$

图3-42　刃倾角对切削力的影响

4. 其他因素

(1)刀具材料与被加工材料的摩擦系数影响摩擦力,进而影响切削力,在同样的切削条件下实验证实:陶瓷刀具的切削力最小,硬质合金刀具次之,高速钢刀具的切削力最大。

(2)使用切削液可减少摩擦,降低切削力,实践证明:切削液的润滑性能愈高,切削力降低愈显著。例如,以 $v_c < 40m/min$ 加工钢时,用矿物油作切削液可使 F_c 减小12%~15%,采用植物油 F_c 可减小20%~25%。

(3)后面的磨损增加,摩擦加剧,切削力增加。因此要及时更换和刃磨刀具。

§3.3 切削热及切削温度

切削热是切削过程的重要物理现象之一,切削温度能改变前面上的摩擦系数,改变工件材料的性能,影响积屑瘤的产生,影响已加工表面质量及零件的加工精度等。

3.3.1 切削热的产生和传出

根据能量守恒原理,切削中所消耗的能量几乎全部转变为热量,三个变形区就是三个发热区(图3-43),即切削热来自工件的弹、塑性变形和前、后面的摩擦功。根据热力学平衡原理,产生的热量和散出的热量应相等,即

$$Q_s + Q_r = Q_c + Q_t + Q_w + Q_m \qquad (3-24)$$

式中,Q_s—工件材料的弹、塑性变形所产生的热量;

Q_r—切屑与前面、加工表面和后面摩擦所产生的热量;

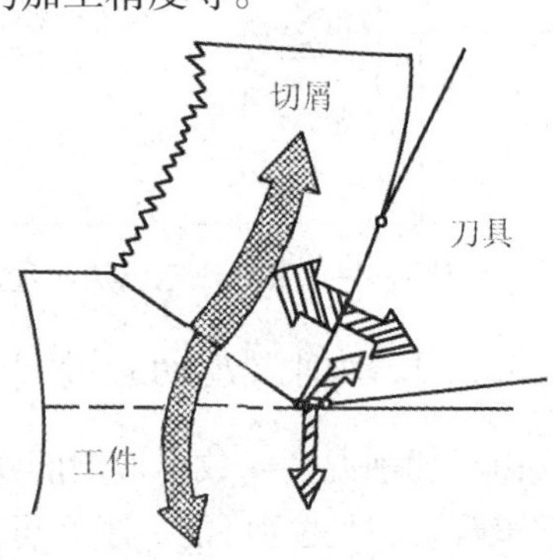

图3-43　切削热的产生和传散

Q_c—切屑所带走的热量；

Q_t—刀具传散的热量；

Q_w—工件传散的热量；

Q_m—周围介质如空气、切削液等带走的热量。

切削热由切屑、刀具、工件及周围介质传出的比例大致如下：车削加工时，切屑带走的热量为50% ~86%，车刀传出40% ~10%，工件传出9% ~3%，周围介质传出1%，切削速度愈高或切削厚度愈大，则切屑带走的热量愈多。钻削加工时，切屑带走的热量为28%，刀具传出14.5%，工件传出52.5%，周围介质传出5%。

3.3.2 切削温度的测量

切削温度的测量是切削实验研究中重要的技术，可以用来研究各因素对切削温度的影响，也可以用来校核切削温度理论计算的准确性。也可以把测得的切削温度做为控制切削过程的参数。

切削温度的测量方法很多，有热电偶法、辐射测温法、热敏颜料法、量热计法等。但目前广为应用的是热电偶法，它简单、可靠、使用方便。它可以分为自然热电偶法和人工热电偶法。

1. 自然热电偶法。利用工件材料和刀具材料化学成分的不同，而组成热电偶的两极。工件与刀具在接触区内因切削热的作用而使温度升高，从而形成热电偶的热端，而刀具的尾端及工件的引出端保持室温，形成热电偶的冷端。热端与冷端之间有热电动势产生。根据测得的切削过程的热电动势（mV）就可在预先标定好的刀具－工件自然热电偶的温度与输出电压的关系曲线上查出对应的温度值，图3－44是在车床上利用自然热电偶法测量切削温度的示意图。刀具和工件应与机床绝缘。

2. 人工热电偶法。人工热电偶法是两种预先经过标定的金属丝组成的热电偶。它的热端固定在刀具和工件上被测温度的点上，冷端通过导线串接在电位计、毫伏计或其他的记录仪器上。根据输出的电压及预先做好的标定曲线，可以测定热端的温度。

图3－45是利用人工热电偶测量刀具或工件某点的示意图。为了正确反应切削过程真实的温度变化，要求把安放热电偶金属丝的小孔直径愈小愈好，因为钻孔后破坏了温度场，孔愈大，误差愈大。此外，金属丝应绝缘，进行动态测量时，还要考虑热电偶有一定的惯性。

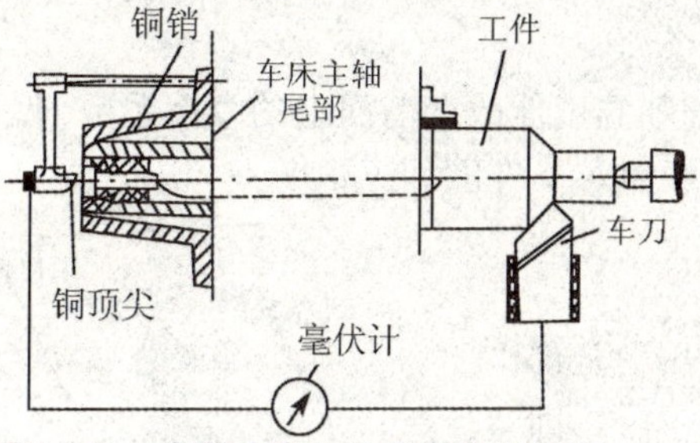

图3－44　自然热电偶法测量切削温度

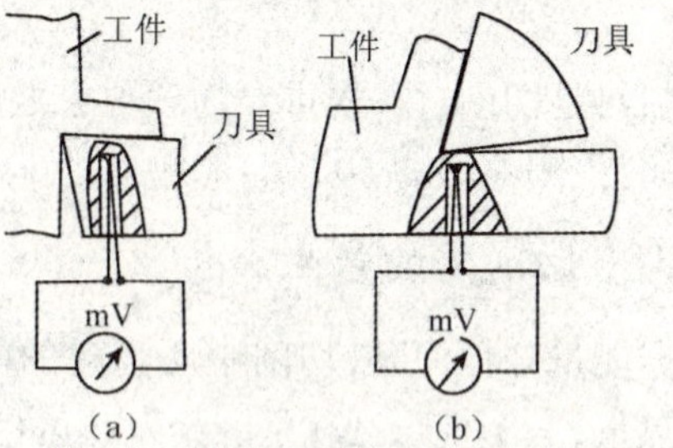

图3－45　人工热电偶测量刀具和工件温度

3.3.3. 切削温度的理论计算

由于切削温度场数学模型的建立和电子计算机的应用，切削温度的理论计算逐渐受到人们的重视，而且变为可能。现在可以计算剪切面的平均温度，前面的平均温度，还可以计算刀具和工件乃至机床的温度场。

切削温度理论计算的数学模型主要是热传导偏微分方程，以及确定边界条件。采用的方法可以是求理论解或数值解。现在利用有限差分法或有限元法来求数值解已较普遍，并且能得到足够的精度。

应该指出，建立符合实际情况的数学模型，编制计算机程序，就能方便、迅速、准确地计算出切削温度及温度场，进而计算热变形，这种理论计算方法并不比实验方法逊色。这应该是研究切削温度的有效方法。

3.3.4 影响切削温度的主要因素

通过实验得出的切削温度的经验公式为

$$\theta = C_\theta \cdot v_c^{z_\theta} \cdot f^{y_\theta} \cdot a_{sp}^{x_\theta} \tag{3-25}$$

式中，θ—前面接触区的平均温度，(°C)；

C_θ—切削温度系数；

$z_\theta, y_\theta, x_\theta$—相应的指数。

实验得出，用高速钢和硬质合金刀具切削中碳钢时，系数 C_θ，指数 $z_\theta, y_\theta, x_\theta$ 见表3-7。

分析各种因素对切削温度的影响，主要是分析这些因素对单位时间内产生的热量和传出的热量的影响。如果产生的热量大于传出的热量，则这些因素将使切削温度升高，反之，这些因素就使切削温度降低。

表3-7 切削温度的系数及指数

刀具材料	加工方法	C_θ	z_θ		y_θ	x_θ
高速钢	车削	140~170	.35~0.45		0.2~0.3	0.08~0.10
	铣削	80				
	钻削	150				
硬质合金	车削	320	f(mm/r) 0.1 0.2 0.3	0.41 0.31 0.26	0.15	0.05

1. 切削用量

有式(3-25)及表3-7可知，v_c, f, a_{sp} 增大，切削功率增大，切削温度升高，但影响程度不一，以 v_c 的影响最显著，f 次之，a_{sp} 最小，这是因为：v_c 增加，ϕ 增大，变形小，使切削力略有下降，但切屑与前面的接触长度减短，散热条件差，温度升高。f 增加，h_D 增大，变形减小，压力中心远离刀尖，散热条件得到改善，温度显著降低。a_{sp} 增加，参加工作的刀刃长度按比例增加，散热条件得到改善，温度显著降低。由此可见，在金属切除率相同的条件下，为降低切削温度，增大 a_{sp} 或 f 远比增加 v_c 更为有利。

2. 刀具几何参数

(1) 前角 γ_0。如图3-46所示，切削温度随前角的增加而降低。这是因为前角增大时，单位切削力下降，产生的切削热减少，$\gamma_0 = 10° \sim 20°$ 时，温度下降显著，$\gamma_0 \geq 20°$，这时楔角减小，散热条件差，温度下降不显著。

(2) 主偏角 k_r。主偏角 k_r 增大时，切削层公称宽度 b_D 减小，切削层公称厚度 h_D 增大，同时刀具的散热体积减小，故切削温度增加，如图3-47所示。

(3) 倒棱 b_{r1} 及刀尖圆弧半径 r_ε。b_{r1} 和 r_ε 基本上不影响切削温度，这是因为 b_{r1} 及 r_ε 增

大,能使塑性变形区的塑性变形增大,切削热也随之增加,但另一方面这两个参数都能使刀具的散热条件有所改善,传出的热量增加,两者趋于平衡,故对切削温度影响很小。

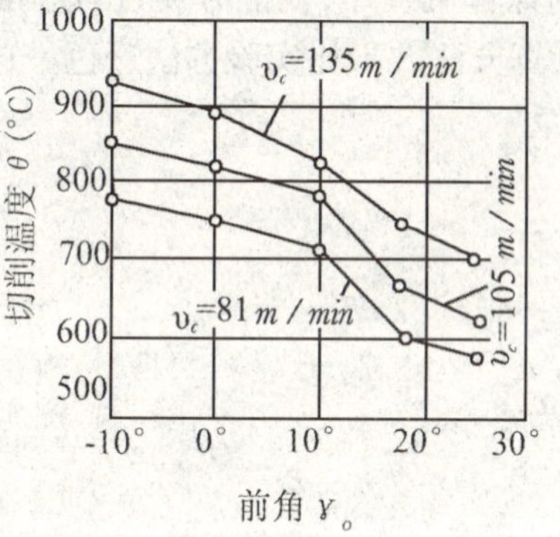

$a_{sp}=3mm, f=0.1mm/r$

1. $\nu_c=135m/min$;2. $\nu_c=105m/min$;3. $\nu_c=81m/min$

图 3-46　前角对切削温度的影响

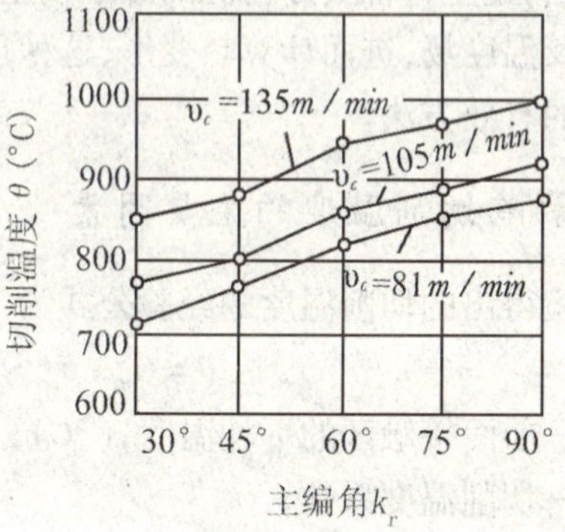

工件材料:45 钢刀具材料:$YT15$,$\gamma_o=15°$

切削用量:$a_{sp}=2mm, f=0.2mm/r$

图 3-47　主偏角对切削温度的影响

3. 工件材料

工件材料的强度、硬度和导热系数对切削温度的影响是很大的。单位切削力是影响切削温度的重要因素,而工件的强度(包括硬度)直接决定了单位切削力的大小,所以工件材料强度、硬度增加时,产生的切削热增多,切削温度升高。工件的导热系数则直接影响切削热的传出,导热系数低,切削热不易传出,切削温度升高。

4. 刀具磨损

后面的磨损达到一定的数值后,磨损对切削温度的影响增大,随着切削速度的提高,影响就愈显著,实验表明:$VB \geq 0.4mm$,温度显著增高。

5. 切削液

切削液对降低切削温度、减少刀具磨损和提高已加工表面质量有明显的效果。切削液对切削温度的影响与切削液的导热性能、比热、流量、浇注方式以及本身的温度有很大关系。

3.3.5 切削温度的分布

以上分析的是刀-屑接触区的平均温度。为了深入研究,还应知道工件、切屑和刀具上各点的温度分布,这种分布称为温度场。切削温度场对刀具磨损的部位,工件材料性能的变化、已加工表面质量都有很大的影响。

前面已经讲过,温度场可以用实验测出,也可以用理论求出,图 3-48 是切削钢料时,实验测出的正交平面内的温度场。图 3-49 是车削不同的工件材料时,正交平面内前、后面上的温度场。通过对图 3-48 和图 3-49 的分析研究,可以得出如下规律:

1. 剪切面上各点温度几乎相同。可见剪切面上的应力应变基本上是相等的。

2. 前、后面上的最高温度都不在刀刃上,而是在离刀刃有一定距离的地方。这是摩擦热沿着刀面不断增加的缘故。在前面上后边一段的接触长度上,由于内摩擦转化为外摩擦,摩擦逐渐减小,热量又在不断的传出,所以温度开始逐渐下降。

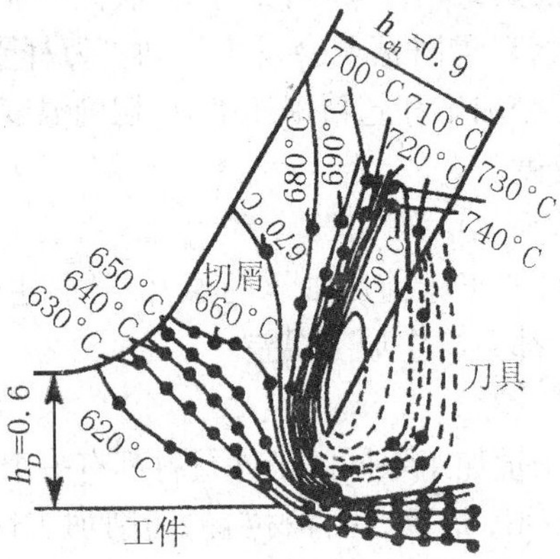

工件材料:低碳易切钢

图3－48　车刀正交平面中的温度分布

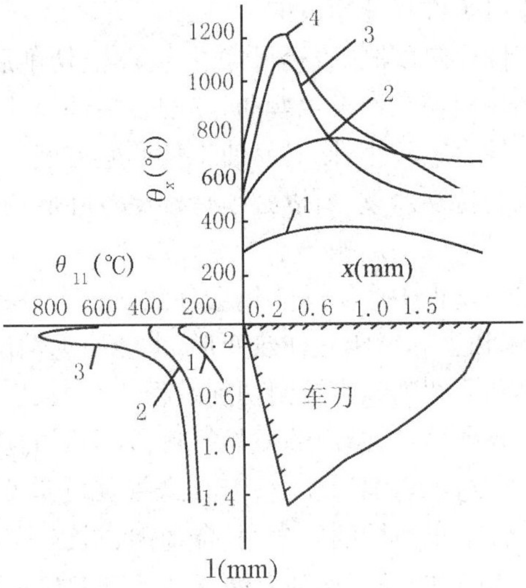

$v_c=3mm, f=0.2mm/r$, 1－45钢－YT15；
2－GCr15－YT14；3－钛合金BT2－YG8；
4－BT2－YT15

图3－49　车刀前、后面的温度分布

3. 在剪切区中,垂直剪切面方向上的温度梯度很大,这是因为切削速度增高时,热量来不及传出所致。

4. 切屑底层上温度梯度很大,离前面0.1～0.2mm处,温度就可能下降50%。说明前面上的摩擦热集中在切屑底层。显然,摩擦热对切屑底层金属的剪切强度以及对前面的摩擦系数将有很大的影响,而对切屑上层金属强度不产生显著的影响。

5. 后面的接触长度较小,温度的升、降是在很短的时间内完成的,加工表面受到的是一次热冲击。

6. 工件材料塑性愈大,前面上刀－屑接触长度愈大,切削温度分布就愈均匀;工件材料的脆性愈大,则最高温度所在的点离刀刃愈近;

7. 工件材料的导热系数愈低,则前、后面的温度愈高,这是一些高温合金和钛合金切削加工性能低的主要原因之一。

3.3.6 切削温度对工件、刀具和切削过程的影响

高的切削温度是刀具磨损的主要原因;切削温度还会产生热变形降低加工精度;产生残余应力以及其他缺陷降低表面质量;另一方面利用切削温度可以控制切削过程。

1. 对工件材料机械性能的影响

切削时温度虽然很高,但对工件材料的强度及硬度的影响并不大,对剪切区的影响不明显。原因是:一方面在切削速度高时,变形速度很高,其对增加材料强度的影响,足以抵消切削温度降低材料强度的影响;另一方面切削温度是在切削变形过程中产生的,因此对剪切面上的应力应变状态来不及产生很大的影响,只对切屑底层的剪切强度产生影响。

2. 对刀具材料的影响

硬质合金是一种脆性材料,但在高温时,强度和韧性均可以提高,因而硬质合金不易崩刃,磨损强度亦将降低。因此适当的切削温度对硬质合金的使用是有利的,这说明硬质合金在高速下更能发挥其切削性能。

3. 对工件尺寸精度的影响

工件受热膨胀,直径尺寸发生变化,切削后不能达到精度要求,工件受热,但因加固在机床上不能自由伸长而发生弯曲,车削后中部尺寸变大,严重时甚至会发生振动。刀杆受热膨胀,会使工件直径减小,同时易使工件产生锥度。在精密加工和超精密加工时,切削温度对加工精度的影响特别严重,所以必须特别注意降低切削温度。

4. 对机床的影响

切削过程中产生的热量会使机床产生热变形,如车床前后轴承的温升不同,主轴就会偏斜;镗床和坐标镗床立柱热变形,也会使主轴偏斜,都会产生加工误差。

5. 利用切削温度控制切削过程

实验证明:对给定的刀具材料,以不同的切削用量加工不同的工件材料都有一个最佳切削温度。在这个切削温度下,刀具磨损强度最小,耐用度最高,工件材料的切削加工性也最好。如硬质合金车刀切削碳素钢、合金钢、不锈钢时的最佳切削温度大致为800°C 左右;高速钢车刀切削45 钢的最佳切削温度大致为300℃ ~350℃。因此,可以按最佳切削温度来控制机床的转速和进给量,以提高生产率及加工质量。

6. 高温切削和低温切削

工件预热至500℃ ~800℃后进行切削时,切削力下降很多,这是目前加工切削难加工材料的一种较好的方法。预热可以用等离子焰进行。

将工件冷却至 -100°C 以下进行切削时,表面粗糙度小,切削力也会下降很多,称为低温切削。这种方法是利用低温下工件材料的脆性便于切削。工件冷却可以在液氨或液氮中进行。

§3.4 刀具的磨损

切削过程中,刀具一方面切下切屑,一方面也被损坏。刀具损坏到一定程度,就要换刀或更换新的刀刃,才能再继续切削。刀具损坏也是切削过程中的一个重要现象。

刀具损坏的主要形式有:正常损坏和非正常损坏两类。前者是连续的逐渐磨损,后者包括脆性破损(如崩刃、碎断、剥落、裂纹破损等)和塑性破损两种。

刀具磨损后,使工件加工精度降低,表面粗糙度增大,并导致切削力和切削温度增加,甚至产生振动,不能继续正常切削。因此,刀具磨损直接影响加工效率、质量和成本。

与一般机械零件相比,刀具磨损的特点是:前后面的接触压力很大,接触面温度很高,摩擦也很大,存在着机械、热和化学作用以及摩擦、粘结、扩散等现象。一个机械零件可以用上几个月、几年、甚至几十年,而一把刀具仅用十几分钟、几十分钟。

3.4.1 刀具的磨损形式

1. 前面磨损

切削塑性材料,$h_D > 0.5mm$ 时,切屑与前面在高温、高压、高速下接触,产生剧烈摩擦,磨损开始发生在前面上距刀刃一定距离处,并逐渐向前、后扩大,形成月牙洼,前面磨损以月牙洼最大深度 KT 表示,如图 3 -50 所示。

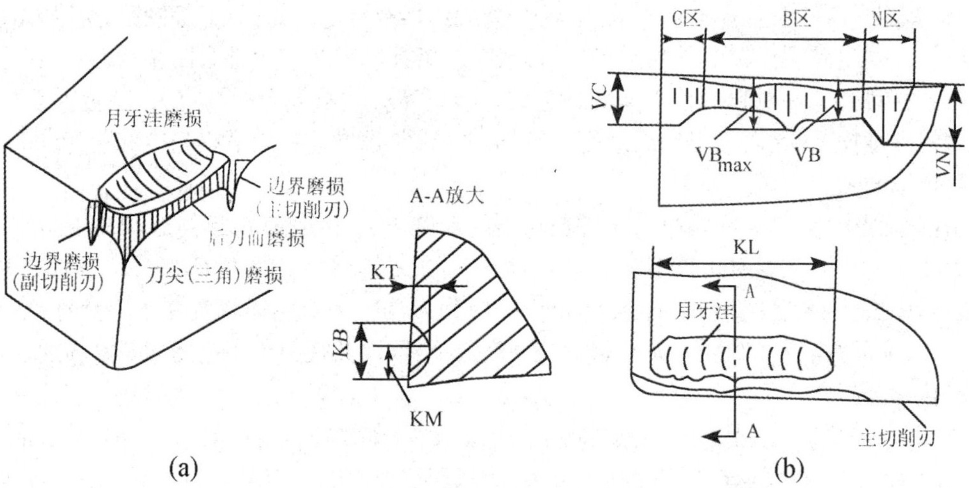

图3-50　刀具的磨损状态及其测量

2. 后面磨损

切削脆性材料，或者切削塑性材料 $h_D<0.1mm$ 时，切屑与前面的接触长度较短，这时由于刀刃钝圆的作用，后面与工件表面的接触压力很大，且存在弹性和塑性变形，虽然有后角，而后面与工件表面实际上是小面积接触，磨损就发生在这个接触面上，然后逐渐扩大，如图3-50所示，后面的磨损是不均匀的，*C* 区，刀尖部分强度低，散热条件差，磨损比较严重，其最大值为 *VC*，*N* 区，靠近工件外皮处，磨损也较严重，形成深沟，其最大值以 *VN* 表示。*B* 区，磨损在中间部分，磨损比较均匀，平均磨损宽度以 *VB* 表示，最大磨损宽度以 *VBmax* 表示，通常以 *VB* 表示后面磨损。

3. 前后面同时磨损或边界磨损

切削塑性材料，$h_D=0.1\sim0.5mm$ 时，会发生前后面同时磨损；以及在切削铸钢件和锻件等外皮粗糙的工件，常在主切削刃靠近工件外皮处以及副切削刃靠近刀尖处的后面上，磨出较深的沟纹。

刀具的磨损形式，随切削条件不同可以相互转化，在大多数情况下，后面都有磨损，且 *VB* 直接影响加工质量，又便于测量，所以常以 *VB* 来表示刀具磨损程度。

3.4.2 刀具磨损的原因。

刀具磨损的原因归纳如下：

1. 机械擦伤磨损

这种磨损又称磨粒磨损、硬质点磨损，是由工件中的碳化物、氮化物和氧化物硬质点、积屑瘤碎片等在刀具表面上擦伤，划出一条条的沟纹造成的机械磨损。各种切削速度下都存在这种磨损，但它是低速刀具磨损的主要原因。因低速时温度低，其他形式的磨损还不显著。

2. 粘结磨损

在一定的压力和温度作用下，在切屑与前面、已加工表面和后面的摩擦面上，产生塑性变形使原子或晶粒冷焊在刀面上形成粘结点，这些粘结点又因切削运动而使原子或晶粒被对方带走，就造成粘结磨损。

刀具表面往往有组织不均,存在内应力、微裂纹以及空隙、局部软点等缺陷,所以刀具原子或晶粒也常发生破裂而被工件材料带走,形成粘结磨损。各种刀具都会因粘结而发生磨损。

刀具材料和工件材料的粘接温度、压力、亲和力等对粘结磨损影响很大,其他因素如刀具与工件的硬度比,刀具表面形状与组织以及切削条件等都影响粘结磨损强度和速度。

3. 扩散磨损

切削过程中,刀具表面始终与工件被切出的新鲜表面相接触,由于高温和高压的作用,两摩擦表面上的化学元素有可能互相扩散到对方去,如刀具材料中的 *C*、*Co*、*W*、*Ti* 等易扩散到工件和切屑中去。而工件材料中的 *Fe* 等也会扩散到刀具中去。这样就改变了刀具材料中的化学成分,改变刀具材料的性能,如使强度与硬度降低,或因其他原因引起的刀具磨损加快。

4. 化学磨损

化学磨损是在一定温度下,刀具材料中的某些元素(如硬质合金中的 *WC*、*Co*)与周围介质中的某些元素(如空气中的氧、切削液中的 *S*、*Cl* 等)起化学作用,在刀具表面形成一层硬度较低的化合物,被切屑和工件带走,加速刀具磨损;或者刀具材料被某些介质腐蚀,造成刀具磨损。

5. 相变磨损

工具钢刀具包括碳素工具钢、合金工具钢和高速工具钢刀具,当切削温度超过相变温度时,刀具材料中的金相组织发生变化,即相变。其硬度和耐磨性却显著下降,造成刀具磨损。

6. 热电磨损

切削时,刀具与工件构成一个自然热电偶,产生热电势,使工艺系统构成回路,在刀具切入或切出时,产生放电现象,这种放电现象虽然微弱,但也会电蚀刀具,造成刀具磨损。试验证实了这种放电现象和磨损的存在。还有试验证实,若在回路上将刀具和工件双方或一方绝缘;以及采用向切削区域施加与热电势相反的电势都可使刀具磨损减少,刀具寿命提高 1 ~4 倍。

上述几种磨损原因之间存在着相互的影响。对于不同的刀具材料,在不同的切削条件下,加工不同工件材料时,其主要磨损原因可能属于其中一、二种。例如硬质合金刀具高速切削钢料时,主要是扩散磨损,并伴随有粘结磨损和化学磨损等。高速钢刀具和氧化铝陶瓷刀具磨损的主要原因是机械擦伤磨损和粘结磨损。立方氮化硼刀具的扩散磨损很小,而金刚石刀具的扩散磨损却很大。一般而言,对一定刀具和工件材料,起主导作用的是切削温度,在低温时以机械擦伤磨损为主,而在较高温度时,以热、化学磨损为主。

3.4.3 刀具磨损过程及磨钝标准

1. 刀具磨损过程

根据切削试验得到图 3 -51 所示的刀具磨损的典型磨损曲线。为了便于说明,将刀具磨损分为三个阶段:

(1)初期磨损阶段。新刃磨的刀具后面存在粗糙不平以及微观裂纹、氧化或脱碳层等缺陷,而且切屑与前面、后面与已加工表面的接触面积小,单位面积压力大,所以这一阶段的磨损较快。一般初期磨损量为 0.05 ~0.1*mm*,其值与刀具刃磨质量直接有关。研磨过的刀具,初期磨损较小。

(2)正常磨损阶段。经过初期磨损后,刀具粗糙表面逐渐磨平,单位面积压力减小,磨损比较缓慢且均匀,进入正常磨损阶段。此阶段的磨损量与切削时间近似的成比例增加。正常切削时,此阶段时间较长。

(3)急剧磨损阶段。当磨损量增加到一定限度后,加工表面粗糙度增加,切削力与切削温度迅速升高,磨损量增加很快,出现噪音、振动,以致刀具损坏而失去切削能力。在这个阶段到来之前,就要及时换刀。

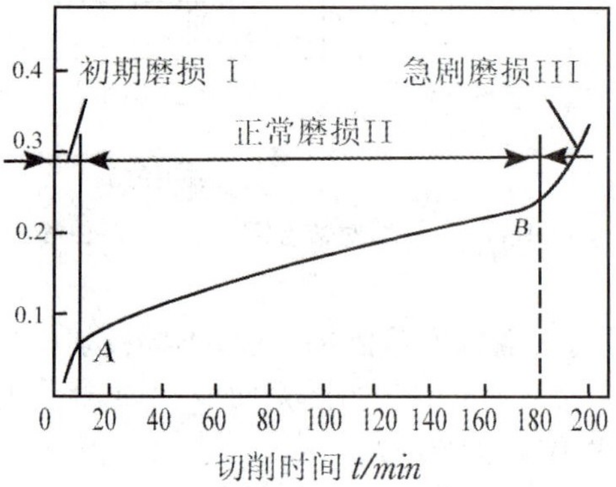

图3-51 刀具的典型磨损曲线

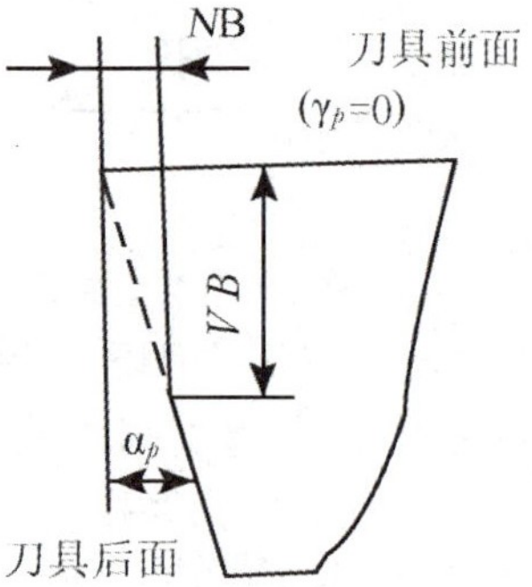

图3-52 刀具磨钝标准

2. 刀具的磨钝标准

刀具磨损到一定限度就不能继续使用,这个磨损的限度称为磨钝标准。

在评定刀具材料切削性能和研究试验时,都以刀具后面的磨损量作为衡量刀具的磨钝标准。因为一般刀具的后面都发生磨损,而且测量也比较方便。因此,国际标准 *ISO* 统一规定以1/2 切削深度处后面上测量的磨损带宽度 *VB* 作为刀具磨钝标准,如图3-52所示。

自动化生产中用的精加工刀具,常以沿工件径向的刀具磨损尺寸作为衡量刀具的磨钝标准,称为刀具径向磨损量 *NB*(图3-52)。

由于加工条件不同,所规定的磨钝标准也有变化。例如精加工的磨钝标准较小,而粗加工则取较大值;机床——夹具——刀具——工件系统刚性较低时,应考虑在磨钝标准内是否会产生振动。此外,工件材料的切削加工性,刀具制造刃磨难易程度都是确定磨钝标准时应考虑的因素。磨钝标准的具体数值可参考有关手册,一般为0.3~0.6*mm*。

3.4.4 刀具耐用度及其与切削用量的关系

1. 刀具耐用度

在实际生产中,不可能经常停机去测量刀具后面上的 *VB* 值,以确定是否达到磨钝标准。而采用与磨钝标准相对应的切削时间,即刀具耐用度来表示。

刀具耐用度的定义为;刀具刃磨后开始切削,一直到磨损量达到刀具磨钝标准所经过的总切削时间,以 T 表示,单位为分钟。

对于某一切削过程,当工件、刀具材料和几何参数选定之后,切削用量是影响刀具耐用度的主要因素。以下用实验的方法来确定切削用量与刀具耐用度的关系。

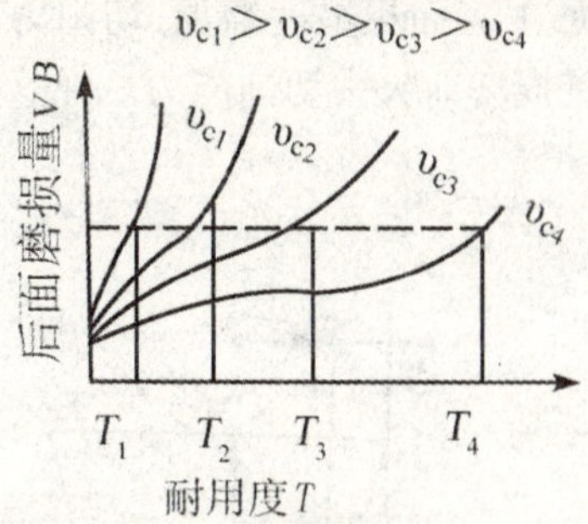

图 3－53　刀具磨损曲线

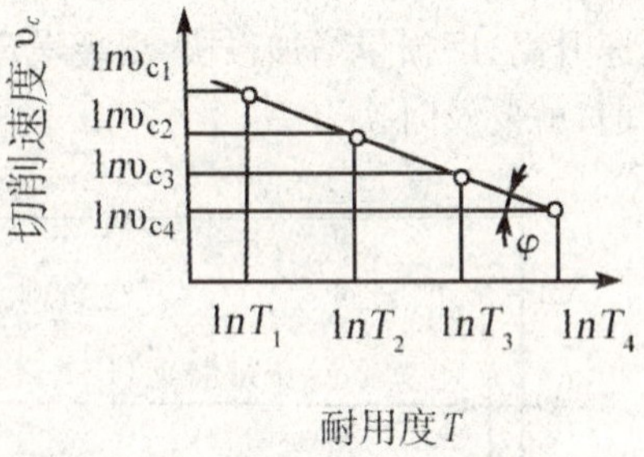

图 3－54　双对数坐标上的 ν_c-T 曲线

2. 切削速度与刀具耐用度的关系

实验时，固定其他切削条件不变，在常用的切削速度范围内，选取不同的切削速度 ν_{c1}、ν_{c2}、ν_{c3}……，进行刀具磨损实验，得到如图 3－53 所示的一组磨损曲线，根据规定的磨钝标准 VB，对应于不同的切削速度，就有相应的耐用度 T_1、T_2、T_3……。在双对数坐标上定出(ν_{c1}、T_1)、(ν_{c2}、T_2)、(ν_{c3}、T_3)……各点。如图 3－54 所示，在一定切削速度范围内，可发现这些点基本上在一条直线上，这就是刀具耐用度曲线。

该直线的方程为

$$1g\nu_c = -m1gT + 1gC_o \tag{3-26}$$

改写为

$$\nu_c T^m = C_o$$

式中，m——耐用度指数，表示 ν_c 对 T 的影响程度；

C_o——系数，与刀具、工件材料和切削条件有关。

式(3－26)为重要的刀具耐用度公式，说明提高切削速度，耐用度就降低。指数 m 表示 ν_c——T 双对数坐标系中直线的斜率。m 愈小，ν_c 对 T 的影响愈大。高速钢刀具 $m=0.1\sim0.125$，硬质合金刀具 $m=0.2\sim0.3$，陶瓷刀具 $m=0.4$。表明硬质合金和陶瓷这些耐热性高的刀具材料在高速时仍然有较高的耐用度。

应当指出，在常用的切削速度范围内，在双对数坐标图上，耐用度曲线近似的成一直线，式(3－26)完全适用。但在较宽的切削速度范围内进行试验，特别是在低速区，它就不一定成为直线。

例：用硬质合金刀具 YT15 车削 45 钢，已知当采用 $a_{sp}=2mm$，$f=0.3mm/r$，$\nu_c=100m/min$ 时的刀具寿命为 160min。若其他条件不变，要将切削速度 ν_c 提高到 200m/min 时，问这时刀具寿命 T 为多少？

解：由式 3－26，因切削条件相同，于是

$$\nu_c T^m = 100\times160^{0.25} = 200\times T_2^{0.25}$$

$$T_2^{0.25} = \left(\frac{160^{0.25}}{2}\right)^{\frac{1}{0.25}} min = \frac{160}{2^{\frac{1}{0.25}}} = \frac{160}{2^4} = 10min$$

可见当速度升高 1 倍时，时间降低了 15 倍。

3. 进给量、背吃刀量与刀具耐用度的关系

固定其他切削条件，只改变 f 和 a_{sp}，分别得到与 ν_c—T，类似的关系，即

$$fT^{m_1} = C_1 \tag{3-27}$$

$$a_{sp}T^{m_2} = C_2 \tag{3-28}$$

综合(3-26)、(3-27)、(3-28)三式,可得

$$T=\frac{C_T}{\nu_c^{\frac{1}{m}}\cdot f^{\frac{1}{m_1}}\cdot a_{sp}^{\frac{1}{m_2}}}$$

上式两端 m 次方

$$T^m=\frac{C_T^{\ m}}{\nu_c f^{\frac{m}{m_1}} a_{sp}^{\frac{m}{m_2}}}$$

令

$$C_T^{\ m}=C_{\nu c};\frac{m}{m_1}=y_{\nu c};\frac{m}{m_2}=x_{\nu c}$$

于是在一般条件下,刀具寿命为 T 时,所允许的切削速度 ν_T,可由下式表示

$$\nu_T=\frac{C_{vc}}{T^m\cdot a_{sp}^{x_{vc}}\cdot f^{y_{vc}}}\cdot K_{v_c} \qquad (3-29)$$

式中,ν_T——刀具寿命为 T 时允许的切削速度,单位为 m/min;

C_{vc}——与实验条件有关的系数(表3-11);

m、x_{vc}、y_{vc}——分别表示 T、a_{sp}、f 的指数(表3-8);

K_{v_c}——切削条件与实验条件不同时的修正系数的乘积(表3-9～表3-12)。

表3-8　**切削速度公式中的系数及指数**

加工材料	加工型式	刀具材料	进给量	系数及指数 C_{vc}	x_{vc}	y_{vc}	m
碳素结构钢 $\sigma_b=0.637GPa$	外圆纵车	$YT15$(不用切削液)	$f\leqslant0.30$	291	0.15	0.20	0.20
			$f\leqslant0.70$	242		0.35	
			$f>0.70$	235		0.45	
		$W18Cr4V$(用切削液)	$f\leqslant0.25$	67.2	0.25	0.33	0.125
			$f>0.25$	43		0.66	
	切断及切槽	$YT5$(不用切削液)	—	38	—	0.80	0.20
		$W18Cr4V$(用切削液)		21		0.66	0.25
	成形车削	$W18Cr4V$(用切削液)	—	20.3	—	0.50	0.3
灰铸铁 $HBS=190$	外圆纵车	$YG6$(不用切削液)	$f\leqslant0.40$	189.8	0.15	0.20	0.20
			$f>0.40$	158		0.40	
		$W18Cr4V$(不用切削液)	$f\leqslant0.25$	24	0.15	0.30	0.1
			$f>0.25$	22.7		0.40	

表 3-9　钢和铸铁的强度和硬度改变时切削速度的修正系数 K_{Mv_c}

加工材料	刀具材料：硬质合金（计算公式）	刀具材料：高速钢（计算公式）
碳素结构钢、合金结构钢和铸铁	$K_{Mvc}=\frac{0.637}{\sigma_b}$	$K_{Mvc}=\left(\frac{0.637}{\sigma_b}\right)^{1.75}$
灰铸铁	$K_{Mvc}=\left(\frac{190}{HBS}\right)^{1.25}$	$K_{Mvc}=\left(\frac{190}{HBS}\right)^{1.7}$

表 3-10　毛坯表面状态改变时切削速度的修正系数 K_{svc}

毛坯表面状态					
无外皮	有外皮				
	棒料	锻件	铸钢及铸铁		及铝合金
			一般	带砂外皮	
修正系数 K_{svc}					
1.0	0.9	0.8	0.80～.85	0.5～0.6	0.9

表 3-11　刀具材料改变时切削速度的修正系数 K_{tvc}

加工材料	不同刀具牌号切削速度的修正系数 K_{tvc}				
结构钢及铸钢	*YT*5	*YT*14	*YT*15	*YT*30	*YG*8
	0.65	0.8	1.0	1.4	0.4
灰铸铁及可锻铸铁	*YG*8	*YG*6		*YG*3	
	0.83	1.0		1.15	

表 3-12　车刀主偏角 k_r 改变时，切削速度的修正系数 K_{k_rvc}

主偏角 k_r	30	45	60	75	90
结构钢、可锻铸铁	1.13	1.0	0.92	0.86	0.81
耐热钢	–	1.0	0.87	0.78	0.70
灰铸铁及铜合金	1.20	1.0	0.88	0.83	0.73

3.4.5 刀具的破损

刀具的破损和磨损一样，也是刀具主要损坏形式之一。用脆性大的刀具材料制成的刀具进行连续切削，或者加工高硬度的材料，刀具都易产生破损。据统计，硬质合金刀具50% ~ 60%的损坏属于破损。陶瓷刀具的破损更严重。

刀具的破损可以在加工的早期发生，也可以在加工后期发生。早期破损是刚开始切削或者短时间切削后即发生的破损。这时，前、后面尚未产生明显的磨损，这时 $VB \leqslant 0.1mm$，用脆性大的刀具材料切削高硬度材料或者继续切削时最易产生这种破损。后期破损是加工一定时间后，刀具材料因疲劳而引起的破损。

1. 破损的形式

(1)脆性破损。硬质合金和陶瓷刀具切削时，在机械和热冲击作用下，在前后面尚未发生磨损时，就在切削刃处出现崩刃、剥落、裂纹、碎断等。

(2)塑性破损。刀具切削时，由于高温高压作用，有时在前后面和切屑、工件的接触层上，刀具表层材料发生塑性流动而失去切削能力。高速钢刀具因其耐热性较低，就易出现塑性破损，硬质合金刀具的高温硬度高，一般不易发生塑性破损。以 $h_D = 0.3 \sim 0.4mm$ 加工时，高速钢刀具的塑性破损条件为 $\nu_c = (35 \sim 60)m/min$，温度达 700°C；硬质合金刀具为 $\nu_c = (50 \sim 500)m/min$，温度达1100℃ ~1200℃或更高。

2. 破损的原因

在生产实际中，工件表面层无论其几何形状还是材料的物理——力学性能，都远不是规则和均匀的。例如毛坯几何形状不规则，加工余量不均匀，表面硬度不均匀以及工件表面有沟、槽、孔等，就使切削加工或多或少的带有断续切削的性质。还有一些加工方法，如铣削、刨削更属于断续切削。在断续切削条件下，有强烈的机械和热冲击，加之硬质合金和陶瓷刀具由于冲击、机械疲劳和热疲劳而引起破损。

3. 破损的防止。刀具破损是典型的随机现象，人们对破损的机理认识还不够，还未能提出完善的防止刀具破损的办法，就目前的研究而言，防止或减少刀具破损的措施有：

(1)提高刀具的疲劳强度和抗振性能；

(2)选择合理的刀具几何形状；

(3)选择合理的切削条件，减少切削力和降低切削温度以减少机械冲击和热冲击。

思考题

1. 画图标出三个变形区，并简述各变形区的变形特点？
2. 简述切屑形成过程？
3. 试述积屑瘤的成因、作用及影响？
4. 切削力的影响因素有哪些？
5. 简述 γ_o、k_r 对切削温度 θ 的影响？
6. 简述刀具磨损的各种原因并画出刀具磨损曲线？
7. 刀具磨损可分为哪几个阶段？
8. 用YG8硬质合金车刀车削灰铸铁(250HBS)零件的外圆，采用的切削用量为 $\nu_c = 80m/min$，$a_{sp} = 3mm$；$f = 0.3mm/r$；车刀的 $k_r = 60°$，试求 $T = 60min$ 和 $T = 30min$ 时的切削速度 ν_{60} 和 ν_{30}。
9. 用硬质合金车刀粗车外圆，工件材料为45钢，(调质229HBS)，已知：$\nu_c = 1000m/min$，$a_{sp} = 3mm$，$f = 0.3mm/r$；$\gamma_o = 15°$；$k_r = 60°$；$\lambda_s = -5°$，求 F_c 和 p_c

第 4 章　切削条件的合理选择

本章主要讨论如何将金属切削的基本理论用于改善材料切削加工性、选用切削液、合理选择刀具几何参数和切削用量等方面的问题，并初步探讨优化切削过程，提高切削质量和效率，降低加工成本的措施。

§4.1 工件材料的切削加工性

材料的切削加工性是指对某种材料在一定条件下被切削的难易程度。研究的目的，是为了寻找改善材料切削加工性的途径。

4.1.1 衡量材料切削加工性的指标

1. 刀具耐用度或一定耐用度下的切削速度 v_T

v_T 的含义是：当刀具耐用度为 T(分)时，切削某种材料所允许的切削速度。v_T 的值越大，材料的加工性就越好；反之，加工性差。为便于分析比较，使用了相对加工性指标，即以 $\sigma_b = 0.65GPa$ 的 45 钢的 v_{60} 为基准，计作 $(v_{60})_j$；其他被切削材料的 v_{60} 与之相比，则得到相对加工性

$$K_r = \frac{v_{60}}{(v_{60})_j} \tag{4-1}$$

各种材料的相对加工性 K_r 乘以 45 钢的切削速度 v_{60}，即可得出切削某种材料的可用速度。$K_r > 1$ 时，该材料比 45 钢易切削，加工性好；$K_r < 1$ 时，该材料比 45 钢难切削。常用材料的相对加工性 K_r 分为八级，见表 4-1。

2. 切削力或切削温度

切削时产生的切削力大，消耗的功率多，切削加工性差；切削时切削区域的温度高，刀具容易磨损，切削加工性差。反之，切削加工性好。

3. 已加工表面的粗糙度

精加工时，采用已加工表面的粗糙度作为评定材料切削加工性的指标。加工后，已加工表面粗糙度小的材料，则切削加工性好，反之，切削加工性差。

4. 断屑或切屑控制

在自动机床或自动线上，以及深孔加工中，切屑容易折断或容易控制则认为其切削加工性好，反之，切削加工性差。

不同的加工条件，采用的加工性指标是不同的，如粗加工时，通常用刀具耐用度和切削力指标；精加工时，用加工表面粗糙度指标等。

表4-1　**材料切削加工性等级**

加工性等级	名称及种类		相对加工性 K_r	代表性材料
1	很容易切削的材料	一般有色金属	>3.0	5-5-5铜铅合金,9-4铝铜合金,铝镁合金
2	容易切削的材料	易切削钢	2.5~3.0	退火 $15C_r$,σ_b =0.38~0.45GPa 自动机钢 σ_b =0.40~0.50GPa
3		较易切削钢	1.6~2.5	正火30钢 σ_b =0.45~0.56GPa
4	普通材料	一般钢及铸铁	1.0~1.6	45钢,灰铸铁
5		稍难切削材料	0.65~1.0	$2Cr13$ 调质 σ_b = =0.85GPa 85钢 σ_b = =0.90GPa
6	难切削材料	较难切削材料	0.5~0.65	$45Cr$ 调质 σ_b =1.05GPa $65Mn$ 调质 σ_b =0.9~1.00GPa
7		难切削材料	0.15~0.5	$50CrV$ 调质,$1Cr18Ni9Ti$,某些钛合金
8		很难切削材料	<0.15	某些钛合金,铸造镍基高温合金

4.1.2 影响切削加工性的因素

影响切削加工性的因素,主要是工件材料的物理机械性能,而材料的物理机械性能,又取决于材料本身的化学成分和金属组织,现分别叙述如下:

1. 金属材料的物理机械性能

(1)硬度

①材料的常温硬度高,切屑与前面的接触长度减小,前面上法应力增大,摩擦热量集中在较小的刀-屑接触面上,切削温度增高,刀具磨损加剧;硬度过高时,甚至引起刀尖烧伤及崩刃。各种硬度的工件材料对加工性的影响如图4-1所示。

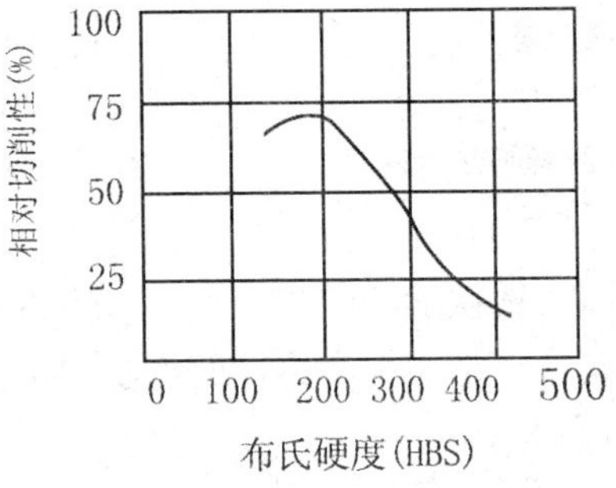

图4-1　各种工件材料 v_c-T 关系

②材料高温硬度高,而刀具在切削温度作用下,硬度有所下降,刀具材料硬度与工件材料硬度之比下降,刀具易磨损。

③材料中的硬质点多，弥散度大，则对刀具的擦伤作用大。材料晶界处细微硬质点的存在，提高了材料的强度和硬度，增大了切削时的剪切变形抗力，使材料加工性降低。

④材料加工硬化性能高，则切削力增大，切削温度增高。

(2)强度。材料的常温强度或高温强度愈大，切削力就愈大，切削功率也就愈大，切削温度增高，刀具磨损加快。

(3)塑性与冲击韧性。材料的塑性高，则切削变形和加工硬化严重，与刀具表面的摩擦和粘结也强，不易断屑，加工表面质量低，消耗功率大；塑性过小，则切削力、热都集中在切削刃附近，促使刀具加快磨损。因此，塑性过大或过小，都会使材料的切削加工性下降。

材料的韧性大，则在断裂前吸收的能量也多，切屑不易折断，切削力和切削温度增高，故切削加工性较差。

(4)工件材料的导热系数。导热系数大的材料，切削热容易从切削区域传出，切削温度降低，刀具耐用度提高，因此切削加工性好；但导热系数大的材料，加工中的温升容易引起工件尺寸精度的变化。

2. 材料的化学成分。钢中的铬、镍、钒、钼、钨、锰等元素，都能提高钢的强度和硬度；硅和铝容易形成氧化硅和氧化铝等硬质点使刀具加快磨损。钢中加入少量硒、铅、硫、铋、磷等元素后，使钢的强度略降，同时又能降低钢的塑性。此外，大部分合金元素都会降低钢的导热系数。各种元素含量小于2%时对钢的切削加工性影响见图4－2。

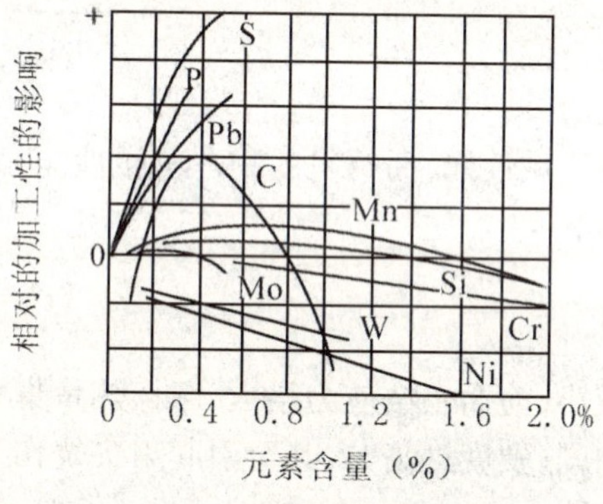

+表示切削加工性改善

－表示切削加工性变差

图4－2　各种元素对结构钢加工性的影响示意图

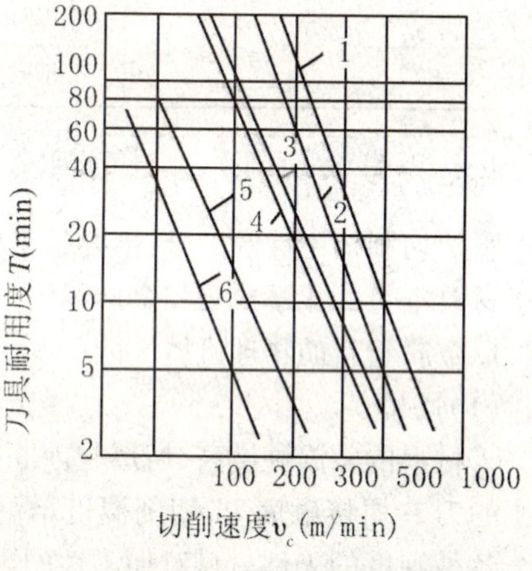

1、10%珠光体，2、30%珠光体，

3、50%珠光体，4、100%珠光体，

5、回火马氏体 *HBS*3006、回火马氏体 *HBS*400

图4－3　钢的各种金属组织的 ν_c-T 关系

铸铁中的化学成分对切削加工性的影响，主要取决于这些元素对碳的石墨化作用。碳元素为游离石墨时，硬度低，润滑性好，铸铁的切削加工性高；而碳元素与铁结合成碳化铁时，硬度高，刀具磨损快。硅、铝、镍、铜、钛等都能提高铸铁的切削加工性，而铬、钒、锰、钼、钴、磷、硫等都会降低其切削加工性。

3. 金相组织

(1)钢的金相组织不同，其机械物理性能也不同。铁素体塑性高其切削加工性差，切削时易粘结，易产生积屑瘤，已加工表面粗糙度极大，同时切屑不易折断。珠光体的硬度、强度和塑性都较适中，加工性好；索氏体是珠光体组织，硬度和强度高于一般珠光体，而塑性稍低；托氏体是最细的珠光体组织，硬度和强度进一步提高，塑性进一步降低；这两种组织中，渗碳体弥散度高，硬度高，加工较难，但精加工时表面粗糙度小。马氏体的硬度和抗拉强度很高，而塑性和韧性很低，切削加工性很差；奥氏体的硬度虽然不高，但塑性和韧性高，切削时的变形、加工硬化以及与刀面间的粘结都很严重。因此加工性也较差。各种金相组织的 v_c-T 关系如图4－3所示。

（2）铸铁按金相组织可分为白口铁、麻口铁、珠光体灰口铁、灰口铁、铁素体灰口铁和各种球墨铸铁（包括可锻铸铁）等。球墨铸铁和可锻铸铁的切削加工性比灰口铁好；而白口铁中的碳全部以渗碳体的形式存在，硬度高，脆性大，很难切削加工。此外，切削铸铁时，常得到崩碎切屑，切削力和热都集中在刃口附近，因此铸铁的切削速度要比加工钢时低。

4.1.3 改善加工性的途径

1. 调整切削材料的化学成分

在钢中适当添加硫、铅等元素，可使钢的切削加工性显著改善，在黄铜中适当加入少许铅，切削时能起润滑作用，减少摩擦，提高刀具耐用度。

2. 合理选用材料供应状态

低碳钢以冷拔状态最易切削，中碳钢以部分球化的珠光体组织最易切削，高碳钢以完全球化退火状态易于切削；锻件、气割件的余量不均且有硬皮，切削加工性不如冷拔或热轧坯料。

3. 通过适当热处理。用热处理改变材料的金相组织，是改变材料切削加工性的主要方法。例如，低碳钢可用正火，高碳钢和工具钢可球化退火，中碳钢可正火，有时也可在退火后加工。

4. 选择能满足使用要求的易切削材料。

5. 选择合适的刀具材料、合理的刀具几何参数和合理的切削用量。

4.1.4 几种难加工材料的加工

1. 高锰钢

含碳0.9%～1.3%，含锰11%～14%，金相组织为均匀奥氏体，塑性韧性高，加工硬化严重，可达500*HBS*，导热系数只有45钢的1/4，切削力大，切削温度高。因此必须选用硬度高，有一定韧性、导热系数大，高温性能好的刀具材料，如*YG*类、*YW*类硬质合金，为提高切削刃强度和散热条件，用较小前角和较大后角，$\gamma_0=-5°\sim5°$，负倒棱 $b_{r1}=0.2\sim0.8mm$，$\gamma_{o1}=-5°\sim-15°$，$\alpha_0=8°\sim12°$，$\lambda_s=0°\sim5°$，采用较低切削速度 $v_c=20\sim40m/min$，以免切削温度过高，a_{sp} 和 f 不宜太小，以使切削刃或刀尖超过上道工序形成的硬化层而减少刀具的磨损。

2. 冷硬铸铁

塑性低，硬度极高，导热系数小，切削力和热集中在刀尖附近，容易崩刃。一般采用细晶粒或超细晶粒的*YG*类硬质合金，小前角，小主偏角，负刃倾角 $\gamma_0=0°\sim-4°$，$\alpha_0=4°\sim6°$，$\lambda_s=0°\sim-5°$ 刀尖圆弧半径适当加大，以提高切削刃和刀尖强度，切削速度 $v_c<20m/min$。

3. 不锈钢

不锈钢按金相组织可分为：铁素体、马氏体、奥氏体三种。铁素体不锈钢是低碳高铬的合金钢，大部分组织为铁素体，其切削加工性与合金结构钢相似。马氏体不锈钢含有少量的铬，钢的强度、硬度、耐磨性等随着含碳量的增加而显著提高，淬透性好，淬火后的硬度和强度较高，切削比较困难;未经调质的马氏体不锈钢(如2Cr13),虽可用较高的切削速度,但很难获得较小的粗糙度,因此,加工前可进行调质。奥氏体不锈钢含有较高量的铬和镍以及微量的碳,塑性大,容易产生加工硬化,导热系数小,所以切削温度高。宜采用YG(最好添加钽、铌)类硬质合金,因为YT类硬质合金中的钛元素易与工件中的钛元素亲和而导致粘结,加剧扩散磨损,采用大前角 $\gamma_0 = 15^\circ \sim 30^\circ$,以减小切屑变形;磨制卷屑槽,增加断屑能力;前、后面仔细研磨,用较高或极低切削速度以减少粘结现象;适当加大背吃刀量和进给量,避免切削刃和刀尖划过硬化层;要注意尺寸受热变形影响,加工系统的刚性应尽可能高,加工过程中不能中途停刀。

§4.2 切削液

切削液又称冷却润滑液,主要用来减少切削过程中的摩擦和降低切削温度改善切削条件,提高切削质量和切削效率。

4.2.1 切削液的功用

1. 冷却作用

通过切削液的热传导、对流和汽化作用,能有效地改善散热条件,使切削区域的温度下降,从而提高刀具的耐用度和减少工件的热变形。

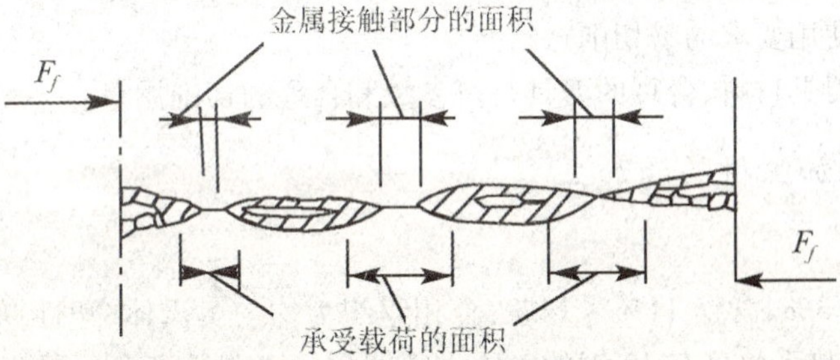

图4-4 边界润滑示意图

2. 润滑作用

切削液的润滑作用是通过切削液渗透到刀具与工件、切屑表面之间形成润滑膜而达到的。同时润滑作用的好坏与形成润滑膜性质有关。切削液渗入至接触面形成边界润滑状态,如图4-4。

在金属切削加工中,大多属于边界润滑。边界润滑一般分为低温低压边界润滑、高温边界润滑、高压边界润滑、高温高压边界润滑四种。润滑剂的渗透性越好,润滑膜越牢固,润滑性能越好。

3. 清洗作用

浇注切削液能冲走在切削过程中留下的细屑和磨粒,从而能起到清洗、防止刮伤加工表面和机床导轨面的作用。例如,在磨削、自动生产线和深孔加工时,浇注切削液能起到清除切屑作用。

4. 防锈作用

在切削液中加入防锈添加剂以后能在金属表面上形成保护膜，使机床、工件和刀具不受周围介质腐蚀，起防锈作用。

4.2.2 切削液的种类和选用

生产中常用的切削液有两大类：以冷却为主的水溶性切削液和以润滑为主的油性切削液。此外，还有固体润滑剂。

1. 水溶性切削液

水溶性切削液主要分为：水溶液、乳化液和化学合成液三种。

(1) 水溶液。水溶液主要用于粗加工和普通磨削加工中，在水中根据需要加入防锈剂、清洗剂、油性添加剂等以增加某些性能。

(2) 乳化液。乳化液是水和油混合形成的乳白色液体。按乳化油的含量可配制不同浓度的乳化液。低浓度乳化液以冷却作用为主，用于粗加工和普通磨削加工中；高浓度乳化液有良好的润滑作用，用于精加工和复杂刀具加工中；加入极压添加剂就是极压乳化液。

(3) 化学合成液。化学合成液是由水、各种表面活性剂和化学添加剂组成，具有良好的冷却、润滑、清洗和防锈性能；合成液中不含油，可节省能源。

2. 油溶性切削液

油溶性切削液主要有：切削油和极压切削油两种。

(1) 切削油。切削油分矿物油、动物油、植物油及混合油等。其中常用的有矿物油，包括机油、轻柴油、煤油等。它们的热稳定性好，资源丰富，价格便宜。机油润滑性好，煤油渗透性强，轻柴油兼有冷却和润滑作用。

(2) 极压切削油。切削油中加入了硫、氯、磷等极压添加剂后，能显著提高润滑效果和冷却作用，尤以硫化油应用较广泛。

3. 固体润滑剂

常用的固体润滑剂是二硫化钼，形成的润滑膜有极小的摩擦系数，耐高温，耐高压，切削时可涂刷在刀面上，也可添加在切削液中。

根据工件材料、工艺要求和工种特点，对切削液性能要求也不同。粗加工时，切削用量大，切削液的主要目的是降低切削温度，所以应选用冷却性能好的水溶液或低浓度的乳化液。精加工时，主要是提高工件表面质量和刀具寿命，应选择润滑性好的极压切削油或高浓度的极压乳化液。硬质合金刀具一般不用切削液。必要时可采用低浓度乳化液或水溶液，但必须充分浇注。陶瓷刀具热裂敏感，一般不用切削液。切削铸铁和青铜时，为了避免细碎切屑粘附划伤床面，一般不使用切削液。切削铜和铜合金时，不宜用含硫的切削液，以免腐蚀工件。切削镁合金时，不能用水溶液，以免燃烧起火，一般采用矿物油。切削铝和铝合金时，不能用水溶液和硫化切削油。切削铅时不能用含氯的切削液。精密贵重机床不能用含硫等活性物质的切削液，以免腐蚀机床。选用时可参阅表 4－2。

表 4－2　　常用切削液选用表

加工种类		工件材料：碳钢	合金钢	不锈钢及耐热钢	铸铁与黄铜	青铜	紫铜	铝合金
		切削液						
车铁、镗孔、扩孔	粗加工	3～5%乳化液	1. 5～15%乳化液 2. 5%石墨化或硫化乳化液 3. 5%氧化石蜡油制的乳化液	1. 10～30%乳化液 2. 10%硫化乳化液	1. 一般不用 2. 3～5%乳化液	一般不用	1. 3～5%乳化液 2. 煤油	1. 一般不用 2. 中性或含游离酸小于4mg的弱酸性乳化液
	精加工	1. 石墨化或硫化乳化液，低速用10～15%乳化液，高速用5%乳化液		1. 氧化煤油 2. 煤油75%，油酸或植物油25% 3. 煤油60%，松节油20%，油酸20%	1. 加工黄铜、青铜一般不用切削液 2. 铸铁用煤油或煤油与矿物油的混合油		1. 煤油 2. 煤油与矿物油的混合油	1. 煤油 2. 松节油 3. 煤油与矿物油的混合油 4. 加工硬率一般不用切削液
钻孔		1. 3～5%乳化液 2. 5～10%极压乳化液		1.3%肥皂、2%亚麻油水溶液（不锈钢钻孔） 2. 硫化切削油（不锈钢镗孔） 3. 10～20%极压乳化液	1. 一般不用 2. 铸铁用煤油 3. 黄铜用菜油 4. 青铜用3～5%乳化液		1. 3～5%乳化液 2. 煤油 煤油与矿物油的混合油	1. 一般不用 2. 煤油 3. 煤油与菜油的混合油
磨削		1. 苏打水：$NaCO_3$0.7%，$NaNO_2$0.25%，其于为水 2. 豆油＋硫磺粉 3. 乳化液			3～5%乳化液			磺化蓖麻油1.5%，浓度0～40%的NaOH家至微碱性，煤油9%，起于为水

续表

加工种类	工件材料						
	碳钢	合金钢	不锈钢及耐热钢	铸铁与黄铜	青铜	紫铜	铝合金
	切削液						
拉铰攻丝	1. 10～25%极压乳化液 2. 含硫、氯的切削油 3. 含硫化棉籽油的切削油 4. 含硫、氯、磷的切削油		1. 15～20%极压乳化液 2. 含氯的切削油 3. 含硫、氯、磷的切削油	1. 加工黄铜不用切削液 2. 粗加工铸铁用10～15%乳化液或10～20%极压乳化液 3. 铸铁精加工用煤油或煤油与矿物油混合油	1. 10～20%乳化液 2. 10～15%极压乳化液 3. 含氯的切削油		1. 10～20%乳化液 2. 10～15%极压乳化液 煤油 4. 煤油与矿物油的混合油
滚齿、插齿	1. 20～25%极压乳化油 2. 含氯的切削油 3. 含硫化棉籽油的切削油 4. 含硫、氯的切削油 5. 含硫、氯、磷的切削油					1. 10～25%乳化液 2. 10～20%极化乳化液 3. 煤油 4. 煤油与矿物油的混合油	
车螺纹	1. 硫化乳化液 2. 氧化煤油 3. 煤油75%，油酸或植物油25% 4. 硫化切削油 5. 变压器油70%，氯化石蜡30%		1. 氧化煤油 2. 硫化切削油 3. 煤油60%，松节油20%，油酸20% 4. 硫化油60%，煤油25%，油酸15% 5. 四氯化碳90%猪油或菜油等	1. 一般不用 2. 铸铁用煤油 3. 黄油用菜油	1. 一般不用 2. 菜油		1. 硫化油30%，煤油15%，2号或3号锭子油55% 2. 硫化油30%，煤油15%，油酸30%，2号或3号锭子油25%

§4.3 刀具合理几何参数的选择

刀具几何参数，是指决定刀具切削部分几何形状的有关角度和尺寸，包括几何角度、刃区剖面形式及参数、刀面形式及参数、刃形及参数。当刀具材料和刀具结构确定后，合理选择和改进刀具几何参数是保证加工质量、提高效率、降低成本的最有效途径。

4.3.1 前角及前面形式的选择

1. 前角的功用

(1)影响切削力及切削功率。增大前角能减小切削变形，从而可以减小切削力及切削热，降低切削功率的消耗。

(2)影响已加工表面质量。增大前角，刃口锋利，可以减小已加工表面冷硬程度及冷硬层的深度；增大前角可以抑制积屑瘤和鳞刺的产生，实验表明，切削钢件，当 $\gamma_o > 30° \sim 35°$时，一般不再会有积屑瘤出现。此外，增大前角可以减小振动。因此增大前角有利于提高表面质量。

(3)影响刀具耐用度。前角太大，楔角减小，刃口及刀尖强度降低，散热体积减小，切削温度升高，刀具容易磨损，刀具耐用度低。

(4)影响断屑效果。增大前角，切屑变形小，不利于折断；减小前角，切屑变形大，有利于切屑折断。

2. 合理前角的选择

从前角的功用可知，增大前角，可减少切削变形，从而减少切削力、切削热和切削功率，提高刀具的使用寿命。但增大前角，会使切削刃强度降低，容易造成崩刃，另一方面使散热情况变坏，致使切削温度增高，刀具使用寿命下降。

因此，在一定切削条件下，存在一个合理前角 γ_{opt}，见图 4－5 和图 4－6 所示。

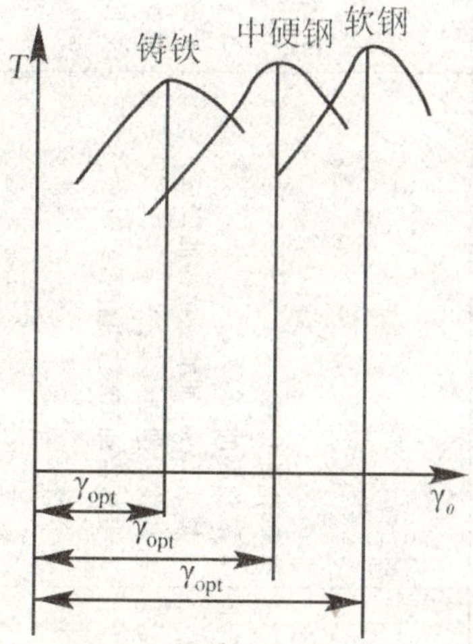

图 4－5　加工不同材料的刀具的合理前角

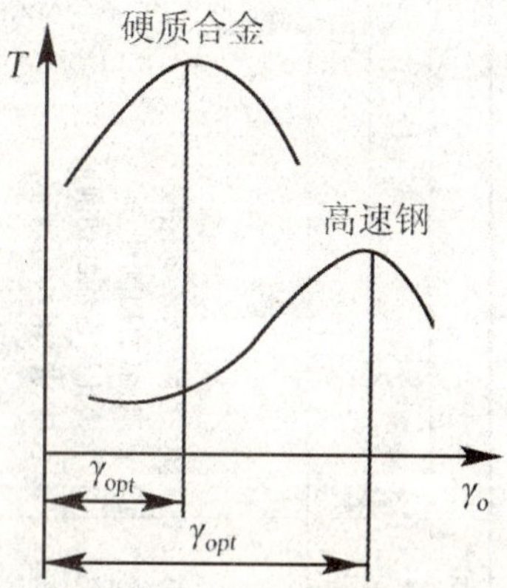

图 4－6　前角的合理数值

表 4－3　　　　　　　　　　**硬质合金车刀合理前角参考值**

工件材料	合理前角		工件材料	合理前角	
	粗车	精车		粗车	精车
低碳钢 *Q*235	18°～20°	20°～25°	40*Cr*（正火）	13°～18°	15°～20°
45 钢（正火）	15°～18°	18°～20°	40*Cr*（调质）	10°～15°	13°～18°
45 钢（调质）	10°～15°	13°～18°	40 钢，40*Cr* 钢锻件	10°～15°	
45 钢、40*Cr* 铸钢或钢锻件断续切削	10°～15°	5°～10°	淬硬钢（*HRC*40～50）	－15°～－5°	
灰铸铁 *HT*150、*HT*200、青铜 *ZQS*10－1、脆黄铜 *HPb*59－1	10°～15°	5°～10°	灰铸铁断续切削	5°～10°	0°～5°
			高强度钢（$\sigma_b < 1.8GPa$）	－5°	
铝 *L*3 及铝合金 *LY*12	30°～35°	35°～40°	高强度钢（$\sigma_b \geqslant 1.8GPa$）	－10°	
紫铜 *T*1～*T*4	25°～30°	30°～35°	锻造高温合金	5°～10°	
奥氏体不锈钢（*HBS*185 以下）	15°～25°		铸造高温合金	0°～5°	
马氏体不锈钢（*HBS*250 以下）	15°～25°		钛及钛合金	5°～10°	
马氏体不锈钢（*HBS*250 以上）	－5°		铸造碳化钨	－10°～－15°	

选择合理刀具前角可遵循下面几条原则：

（1）根据工件材料的种类和性质选择前角

加工塑性材料（如钢），应选较大的前角；加工脆性材料（如铸铁），应选较小前角。工件材料的强度和硬度大时，切削力大，温度较高，宜选用较小前角；反之，强度和硬度小时，选用较大前角。见图 4－6。

（2）根据刀具材料的种类和性质选择前角

刀具材料的强度及韧性较高时（如高速钢），可选用较大前角；反之，强度及韧性较低（如硬质合金、陶瓷）时，可选用较小前角。见图 4－6。

（3）选择前角还要考虑一些具体加工条件

①粗加工，特别是断续切削，有冲击载荷时，为增强刀具强度，宜选较小前角。

②精加工或工艺系统刚性差，机床动力不足，应选较大前角。

（4）成形刀具，数控机床和自动线刀具，为增加工作稳定性和刀具使用寿命应选较小前角。

硬质合金车刀合理前角的参考值见表 4－3。高速钢车刀的前角一般比表中数值增大 5°～10°。

前面常见的型式如图 4－7 所示。

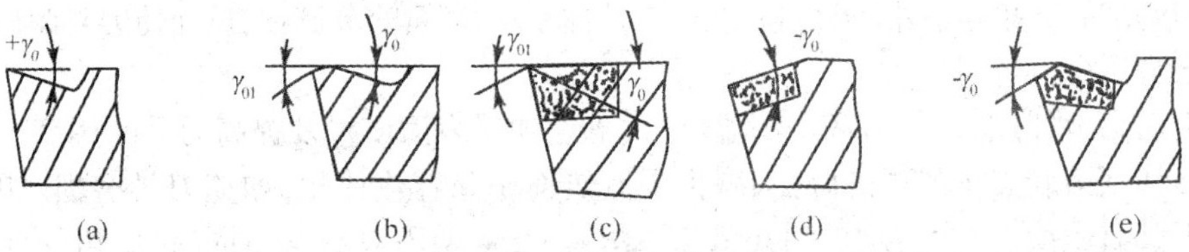

图 4－7　**前面的型式**

前面形状的合理选择，对防止刀具崩刃、提高刀具耐用度和切削效率、降低生产率都有重要意义。图4－7是几种前面形状及刃区剖面形式：

①正前角单平面型（图4－7*a*）。这是一种最基本的型式，其刃区型式为锋刃，刃口锋利、形状简单、便于制造。但前角较大，存在刃口强度差，散热体积小等缺点，故主要用于精加工刀具、多齿刀具（如铣刀、齿轮刀具等）及加工脆性材料的刀具。

②正前角带倒棱的前面（图4－7*b*）。当刃口负荷重时，刃口倒棱可增加刃口强度，提高刀具耐用度，一般用于粗加工刀具。

③正前角带卷屑槽的前面（图4－7*c*）。前面上磨有弧形卷屑槽或其他形状的卷屑槽，迫使切屑再次经受卷曲变形而折断，它主要用于塑性材料的粗加工及半精加工刀具。

④负前角单平面及双平面型（图4－7*d*、*e*）。这两种型面主要用于硬质合金刀具切削高强度、高硬度材料。此时刀片主要承受压应力的作用，充分发挥了硬质合金抗压强度高的优点。负前角双平面型主要用于前、后面同时磨损的场合，它可以减少刃磨前面时硬质合金的消耗量，延长刀具使用寿命。

4.3.2 后角及后面型式的选择

1. 后角的功用

（1）减少后面和工件表面的摩擦。由第三章可知，因刀具刃口钝圆半径的挤压作用，加工表面在通过刃口以后将产生弹性恢复。增大后角，弹性恢复层与刀具后面的接触长度减小，摩擦减小，刀具磨损减小，刀具耐用度高。

（2）增大后角，减小刃口钝圆半径 r_n，刃口锋利，加工的表面质量好。

（3）在同样的磨钝标准 *VB* 下，增大后角有利于提高刀具耐用度。这是因为后角增大后，刀具由新用到磨钝，所磨去的金属体积多，耗时较长的缘故（图4－8）。

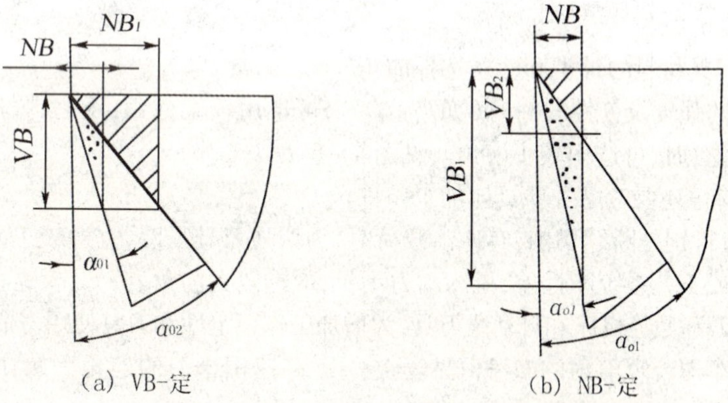

图4－8　后角大小对刀具磨损体积的影响

（4）后角过大，楔角减小，刃口强度低，散热体积小，刀具容易磨损，反而使刀具耐用度降低。

2. 合理后角的选择 α_{opt}

增大后角，可降低切削力和切削温度，改善已加工表面质量及提高刀具耐用度。但增大后角也会使切削刃和刀头的强度降低，减少了散热面积和容热体积，加速刀具磨损。因此，在一定条件下，同样存在一个合理的后角 α_{opt}。图4－9表明刀具材料不同时，后角的合理数值也不相同。

图4－8说明：在规定了后面磨钝标准 *VB* 的情况下，后角较大的刀具达到磨钝标准时，磨去金属的体积较大（图4－8），可使刀具使用寿命提高，但是加大了刀具的磨损值 *NB*，这会影响工件的尺寸精度。

合理选择后角应遵循的原则：

（1）粗加工或承受冲击载荷时，切削刃应该有足够强度，应取较小后角；精加工时可适当增大后角，应提高刀具使用寿命和加工表面质量。

（2）工件材料强度、硬度高时，宜取较小后角；对于有尺寸精度要求的刀具，则宜减小后角，以减小 *NB* 值（图4－8）。

表4－4列出了硬质合金车刀常用后角的合理数值，可供参考。

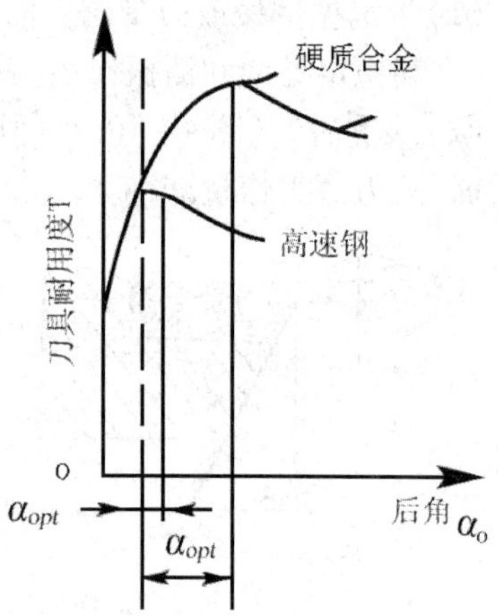

图4－9　刀具的合理后角

表4－4　　硬质合金车刀常用后角的合理数值

工件材料及切削条件		合理后角(°)
低碳钢 $\sigma_b=0.4\sim0.5MPa$	精车 $f\leq0.3mm/r$	10～12
	粗车 $f>0.3mm/r$	8～10
钢 $\sigma_b=0.70\sim0.80MPa$		6～8
钢 $\sigma_b=0.90\sim1.00MPa$		5～7
淬硬钢		10～15
铸铁		6～8
铜、铝及其合金		8～10
不锈钢	奥氏体 *HBS*185 以下	6～8
	马氏体 *HBS*250 以下	6～8
	马氏体 *HBS*250 以上	8～10
高强度钢	$\sigma_b<1.80GPa$	10
	$\sigma_b\geq1.80GPa$	10
高温合金	锻造	10～15
	铸造	10～15
钛 及 钛 合 金		14～16

3. 后面的型式及选择

(1)带消振倒棱或刃带的后面(图 4－10a、b)。前者用于定尺寸刀具,以增加刀具的耐用度,又可起稳定导向和消振作用;后者用于减小振动。

(2)双重后面(图 4－10c)。其作用是增加刃口强度,减少后面的摩擦。刃磨时只刃磨第一后面,故刃磨工作量减小。

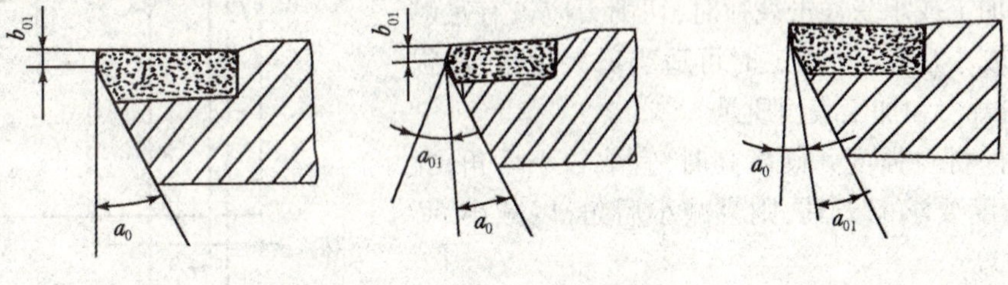

(a)有刃带的后面　　(b)负后角刃带消振　　(c)双重后面

图 4－10　后面型状

4.3.3 主偏角及副偏角的选择

1. 主偏角和副偏角的功用

(1)影响已加工表面粗糙度。由第三章可知,已加工表面残留面积理论高度公式为 $R_{max} = \dfrac{f}{cotk_r + cotk'_r}$。从公式看出,主偏角和副偏角越小,残留面积的理论高度越小,表面粗糙度越小。由于减小主偏角会使 F_p 力增大,导致工件变形和容易产生振动。因此生产中常用减小副偏角的办法来降低表面粗糙度。

(2)影响刀具耐用度。主、副偏角减小,刀尖角增大,散热条件好,刀具耐用度提高。此外,主偏角减小,作用切削刃长度增加,单位刃长度上的负荷减轻,也有利于刀具耐用度的提高。

(3)影响切削分力的比例。当 $r_\varepsilon = 0$ 时,减小主偏角,切削厚度减小,切削变形增大,F_c 力及 F_p 力增大而 F_f 力减小。F_p 力增大,容易使工件变形及产生振动。

(4)影响断屑效果及排屑方向。增大主偏角,切削厚度增加,切屑容易折断;对于孔加工刀具来说,增大主偏角有利于切屑沿轴向顺利排出。

2. 主偏角的选择

从上述主偏角对切削过程的影响可以看出,主偏角 k_r 减小,能提高刀具耐用度。但主偏角的减小也会产生不良影响。

因为根据切削力分析可以得知,主偏角 k_r 减小,将使背向力 F_p 增大,从而使切削时产生的挠度增大,降低加工精度。同时背向力的增大将引起振动,因此对刀具耐用度和加工精度产生不利影响。

由上述分析可知,主偏角 k_r 的增大或减小对切削加工既有有利的一面,也有不利的一面,在选择时应综合考虑. 减少主偏角会使切削厚度减少,切削宽度增加,从而使单位长度切削刃所承受的载荷减轻,散热条件改善,可使刀具使用寿命提高。但是,减少主偏角会导致背向力增大,同时刀尖与工件的摩擦加剧,会导致刀具使用寿命下降。其主要选择原则有以下几点:

(1)工艺系统刚性较好时(工件长径比 $l_w/d_w < 6$),主偏角 k_r 可以取小值。如当在刚度好

的机床上加工冷硬铸铁等高硬度高强度材料时，为减轻刀刃负荷，增加刀尖强度，提高刀具耐用度，一般取比较小的值，$k_r = 10° \sim 30°$。

（2）工艺系统刚性较差时（工件长径比 $l_w/d_w < 6 \sim 12$），或带有冲击性的切削，主偏角 k_r 可以取大值，一般 $k_r = 60° \sim 75°$，甚至主偏角 k_r 可以大于 90°，以避免加工时振动。硬质合金刀具车刀的主偏角多为 60°～75°。

（3）根据工件加工要求选择。当车阶梯轴时，$k_r = 90°$；同一把刀具加工外圆、端面和倒角时，$k_r = 45°$。

3. 副偏角的选择

副偏角 k'_r 的大小将对刀具耐用度和加工表面粗糙度产生影响。副偏角的减小，可降低残留面积的高度，提高理论表面粗糙度值，同时刀尖强度增大，散热面积增大，提高刀具耐用度。但副偏角太小又会使刀具副后面与工件发生摩擦，使刀具耐用度降低，另外引起加工中振动。

副偏角的选择原则是，在不影响摩擦和振动的条件下，应选取较小的副偏角。

合理选择副偏角的原则：主要看工艺系统的刚性如何。系统刚性好，不易产生变形和振动，则副偏角可取小值；若系统刚性差（如切削细长轴），则宜取大值。

硬质合金车刀合理主、副偏角参考表 4－5。

表 4－5　　硬质合金车刀合理主、副偏角

加工情况		偏角数值	
		主偏角	副偏角
粗车，有中间切入	工艺系统刚性好	45°、60°、75°	5°～10°
	工艺系统刚性差	65°、75°、90°	10°～15°
车削细长轴，薄壁件		90°、93°	6°～10°
粗车，有中间切入	工艺系统刚性好	45°	0°～5°
	工艺系统刚性差	60°、75°	0°～5°
车削冷硬铸铁，淬火钢		10°～30°	4°～10°
从工件中间切入		45°～60°	30°～45°
切断刀、切槽刀		60°～90°	1°～2°

4.3.4 刃倾角的选择

刃倾角 λ_s 是在主切削平面 p_s 内，主切削刃与基面 p_r 的夹角。因此，主切削刃的变化，能控制切屑的流向。当 λ_s 为负值时，切屑将流向已加工表面，并形成长螺旋卷屑，容易损害加工表面。但切屑流向机床尾座，不会对操作者产生大的影响，如图 4－11（*a*）所示。如当 λ_s 为正值，切屑将流向机床床头箱，影响操作者工作，并容易缠绕机床的转动部件，影响机床的正常运行，如图 4－11（*b*）所示。但精车时，为避免切屑擦伤工件表面，λ_s 可采用正值。另外，刃倾角 λ_s 的变化影响刀尖的强度和抗冲击性能。当 λ_s 取负值时，刀尖在切削刃最低点，切削刃切入工件时，切入点在切削刃的前面，保护刀尖免受冲击，增强刀尖强度。所以，一般大前角刀具通常选用负的刃倾角，既可以增强刀尖强度，又可避免刀尖切入时产生的冲击。

车削刃倾角主要根据刀尖强度和流屑方向来选择，其合理数值如表 4－6。

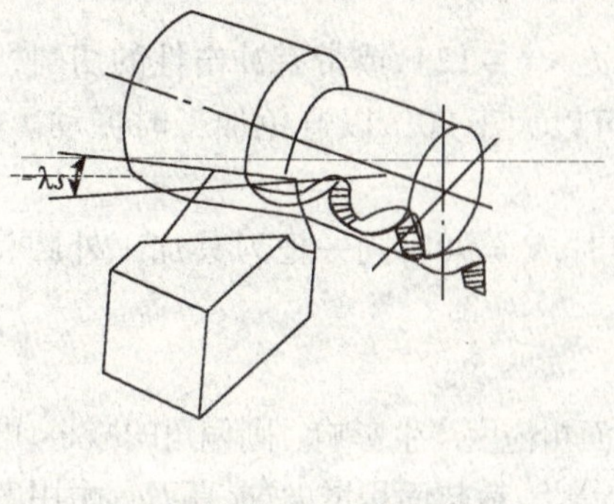

（a）$-\lambda s$ 切屑流向已加工表面方向　　（b）$+\lambda s$ 切屑流向待加工表面方向

图 4－11　刃倾角对切屑流向的影响

表 4－6　**车削刃倾角合理参考值**

使用范围	精车细长轴	精车有色金属	粗车一般钢和铸铁	粗车余量不均淬硬钢时	冲击较大的断续车削	大刃倾角薄切屑
λs	0°～5°	5°～10°	0°～5°	－5°～－10°	－5°～－15°	45°～75°

4.3.5 刀尖形状的选择

主切削刃与副切削刃连接的地方称为刀尖。该处是刀具强度和散热条件都很差的地方。切削过程中，刀尖切削温度较高，非常容易磨损，因此增强刀尖强度，可以提高刀具耐用度。刀尖对已加工表面粗糙度有很大影响。通过前面讲述的主偏角与副偏角的选择可知，主偏角 k_r 和副偏角 k'_r 的减小，都可以增强刀尖强度，但同时也增大了背向力 F_P，使得工件变形增大并引起振动。但如在主、副切削刃之间磨出倒角刀尖，如图 4－12(a) 所示。则既可增大刀尖角，又不会使背向力 F_P 增加多少。

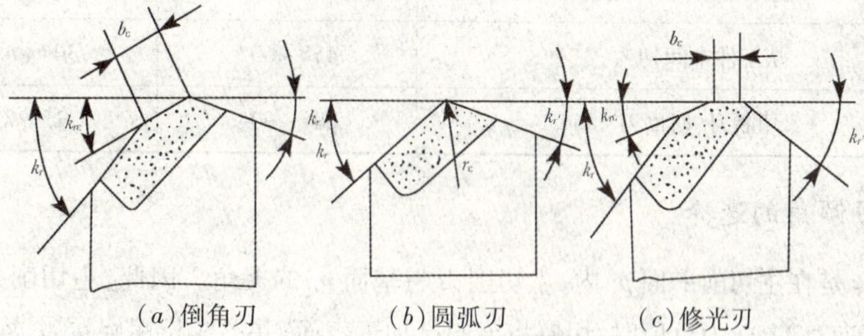

（a）倒角刃　　（b）圆弧刃　　（c）修光刃

图 4－12　刀具的过渡刃

倒角刀尖的主偏角一般取 $k_{r\varepsilon}=1/2k_r$，$b_\varepsilon=(1/5\sim1/4)a_{sp}$，刀尖也可修成圆弧状，如图 4－12(b) 所示。对于硬质合金车刀和陶瓷车刀，一般取 $r_\varepsilon=0.5\sim1.5mm$，对高速钢刀具，取 $r_\varepsilon=1\sim3mm$。增大 r_ε，刀具的磨损和破损都可减小，不过，此时背向力 F_p 也会增大，容易引起振动。考虑到脆性大的刀具对振动敏感因素，一般硬质合金刀具和陶瓷刀具的刀尖圆弧半径 r_ε 值较小；精加工 r_ε 选取比粗加工小。精加工时，还可修磨出 $k_{r\varepsilon}=0°$，宽度 $b'_\varepsilon=(1.2\sim1.5)f$ 与进给方向平行的修光刃，切除掉残留面积，如图 4－12(c)所示。这种修光刃能在进给量较大时，还能获得较高的表面加工质量。如用阶梯端铣刀精铣平面时，采用 1～2 个带修光刃的刀齿，既简化刀齿调整，又提高加工效率和加工表面质量。

以上各种刀具参数的选择原则只是单独针对该参数而言，必须注意的是，刀具各个几何角度之间是互相联系互相影响的。在生产过程中，应根据加工条件和加工要求，综合考虑各种因素，合理选择刀具几何参数。如在加工硬度较高的工件材料时，为增加切削刃强度，一般取较小后角，但加工淬硬钢等特硬材料时，常常采用负前角，但楔角较大，如适当增加后角，则既有利于切削刃切入工件，又提高刀具耐用度。

【例 4－1】如图 4－13 所示，大切深强力车刀，刀具材料 $YT15$，一般用于中等刚性车床上，加工热轧和锻制的中碳钢，切削用量为：背吃刀量 $a_{sp}=15\sim20mm$，进给量 $f=0.25\sim0.4mm/r$，试对该刀具的刀具几何参数进行分析。

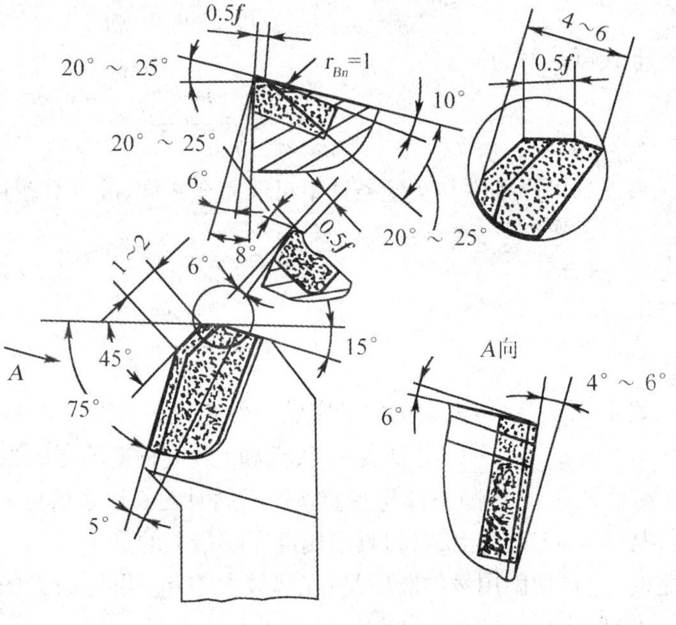

图 4－13　75°大切深强力车刀

解：此刀具主要几何参数及作用如下：

(1) 取较大前角，$\gamma_o=20°\sim25°$，能减小切削变形，减小切削力和切削温度。主切削刃采用负倒棱，$b_{r1}=0.5f$，$\gamma_{o1}=-20°\sim-25°$，提高切削刃强度，改善散热条件。

(2) 后角值较小，$\alpha_o=4°\sim6°$，而且磨制成双重后角，主要是为提高刀具强度，提高刀具的刃磨效率和允许刃磨次数。

(3) 主偏角较大，$k_r=75°$，副偏角也较大，$k'_r=15°$，以降低切削力 F_c 和背向力 F_p，避免产生振动。

(4) 刀尖形状采用倒角刀尖加修光刃，倒角 $k_{r\varepsilon}=45°$，$b_\varepsilon=1\sim2mm$，修光刃 $b'_\varepsilon=1.5f$，主要是提高刀尖强度，增大散热体积。修光刃目的是修光加工表面残留面积，提高加工表面的质量。

(5) 刃倾角取负值，$\lambda_s=-4°\sim-6°$，提高刀具强度，避免刀尖受冲击。

§4.4 切削用量的合理选择

合理选择切削用量，就是要充分发挥刀具的切削性能和机床功能，在保证加工质量的前提下，获得高生产率和低的加工成本。目前许多工厂是通过实际经验、工艺试验和查阅切削用量手册来确定切削用量。

4.4.1 刀具耐用度与切削用量的关系

当工件材料、刀具材料及其几何参数确定后，切削用量就是影响刀具耐用度的可变因素。由第三章可知，刀具耐用度与切削用量的关系为

$$T=\frac{C_T}{v_c^{\frac{1}{m}}f^{\frac{1}{m_1}}a_{sp}^{\frac{1}{m_2}}}$$

上式可改写为

$$T^m=\frac{C_{v_c}}{v_c a_{sp}^{x_{v_c}} f^{y_{v_c}}} \tag{4-2}$$

考虑到生产条件与实验条件不可能完全相同，故刀具耐用度与切削用量的一般关系式为

$$T^m=\frac{C_{v_c}}{v_c a_{sp}^{x_{v_c}} f^{y_{v_c}}}K_{v_c} \tag{4-3}$$

或

$$v_c=\frac{C_{v_c}}{T^m a_{sp}^{x_{v_c}} f^{y_{v_c}}}K_{v_c} \tag{4-4}$$

式中，C_{v_c}——与刀具耐用度实验条件有关的系数见表4-7。

m、x_{v_c}、y_{v_c}——分别表示 T、a_{sp} 和 f 影响程度的指数见表4-7。

K_{v_c}——切削条件与实验条件不同时的修正系数见表4-8。

从式4-3可看出，对刀具耐用度影响最大的是 v_c，其次 f，a_{sp} 最小。因此，刀具耐用度保持一定时，选择切削用量的顺序是：先选最大的 a_{sp}，再选最大的 f，然后按式4-4计算出相应的 v_c。

表4-7　车削速度计算公式中的系数和指数值

加工材料	刀具材料	进给量 f(mm/r)	系数和指数值 $x_{v_c}y_{v_c}$			
			C_{vc}	x_{v_c}	y_{v_c}	m
外圆纵刀 碳素结构钢 $\sigma_b=0.65GPa$	$VT15$(干切)	$f\leqslant0.3$	291	0.15	0.2	0.2
		$f\leqslant0.7$	242	0.15	0.35	0.2
		$f>0.7$	235	0.25	0.45	0.2
	$W6Mo5Cr4V_2$ (加切削液)	$f\leqslant0.25$	67.2	0.25	0.33	0.125
		$f>0.25$	43	0.25	0.66	0.125
外圆纵刀 灰铸铁 $HBS190$	YGo(干切) $W6Mo5Cr4V_2$ (干切)	$f\leqslant0.4$	189.8	0.15	0.2	0.2
		$f>0.4$	158	0.15	0.4	0.2
		$f\leqslant0.25$	24	0.15	0.3	0.1
		$f>0.25$	22.7	0.15	0.4	0.1

注：镗孔——用外圆纵车速度乘以0.9；用高速钢加工结构钢，干切，乘以0.8；切断、成形刀加工、车螺纹及车削不锈钢、可锻铸铁、铜合金、铝合金的数据从略，可参阅切削用量手册。

表4-8 **切削速度计算时的修正系数**

1. 工件材料 K_{Mv}	加工钢：硬质合金 $K_{Mv}=\frac{0.65}{\sigma_b}$；高速钢 $K_{Mv}=C_M\left(\frac{0.65}{\sigma_b}\right)^{nv}$，$C_M=1.0, n_v=1.75$，当 $\sigma_b<0.45GPa$ 时，$n_v=-1.0$						
	加工灰铸铁：硬质合金 $K_{Mv}=\left(\frac{190}{HBS}\right)^{1.25}$；高速钢 $K_{Mv}=\left(\frac{190}{HBS}\right)^{1.7}$						
2. 毛坯状况 K_{sv}	无外皮	棒料	锻料	铸钢、铸铁 一般	铸钢、铸铁 带砂皮	Cu-Al 合金	
	1.0	0.9	0.8	0.8~0.85	0.5~0.6	0.9	
3. 刀具材料 K_{tv}	钢	YT5	YT14	YT15	YT30	YG8	
		0.65	0.8	1	1.4	0.4	
	灰铸铁	YG8	YG6		YG3		
		0.83	1.0		1.15		
4. 主偏角 K_{krv}	k_r	30°	45°	60°	75°	90°	
	钢	1.13	1	0.92	0.86	0.81	
	灰铸铁	1.2	1	0.88	0.83	0.73	
5. 副偏角 $K_{kr'v}$	k'_r	10°	15°	20°	30°	45°	
	$K_{kr'v}$	1	0.97	0.94	0.91	0.87	
6. 刀尖半径 $K_{r\varepsilon v}$	r_ε	1mm	2mm	3mm	4mm		
	$K_{r\varepsilon v}$	0.94	1.0	1.03	1.13		
7. 刀杆尺寸 K_{Bv}	$B\times H$	12×20 16×16	16×25 20×20	20×30 25×25	25×40 30×30	30×45 40×40	40×60
	K_{Bv}	0.93	0.97	1	1.04	1.08	1.12
8. 车削方式 K_{kv}	外圆纵车	横车 $d:D$ 0~0.4	横车 $d:D$ 0.5~0.7	横车 $d:D$ 0.8~1.0	切断	切槽 $d:D$ 0.5~0.7	切槽 $d:D$ 0.8~0.95
	1.0	1.24	1.18	1.04	1.0	0.96	0.84

4.4.2 刀具耐用度的合理选择

取多大的刀具耐用度才合理？一般有两种方法：一是根据工序时间最短的原则来确

定，即最大生产率耐用度 T_p；二是根据单件工序成本最低的原则来制定，既经济耐用度 T_c。与最大生产率耐用度和经济耐用度相应的切削速度是最大生产率的切削速度 ν_{cp} 和经济耐用度的切削速度 ν_{cc}。

1. 最大生产率耐用度 T_p。

以单位时间生产最多数量产品，或加工每个零件所消耗的生产时间为最少来衡量。

完成单件工序的工时为 t_w

$$t_w = t_m + t_{ct} \times \frac{t_m}{T} + t_{vt} \tag{4-5}$$

其中，t_m—工序切削时间（机动时间）；

t_{ct}—换一次刀所消耗的时间（包括卸刀、装刀、对刀等时间）；

T—刀具耐用度；

t_{vt}—除换刀时间外的其他辅助时间。

设工件长度为 L，工件转速为 n，工件直径为 d，进给量为 f，背吃刀量为 a_{sp}，工件余量为 h，则纵车外圆的机动时间为

$$t_m = \frac{l \cdot h}{n \cdot f \cdot a_{sp}} = \frac{l \cdot h \cdot \pi \cdot d}{10^3 \cdot \nu_c \cdot f \cdot a_{sp}} \tag{4-6}$$

以式（4－4）代入式（4－6）后得 $t_m = \dfrac{l \cdot h \cdot \pi \cdot d}{10^3 \cdot C_{v_c} \cdot f \cdot a_{sp}} T_m$

因为选择 ν_c 时，f 及 a_{s_p} 为已定，将常数项合为 K，则得

$$t_m = KT_m \tag{4-7}$$

以式（4－7）代入式（4－5）中得

$$t_w = KT^m + t_{ct}KT^{m-1} + t_{vt}$$

对上式微分并取 $\dfrac{dt_w}{dT} = 0$ 得：

$$T = \left(\frac{1-m}{m}\right) t_{ct} = T_p \tag{4-8}$$

T_p 为最大生产率耐用度。与 T_p 相应的 ν_{cp} 可由下式求得

$$\nu_{cp} = \frac{C}{T_p^m} \tag{4-9}$$

2. 经济耐用度 T_c。每个工件的工序成本 C 为：

$$C = t_m M + t_{ct} \frac{t_m}{T} M + \frac{t_m}{T} C_t + t_{vt} \cdot M \tag{4-10}$$

式中，C——工序生产成本；

M——该工序单位时间内所分担的全部开支；

C_t——刀具成本。

对上式微分并取 $\dfrac{dC}{dT} = 0$ 得：

$$T = \frac{1-m}{m}\left(t_{ct} + \frac{C_t}{M}\right) = T_c \tag{4-11}$$

T_c 为经济耐用度。与 T_c 相应的 v_{cc} 可由下式求出：

$$v_{cc}=\frac{C}{T_c^m} \tag{4-12}$$

对比式(4-8)和式(4-11)后可知，$T_c>T_p$，(见图4-14)即 $v_{cc}<v_{cp}$。一般情况下，应采取经济耐用度。当完成紧急任务或生产出现不平衡环节时，可采用最大生产率耐用度。

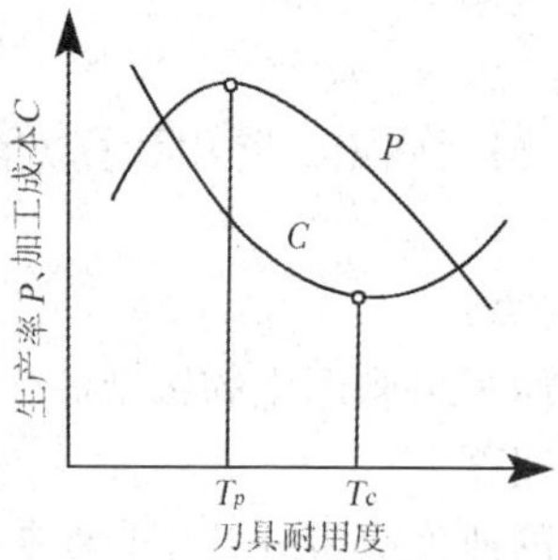

图4-14 刀具耐用度 T 对生产率 P 和加工成本 C 的关系

4.4.3 选择切削用量的步骤

1. 粗加工切削用量的选择

(1)背吃刀量的选定。背吃刀量应根据加工余量确定。一般切削加工分为粗加工(表面粗糙度 $Ra10\sim80\mu m$，精度12~15级)；半精加工(表面粗糙度 $Ra1.25\sim10\mu m$，精度8~10级)；精加工(表面粗糙度 $Ra0.32\sim1.25\mu m$，精度6~7级)。在中等功率机床上，粗加工的背吃刀量可达8~10mm。半精加工时，背吃刀量取0.5~2mm。精加工时，背吃刀量取0.1~0.4mm。粗加工时，在保留后续工序加工余量的前提下，尽量将粗加工余量 A 一次切完。当余量 A 过大或工艺系统刚性较差时，可分二次走刀切除。它们的背吃刀量应为

$$a_{sp_1}=(\frac{2}{3}\sim\frac{3}{4})A$$

$$a_{sp_2}=(\frac{1}{3}\sim\frac{1}{4})A$$

一般背吃刀量所形成的作用切削刃长度，不宜超过刀片刀刃长度的三分之二。

(2)进给量的选定。粗加工时，进给量要受到工艺系统所允许的切削力的限制。应该在不超过机床进给机构强度，工件不被顶弯和产生振动，在刀杆强度和刚度、刀片强度、机床功率和转矩许可的情况下，选一个最大的进给量值。或者用已选定的背吃刀量和进给量求出三个切削分力，用切削力 F_c 来校验刀片和刀杆强度；用背向力 F_p 来校验工件装夹刚度；用进给力 F_f 来校验机床进给机构薄弱环节的强度等。根据上述原则，可利用计算的方法求出进给量。生产中经常是用查阅切削用量手册中有关表格来近似决定进给量的。

查表确定进给量的方法如下：首先根据所使用的车床中心高，由表4-9确定车刀刀杆尺寸及刀片尺寸；再分别由表4-10确定刀杆强度所允许的进给量，由表4-11决定刀片强度所允许的进给量，取两者中最小的进给量作为初选值。然后根据机床说明书中所列的进给量来选取相近值，便可最后确定进给量的大小。

(3)切削速度的选定。在背吃刀量和进给量确定后，再根据规定的合理耐用度值，按式4—4计算出切削速度，即 v_c

$$v_c=\frac{C_{v_c}}{T^m a_{sp}^{x_{v_c}} f^{y_{v_c}}}K_{v_c} \quad (m/min)$$

式中，C_{v_c}、m、x_{v_c}、y_{v_c} 值见表4－7。k_v 为各个系数的乘积

$$K_{v_c}=K_{mv}k_{sv}K_{tv}K_{krv}K_{k'rv}K_{r\varepsilon v}K_{Bv}K_{kv}$$

式中各系数见表(4－8)。

切削速度确定之后，机床转速应为 $n=\dfrac{1000v_c}{\pi d_w}$ (r/min)

式中，d_w 为工件待加工的直径。

所选定的转速应按机床说明书最后确定。除用计算方法外，生产中常按实践经验和有关手册资料来选取切削速度。

选择切削速度还应考虑下列几点：

①精加工时，应尽量避免积屑瘤和鳞刺产生的区域。

②断续切削时，适当降低切削速度。

③在易发生振动的情况下，切削速度应避开产生自激振动的临界速度。

④加工大工件、细长件和薄壁件时，应选用较低的切削速度。

⑤加工带外皮的工件时，应降低切削速度。

表4－9　　车刀刀杆及刀片尺寸的选择

1. 刀杆尺寸

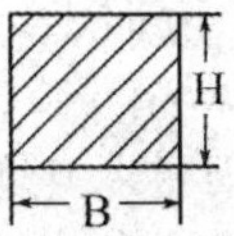

断面形状	尺寸 $B\times H$							
矩形刀杆	10×16	12×20	16×25	20×30	25×40	30×45	40×60	50×80
方形刀杆	12×12	16×16	20×20	25×25	30×30	40×40	50×50	65×65

2. 根据机床中心高选择刀片尺寸

车床中心高(mm)	150	180～200	260～300	350～400
刀杆 $B\times H$	12×20	16×25	20×30	25×40

注：方形刀杆同上

3. 根据刀杆尺寸选择刀片尺寸

刀杆尺寸 $B\times H$	10×16	12×20	16×16	16×25	20×20	20×30
刀片厚度	3.0	3.5～4	4.5	4.5～6	5.5	6～8

刀杆尺寸 $B\times H$	25×25	25×40	30×45	40×60	50×80
刀片厚度	7	7～8.5	8.5～10	9.5～12	10.5

(4)机床功率校验。粗车时必须校验机床功率。根据式(4－13)可确定机床功率允许的切削速度

$$v_c=\frac{p_E\times\eta_c\times10^3}{F_c}\quad m/min \qquad (4-13)$$

式中，p_E—机床功率；

η_c—机床的效率。

表4－10　　硬质合金及高速钢车刀粗车外圆和端面时的进给量

加工材料	车刀刀杆尺寸 B×H(mm)	工件直径(mm)	背吃刀量 a_{sp}(mm) ≤3	>3~5	>5~8	>8~12	12以上
			进给量 f(mm/r)				
碳素结构钢和合金结构钢	16×25	20	0.3~0.4	–	–	–	–
		40	0.4~0.5	0.3~0.4	–	–	–
		60	0.5~0.7	0.4~0.6	0.3~0.5	–	–
		100	0.6~0.9	0.5~0.7	0.5~0.6	0.4~0.5	–
		400	0.8~1.2	10.7~1.0	0.6~0.8	0.5~0.6	–
	25×25	20	0.3~0.4	–	–	–	–
		40	0.4~0.5	0.3~0.4	–	–	–
		60	0.6~0.7	0.5~0.7	0.4~0.6	–	–
		100	0.8~1.0	0.7~0.9	0.5~0.7	0.4~0.7	–
		600	1.2~1.4	1.0~1.2	0.8~1.0	0.6~0.9	0.4~0.6
	25×40	60	0.6~0.9	0.5~0.8	0.4~0.7	–	–
		100	0.8~1.2	0.7~1.1	0.6~0.9	0.5~0.8	–
		1000	1.2~1.5	1.1~1.5	0.9~1.2	0.8~1.0	0.7~0.8
铸铁及铜合金	30×45	500	1.1~1.4	1.1~1.4	1.0~1.2	0.8~1.2	0.7~1.1
	40×60	2500	1.3~2.0	1.3~1.8	1.2~1.6	1.1~1.5	1.0~1.5
	16×25	40	0.4~0.5	–	–	–	–
		60	0.6~0.8	0.5~0.8	0.4~0.6	–	–
		100	0.8~1.2	0.7~1.0	0.6~0.8	0.5~0.7	–
		400	1.0~1.4	1.0~1.2	0.8~1.0	0.6~0.8	–
	20×30 25×25	40	0.4~0.5	–	–	–	–
		60	0.6~0.9	0.5~0.8	0.4~0.7	–	–
		100	0.9~1.3	0.8~1.2	0.7~1.0	0.5~0.8	–
		600	1.2~1.8	1.2~1.6	1.0~1.3	0.9~1.1	0.7~0.9
	25×40	60	0.6~0.8	0.5~0.8	0.4~0.7	–	–
		100	1.0~1.4	0.9~1.2	0.8~1.0	0.6~0.8	–
		1000	1.5~2.0	1.2~1.8	1.0~1.4	1.0~1.2	0.8~1.0
	30×45	500	1.4~1.8	1.2~1.6	1.0~1.4	1.0~1.3	0.9~1.2
	40×60	2500	1.6~2.4	1.6~2.0	1.4~1.8	1.3~1.7	1.2~1.7

注：1. 加工断续表面及有冲击的加工时，表内的进给量应乘系数 $k=0.75\sim0.85$。

2. 加工耐热钢及其合金时，不采用大于 1.0mm/r 的进给量。

3. 加工淬硬钢时，表内进给量乘系数 $k=0.8$（当材料硬度为 HRC44~56 时）或 $k=0.5$（当硬度为 HRC57~62 时）。

表 4－12　　用 YT15 硬质合金车刀削碳钢、铬钢、镍钢及铸钢时的切削速度

钢 σ_b(GPa)								进给量 f(mm/r)														
0.431 ~0.481	0.490 ~0.539	0.549 ~0.608	0.618 ~0.686	0.696 ~0.775	0.785 ~0.873	0.883 ~0.981	>0.981															
背吃刀量 a_{sp}(mm)																						
1.4	–	–	–	–	–	–	–	0.25	0.38	0.54	0.75	0.97	1.27	1.65	2.15	–	–	–	–	–	–	–
3	1.4	–	–	–	–	–	–	0.14	0.25	0.38	0.54	0.75	0.97	1.27	1.65	2.15	–	–	–	–	–	–
7	3	1.4	–	–	–	–	–	–	0.14	0.24	0.38	0.54	0.75	0.97	1.27	1.65	2.15	–	–	–	–	–
15	7	3	1.4	–	–	–	–	–	–	0.14	0.25	0.38	0.54	0.75	0.97	1.27	1.65	2.15	–	–	–	–
–	15	7	3	1.4	–	–	–	–	–	–	0.14	0.25	0.38	0.54	0.75	0.97	1.27	1.65	2.15	–	–	–
–	–	15	7	3	1.4	–	–	–	0	–	–	0.14	0.25	0.38	0.54	0.75	0.97	1.27	1.65	2.15	–	–
–	–	–	15	7	3	1.4	–	–	–	–	–	–	0.14	0.25	0.38	0.54	0.75	0.97	1.27	1.65	2.15	–
–	–	–	–	15	7	–	1.4	–	–	–	–	–	–	0.14	0.25	0.38	0.54	0.75	0.97	1.27	1.65	2.15
2.15	–	–	–	–	15	7	3	–	–	–	–	–	–	0.14	0.25	0.38	0.54	0.75	0.97	1.27	1.65	
1.65	–	–	–	–	–	15	7	–	–	–	–	–	–	–	–	0.14	0.25	0.38	0.54	0.75	0.97	1.27
1.27	–	–	–	–	–	–	15	–	–	–	–	–	–	–	–	–	0.14	0.25	0.38	0.54	0.75	0.97
加工性质						切削速度 v_c(m/min)																
外圆纵车						250.2	222.6	198	175.8	156	138.6	123	109.2	97.2	86.4	76.8	68.4	60.6	54	48	42.6	

加工条件改变时切削速度的修正系数

1. 车刀耐用度

耐用度 T(s)	1800	2700	3600	5400	7200	10800
系数 K_{Tv}	1.15	1.06	1.0	0.92	0.87	0.80

切削速度的其它修正系数见表 4－8

表 4-13 用 YG6 硬质合金车刀削灰铸铁时的切削速度

灰铸钢 HBS						进给量 f(mm/r)																
150～164		165～181	182～199		200～241																	
背吃刀量			a_{sp}(mm)																			
0.8	–	–	–	–	–	0.23	0.42	0.56	0.75	1.0	–	–	–	–	–	–	–	–	–	–	–	
1.8	0.8	–	–	–	–	0.14	0.23	0.42	0.56	0.75	1.34	1.8	–	–	–	–	–	–	–	–	–	
4	1.8	0.8	–	–	–	–	0.14	0.23	0.42	0.56	1.0	1.34	1.8	2.5	3.3	–	–	–	–	–	–	
9	4	1.8	0.8	–	–	–	–	0.14	0.23	0.42	0.75	1.0	1.34	1.8	2.5	3.3	–	–	–	–	–	
20	9	4	1.8	0.8	–	–	–	–	0.14	0.23	0.56	0.75	1.0	1.34	1.8	2.5	3.3	–	–	–	–	
–	20	9	4	1.8	0.8	–	–	–	–	0.14	0.42	0.56	0.75	1.0	1.34	1.8	2.5	3.3	–	–	–	
–	–	20	9	4	1.8	–	–	–	–	–	0.23	0.42	0.56	0.75	1.0	1.34	1.8	2.5	3.3	–	–	
–	–	–	20	9	4	–	–	–	–	–	0.14	0.23	0.42	0.56	0.75	1.0	1.34	1.8	2.5	3.3	–	
–	–	–	–	20	9	–	–	–	–	–	–	0.14	0.23	0.42	0.56	0.75	1.0	1.34	1.8	2.5	3.3	
–	–	–	–	–	20	–	–	–	–	–	–	–	0.14	0.23	0.42	0.56	0.75	1.0	1.34	1.8	2.5	
加工性质						切削速度 v_c(m/min)																
外圆纵车						162.6	144.6	127.8	114	101.4	90	79.8	70.8	63	56.4	49.8	44.4	39.6	35.4	31.2	28.2	24.6
加工条件改变时切削速度的修正系数																						
1. 车刀耐用度																						

耐用度 T(s)	1800	2700	3600	5400	7200	10800
系数 K_{Tv}	1.15	1.06	1.0	0.92	0.87	0.80

切削速度的其它修正系数见表 4-8

表 4-11　　硬质合金刀片强度允许的进给量

刀片厚度 s (mm)	背吃刀量 a_{sp}(mm)				说　明
	≤4	>4~7	>7~13	>13~22	
	进给量 f(mm/r)				
4 6 8 10	1.3 2.6 4.2 6.1	1.1 2.2 3.6 5.1	0.9 1.8 3.0 4.2	0.8 1.5 2.5 3.6	1. 当钢的强度不同时,表内进给量应乘下列修正系数:$\sigma_b=0.47\sim0.627GPa$ $K_{mf}=1.2$;$\sigma_b=0.637\sim0.852GPa$ $K_{mf}=1.0$;$\sigma_b=0.852\sim1.147GPa$,$K_{mf}=0.85$ 2. 加工铸铁时,表内进给量应乘修正系数 $K_{mf}=1.6$。 3. 当主偏角 k_r 不同时,表内进给量应乘下列修正系数:$k_r=30°$,$K_{krf}=1.4$;$k_r=45°$,$K_{krf}=1.0$;$k_r=60°$,$K_{krf}=0.6$;$k_r=90°$,$K_{krf}=0.4$; 4. 当有冲击时,进给量应减小 20%。

表 4-14　　硬质合金外圆车刀半精车时的进给量

工件材料	表面粗糙度 Ra(mm)	切削速度范围(m/min)	刀尖圆弧半径 r_ε(mm)		
			0.5	1.0	2.0
			进给量 f(mm)		
铸铁、青铜和铝合金	>5~10	不限	0.25~0.40	0.40~0.50	0.50~0.60
	>2.5~5		0.12~0.25	0.25~0.40	0.40~0.60
	>1.25~2.5		0.10~0.15	0.15~0.20	0.20~0.35
碳素结构钢和合金结构钢	>5~10	≤50.4	0.30~0.50	0.45~0.60	0.55~0.70
		>79.8	0.40~0.55	0.55~0.65	0.65~0.70
	>2.5~5	≤50.4	0.20~0.25	0.25~0.30	0.30~0.40
		>79.8	0.25~0.30	0.30~0.35	0.35~0.40
	>1.25~2.5	≤50.4	0.10~0.11	0.11~0.15	0.15~0.20
		>79.8	0.10~0.20	0.10~0.25	0.25~0.35

2. 半精车、精车切削用量选择

(1)背吃刀量。原则上一次切除余量。考虑到硬质合金刃口不够锋利及刃口钝圆半径的挤压和摩擦作用,背吃刀量不宜过小,一般应大于 0.05mm。

(2)进给量。半精车和精车时的切削力较小,选择进给量只受到加工表面粗糙度的限制。在已知切削速度(假设)和刀尖圆弧半径的情况下,根据加工要求的粗糙度,进给量可查阅有关手册来确定。表4-13为硬质合金外圆车刀半精车时的进给量。

查表时,先预定一个切削速度 ν_c。精加工的切削速度较高,故预定的切削速度应偏高些。通常切削速度高时的进给量比切削速度低时进给量大些。

(3)切削速度。半精车和精车的切削力对工艺系统刚度和强度的影响较小,消耗功率较少,故切削速度主要受刀具耐用度限制。切削速度可利用式4-4计算或由表4-12查出。

4.4.4 切削用量选择实例

已知条件:工件为合金锻件,$\sigma_b=0.75GPa$,毛坯尺寸 $\phi70mm\times300mm$,中批生产。车削直径为 $\phi62h8$,$Ra=3.2\mu m$,使用机床CA6140。零件夹持方式如图4-15,选用硬质合金可转位车刀。刀杆尺寸 $16\times25mm^2$,刀片材料YT15。刀片代号SNUM120410FRA-3,刀刃长度12.7mm,刀片厚度4.76mm,刀尖圆弧半径1mm,平行式卷屑槽,槽宽3mm。车刀几何参数 $\gamma_o=12°$,$\alpha_O=8°$,$\lambda_s=-6°$,$k_r=75°$,$k'_r=15°$,选定车刀耐用度 $T=30min$。后面磨钝标准为粗车0.7mm,试确定车削外圆的切削用量。

第4章

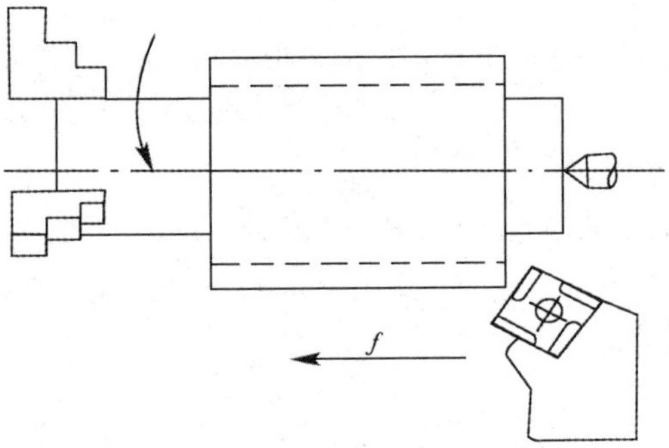

图4-15 加工示意图

解:根据要求的表面粗糙度及尺寸精度,分为粗车和半精车两道工序。

1. 粗车

(1)背吃刀量 a_{sp}。加工余量 A 为:$A=\frac{1}{2}(d_w-d_m)=\frac{1}{2}(70-62)=4mm$

取粗加工余量 $a_{sp}=3mm$,余下1mm在半精车工序中切除。

(2)进给量 f。根据刀杆强度确定的进给量有表4-10查出为 $f=0.5\sim0.7mm/r$

根据刀片强度确定的进给量由表4-11查出为

$f=1.3K_{mf}\cdot K_{krf}=1.3\times1\times0.5=0.65mm/r$

按机床说明书,取 $f=0.56mm/r$

校验机床进给机构强度:由机床说明书查CA6140进给机构允许抗力 $F_{max}=3530N$,由表3-6查 $K_c=2305N$

切削时进给力 $F_f\approx0.4F_c$

$$=0.4\cdot K_c\cdot a_{sp}\cdot f\cdot K_{fFc}\cdot K_{vFc}\cdot K_{rFc}\cdot K_{br1F_c}\cdot K_{krFc}\cdot K_{\lambda_sF_c}\cdot K_{r_sF_c}\cdot K_{VBFc}$$

$$=0.4\times2305\times3\times0.56\times0.91\times1.03\times1.03\times1\times1\times1\times1\times1.25=1859.04N<3530N$$

(3)切削速度 ν_c。根据 $a_{sp}=3mm$ 和 $f=0.56mm/r$,由表4-12查出 $\nu_c=108m/min$

乘以修正系数 $K_{Tv}, K_{krv}, K_{sv}, K_{kr'v}, K_{r_s v}, K_{Bv}, K_{kv}$ 得

$$\nu_c = 108 \times 1.15 \times 0.86 \times 1 \times 0.8 \times 0.97 \times 0.94 \times 0.97 \times 1$$
$$= 75.58 m/min。$$

计算转速 n

$$n = \frac{1000 \times 75.58}{3.14 \times 70} = 344 r/min$$

取实际转速 $n = 320 r/min$

故实际切削速度 ν_c 为：$\nu_c = \dfrac{3.14 \times 70 \times 320}{1000} = 70.34 m/min$

(4)校验机床功率：由机床说明书知 $P_E = 7.5KW$

机床功率为 $P_E \times \eta = 7.5 \times 0.75 = 5.6KW$

$$P_c = F_c \times \nu_c \times 10^{-3}$$
$$= K_c \times a_{sp} \times f \times K_{fFc} \times K_{vFc} \times K_{rFc} \times K_{br1F_c} \times K_{krF_c} \times \lambda_{F_c} \times K_{\lambda_s F_c} \times K_{VBF_c} \times \nu_c \times 10^{-3}$$
$$= 2305 \times 3 \times 0.56 \times 0.91 \times 1.03 \times 1.03 \times 1 \times 1 \times 1 \times 1 \times 1.25 \times \frac{70.34}{60} \times 10^{-3}$$
$$= 5.48KW < 5.6KW,$$

粗车削用量为：$a_{sp} = 3mm, f = 0.56mm/r, \nu_c = 70.34 m/min$

2. 半精车

(1)背吃刀量 $a_{sp} = A = 1mm$

(2)进给量 f。根据加工表面粗糙度 $R_a = 3.2\mu m$，刀尖圆弧半径 $r_\varepsilon = 1mm$，假设 $\nu_c = 79.8m/min$，由表 4－14 查出进给量 $f = 0.3 \sim 0.35mm/r$。取实际进给 $f = 0.33mm/r$。

(3)切削速度 ν_c 由式

$$\nu_c = \frac{C_{vc}}{T^m a_{sp}^{x_{vc}} f^{y_{vc}}} K_{mv} K_{sv} K_{tv} K_{krv} K_{kr'v} K_{r_\varepsilon v} K_{Bv} K_{kv}$$
$$= \frac{291}{30^{0.2} \times 1^{0.15} \times 0.33^{0.2}} \times \frac{0.637}{0.735} \times 1 \times 1 \times 0.86 \times 0.97 \times 0.94 \times 0.97 \times 1$$
$$= 121.4 m/min$$

计算转速 $n = \dfrac{1000 \times 121.4}{3.14 \times 62} = 624 r/min$

根据机床说明书，取机床实际转数为 $560 r/min$

故，实际切削速度为 $\nu_c = 3.14 \times 62 \times 560 \times 10^{-3} = 109 m/min$

半精车切削用量为 $a_{sp} = 1mm, f = 0.33mm/\nu, \nu_c = 109 m/min$。

思考题

1. 影响切削加工性的因素有哪些？
2. 什么是工件材料的切削加工性？
3. 改善加工性的途径有哪些？
4. 切削液有何功用？

5. 切削液主要有哪几类？

6. 刀具几何参数是指哪些参数？

7. 工件如图4－16，工件材料为灰铸铁，有硬皮，硬度为230*HBS*。加工工序为精车和半精车，毛坯 ϕ(109 ±0.1)*mm*，成品为 ϕ100，表面粗糙度值 *Ra*3.2*mm*。使用机床 *CA*6140。试选择粗车或半精车的刀具几何参数和切削用量(半精车直径余量为2.5*mm*)。

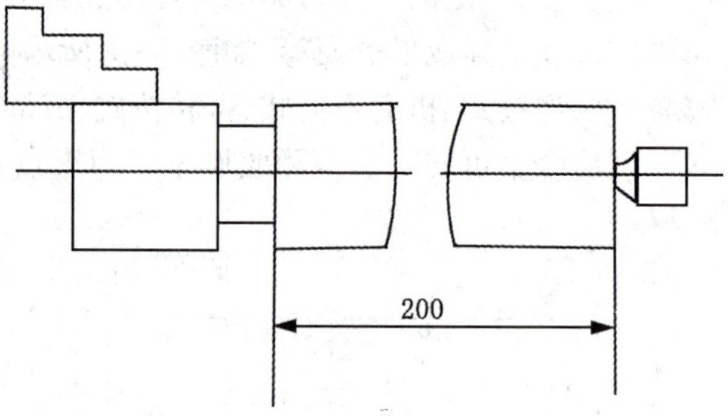

图4－16

第5章 车刀

车刀是金属切削加工中应用最广泛的一种刀具。它可用在各类车床上加工外圆、端面、内孔、倒角、切槽与割断、车螺纹以及其他成形表面等,如图5-1所示。

车刀按结构可分为整体式、焊接式、机夹重磨式、可转位式、成形车刀等。如图5-2所示。本章以硬质合金焊接车刀、硬质合金可转位车刀和成形车刀为重点,介绍其结构及特点,为今后设计与选用车刀打下基础。

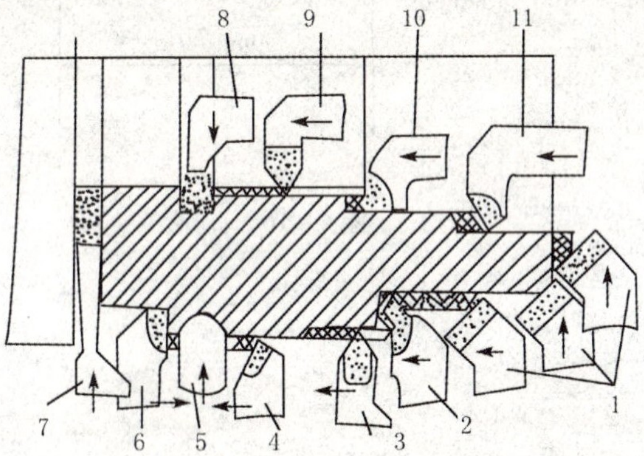

1-45°弯头车刀;2-90°外圆车刀;3-外螺纹车刀;4-75°外圆车刀;5-成形车刀;6-90°左切外圆车刀;7-切槽刀;8-内孔槽刀;9-内螺纹车刀;10-闭孔镗刀;11-通孔镗刀

图5-1 车刀的类型与用途

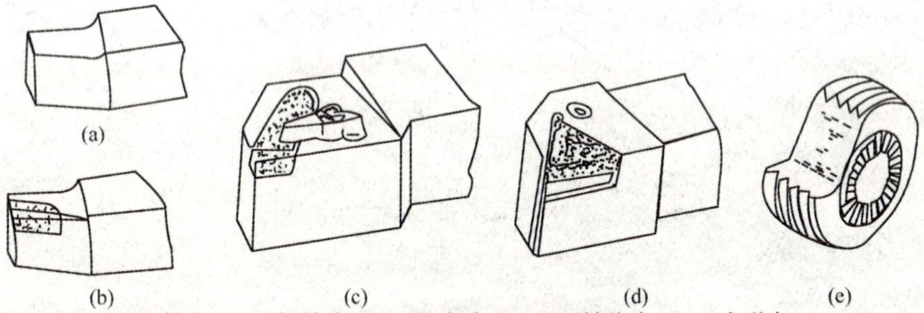

(*a*)整体车刀;*b*)焊接车刀;*c*)机夹车刀;*d*)可转位车刀;*e*)成形车刀

图5-2 车刀

§5.1 硬质合金焊接车刀

硬质合金焊接车刀是由硬质合金刀片和刀杆通过焊接连接而成的。刀杆用45号钢制成。由于结构紧凑、制造方便,因此目前应用较为广泛。

5.1.1 硬质合金刀片的型号及选用

硬质合金刀片除正确选用其材料的牌号外,还应合理选择型号。刀片的型号代表刀片的形状和尺寸。表5-1列出常用硬质合金刀片的型号。实际选用时可查有关资料。

表5-1　常用硬质合金刀片型号

型号示例	刀片简图	主要尺寸(mm)	主要用途
A108 A116	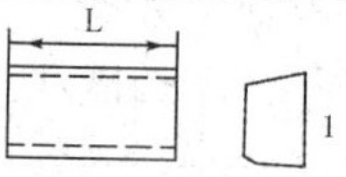	$L=8$ $L=16$	制造外圆车刀、镗刀和切槽刀
A208 A225Z	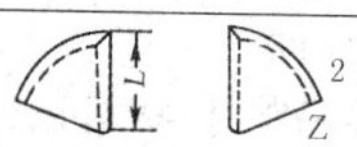	$L=8$ $L=25$(左)	制造端面车刀、镗刀
A312 A340Z	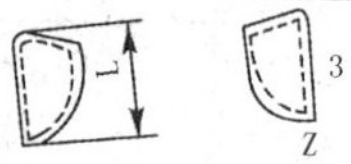	$L=12$ $L=40$(左)	制造外圆车刀、端面车刀
A406 A430Z	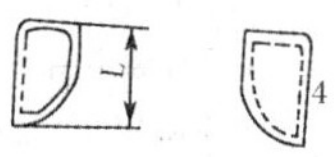	$L=6$ $L=30$(左)	制造外圆车刀、镗刀和端面车刀
C110 C122	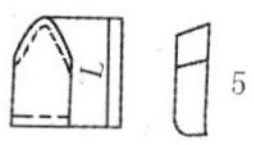	$L=10$ $L=22$	制造螺纹车刀
C304 C312	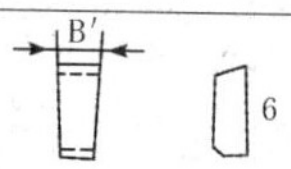	$B=4.5$ $B=12.5$	制造切断刀和切槽刀

硬质合金刀片的型号用一个字母和三个数字表示;第一个字母和第一位数字表示刀片形状;后两位数字表示刀片的主要尺寸。如:

A430——A4表示刀片形状;30表示刀片长度尺寸为30mm。

刀片形状相同,尺寸有不同规格时,数字后面加字母A。左切刀片后再标以Z。如A212Z、A430AZ。

刀片形状及尺寸根据车刀类型及主、副偏角大小来选取。刀片长度根据背吃刀量 a_{sp} 和主偏角 k_r 选取,应使参加切削工作的刀刃长度不超过刀片总长的60%~70%,即

$$L \geqslant b_D/(0.6-0.7)$$

或

$$L \geqslant \frac{a_{sp}}{(0.6-0.7)\cdot \sin k_r}$$

式中,L-刀片总长度;

b_D-切削宽度,;

a_{sp}-背吃刀量。

刀片的宽度关系到硬质合金焊接车刀的使用寿命,宽度愈大,允许后面的重磨次数愈多,但刀头尺寸也将增大,在切削空间大时可选较宽刀片。切槽刀宽度不应大于槽宽,切槽刀宽度按下式估算后选取。

$$B=0.6\sqrt{d_w}$$

式中,B-切槽刀宽度(mm);,

d_w-工件直径(mm)。

5.1.2 刀片槽的形状和尺寸

刀片槽形式应根据车刀类型、刀片型号选择。常用刀片槽形与使用特点如表 5－2。

表 5－2　　刀片槽形与使用特点

名称	简图	特点	适用刀具	配用刀片
开口槽	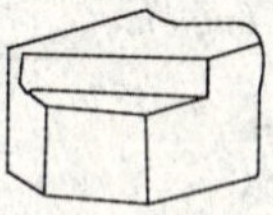	制造简单，焊接面最少，刀具应力小	外圆刀、弯头刀、切槽刀	A1、C3、C4、B1、B2
半封闭槽	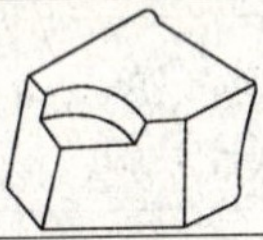	夹持刀片较牢固，焊接面大，容易产生焊接应力	90°外圆刀、镗刀	A2、A3、A4、A5、A6、B3、D1
封闭槽	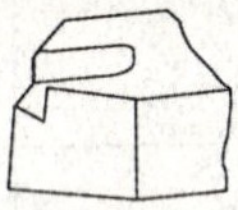	夹持刀片较牢固，焊接应力大，易产生焊接裂纹	螺纹刀	C1
嵌入槽	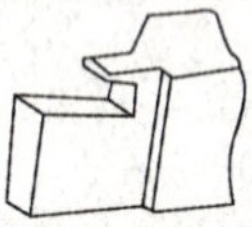			
V 型槽	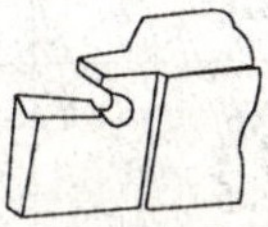	用于底面积较小的刀片，增加焊接面提高结合强度	切断刀 切槽刀	A1 C3
燕尾槽	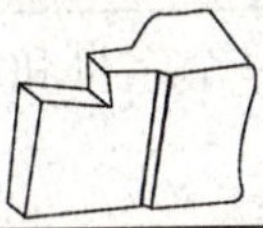			

刀片在刀槽中的安装方式，应减少重磨面积和增加重磨次数。当车刀主要刃磨前面时，如图 5－3(*a*)，刀片以立置最好，这样既可增加重磨次数，又由于刀片承受压应力，可显著提高刀片的承载能力和抗冲击能力，目前已广泛应用于重负荷切削加工。当车刀同时刃磨前面和后面时，刀片应平置，如图 5－3(*b*)，刀槽支承面的前角为 γ_{o2}，一般 γ_{o2} 比静止前角大 5°～10°，即

$$\gamma_{o2} = \gamma_{o1} + (5° - 10°)$$

为了减少重磨面积，刀杆后角 α_{o2} 也比静止后角稍大，一般

$$\alpha_{o2} = \alpha_{o1} + (2° - 4°)$$

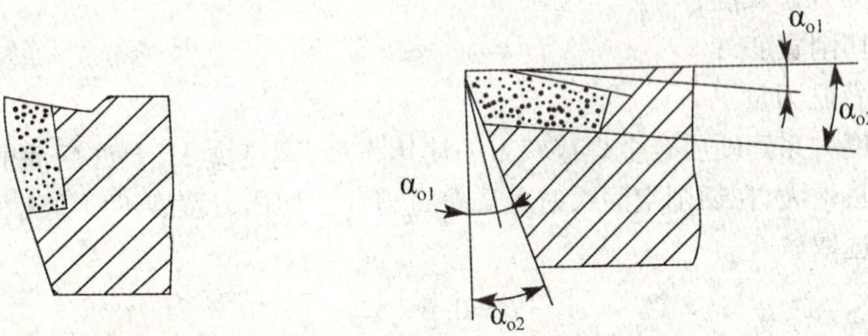

(*a*)刀片立置　　(*b*)刀片平置

图 5－3　刀片安装方式

§5.2 硬质合金机夹可转位车刀

机夹可转位车刀是把压制有合理的几何参数的多刃形刀片,用机械的方法装夹在特制的刀杆上而组成。刀片具有一定的精度,在切削过程中刀具磨损后,用刀片转位的方法实现刃口的更换,当刀片上所有刃口被磨钝后,即更换新刀片,见图5-4。可转位刀具是近年来发展起来的一种先进刀具。由于它不需要重磨,可降低刀具的刃磨费用.这种刀具具有可采用涂层刀片、可转位刀片和换刀方便等优点。

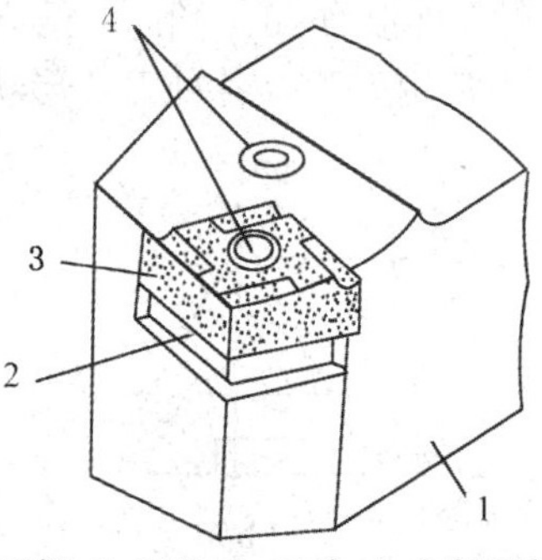

1. 刀杆;2. 刀垫;3. 刀片;4. 夹紧元件

图5-4 机夹可转位车刀

5.2.1 机夹可转位车刀的结构

机夹可转位车刀的夹紧结构应满足夹紧可靠、定位精度高、排屑顺利、装卸方便、结构简单等要求。

1. 杠杆式。杠杆式夹紧结构分为直杆式(图5-5*a*)和曲杆式(图5-5*b*)。夹紧刀片系利用杠杆原理,夹紧力使刀片双侧面定位。杠杆式结构紧凑、定位精确、夹紧可靠、调整方便。但结构较复杂、夹紧元件多、制造较困难,易由专业工具厂生产。

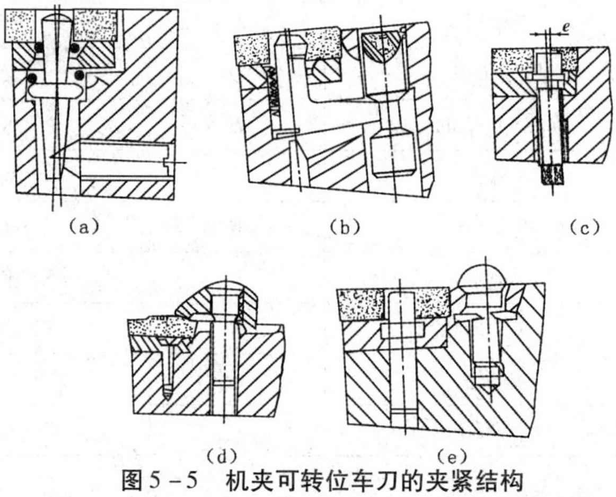

图5-5 机夹可转位车刀的夹紧结构

2. 偏心式。偏心式夹紧结构分为偏心销式和螺纹偏心销式两种。图5－5(*c*)所示为螺纹偏心销式结构。它是利用偏心自锁力夹紧刀片。偏心式结构简单紧凑、装卸方便迅速、排屑容易。但由于自锁力不强、定位精度较差,仅用于中小型车床上的连续切削。

3. 上压式。图5－5(*d*)所示为利用桥形压板和螺钉将刀片从上面压紧的上压式夹紧结构。优点是夹紧力大、定位可靠、结构简单、制造方便。缺点是夹紧元件外露,妨碍切屑排出。它适用于重型切削及无孔刀片的夹紧。

4. 楔销式。楔销式夹紧结构见图5－5(*e*),它是利用斜面夹紧的原理将刀片夹紧。其优点是制造容易、夹紧力大、装卸方便。缺点是刀片定位精度不高。

5.2.2 可转位车刀刀片型号

1. 刀片形状与结构。可转位车刀外形有:正三角形、正方形、五边形、菱形和圆形等,如图5－6所示。其中三角形和正方形为常用刀片。各种刀片形状用一英文字母表示,见表5－3。

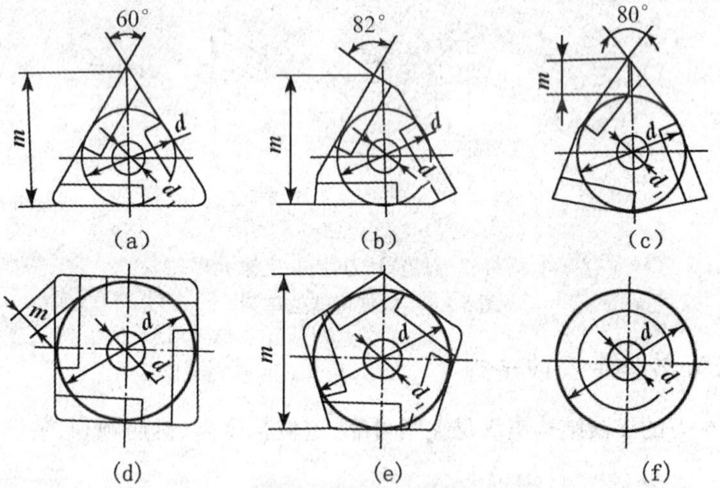

图5－6　刀片形状

表5－3　刀片形状的字母代号

代　号	刀　片　形　状	代　号	刀　片　形　状
T	三角形	*V*	35°菱形
W	凸三角形	*D*	55°菱形
F	偏8°三角形	*E*	75°菱形
S	正方形	*C*	80°菱形
P	五边形	*M*	86°菱形
H	六边形	*K*	55°平等四边形
O	八边形	*B*	82°平等四边形
L	矩形	*A*	85°平等四边形
R	圆形		

注:所示角度是指较小的角度。

刀片又分有中心固定孔无后角(图5－7*b*)和无中心固定孔有后角(图5－7*a*)两种。刀片的后角以法后角度量。不同的法后角以字母代表。其中以*N*型刀片法后角 $\alpha_n=0°$ 使用最广，刀片后角由刀片倾斜而成。若刀片为平装，则应按后角要求选择相应代号的刀片。表5－4为表示不同法后角的字母代号。表5－5为有无断屑槽和中心固定孔的代号。

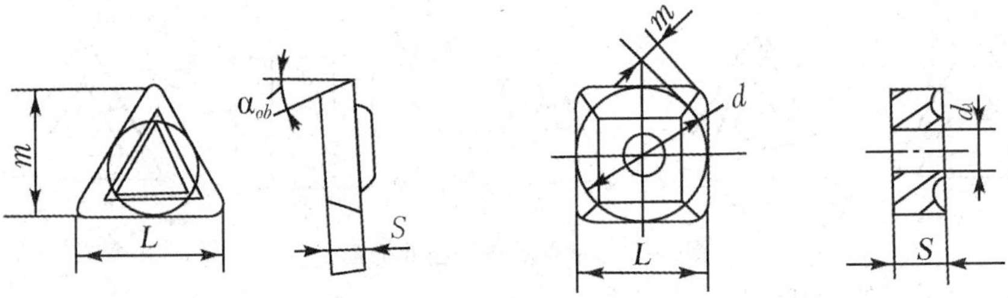

图5－7　刀片的基本参数

表5－4　表示法后角大小的字母代号

代　号	法　后　角　(°)	代　号	法　后　角　(°)
A	3	*F*	25
B	5	*G*	30
C	7	*N*	0
D	15	*P*	11
E	20	*O*	其余的法后角,需专门说明

表5－5　表示有无断屑槽和中心固定孔的代号

代　号	代　号　意　义	代　号	代　号　意　义
N	无断屑槽、无中心固定孔	*F*	两面有断屑槽、无中心孔
A	无断屑槽、有中心孔	*G*	两面有断屑槽、有中心孔
R	一面有断屑槽、无中心孔	*X*	带有特殊形状的断屑槽,需附详细说明资料
M	一面有断屑槽、有中心孔		

2. 刀片精度等级。为了保证刀片安装在刀槽中和刀片转位后定位精度(刀尖的位置精度)。可转位刀片的内切圆直径*d*、刀尖位置*m*和刀片厚度*S*(图5－7)为刀片的基本参数。车削用刀片的精度等级可分为精密级(*G*)、中等级(*M*)、和普通级(*U*)三种,各基本参数的公差值见表5－6。

表5－6　刀片精度

精　度　等　级	公　差(*mm*)		
	m	*d*	*S*
精密级	±0.025	±0.13	±0.025
中等级	±0.08～±0.018	±0.13	±0.05～±0.13
普通级	±0.013～±0.38	±0.13	±0.08～±0.25

3. 刀片断屑槽型。刀片断屑槽型按新国标中所规定有十六种，其中最常用的有 A、H、Y、K 和 V 型五种。如图 5 – 8 所示。

4. 刀片型号表示方法。国家标准规定，可转位刀片的型号用十个号位表示。每个号位代表刀片的一个参数，现以 *TNUM*160408*ER* – *A*2 型车刀片为例说明各代号的意义如下：

图 5 – 8　常用的五种断屑槽形式

号位 1—表示刀片形状。T 代表三角形刀片。

号位 2—表示刀片法向后角的大小。N 代表法向后角为零。

号位 3—表示刀片的精度等级。U 为普通级。

号位 4—表示有无断屑槽及有无固定孔。M 表示单面断屑槽及刀片带孔。

号位 5—表示刀片边长为 16*mm* 左右。

号位 6—表示刀片厚度为 4*mm* 左右。

号位 7—表示刀尖圆弧半径 $r_\varepsilon = 0.8mm$。

号位 8—E 表示倒圆的刀刃。F 表示尖锐刀刃；T 代表倒棱刀刃；S 代表既倒圆又倒棱的刀刃。

号位 9—R 表示刀片的切削方向为右切方向。R 代表右切的外圆刀；L 代表左切的外圆刀；N 代表左右均有切削刃口，即既能左切又能右切。

号位 10—表示 A 型断屑槽，槽宽为 2*mm*。

切削刃无特殊要求，切削方向为右切刀，第八、九两号位的代号可省略。

5.2.3 可转位车刀角度的形成方法

大多数可转位车刀是没有后角及刃倾角的，为了使可转位车刀具有后角及刃倾角，通常将刀杆上刀槽的底面做成一个倾斜的平面，刀片装上后便使可转位车刀具有所需的前角、后角及刃倾角。此外，为了适应不同的加工要求。还需要形成不同的主偏角及副偏角。因此刀片除在刀槽上斜置外，根据主偏角的大小还必须偏转安装。由此可见，可转位车刀的几何角度是由刀片的角度及刀槽的角度综合形成的。

为形成可转位车刀的几何角度，刀片在刀槽中的安装方式有沿刀片刀尖角对称线斜置安装和不沿刀片刀尖角对称线斜置安装两种。

1. 沿刀片刀尖角对称线斜置安装。其中又分为：

（1）沿刀片刀尖角对称线斜置安装正安装（图 5 – 9*a*）。正安装时，刀尖角的对称线（此时为斜置方向）在基面上的投影与刀杆轴线平行。

（2）沿刀片刀尖角对称线斜置并偏转安装（图 5 – 9*b*）。偏转安装时，刀尖角对称线（此时为斜置方向）在基面上的投影与刀杆轴线夹角为 β_2。

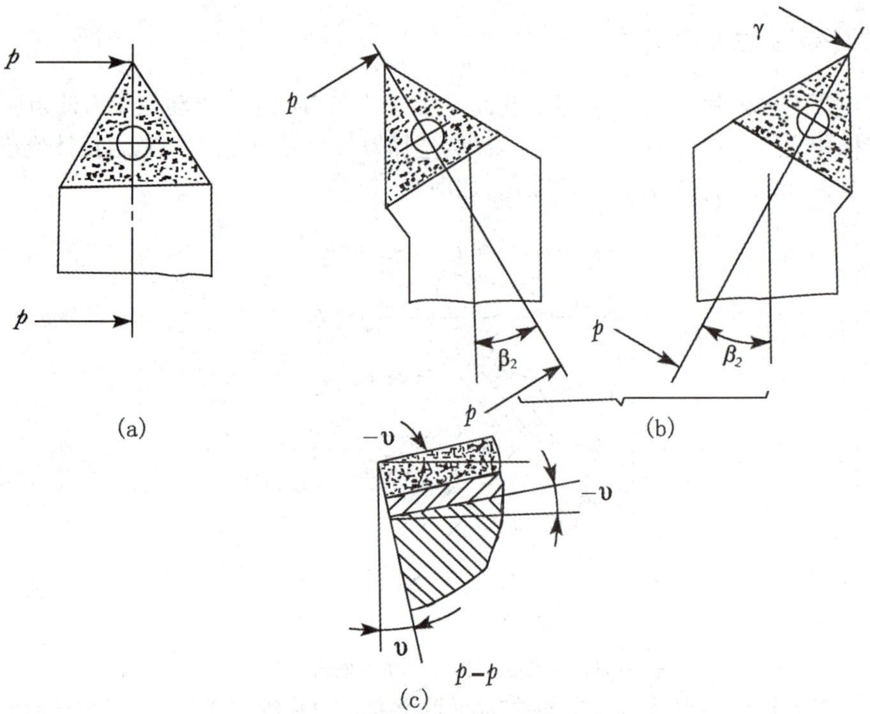

图5－9 第一种安装方式

2. 沿刀片刀尖角不对称线斜置安装。同样又分为：

(1)沿刀片刀尖角不对称线(此时为斜置方向)斜置正安装(图5－10*a*)。

(2)沿刀片刀尖角不对称线(此时为倾斜置方向)斜置并偏转安装(图5－10*b*)。

第一种安装方式所形成的主切削刃和副切削刃的后角和刃倾角是相等的，而且所形成的刃倾角的绝对值较大，故适用于粗加工。第二种安装方式所形成的主切削刃刃倾角的绝对值小于副切削刃刃倾角的绝对值，而主切削刃后角则大于副切削刃后角，故适用于半精加工及精加工。但必须注意，当β_1角太大时，副切削刃后角会很小，特别是当β_1角大于刀片的刀尖角时，副切削刃后角会出现负值。因此当采用第二种安装方式时，一定要校核副切削刃后角是否过小。第一种安装方式实际上是第二种安装方式的特例，当$\beta_1 = \varepsilon_r/2$时，第二种安装方式就变成第一种安装方式了。

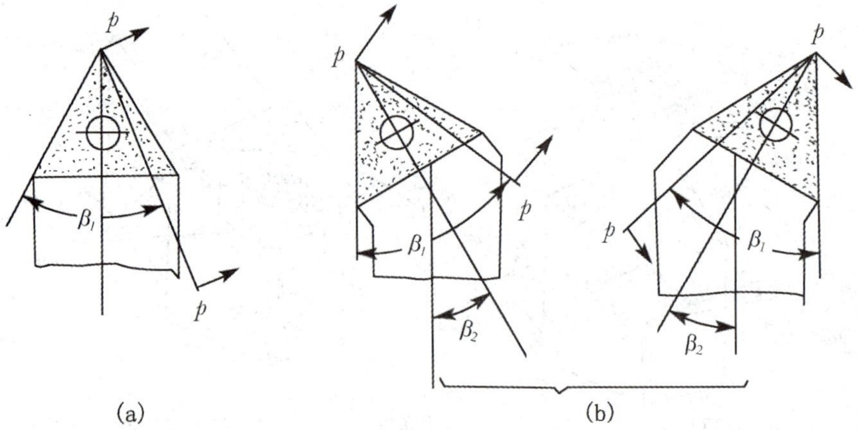

图5－10 第二种安装方式

5.2.4 可转位车刀几何角度

机夹可转位车刀的刀片，一半压制成带孔而不带后角和刃倾角。可转位车刀的角度是由刀片角度和刀槽角度组合构成的。根据加工要求，选择刀片型号和几何参数，再设计或选择合适的刀槽几何参数，就可制成所需的切削角度，如图5－11。

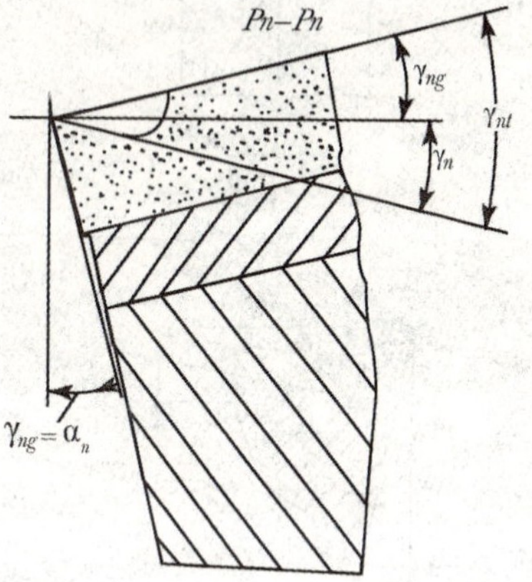

图5－11　可转位车刀几何角度的形成

刀片角度是以刀杆底面为基面度量的法剖面系角度。刀片独立角度有：刀片法后角 α_{nt}、刀片刃倾角 λ_{st}、刀片刀尖角 ε_t。常用刀片 $\alpha_{nt}=0$、$\lambda_{st}=0$。

刀槽角度是以刀杆底面为基面度量的主剖面系角度。刀槽独立角度有：刀槽前角 γ_{og}、刀槽刃倾角 λ_{sg}、刀槽主偏角 k_{rg}、刀槽尖角 ε_{rg}。通常刀杆设计时取 $k_{rg}=k_r$，$\varepsilon_{rg}=\varepsilon_r$。

刀片装配在刀槽中形成车刀的角度：主剖面系标注有 γ_o、α_o、λ_s、k'_r、α'_o。

下面就配置 $\alpha_{nt}=0$、$\lambda_{st}=0$ 刀片进行分析，若已知刀片与刀槽角度，则车刀的几何参数可按下述求出：

1. 主偏角 k_r　取 $k_r=k_{rg}$。

2. 刃倾角 λ_s　取 $\lambda_s=\lambda_{sg}$。

3. 前角 γ_o　如图5－11，法剖面中刀片前角与刀槽前角的代数和即为法前角。

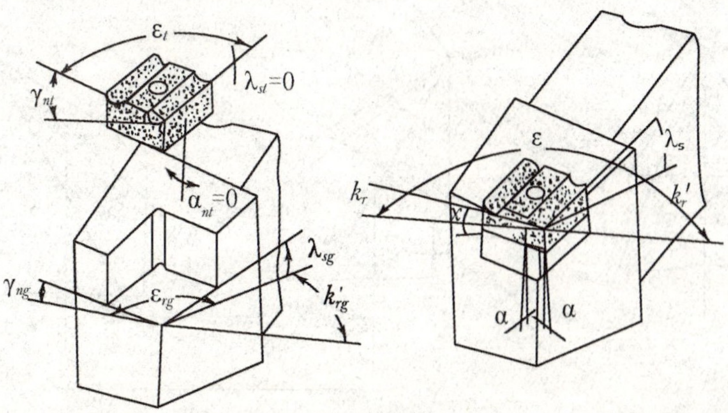

a. 刀片角度　　*b.* 刀槽角度　　*c.* 车刀角度

图5－12 可转位车刀法剖面

$$\gamma_n = \gamma_{ng} + \gamma_{nt} \quad (5-1)$$

式(5-1)中 γ_{nt} 为已知值,γ_{ng} 可由 γ_{og} 及 $\lambda_{sg} = \lambda_s$ 角换算,即

$$tan\gamma_{ng} = tan\gamma_{og} cos\lambda_s \quad (5-2)$$

于是得车刀前角为:

$$tan\gamma_o = \frac{tan(\gamma_{ng} + \gamma_{nt})}{cos\lambda_s} \quad (5-3)$$

式(5-3)化简后得:

$$tan\gamma_o = \frac{tan\gamma\ og + tan\gamma_{nt}/cos\lambda_s}{1 - tan\gamma_{og} tan\gamma_{nt} cos\lambda_s} \quad (5-4)$$

当 λ_s 较小时,式(5-4)可用下式近似计算,即

$$\gamma_o \approx \gamma_{og} + \gamma_{nt}$$

4. 后角 α_o　已知 $\alpha_{nt}=0$。由图5-11中知,在法剖面中后角数值就等于刀槽前角的负值

$$\alpha_n = -\gamma_{ng} (\gamma_{ng} < 0)$$

车刀主剖面后角可按下式计算:

$$tan\alpha_o = -tan\gamma_{og} \cdot cos^2\lambda_{sg} \quad (5-5)$$

若 λ_s 值较小时,式(5-5)可近似计算:

$$\alpha_o \approx -\gamma_{og}$$

5. 副偏角 k'_r

$$k'_r = 180° - (k_r + \varepsilon_\gamma) \quad (5-6)$$

式中,ε_r 为车刀刀尖角,一般 λ_{sg} 角不是很大,可取 $\varepsilon_r = \varepsilon_t$。

6. 副后角 α_o'　　副后角 α_o'是个派生角度,它受车刀后角 α_o、刃倾角 λ_{sg} 和刀尖角 ε_r 的影响,可用下式近似计算,即

$$tan\alpha_o' \approx tan\gamma_{og} \cdot cos\varepsilon_r - tan\lambda_{sg} \cdot sin\varepsilon_r \quad (5-7)$$

由式(5-7)可知,当 $\varepsilon_r = 90°$时,$\alpha_o' \approx -\lambda_{sg}$,故欲使 $\alpha_o' > 0$,必须 $\lambda_{sg} < 0$。

当 $\varepsilon_r \neq 90°$时,由式(5-7)可知,保证 $\alpha_o' \geqslant 0$ 的条件是:

$$tan\lambda_{sg} \leqslant \frac{tan\gamma_{og}}{tan\varepsilon_r} \quad (5-8)$$

以上计算公式,适用于常用刀片 $\lambda_{st}=0$,$\alpha_{nt}=0$。倘若采用 $\lambda_{st}>0$ 或 $\alpha_{nt}>0$ 的刀片时,则角度的计算显然需相应改变。

§5.3 成形车刀

加工回转体内外成形表面的专用车刀,称为成形车刀。车刀刃形是根据工件廓形设计的,刃形复杂,设计和制造比较困难,成本较高,因此主要用于大批大量生产,广泛应用于普通车床、自动车床、半自动车床及数控车床上成批、大量生产机器零件。

5.3.1 成形车刀的特点和种类

1. 成形车刀加工工件的特点

(1)刀具寿命长。由于结构特点,其重磨次数多,如圆体成形车刀重磨次数可达100次以上。

(2)工件质量可靠。由于工件的廓形取决于成形车刀刀刃的形状，因此，加工出的零件具有互换性。加工精度可达 $IT8-IT10$ 级，粗糙度可达 $R_a=2.5\sim10\mu m$。

(3)加工生产率高。由于成形车刀的刀刃与工件廓形一致，加工时，一次进给切削运动就可获得工件所有成形表面。

2. 成形车刀的种类。成形车刀的分类方法很多，下面只介绍其中两种分类方法。

(1)按结构和形状分类

①平体成形车刀(图 5-13)　这是一种最简单的成形车刀，除切削刃为成形刃外，其他部分和普通车刀相同。这种成形车刀允许重磨次数少，只能用于批量较小的成形表面的加工，如螺纹车刀及铲齿车刀等。

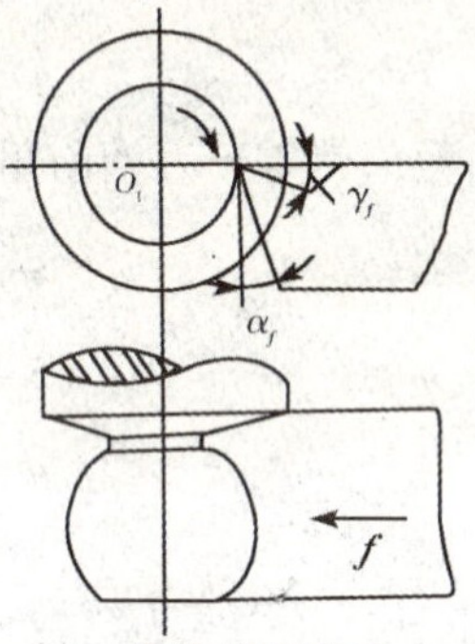

图 5-13　平体成形车刀

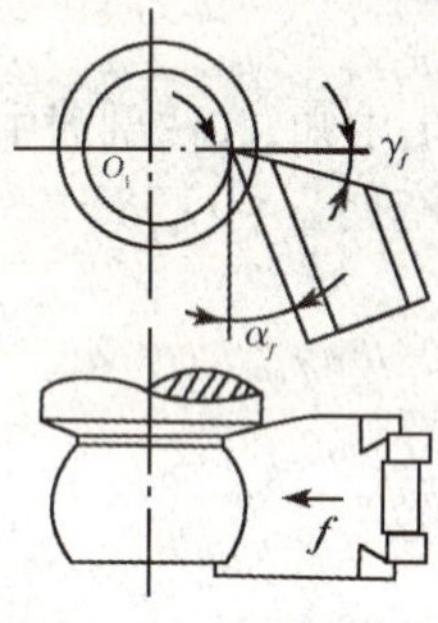

图 5-14　棱体成形车刀

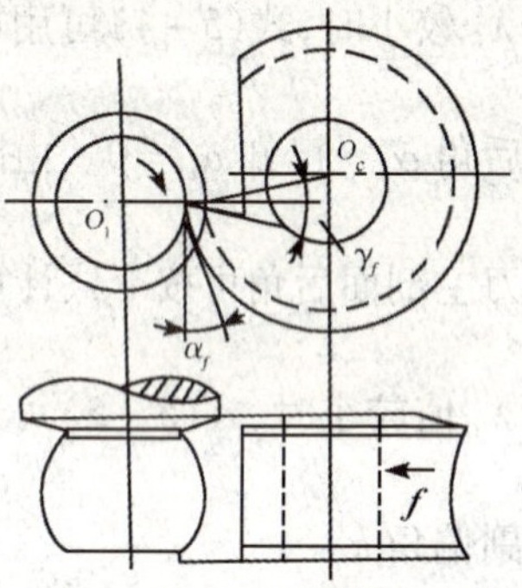

图 5-15 圆体成形车刀

②棱体成形车刀(图 5-14)。外形是棱柱体，重磨次数比平体成形车刀多，使用寿命长，刚性好。但只能用于外成形表面的加工。

③圆体成形车刀(图 5-15)。外形是回转体，切削刃分布在回转表面上。用钝后沿前面重磨，重磨次数更多，使用寿命更长。它可以用来加工内、外成形表面且刀具制造比较简单，因此应用较广泛。但这种成形车刀是用内孔定位装夹，故其刚度不及棱体成形车刀好。

(2)按进给切削运动方向分类

①径向进给成形车刀(图 5-13、图 5-14、图 5-15)。车刀工作时是沿着工件的半径方向进刀，大部分成形车刀都是按这种方式进刀。这种进刀方式的优点是：切削行程短，作用切削刃长度长、生产效率高。缺点是：径向力大、容易产生振动，故不适用于加工刚性差的工件。

②切向进给成形车刀(图 5-16)。车刀工作时，刀刃是沿着工件外圆表面的切线方向逐渐进刀的。由于切削刃有主偏角，切削刃将是逐渐地切入，切削力较小。但切削行程长，生产效率低。主要用于工件刚性较差而且工件截形深度差较小的成形表面加工。

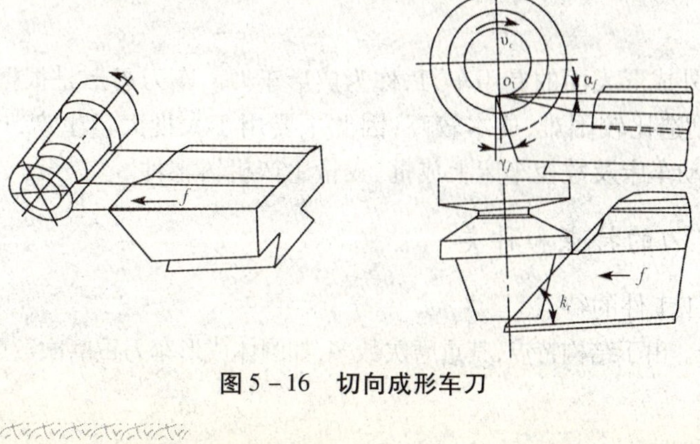

图 5-16　切向成形车刀

在上述成形车刀中以径向进给成形车刀使用广泛,所以本章只讲述径向进给成形车刀。

5.3.2 径向成形车刀的前角与后角

1. 成形车刀前角与后角的形成。成形车刀必须具有合理的前角及后角才能有效地工作。由于成形车刀刃形曲线复杂,刀刃上各点的正交平面方向都不相同。因此为设计制造方便,规定成形车刀的前角和后角在刀具假定工作平面 p_f 内度量。成形车刀刀刃离工件轴心线最近并与之等高的刀刃点,称为基准点,该点处的前角、后角称为成形车刀的名义前角、后角。

(1)棱体成形车刀的侧前角 γ_f、侧后角 α_f。棱体成形车刀的侧前角 γ_f、侧后角 α_f,如图 5-17。

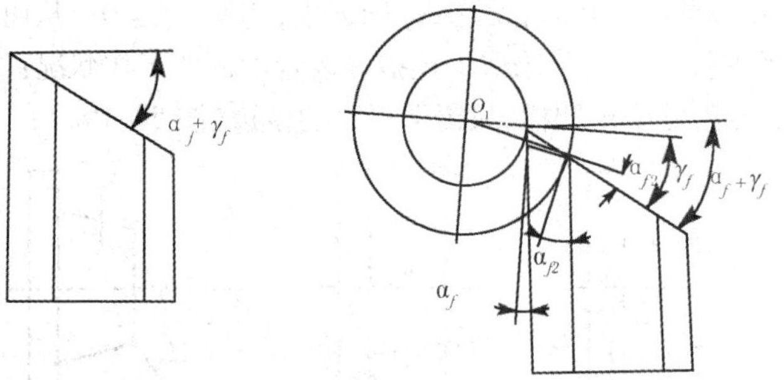

(a)制造时的几何角度　　(b)安装工件时的几何角度

图 5-17　棱体成形车刀的几何角度

制造时,将棱体成形车刀前面制成 $\gamma_f+\alpha_f$ 斜面,后面制成平行于燕尾体的成形表面;安装时,置棱体成形车刀刀刃基准点与工件轴心等高,将后面倾斜安装一个 α_f,即形成棱体车刀的名义前角和名义后角。

(2)圆体成形车刀的侧前角 γ_f、侧后角 α_f。圆体成形车刀的侧前角 γ_f、侧后角 α_f,如图 5-18。

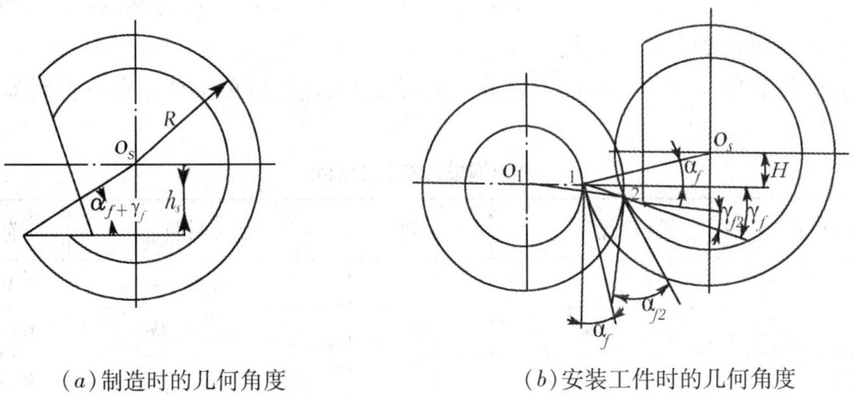

(a)制造时的几何角度　　(b)安装工件时的几何角度

图 5-18　圆体成形车刀的几何角度

制造时:将圆体成形车刀的前面制成与其中心相距为 h_s。

$$h_s = R\sin(\gamma_f+\alpha_f) \qquad (5-9)$$

安装时,置圆体成形车刀刀刃基准点与工件轴心线等高,并使圆体成形车刀中心高于工件轴心一个距离 H,

$$H = R\sin\alpha_f \qquad (5-10)$$

式中，R－圆体成形车刀最大外圆半径（mm）。

由此，就形成了圆体成形车刀的前角 γ_f 和后角 α_f。

2. 成形车刀前后角的变化规律。从图 15－17 和图 15－18 可看出，由于成形车刀刀刃基准点处的名义前、后角关系，刀刃上其他各点相对于基准点位置低于工件轴心。因此，刀刃各点的切削平面与基面的位置发生了变化，随之前、后角也发生了变化。其变化规律是，离工件轴心愈远的刀刃点处的前角减小，后角增大，即 $\gamma_f > \gamma_{fx}$；$\alpha_f < \alpha_{fx}$。

3. 成形车刀主后角过小时的改善。成形车刀的后角确定后，切削刃上各点在正交平面的后角随该点主偏角的不同而变化。切削刃上任意点 x 在正交平面内的后角可由下式求得

$$tan\alpha_{ox} = tan\alpha_{fx} sink_{rx} \qquad (5-11)$$

由式（5－11）可知，当 $k_{rx}=0$ 时，无论 α_{fx} 取多大，均有 $\alpha_{ox}=0$。从而使此处的后面与过渡表面之间产生很大的摩擦。此时可采取下述措施改善后面的工作状况：

（1）在 $k_{rx}=0$ 的刀刃处磨出凹槽，只留下很窄的棱边（图 5－19a）；

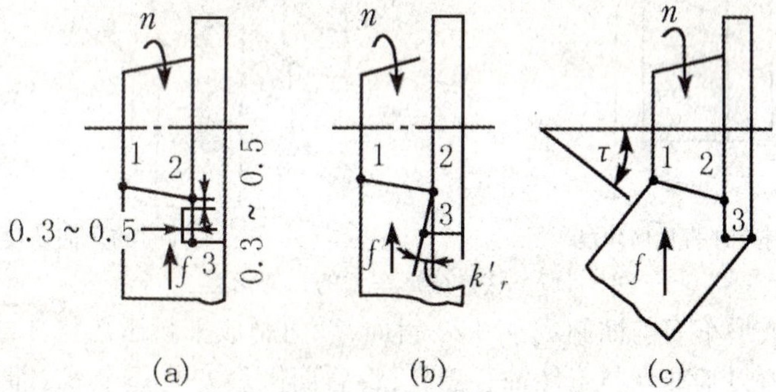

图 5－19　改善 $\alpha_{o\chi}=0°$的措施

（2）在 $k_{rx}=0$ 的刀刃处磨出副偏角 $k_{rx}'=2°$（图 5－19b）；

（3）采用斜装结构的刀具（图 5－19c），倾斜角常取 $\tau=10°\sim30°$。但进给方向仍然垂直于工件轴线，此时可使 $k_{rx}=0$ 的刀刃后角 α_{ox} 不小于 2°～3°，切削条件得到改善。但倾斜安装刀具不适用于工件两端都有台阶的情况。

4. 成形车刀前角 γ_f、后角 α_f 推荐数值。成形车刀的前、后角选择原则与普通车刀相同，其数值推荐如表 5－7、表 5－8。

表 5－7　　高速钢成形车刀的前角

<table>
<tr><th>加工材料</th><th>机械性能</th><th>前角</th><th colspan="2">加工材料</th><th>前角</th></tr>
<tr><td rowspan="5">钢材</td><td>GPa</td><td></td><td colspan="2">青铜</td><td>0°</td></tr>
<tr><td><0.50GPa</td><td>20°</td><td rowspan="3">黄铜</td><td>H62</td><td>0°～5°</td></tr>
<tr><td>(0.50～0.60)GPa</td><td>15°</td><td>H68</td><td>10°～15°</td></tr>
<tr><td>(0.60～0.80)GPa</td><td>10°</td><td>H80～H90</td><td>15°～20°</td></tr>
<tr><td>>0.80GPa</td><td>5°</td><td colspan="2">铝、紫铜</td><td>25°～30°</td></tr>
<tr><td rowspan="3">铸铁</td><td>HBS=160～180</td><td>10°</td><td colspan="2">铅黄铜 HPb59－1</td><td rowspan="3">0°～5</td></tr>
<tr><td>HBS=180～220</td><td>5°</td><td colspan="2" rowspan="2">铝黄铜
HAL59－3－2</td></tr>
<tr><td>HBS>220</td><td>0°</td></tr>
</table>

表 5-8　高速钢成形车刀的后角

车刀种类	后角
圆体成形车刀	10°~15°
棱体成形车刀	12°~17°
平体成形车刀	25°~30°

5.3.3 径向成形车刀刀刃截形的修正设计

1. 刀刃截形修正设计的原因。成形车刀的刀刃是根据工件廓形来设计的。工件廓形是指通过其轴心线的轴向剖面形状和尺寸。成形车刀刀刃截形应与工件廓形完全一致(即宽度、深度相等),才能加工出具有互换性的工件。因此,成形车刀刀刃截形规定在垂直于车刀后面的剖面中表示。显然,圆体成形车刀的截形就在通过其轴心线的轴向剖面内。但是,由于成形车刀有名义前、后角的存在,其刀刃截形与其相应的工件廓形不完全相同。现以圆体车刀为例,分析下面三种情况(图 5-20),说明刀刃截形修正设计的原因。

(1)由图 5-20(*a*)知,当 $\gamma_f=0,\alpha_f=0$ 时,成形车刀刀刃截形完全与工件廓形相同。因此,不必进行车刀截形修正设计。但是这样的车刀是不能工作的。

(2)由图 5-20(*b*)知,当 $\gamma_f=0,\alpha_f>0$ 时,成形车刀刀刃截形宽度与工件廓形宽度相等,而截形深度与工件廓形深度不相等,即 $P<a_p$。显然应进行截形深度 P 的修正设计。

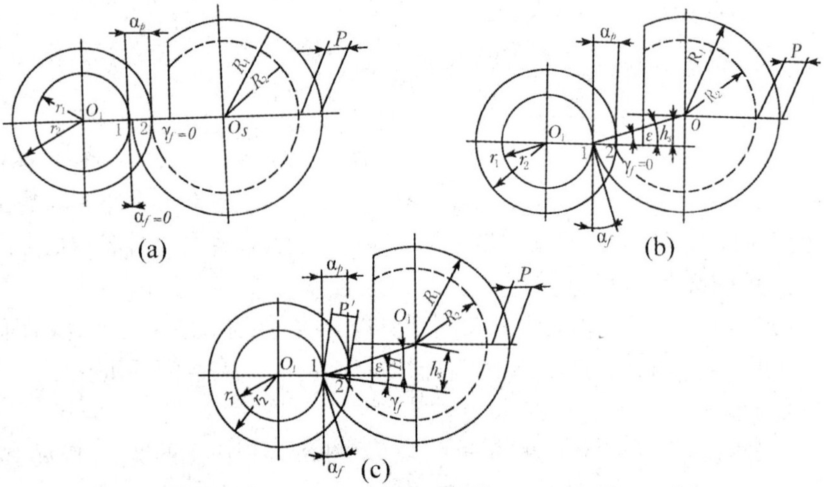

a. $\gamma_f=0,\alpha_f=0$　*b*. $\gamma_f=0,\alpha_f>0$　*c*. $\gamma_f>0,\alpha_f>0$

图 5-20　成形车刀刀刃截形的修正设计

(3)由图 5-20*c* 知,当 $\gamma_f>0,\alpha_f>0$ 时,成形车刀刀刃截形深度与工件廓形深度不相等,也与刀具前面的刃形深度不相等,即 $p_{前}>a_p>P$。其截形宽度与工件廓形宽度相等。

以上分析表明,当成形车刀 $\gamma_f>0,\alpha_f>0$ 时,就必须进行车刀刀刃截形深度的修正设计。

5.3.4 径向棱体成形车刀的截形设计

1. 图解法。如图 5-21 所示为图解法求棱体成形车刀的廓形,其作图步骤如下。

(1)按放大的比例(如 10:1、20:1),画出工件的主视图和俯视图。

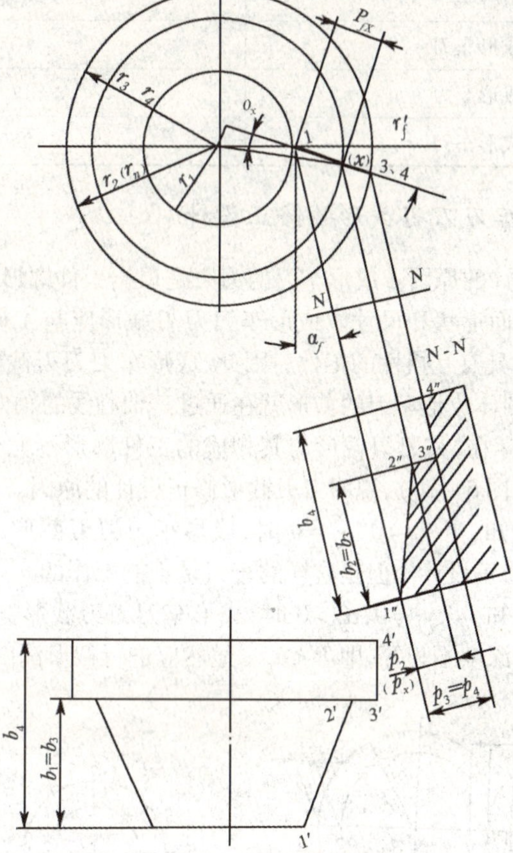

图 5－21　棱体成形车刀的廓形

（2）在主视图上，将刀具最外一点置于工件点 1 处（即工件廓形最小半径的圆和水平中心线的交点处），并自点 1 作与水平线倾斜 γ_f 角的前面投影线，它与工件各组成点所在圆相交于 2、3、4 等点，这些点即为切削刃上相应的点。

（3）在主视图上，自点 1 作倾斜 α_f 角的后面投影线，并自 2、3、4 等点作后面平行的直线；这些线为切削刃上各组成点的后面迹线，它们与点 1 的后面迹线间的垂直距离 P_2、P_3、P_4 等，即为车刀截形深度。

（4）由于工件廓形上各组成点的宽度等于刀具廓形上相应点的宽度，因此，按工件廓形宽度 b_2、b_3、b_4 等以及刀具廓形深度 P_2、P_3、P_4 等，即可求得刀具在 $N-N$ 剖面内廓形点 1″、2″、3″、4″等。

（5）根据工件廓形，依次连接刀具在 $N-N$ 剖面内各点，即求得刀具廓形。

2. 计算法。棱体车刀上任意点 x 的廓形深 P_x 的计算公式，可由图 5－21 求得。图中假设点 2″为任意廓形点 x，则

$$P_x = P_{fx} cos(\gamma_f + \alpha_f)$$

P_{fx} 为沿前面测量的廓形深度（mm）。

P_{fx} 可按下式计算：

$$P_{fx} = r_x cos\theta_x - r_1 cosr_f$$

式中，r_x – 工件上任意廓形点的半径（mm）；

r_1 – 工件上的最小廓形半径（mm）；

θ_x – 在主视图上，任意点 x 和工件中心的连线与刀具前面之间的夹角，由正弦定理计算：

$$sin\theta_x = \frac{r_1 sin\gamma_f}{r_x} \qquad (5-12)$$

将 P_{fx} 值代入计算式中，则刀具任意点的廓形深度 P_x 为：

$$P_x = (r_x cos\theta_x - r_1 cos\gamma_f)cos(\gamma_f + \alpha_f) \qquad (5-13)$$

将工件上不同的廓形半径值，代入式(5 – 12)和(5 – 13)中，即可求得相应点的廓形深度。

5.3.5 径向圆体成形车刀的廓形设计

1. 图解法。圆体成形车刀的廓形设计，如图 5 – 22。

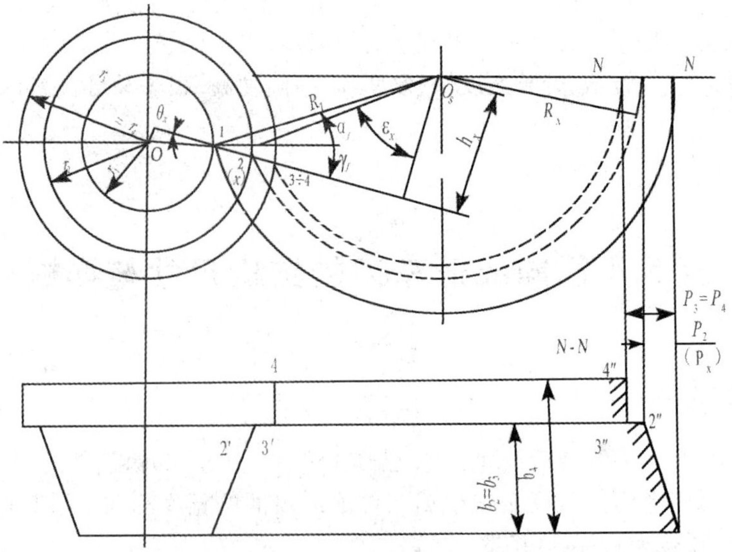

图 5 – 22　圆体成形车刀的廓形

(1) 按放大比例画出工件的主视图和俯视图，在主视图上作刀具前面的投影线，此线与工件的交点 1、2、3、4 等点，即为加工工件上各组成点时刀具切削刃上相应的组成点。

(2) 在主视图上，自点 1 向水平方向作斜角为 α_f 的直线，以点 1 为中心，车刀的最大外圆直径 R_1 为半径作圆弧，并与斜角的直线交于 Os 点，此点即为刀具的中心。Os 至刀具前面的垂直距离 $h_s = Rsin(\gamma_f + \alpha_f)$，即为磨刀圆半径。刀具廓形上各组成点的半径分别为 $\overline{2Os}$、$\overline{3Os}$、$\overline{4Os}$ 等，R_1 与这些半径之差，即为刀具廓形上各组成点的深度 P_2、P_3、P_4 等。

(3) 根据刀具廓形深度和工件廓形宽度，即可求得圆体成形车刀在 $N-N$ 剖面内的廓形点 1″、2″、3″、4″等。连接这些点，即求得圆体成形车刀的轴向廓形，即 $N-N$ 剖面内的廓形。

2. 计算法。圆体成形车刀任意点 x 的廓形深度 P_x 的计算公式，可由图 5 – 22 求得。图中

θ_x 角与棱体成形车刀加工时的相同,故可选用式(5-12)计算。任意点的廓形深度 P_x,即为刀具最大半径 R_1(廓形设计时为已知值)与刀具廓形任意点的半径 R_x 之差。由正弦定理,即求得 R_x 为:

$$R_x = \frac{R_1 sin(\alpha_f + \gamma_f)}{sin(90^\circ + \varepsilon_x)} = \frac{R_1 sin(\alpha_f + \gamma_f)}{cos\varepsilon_x}$$

式中,ε_x - 在主视图上任意点 x 和刀具中心 Os 的连线与垂直于前面的直线之间的夹角(°)。

ε_x 值可按下式计算:

$$tan\varepsilon_x = cot(\gamma_f + \alpha_f) - \frac{r_x cos\theta_x - r_1 cos\gamma_f}{R_1 sin(\alpha_f + \gamma_f)} \qquad (5-14)$$

由 $P_x = R_1 - R_x$ 得:

$$P_x = R_1 - \frac{R_1 sin(\alpha_f + \gamma_f)}{cos\varepsilon_x} \qquad (5-15)$$

将工件上不同的廓形半径值,代入式(5-12)和式(5-14),并利用式(5-15),即可求得刀具上相应点的廓形深度。

为了使成形车刀截形设计迅速得出理想的结果,可以用电子计算机设计成形车刀截形深度。电子计算机程序设计法,计算速度快、效率高,精确度高,程序又可以储存起来,随时供设计者使用。

§5.4 径向成形车刀的结构尺寸与样板

5.4.1 结构参数

棱体和圆体成形车刀的结构尺寸,只要已知工件的最大廓形深度,便可从有关刀具设计资料中查到。只有成形车刀的宽度必须根据工件成形表面的宽度和加工后其他工序的要求而定。刀具宽度 L_o 可按下式计算(图5-23)

$$L_0 = l_0 + l_\alpha + l_b + l_c + l_d$$

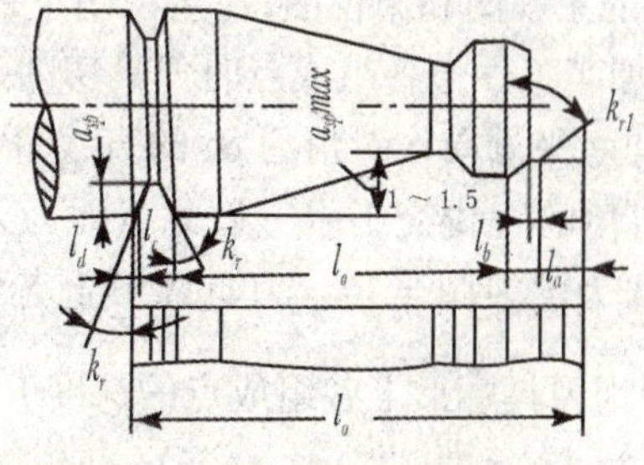

图5-23 成形车刀宽度的确定

式中,l_o - 工件成形表面宽度;

l_α - 避免刀尖而附加的刀刃宽度,一般取 2～5mm;

l_b – 若工件端面有精加工余量应附加的刀刃宽度，一般取 1 ~ 3mm；

l_c – 工件切断时的附加刀刃，其宽度等于或略大于切断刀刃宽，可取 3 ~ 8mm；

l_d – 使刀刃超过毛坯外圆而附加的切削刃，约为 0.5 ~ 2mm。

附加切削刃的偏角（k_r，k_{r1}）一般为 15° ~ 20°，加工带倒角的工件时，k_{r1} 应等于工件的倒角值。切槽刀的预切深度 a_{sp} 应小于工件的最大廓形深度 a_{spmax}。

5.4.2 成形车刀的样板

制造成形车刀时，都是用样板来控制和检验刀具廓形的，因此成形车刀的廓形尺寸都不注在车刀工作图上，而是详细地标注在样板图上。

样板必须成对制造（图 5 – 24），一块是工作样板，用来检验刀具廓形，另一块是校验样板，用以检验工作样板。

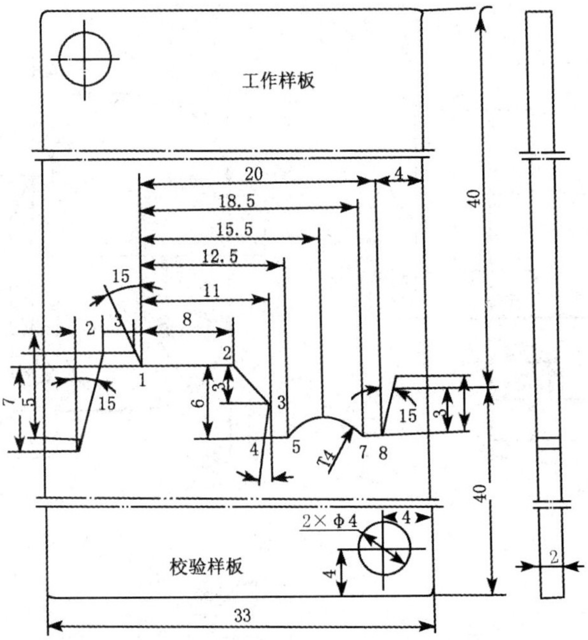

图 5 – 24　成形车刀工作样板和校验样板

成形车刀样板的工作面形状应与成形车刀的截形相吻合。样板各部分的基本尺寸与成形车刀的各相应基本尺寸相等。

思考题

1. 焊接车刀有何特点？

2. 硬质合金可转位车刀的出现被誉为刀具发展中的一次变革。它的优越性表现在哪些方面？

3. 可转位车刀的角度与刀槽角度是否相同？为什么？

4. 设计可转位车刀时，副后角 α_0' 与哪几个角度有关？若 α_0' 为负值或虽为正值但太小时，应怎样解决？

5. 已知可转位车刀的前角 $\gamma_o=15°$、刃倾角 $\lambda_s=-6°$、主偏角 $k_r=75°$，试选择刀片形状及槽型、车刀及刀槽的几何角度？

6. 试比较可转位车刀的直杆式、曲杆式、偏心式、上压式和楔销式等夹紧结构的特点。

7. 成形车刀的前角、后角是在哪个剖面中表示？其前角和后角是怎样形成的？刀刃各点前角和后角有何变化规律？

8. 当成形车刀刀刃上某段刀刃的主后角 $\alpha_0=0°$时，应采取什么措施来改善？

9. 成形车刀截形设计主要内容是什么？为什么？

10. 工件如图 5－25。试设计圆体成形车刀。

11. 工件如图 5－26。钢棒料 $\sigma_b=0.5GPa$，试设计棱体成形车刀。

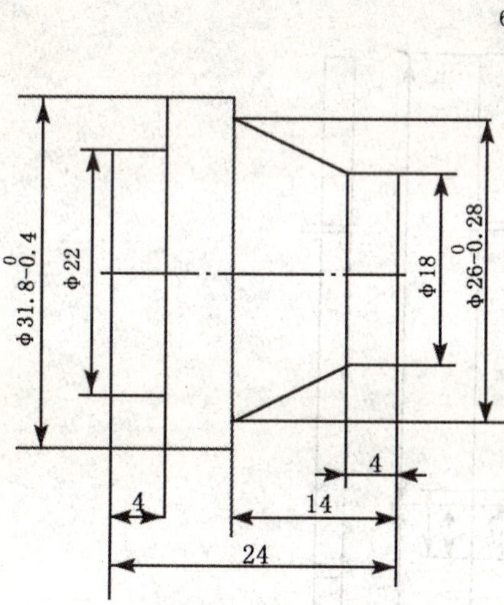

图 5－25

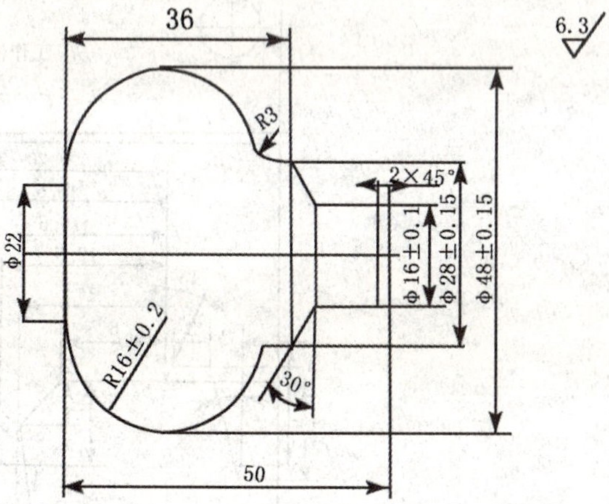

图 5－26

第6章 孔加工刀具

用于在工件实心材料中形成孔或将已有孔扩大的刀具，称为孔加工刀具。由于各种零件上经常有很多孔需要加工，因此，孔加工刀具应用十分广泛。但是孔加工刀具的共同特点是由于受孔径限制，又是在工件内部加工，刀具的刚度及强度差、排屑及冷却润滑难。因此如何提高孔的加工精度、提高生产率是设计和使用孔加工刀具时应优先考虑的问题。

本章主要介绍各种孔加工刀具的种类、用途、几何参数、结构特点及刃磨方法。

§6.1 扁钻

扁钻是结构最简单，使用最早的一种在实体材料上加工孔的刀具。由于刚性好及制造成本低，至今仍在使用。扁钻有整体式扁钻和装配式扁钻两种形式，整体式扁钻（图6－1*a*）主要用于加工小尺寸的浅孔，特别是加工 $\phi0.03 \sim 0.5mm$ 的微孔。装配式扁钻（图6－1*b*）用于加工大尺寸的浅孔。扁钻也常用于孔复合加工刀具上，近年来在自动线及数控机床上扁钻也得到了广泛的应用。

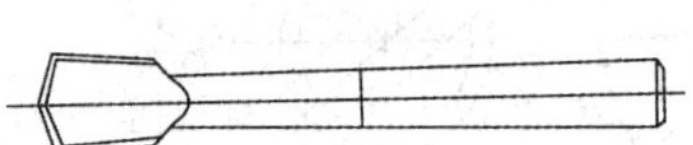

(a)

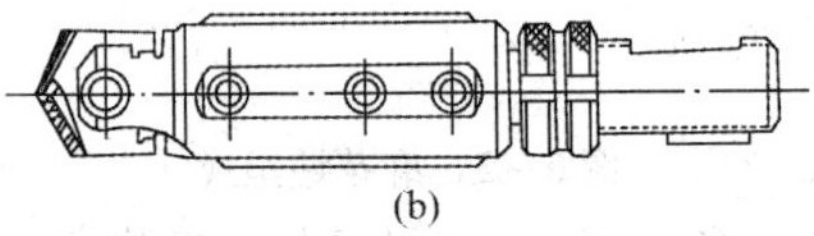

(b)

图6－1

§6.2 麻花钻

麻花钻的出现解决了上述扁钻所存在的一些问题。它是一种使用量很大的在实体材料上粗加工刀具。可加工孔径范围为 $\phi0.1 \sim 80mm$。按刀柄形式的不同，可分为直柄和锥柄两种麻花钻，按制造材料分，则有高速钢和硬质合金麻花钻。目前，采用物理沉积法（*PVD*）的 *TiN* 涂层高速钢麻花钻也得到了广泛的应用，其耐用度和钻孔精度都有较大提高。据统计，钻孔工作量占机械加工工作量的1/3左右，各国钻头的产量占刀具总产量的60%左右。钻头主要用来钻孔，也可以用来扩孔。

6.2.1 麻花钻的结构及几何参数

麻花钻的结构由三部分组成(图6－2)：柄部、颈部及工作部分。柄部用于装夹钻头和传递扭矩；颈部用于连接柄部及工作部分，也是打印标记的地方；工作部分又分为导向部分及切削部分。

1. 导向部分。由两条螺旋形刃瓣组成，为保证钻头有一定的强度，用钻芯将两个螺旋刃瓣连接为一体。以钻芯厚度为直径画一个假想圆，此圆的直径为钻芯直径 d_c，一般 $d_c=(0.125\sim0.15)d$（d —钻头外径）。为保证钻头有足够的刚度和加工稳定性，钻芯直径向钻柄方向是逐渐增加的，其钻芯增量为1.4～1.8mm/100mm。每个刃瓣上各有一条螺旋形圆柱刃带，以防止钻孔时钻头引偏。为了减少与孔壁的摩擦，刃带的外圆直径向柄部方向是逐渐减小的，其锥度为0.03～0.12mm/100mm，因此在钻刃外缘处的刃带将参加切削工作并成为副切削刃。导向部分又是切削部分的备用部分。

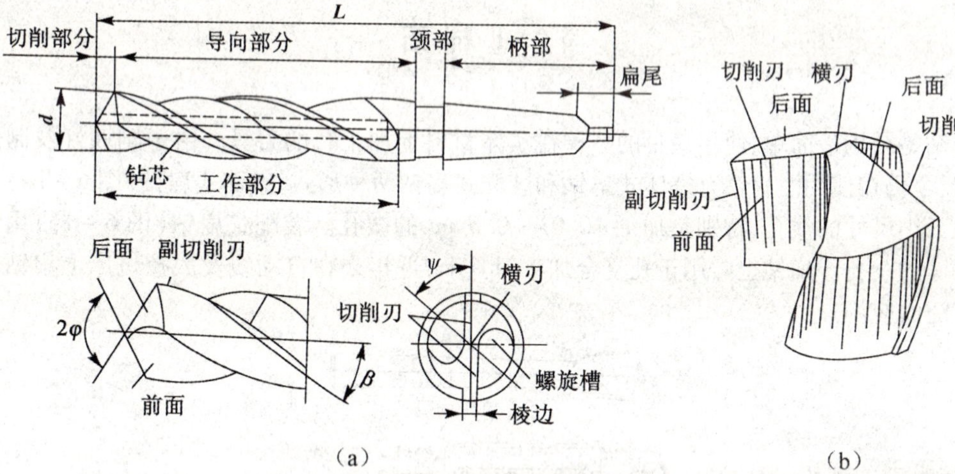

图6－2　麻花钻组成

2. 切削部分。切削部分有二条主刃、二条副刃及一条横刃。主刃是螺旋前面和主后面的交线；副刃是螺旋前面与钻头外转角处螺旋圆柱刃带的交线；横刃是在刃磨两主后面时自然形成的。横刃对称于钻心，两边的切削速度方向不同，故实际上是两段切削刃。

麻花钻的主要结构参数是指决定钻头几何形状及切削性能的独立参数，它包括以下几项：

(1)外径 d。钻头的外径即刃带的外圆直径，它按标准尺寸系列设计。

(2)钻芯直径 d_c。它决定钻头的强度及刚度，并影响容屑空间的大小。

(3)顶角(钻尖角)2ϕ。如图6－3所示，它是两条主刃在与它们平行的平面上投影之间的夹角。它决定钻刃长度及刀刃负荷情况，顶角应根据加工材料选取。对于加工钢、铸铁等材料时，一般 $2\phi=116°\sim120°$。

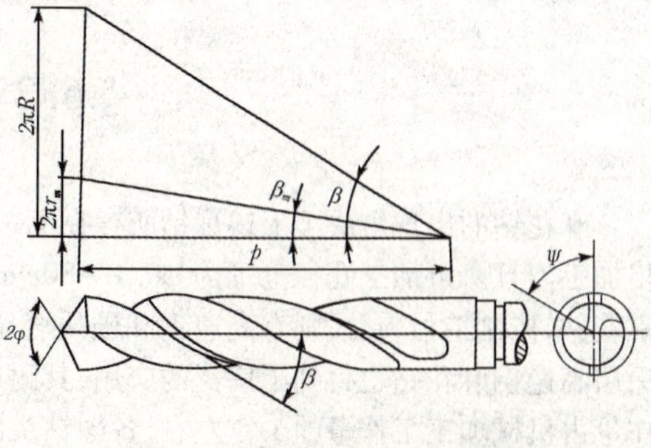

图6－3　麻花钻的顶角及螺旋角

(4)螺旋角β。如图6－3所示，它是圆柱螺旋形刃带与钻头轴线的夹角。它直接影响钻头前角的大小、刀刃强度及钻头的排屑性能。它应根据工件材料及钻头直径的大小来选取。对于加工钢、铸铁等材料，钻头直径$d>10mm$以上时，$\beta=25°\sim33°$。若螺旋槽的导程为P，钻头外径为d，则：

$$tan\beta=\frac{\pi d}{p} \tag{6-1}$$

由于螺旋槽上各点螺旋线的导程相等，因此，在不同半径处螺旋角则不等，可按下式计算：

$$tan\beta_m=\frac{\pi d_m}{p}=\frac{d_m}{d}tan\beta \tag{6-2}$$

式中，d_m－钻刃上选定点m处的直径；

β_m－钻刃上选定点m处螺旋线的螺旋角。

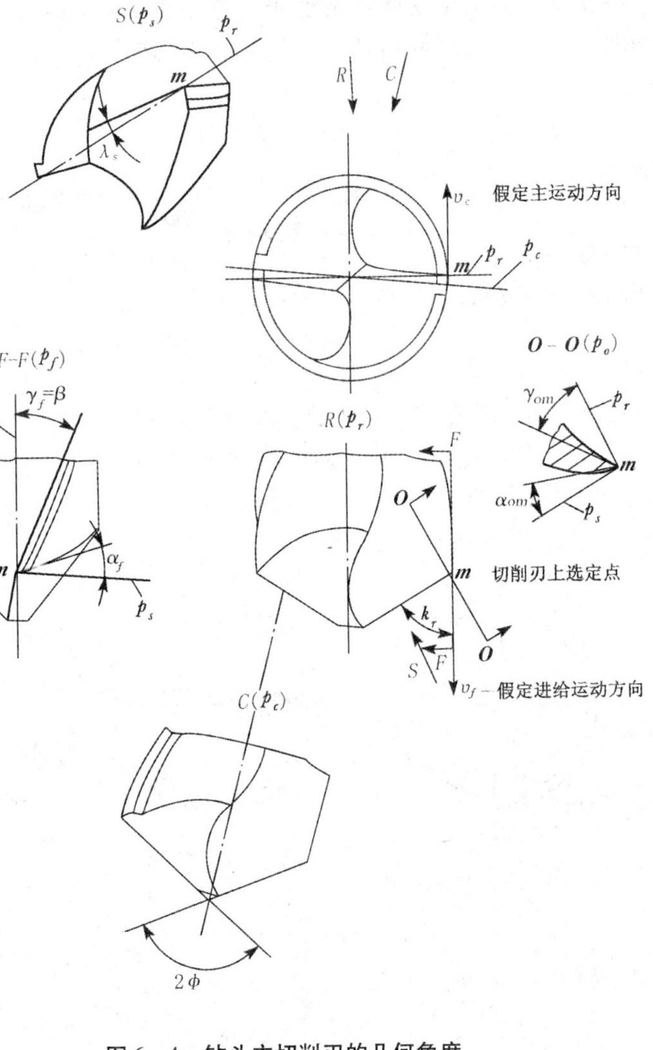

图6－4 钻头主切削刃的几何角度

6.2.2 麻花钻的几何角度

钻头结构特殊，刀刃多，因此测量钻头几何角度的参考系不止一个，而且空间位置也各不相同。

1. 基准参考平面

钻头的基面 p_r 是过 m 点包括钻头轴线在内的平面。切削平面 p_s 垂直于基面 p_r（如图6-4所示）。

2. 切削刃几何角度

（1）主切削刃

①主偏角 k_r。钻头切削刃上选定点 m 的主偏角是主刃在该点基面上的投影与进给方向间的夹角。

②刃倾角 λ_s。钻头切削刃上选定点 m 的刃倾角 λ_{sm} 是在该点的切削平面 p_s 内，切削刃与基面 p_r 间的夹角。

③前角 γ_o。钻头切削刃上选定点 m 的前角 γ_o 是正交平面内前面与基面 p_r 间的夹角。由图6-4可见，切削刃上点 m 的螺旋角 β 实际上就是该点的进给前角 γ_f，它们之间的关系可用下式进行表达：

$$tan\gamma_f = tan\gamma_o sink_r - tan\lambda_s cosk_r \tag{6-3}$$

由于：$\gamma_f = \beta$

所以：

$$tan\gamma_o = \frac{tan\beta}{sink_r} + tan\lambda_s \frac{cosk_r}{sink_r} \tag{6-4}$$

根据钻头切削刃的刃倾角为负，代入负号得：

$$tan\gamma_o = \frac{tan\beta}{sink_r} - tan\lambda_s \frac{cosk_r}{sink_r} \tag{6-5}$$

从上式便可求出主刃上各点前角变化的规律（图6-4）。由图可知，在钻头主刃外缘处前角最大，可达+30°左右，越靠近钻心前角越小，在横刃附近则小到-30°左右。

④后角 α_o。钻头切削刃上选定点 m 的后角 α_o 是正交剖面内后面与切削平面 p_s 间的夹角。

（2）副切削刃（如图6-5所示）

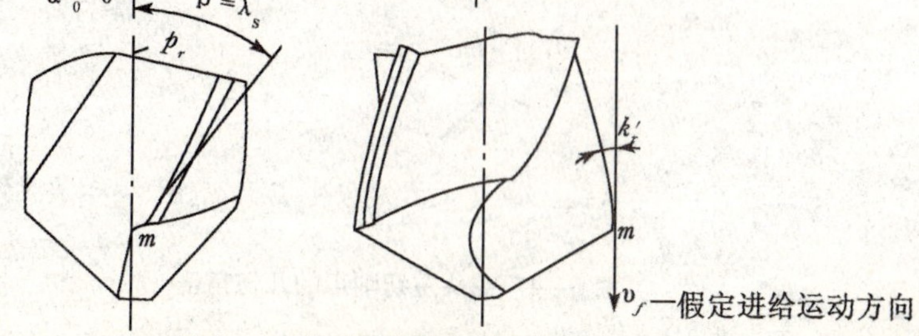

图6-5 钻头副切削刃的几何角度

①副偏角 k'_r。如图6－5所示，钻头的副偏角是靠钻头外径向柄部逐渐减小而形成的，其值很小，约为0.025～0.6/100*mm*。

②副后角 α'_0。如图6－5所示，钻头的副后角 α'_0 是钻头的副后面与副切削平面间的夹角，由于刃带为圆柱面，故 $\alpha'_0=0$。

③副刃倾角 λ'_s。钻头副刃倾角 $\lambda'_s=\beta$。

(3)横刃(如图6－6所示)

①主偏角 $k_{r\psi}$。如图6－6所示，$k_{r\psi}=90°$

②刃倾角 $\lambda_{s\psi}$。如图6－6所示，$\lambda_{s\psi}=0°$。

③前角 $\gamma_{o\psi}$。如图6－6所示，$\gamma_{o\psi}=-(90°-\alpha_{o\psi})$。

④后角 $\alpha_{o\psi}$。如图6－6所示，横刃后角 $\alpha_{o\psi}$ 是钻头刃磨后得到的，若 $\alpha_{o\psi}=30°\sim36°$，于是：$\gamma_{o\psi}=-(90°-\alpha_{o\psi})=-54°\sim-60°$。

6.2.3 钻削用量和切削层的参数

1. 钻削用量

(1)切削速度 ν_c。它是指钻头外径处的主运动速度。

$$\nu_c=\frac{\pi dn}{1000}(m/min) \qquad (6-6)$$

式中，d－钻头外径(*mm*)；

n－钻头或工件转速(*r/mm*)。

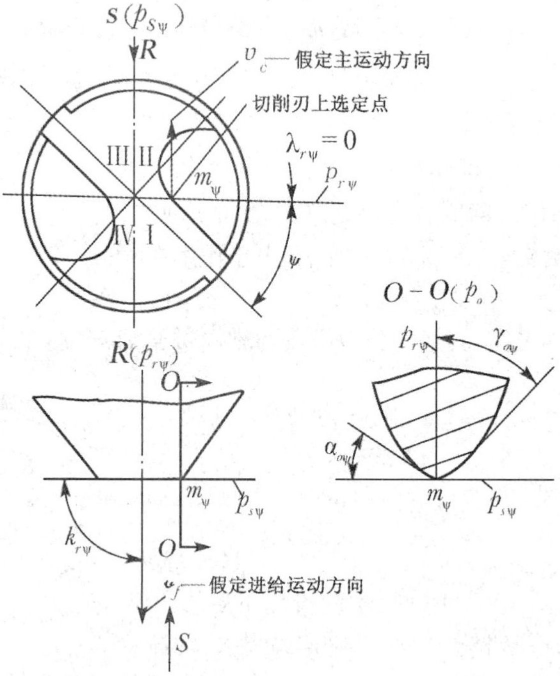

图6－6 钻头的横刃几何角度

(2)进给量 f 和每齿进给量 f_z。钻头每转一转沿进给方向的位移量称进给量 f(*mm/r*)。

由于钻头有两个刀齿，故每个刀齿的进给量f_z为

$$f_z = \frac{f}{2}(mm/z) \tag{6-7}$$

(3)背刀量a_{sp}。对于钻头而言，它就是钻头直径的一半：

$$a_{sp} = \frac{d}{2}(mm) \tag{6-8}$$

2. 切削层的截面尺寸

钻削时切削层尺寸平面为过基点D的基面p_r，图6－7为在此尺寸平面内切削层的尺寸定义。

(1)切削层公称厚度h_D。它是在切削层尺寸平面内测量的切削层厚度。从图6－7b可知：

$$h_D = \frac{f}{2}sink_r = \frac{f}{2}sin\phi(mm) \tag{6-9}$$

(2)切削公称宽度b_D。在切削层尺寸平面内测量的切削层宽度。从图(6－7b)可知：

$$b_D = \frac{d}{2sink_r} \approx \frac{d}{2sin\phi}(mm) \tag{6-10}$$

(3)切削层的公称面积A_D。它是切削层在切削层尺寸平面的实际横截面积，显然有：

$$A_D = \frac{1}{4}fd(mm) \tag{6-11}$$

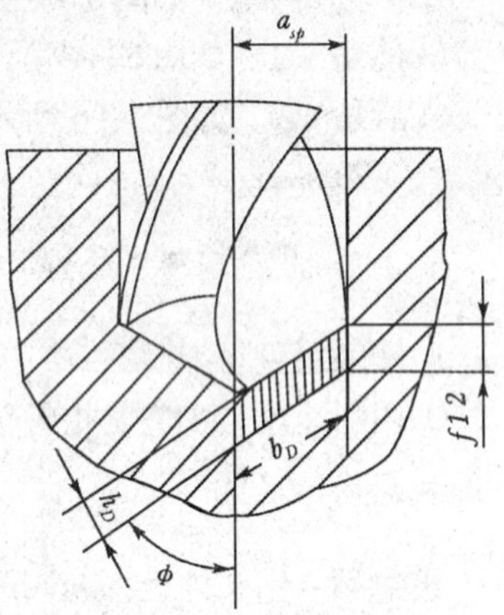

图6－7　切削层截面尺寸

6.2.4 钻削力和功率

1. 钻削力。和车刀一样，钻头的每个切削刃上都将受到F_c、F_ψ、F_f三个分力的作用。钻头有6条切削刃参加切削工作，故有17个分力作用在钻头上，如图6－8所示(由于作用在横刃两端的两个进给力合成为一个$F_{f\psi}$力，故减少了一个分力)。在理想情况下，背向力基本平衡，其余的分力合成为轴向进给力F及扭矩T。

扭矩T

$$T = T_c + T_\psi = F_c d + F_{c\psi} b_\psi \tag{6-12}$$

轴向力F

$$F = F_c + F_\psi = 2F_f + 2F_{f\psi} \tag{6-13}$$

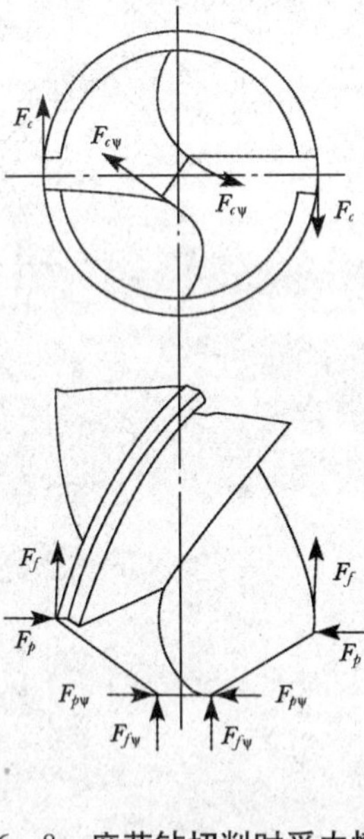

图6－8　麻花钻切削时受力情况

由于主刃切削刃最长，它产生的扭矩约占总扭矩的80%左右；横刃是负前角工作，不修磨横刃时，其轴向力很大，约占全部轴向力的50%～60%左右。轴向力大时容易使孔钻偏，甚至使钻头折断，故修磨横刃是减小钻削轴向力的一个主要方法。

通过实验，可以得出钻削时轴向力F和扭矩T的表达式以及所需的功率P_C。

2. 计算钻削力和扭矩的实验公式

扭矩 T $$T=9.81C_T d^{x_T} f^{y_T} K_T (Nm) \tag{6-14}$$

轴向力 F $$F=9.81C_F d^{x_F} f^{y_F} K_F (N) \tag{6-15}$$

式中，C_T、C_F—系数；

x_T、y_T、x_F、y_F－指数；

K_T、K_F－修正系数乘积。

3. 钻削功率

$$P_c=2\pi Tn\cdot 10^{-3}(kW) \tag{6-16}$$

式中：T－扭矩，单位为 $N\cdot m$；

n－钻头或工件转速，单位为 r/min；

P_c－钻削功率，单位为 KW。

上述各式中的系数和指数以及修正系数可查表6－1。

表6－1　　高速钢麻花钻轴向力及扭矩表达式中的系数、指数及修正系数

<table>
<tr><th>工件材料</th><th>C_T</th><th>x_T</th><th>y_T</th><th>C_F</th><th>x_F</th><th>y_F</th></tr>
<tr><td>钢 $\sigma_b=0.65GP_a$</td><td>303.92</td><td>2.0</td><td>0.8</td><td>1</td><td>0.7</td><td></td></tr>
<tr><td>灰铸铁 190HBS</td><td>206</td><td>2.0</td><td>0.8</td><td>418.89</td><td>1</td><td>0.8</td></tr>
<tr><td>可锻铸铁 150HBS</td><td>206</td><td>2.0</td><td>0.8</td><td>424.7</td><td>1</td><td>0.8</td></tr>
<tr><td>青铜(100－140)HBS</td><td>117.72</td><td>2.o</td><td>0.8</td><td>309</td><td>1</td><td>0.8</td></tr>
<tr><td rowspan="5">切削条件变化后的修正系数 K</td><td rowspan="2">工件材料 K_M</td><td colspan="2">钢</td><td colspan="2">灰铸铁</td><td>可锻铸铁</td></tr>
<tr><td colspan="2">$K_{TM}=K_{FM}=(\frac{\sigma_b}{0.65})$</td><td colspan="2">$K_{TM}=K_{FM}=(\frac{HBS}{190})$</td><td>$K_{TM}=K_{FM}=(\frac{HBS}{150})$</td></tr>
<tr><td rowspan="3">钻头磨损情况 K_w</td><td colspan="2">磨损后</td><td colspan="3">未磨损</td></tr>
<tr><td colspan="2">$K_{WT}=1$</td><td colspan="3">$K_{WT}=0.87$</td></tr>
<tr><td colspan="2">$K_{WF}=1$</td><td colspan="3">$K_{WF}=0.87$</td></tr>
</table>

注：表中的 σ_b 以 GP_a 为计算单位；轴向力公式是按修磨横刃的钻头计算的，在不修磨横刃时应乘以系数1.33。

6.2.4 改善麻花钻切削性能的途径

麻花钻是一种重要的孔加工刀具，已经使用一百多年了，虽然麻花钻的结构参数不断完善，但仍然存在着许多缺点，主要有：

(1)沿主刃上各点前角分布不合理，差别悬殊，钻心附近切削条件差。

(2)横刃太长，有很大的负前角，切削条件恶劣，轴向力大，定心差。

(3)主刃长，切屑宽，卷屑及排屑困难；切屑充满容屑空间，切削液难于注入。

(4)切削层厚度沿主刃分布不均匀，在外缘处最大，而此处切削速度最高，副后角 $\alpha'_o=0$，摩擦大，发热多，磨损快。

(5)钻头的刚度及强度差。

(6)高速钢的耐热性和耐磨性仍不够高。

当前各国大都是从下述几个方面来改善麻花钻的切削性能：

1. 修磨。修磨是在不改变钻头结构的情况下，根据加工条件，修磨钻头的切削部分以适应加工要求，提高钻头的切削性能。这种方法经济、简便，使用广泛。一般从下述几个方面对钻头进行修磨。

(1)修磨横刃。修磨横刃的目的是减小横刃长度，增大横刃前角，降低轴向进给力。常用的修磨形式如图 6-9 所示：

①将整个横刃磨去（图 6-9*a*），使轴向力大为减小，但钻头定心不好，强度差，故只适用于加工强度较低的材料。

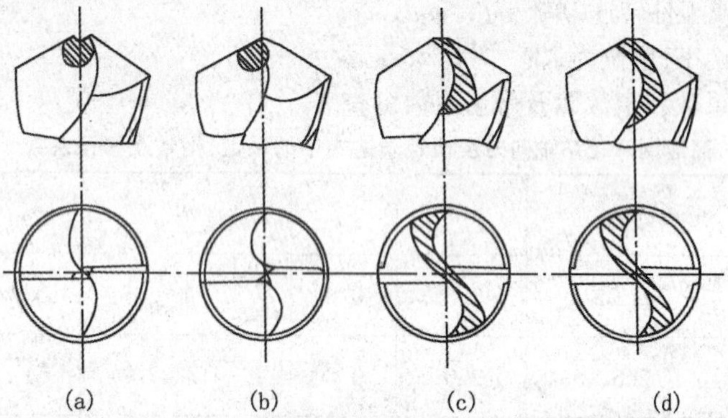

图 6-9　修磨横刃

②磨短横刃（图 6-9*b*）。可以显著降低轴向力，由于修磨简便、效果好，因此直径大于 12*mm* 以上的钻头一般都采用此法修磨横刃。

③修磨前角（图 6-9*c*）。修磨时横刃长度不变，但横刃前角为 0°或正前角，改善了横刃处的工作条件。这种修磨方法又称十字形修磨法，在国外应用十分普遍，有的国家已正式列为国家标准或行业标准。

④磨短横刃的同时，加大前角（图 6-9*d*），此法由于综合了上面两种修磨方法的优点，能显著地改善横刃处的工作条件。

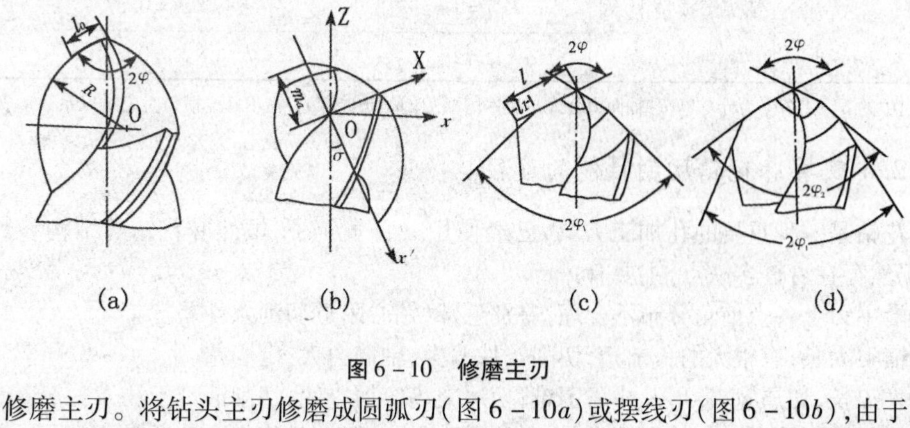

图 6-10　修磨主刃

(2)修磨主刃。将钻头主刃修磨成圆弧刃（图 6-10*a*）或摆线刃（图 6-10*b*），由于刀刃上没有尖点，刀刃上各点负荷分配比较合理，钻头耐用度高，孔的表面粗糙度小。这种曲线刃钻头用于加工铸铁等脆性材料时效果特别明显。曲线刃也可以用二段或三段斜直线来代替,即修磨成双重顶角或三重顶角的钻头(图6-10c、d),同样也能获得良好的切削效果。

(3)综合修磨。综合修磨能全面改善钻头的切削性能,效果显著。群钻就是对麻花钻应用综合修磨的典型。加工钢材的基本型群钻(图6-11)其修磨特点如下:

①将横刃磨窄、磨尖、磨低,改善横刃处的切削条件。

②将靠近钻心附近的主刃修磨成一段锥角较大的内直刃及一段圆弧刃,以增大这段刀刃的前角。同时钻刃上对称的圆弧刃在钻削过程中还起到定心及分屑的作用。

③对于直径大于15*mm*的钻头,在外直刃上磨出分屑槽,改善排屑情况。经过综合修磨而成的群钻,切削性能显著提高。钻削时轴向力下降35%~50%,扭矩下降10%~30%,耐用度提高3~5倍,生产率也显著提高。

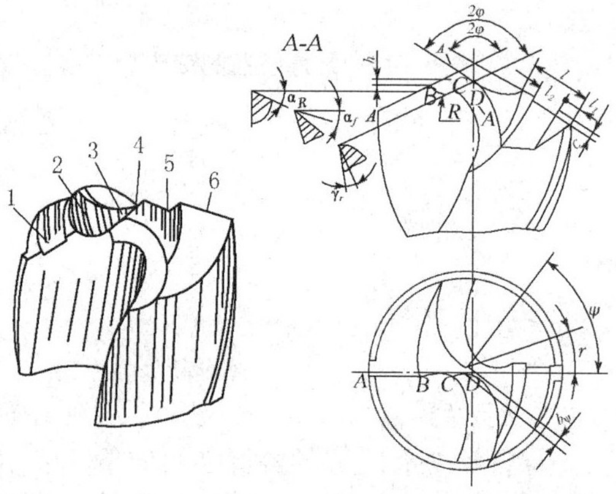

图6-11 基本群钻

2. 改进钻头的结构。麻花钻在切削性能方面存在的许多缺点,大都是由于麻花钻结构本身所造成的。因此要从根本上改善麻花钻的切削性能,必须从改进麻花钻的结构入手。近年来,国内外都出现了许多新结构的钻头,概括起来,主要是从下述两方面来改进钻头的结构的:

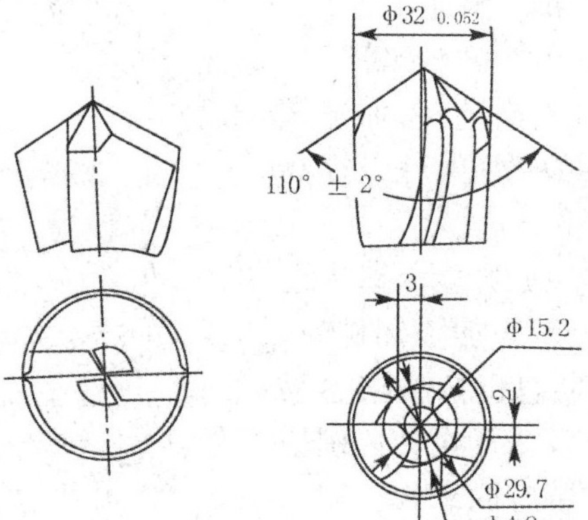

图6-12 径向刃钻

(1)改进钻头的前角分布。我国近年来研制成功的径向刃钻头及四刃钻头等(图6-12),其共同特点都是将麻花钻传统的护轴线螺旋前面,改进成为阿基米德螺旋前面,使钻头

金属切削原理与刀具

主刃呈径向配置，主刃上各点的前角均为正值，改善了主刃的切削条件。

(2)提高钻头的强度及刚度。为提高钻头的强度，通常都是加大钻芯直径。图 6－13 是国外汽车、拖拉机工业中常用来加工合金钢及铝合金的厚芯强力钻头，其钻芯直径增大到 0.35d，由于横刃长，必须采用十字形修磨法。

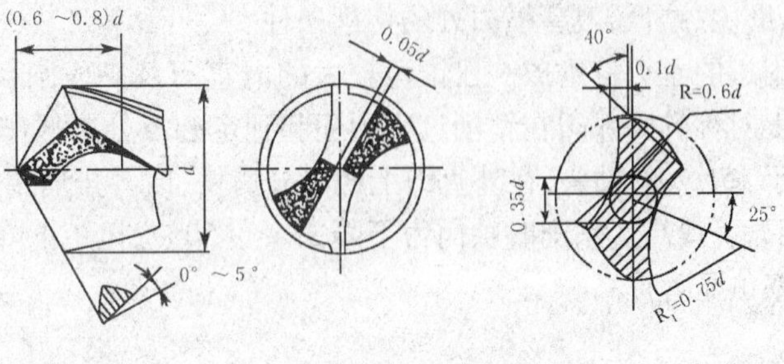

图 6－13　加厚钻芯的钻头

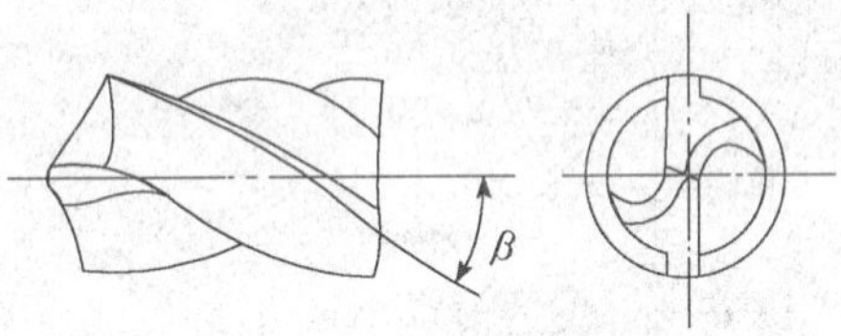

图 6－14　新型强力钻头

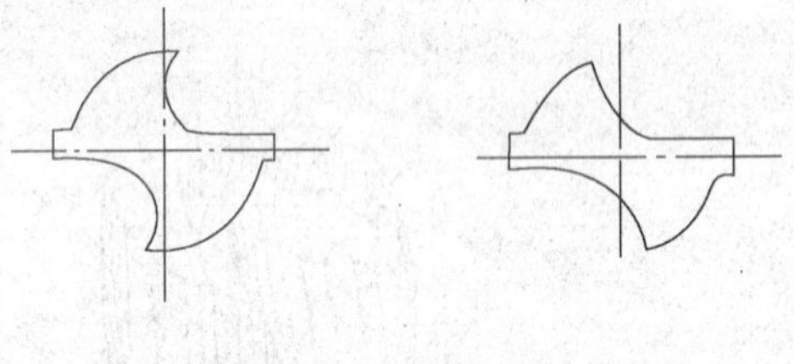

(*a*)新型强力钻　(*b*)普通麻花钻

图 6－15　钻头横截面比较

为了提高钻头的刚度，在保证钻头有足够的容屑空间的条件下，应尽可能地增大钻头的横截面积。我国最近研制成功的新型强力钻头(图 6－14)，其横截面积比普通麻花钻增加 30%左右(图 6－15)，切削性能显著提高，生产效率比麻花钻高 3～4 倍。

3. 采用新的刀具材料

(1)采用新型高速钢。如国内用铝高速钢(*W6Mo5Cr4V2Al*)代替普通高速钢。国外在加工高温合金及其他难加工材料时，采用钴高速钢等。

此外，对高速钢钻头进行表面处理，如蒸气处理，氮化、氧氮处理以及 *PVD* 涂层，可以提高钻头的耐用度 70% 到一倍以上。

(2)采用硬质合金钻头。硬质合金钻头已广泛用来加工铸件等材料，但用来加工钢件时，由于钻头刚性差，钻心处切削速度低，横刃容易崩裂，故使用不广。目前被广泛采用可转位硬质合金刀片钻头(图 6－16)，它装有两个凸三角形刀片，用沉头螺钉夹紧在刀体上，一个刀片靠近中心，另一个在外径，切削时可起分屑作用。

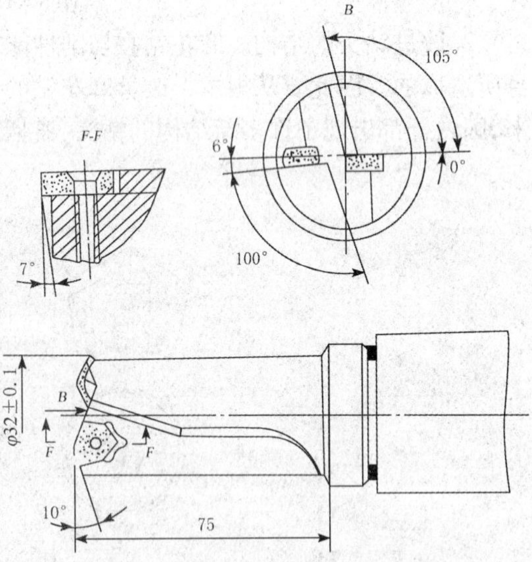

图 6－16　硬质合金可转位刀片钻头

§6.3 深孔钻

它用来加工深度与直径比大于 5 - 10 的孔。

深孔加工条件恶劣,因此其结构也与麻花钻有许多不同之处。目前常用的有外排屑深孔钻、内排屑深孔钻及喷吸钻等。

6.3.1 深孔加工的特点

深孔一般指深径比 $l/d>5\sim10$ 的孔。对于 $l/d=5\sim10$ 的普通深孔,可用接长麻花钻加工,对于 $l/d\geqq20\sim100$ 的特殊深孔,必须用特殊结构的深孔钻才能加工。深孔加工不同于普通孔的加工,在设计和使用深孔钻时,应解决好以下主要问题:

1. 断屑和排屑。深孔加工应保证可靠地断屑和排屑,否则因切屑堵塞而损坏钻头。

2. 冷却和润滑。深孔加工时,钻头工作条件差,切削液更难注入,必须采用有效的冷却润滑措施。

3. 钻头的导向。由于深径比大,钻杆细长,刚性差,振动并使钻孔轴线偏斜,因此钻深孔时,应很好解决钻头的导向问题。

6.3.2 深孔钻的种类及特性

1. 单刃外排屑深孔钻(枪钻)(图 6 - 17)。它是由切削部分及钻杆对焊而成。切削部分可以是硬质合金或高速钢,钻杆是用无缝钢管轧成 V 形排屑槽。这种钻头主要用来加工孔径为 3 ~ 20mm,深径比 $l/d>100$ 的深孔。加工时,工件旋转,钻头进给,同时切屑液从钻杆尾部注入,冷却切削区后沿钻杆上的 V 型槽将切屑冲刷出来呈外排屑。孔的加工精度可达 IT8 ~ IT10 级,表面粗糙度 $R_a3.2\sim0.8\mu m$。

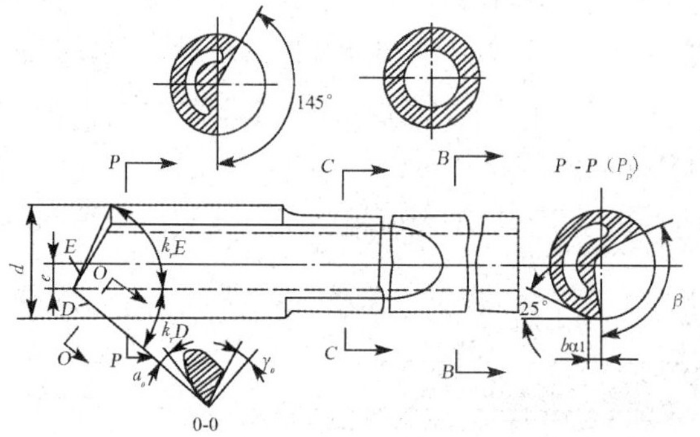

(a)枪钻的结构

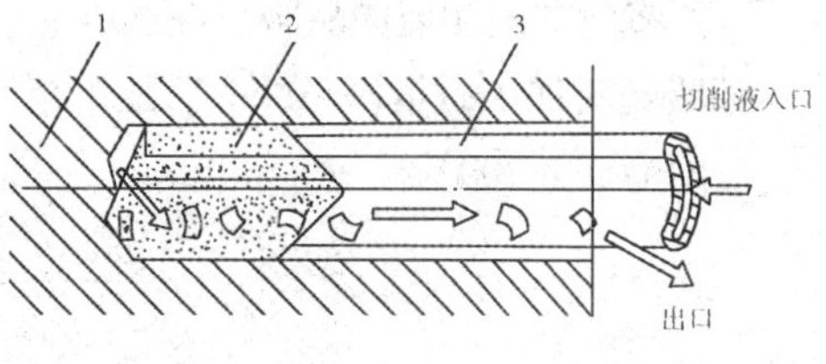

(b)工作原理

图 6 - 17　枪钻

这种钻头的结构特点是:

(1)钻尖相对于轴线偏高一距离 e(图中 $e=0.8mm$),无横刃,进给力小,外刃大于内刃,钻头在钻削过程中始终能使钻头背部的圆弧面支承在孔壁上,以保证加工孔的直线性。

(2)为减少圆弧支承面与孔壁的摩擦,在50°范围内磨低0.2mm左右,在副刃后面磨出20°~25°后角,并留有0.2~0.1mm棱边。

(3)V型槽的交点可略低于钻心0.03~0.05mm,切削时会形成柱芯,有利于钻头导向及切削稳定性。但不能过低,否则因钻芯过粗而导致钻头憋断。

2. 内排屑深孔钻(图6-18)。如图6-18a所示,内排屑深孔钻由钻体、分布在不同圆周上的三个切削刃和两个导向块及刀杆等组成。这种深孔钻适用于加工直径大于20mm,深径比不超过100的深孔。钻孔时切削液在较高的压力(2~6Mp_a)下,由工件孔壁与钻头外表面之间的空隙进入切削区冷却润滑钻头并将切屑经钻头前端的排屑孔冲入钻杆内腔,向后排出(图6-18)。内排屑能避免切屑划伤孔壁。这种钻头加工精度可达IT9~IT7,表面粗糙度不超过R_a3.2μm。

内排屑深孔钻的特点是:

(1)钻尖与轴线偏心距为e,无横刃,刀刃分段呈错齿排列,起分屑作用。顶角大($2\phi=125°\sim140°$)有利于断屑。钻心与外边缘处的刀片可用不同的材料,以满足钻头对刀片强度及耐磨性的不同要求。

(2)采用导向块导向,以避免孔轴的歪斜,增大切削过程的稳定性。

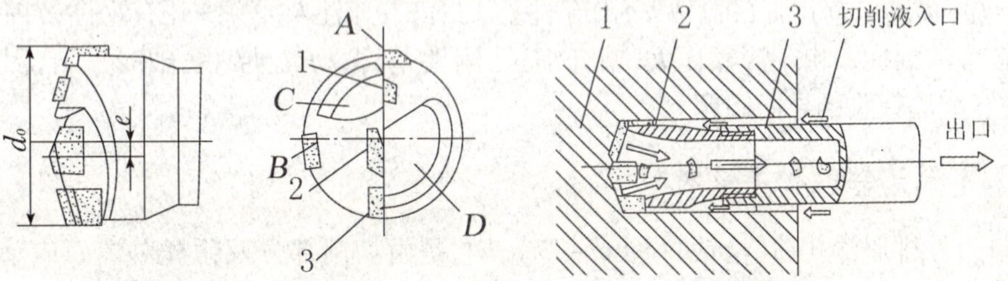

(a)内排屑深孔钻的结构　　(b)工作原理

1. 工件;2. 钻头;3. 钻杆

图6-18　内排屑深孔钻

3. 喷吸钻。喷吸钻由钻头、内管及外管三部分组成(图6-19)。2/3的切削液(压力一般为0.98~1.96Mp_a)经内外钻管之间输至钻头,通过钻头上的小孔喷向切削区,对钻头进行冷却润滑;另外1/3的切削液则通过内管上6个月牙形的喷咀向后喷入内管。由于喷速高,在内管中形成低压区而将前端的切屑向后吸。在前推后吸的作用下,排屑顺畅。

喷吸钻头加工质量好、效率高,加工精度可达IT10~IT7,加工表面粗糙度为R_a3.2~0.8μm,孔的直线度为0.1/1000。

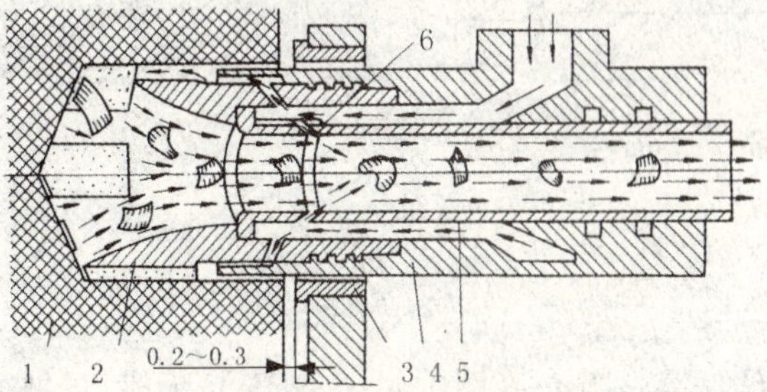

1. 工件;2. 钻头;3. 导向套;4. 外管;5 内管;6. 月牙形喷嘴

图6-19 喷吸钻原理

§6.4 扩孔钻与锪钻

6.4.1 扩孔钻

扩孔钻通常用作铰孔或磨孔前的预加工及毛坯孔的扩大。扩孔钻的外形与麻花钻相似，只是加工余量小，与麻花钻相比扩孔钻没有横刃，刀体强度及刚度好，刀齿多，加工余量小，切削平稳。加工精度可达 $IT10\sim IT11$，加工表面粗糙度为 $R_a3.2\sim6.3\mu m$。

扩孔钻的结构有高速钢整体式（图 6－20a）、镶硬质合金套装式（图 6－20b）等。

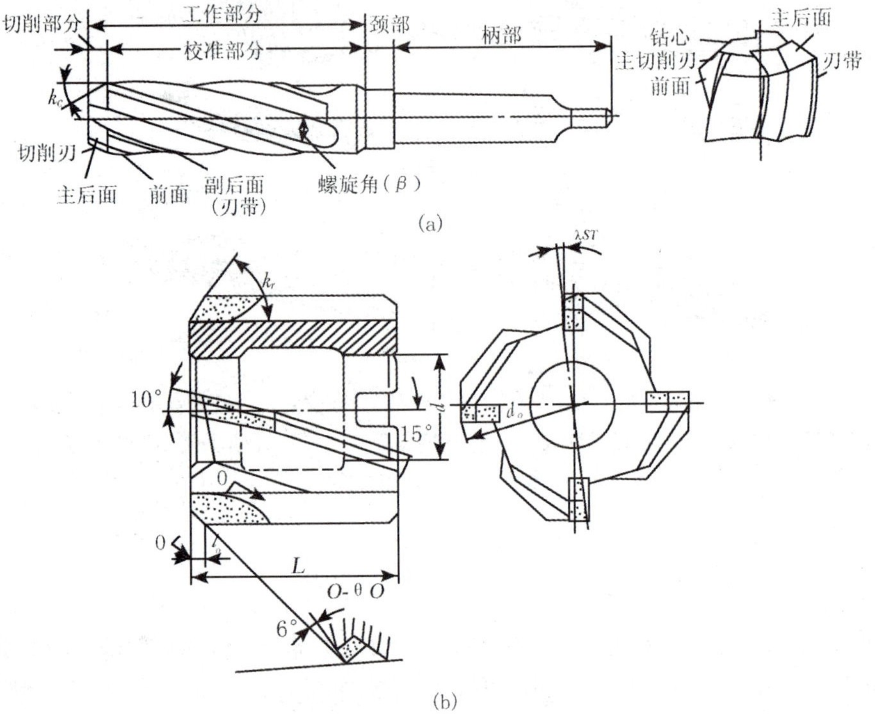

图 6－20 扩孔钻

6.4.2 锪钻

它是用来加工各种沉头孔和锪平端面的（图 6－21）。有加工圆柱形或圆锥形沉头座孔的锪钻（如图 6－21a、b）和加工端面的端面锪钻（如图 6－21c），锪钻上的定位导向柱，用来保证被锪的孔或端面与原有孔的同轴度或垂直度要求。导向柱可以拆卸，以便制造锪钻的端面齿。根据直径的大小，锪钻制成带锥柄和套装的两种形式，锪钻可用高速钢制造，或镶焊硬质合金的刀片。

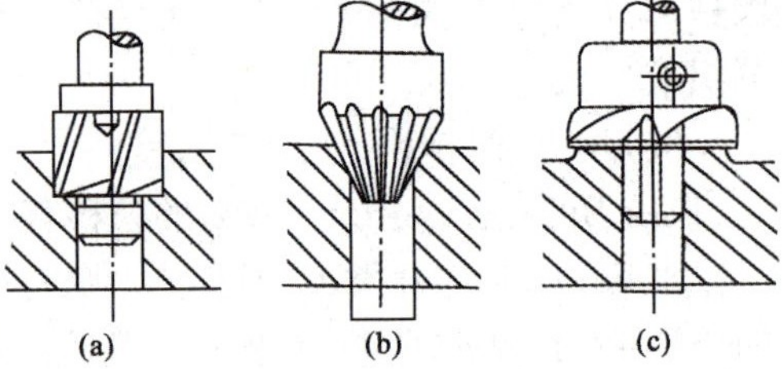

图 6－21 锪钻

§6.5 铰刀

它是孔的半精加工及精加工刀具。加工余量小，刀齿多，又有较长的修光刃，因此加工精度及表面质量都很高。铰孔精度可达 $IT6 \sim IT11$，加工表面粗糙度为 $R_a 0.2 \sim 1.6\mu m$。

主要有合金工具钢、高速钢和硬质合金铰刀，分机用和手用两种，常见的铰刀类型如图 6 – 22 所示。

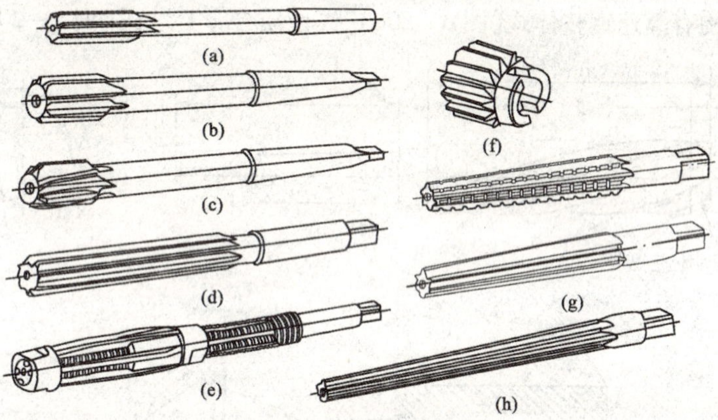

(a)直柄机用铰刀；(b)锥柄机用铰刀；(c)硬质合金锥柄机用铰刀；(d)手用铰刀；可调节手用铰刀；(f)套式机用铰刀；(g)直柄莫氏圆锥铰刀；(h)手用 1∶50 锥度销子铰刀

图 6 – 22 铰刀的种类

6.5.1 铰刀的结构及几何参数

1. 铰刀的结构（如图 6 – 23 所示）

铰刀由工作部分、颈部及柄部三个部分组成。而工作部分又分为切削部及校准部。

(1)切削部分。由引导锥及切削锥组成。引导锥便于将铰刀引入孔中；切削锥主要起切削作用。

(2)校准部分。它由起导向、校准及修光作用的圆柱部分及为减小摩擦并防止孔径扩大的倒锥部分组成。

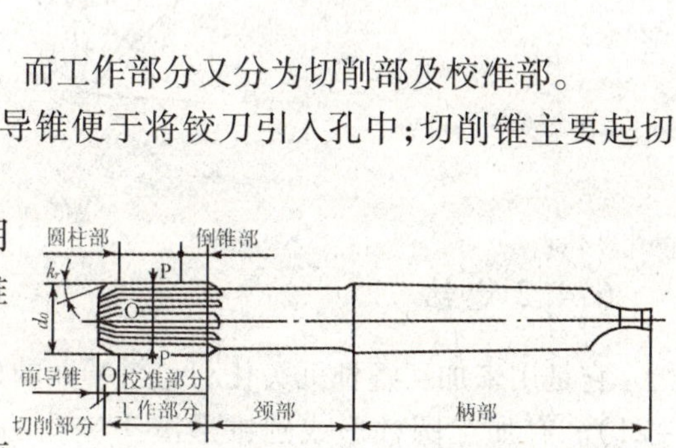

图 6 – 23 铰刀的结构

2. 铰刀的结构参数

(1)铰刀的直径及公差。铰刀的公称直径 d 应等于被加工孔的公称直径 d_0，但其公差则与被加工孔的公差、铰刀的制造公差、备磨量 H 及铰孔后孔径可能产生的扩张量 p 或收缩量 p_a 有关。铰孔扩张量 p 是由于切削振动、铰刀的径向振摆、安装误差及积屑瘤等原因引起的；收缩量 p_a 主要是由于工件的弹性或热变形恢复而产生的（特别是用硬质合金铰刀铰孔时，常常发生这种情况）。扩张量或收缩量的具体数值由实验决定。

当铰孔后产生扩大现象时，则由图 6－24（a）可知，铰刀的最大直径 d_{max} 和最小直径 d_{min} 应为：

$$d_{max}=d_{mmax}-p_{max} \quad (6-17)$$

$$d_{min}=d_{max}-p_{max}-G \quad (6-18)$$

若铰孔后孔径收缩，则由图 6－24b 可得

$$d_{max}=d_{mmax}+p_{amin} \quad (6-19)$$

$$d_{min}=d_{mmax}+p_{amin}-G \quad (6-20)$$

式中，d－铰刀直径，单位为 mm；

d_m－工件铰孔后的直径，单位为 mm；

p－铰刀扩张量，单位为 mm；

p_a－铰刀收缩量，单位为 mm；

G－铰刀的制造公差，单位为 mm。

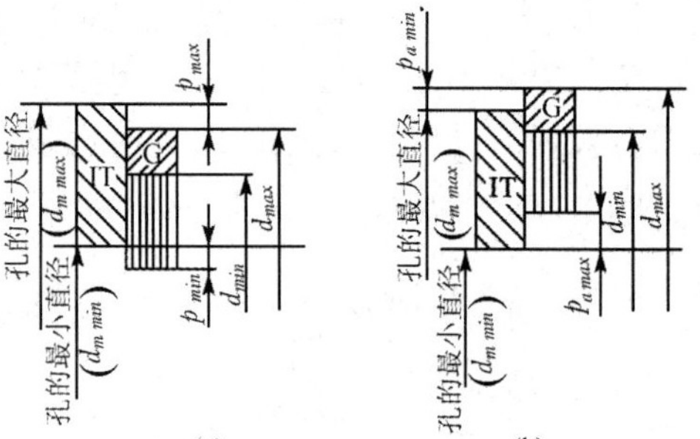

（a）孔产生扩张时；（b）孔产生收缩时

图 6－24　铰刀直径及其公差分布图

（2）铰刀的齿数及齿槽。由于铰削余量小，容屑空间不需要很大，故铰刀可以取较多的齿数，这样可使工作平稳，并有利于提高孔的加工精度和降低表面粗糙度。为了便于测量，齿数一般取成偶数，齿数的多少与铰刀直径有关，一般取 4～12 齿。

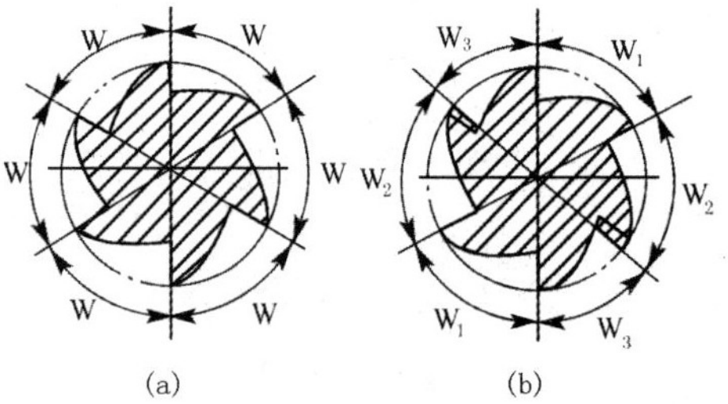

（a）等距分布；（b）不等距分布

图 6－25　铰刀刀齿的分布

铰刀刀齿在圆周上的分布有两种形式：等距分布（图 6－25a）和不等距分布（图 6－25b）。等距分布的铰刀制造简单，但在铰孔时有时会产生周期性振动，在孔壁上形成纵向刀痕，影响到表面粗糙度。而采用不等齿距铰刀可以避免这种情况。目前手用铰刀大多采用不等齿距分布，机用铰刀采用等齿距分布。

铰刀的齿槽有直槽及螺旋槽两种。螺旋槽铰刀则要根据加工需要决定，如铰盲孔时为使切屑流向柄部，螺旋槽应是右旋的；铰通孔时则用左旋铰刀。加工钢和铸铁的螺旋铰刀 $\beta=7°\sim8°$. 用直槽铰刀铰通孔时，为使切屑从前方排出，也可以将直槽铰刀的切削部分磨出刃倾角 λ_s（如图 6－26），一般 $\lambda_s=15°\sim20°$。

3. 铰刀的几何角度

（1）主偏角 k_r。对于普通铰刀，主偏角即锥角的一半，其大小主要影响切削宽度、切削厚度及进给力的大小。对于手用铰刀 k_r 较小，通常 $k_r=0.5°\sim1°$。此时参加工作的刀刃长，切屑薄，进给力小，导向好，孔的加工质量好，但切入及切出的时间长，效率低。对于机用铰刀因其导向和进给由机床保证，k_r 可取得大一点，加工钢材等塑性材料时，取 $k_r=12°\sim15°$；铰盲孔时 $k_r=45°$。

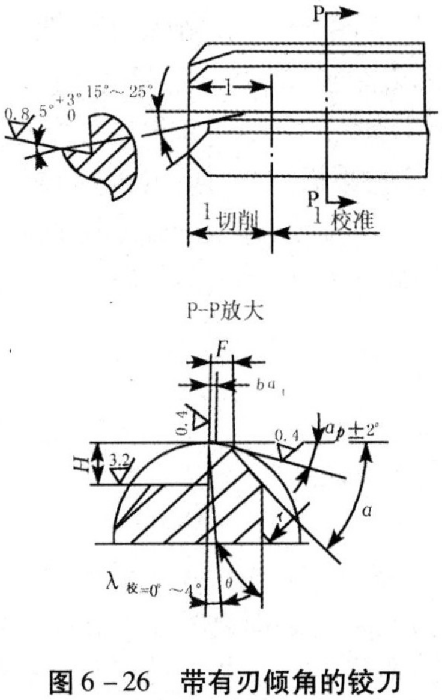

图 6－26　带有刃倾角的铰刀

(2)前角 γ_o。铰孔的余量很小,切屑很薄,切屑与前面的接触长度短,前角的作用不大,故通常可取 $\gamma_o=0°$,加工韧性材料时,$\gamma_o=5°\sim10°$(图6-26)。

(3)后角 α_o 及刃带 b_{a1}。铰刀是定尺寸的精加工刀具,为使其重磨后径向尺寸变化不大,故后角取值较小,$\alpha_o=5°\sim10°$。切削部分无刃带,而校准部分应有刃带 b_{a1}(图6-26),以保证铰刀有较好的导向和修光作用,同时也便于铰刀的制造和测量。为了减小与孔壁的摩擦,刃带也不能太宽,一般取 $b_{a1}=0.2\sim0.4mm$。

6.5.2 铰刀的合理使用

1. 铰刀的研磨与重磨

研磨铰刀可在车床上用铸铁研磨套加入研磨膏沿校准部分进行研磨(图6-27)。

铰刀用钝后只重磨(图6-28)切削部分的后面,要求刃口刃磨锋利,后面粗糙度不大于 $R_a0.2\sim0.44\mu m$。而且锥角要刃磨准确、对称,以免刀齿负荷不均匀。

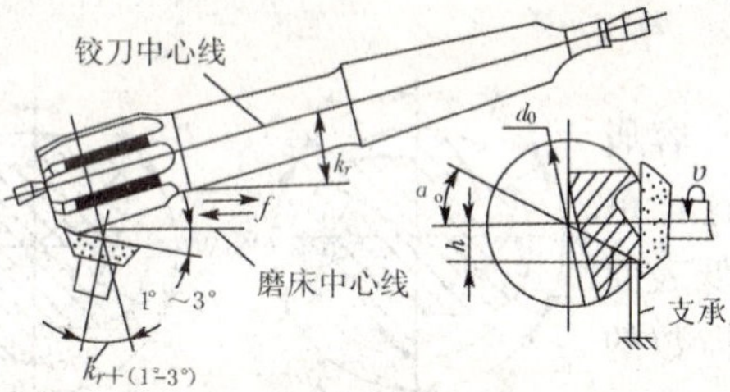

图6-27　铰刀的研磨

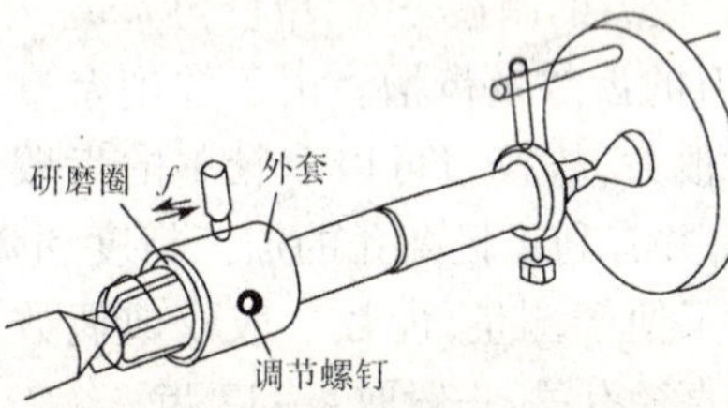

图6-28　铰刀的重磨

2. 合理选用切削用量

(1)铰孔余量或背吃刀量 a_{sp}。铰孔余量的大小直接影响铰孔质量。余量的确定应保证铰孔后把前工序的误差及表面缺陷切去。一般取余量 $2a_{sp}=0.06\sim0.3mm$。

(2)切削速度 v_c 与进给量 f。随着 v_c 及 f 的增加,孔的精度及表面质量将下降。当用 $d<100mm$ 的高速钢铰刀铰削45号钢时,推荐 $v_c=3.96\sim6.0(m/min)$,$f=0.10\sim0.35(mm/r)$。

(3)正确选用切削液。切削液对铰孔质量有明显的影响,选用合适的切削液能降低摩擦系数,减少积屑瘤,减少振动,降低孔径扩张量,提高铰孔质量及铰刀的耐用度。浓度较高的乳化油对降低粗糙度的效果好,硫化油对提高加工精度效果明显。铰削一般钢材时,通常选用乳化油和硫化油。铰削铸铁时,可应用润湿性较好、粘性小的煤油。

铰孔时,要求铰刀轴线与被加工孔的轴线一致,以免刀齿负荷不均匀而影响铰孔质量。这种要求实际上难于达到,因此铰刀和机床最好不用刚性联接,而采用浮动联接。

§6.6 镗刀

镗刀是应用广泛的孔加工刀具。可用于粗镗、半精镗及精镗。精镗时加工精度可达 $IT6\sim IT7$,加工表面粗糙度为 $R_a0.8\sim6.3\mu m$。

镗孔加工最大的特点是能够修正上道工序所造成的孔轴线歪曲、偏斜等。它特别适用于孔系的加工。

镗刀的种类很多,一般可分为单刃镗刀及多刃镗刀两大类:

6.6.1 单刃镗刀

单刃镗刀(图6-29)。它实质上是一把车刀,由于结构简单,制造方便,通用性广,故使用较多。单刃镗刀一般都有尺寸调整装置。为了便于精确地调整尺寸,精镗时可采用微调镗刀(图6-30)。带有精密螺纹的圆柱形镗刀头装入镗杆中,导向键起导向作用。带有刻度的导向螺母与镗刀头螺纹精密配合,并以镗杆的锥面定位。拉紧螺钉通过垫圈将镗刀头固定在镗杆孔中。镗右孔时,镗刀头与镗杆轴线倾斜53°08′。镗刀头上螺纹的螺距为0.5mm,螺母刻线为40格。螺母每转一格,镗刀在径向的移动量为$\Delta R=\frac{0.5mm}{40}\cdot \sin 53°08'=0.01mm$。镗通孔时,刀头若垂直于镗杆轴线安装,可用螺母刻度为50格,当螺母每转一格,镗刀在径向的移动量为$\Delta R=\frac{0.5mm}{40}=0.01mm$。

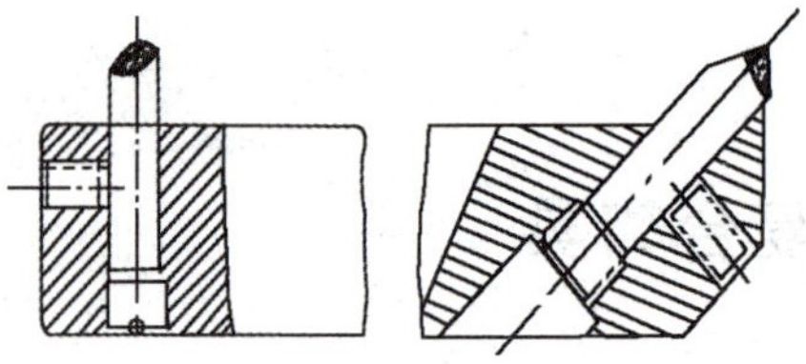

图6-29 单刃镗刀

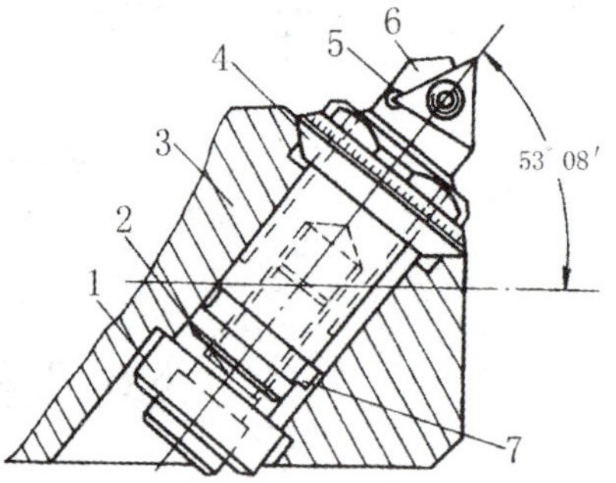

1. 垫圈;2. 拉紧螺钉;3. 镗刀杆;4. 调节螺母;
5. 刀片;6. 镗刀头;7. 导向键

图6-30 微调镗刀

6.6.2 双刃镗刀

双刃镗刀(图6-31)。两边都有切削刃,工作时可以消除径向力对镗杆的影响。镗刀上的两个刀片是可以调整的,因此可以加工一定尺寸范围的孔。目前双刃镗刀多采用浮动连接结构,镗刀块以动配合状态浮动地装在镗杆的方孔中,镗孔时,刀块通过作用在两边刀刃上的切削力自动平衡对中。用浮动镗刀镗孔时,加工精度可达IT7~IT6,表面粗糙度不大于$R_a0.8\mu m$。

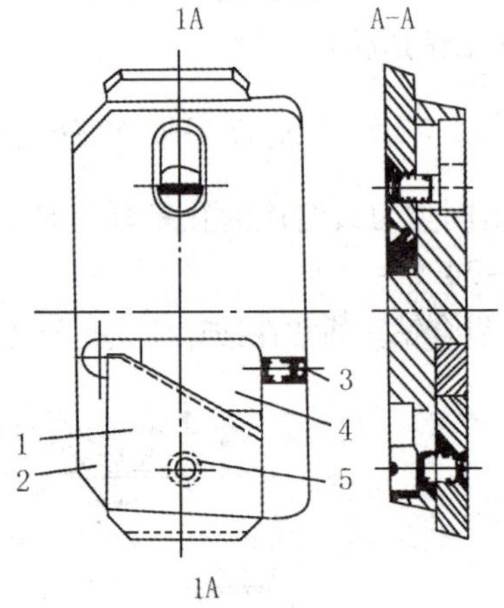

1. 刀片;2. 刀体;3. 尺寸调节螺钉
4. 斜面垫板;5. 刀片夹紧螺钉

图6-31 双刃镗刀

6.6.3 曲线刃浮动镗刀

直线刃浮动镗刀的缺点是两边刀刃上的刀尖不容易刃磨对称，镗孔后孔壁上会出现螺旋形的刀尖印痕，因此有的工厂采用了曲线刃浮动镗刀（图 6－32）。曲线刃形是用专门的磨刀夹具刃磨出来的，由于曲线刃曲率半径很大（$R = 1736 \sim 1220mm$），修光刃长，导向定心好，孔的加工质量高。

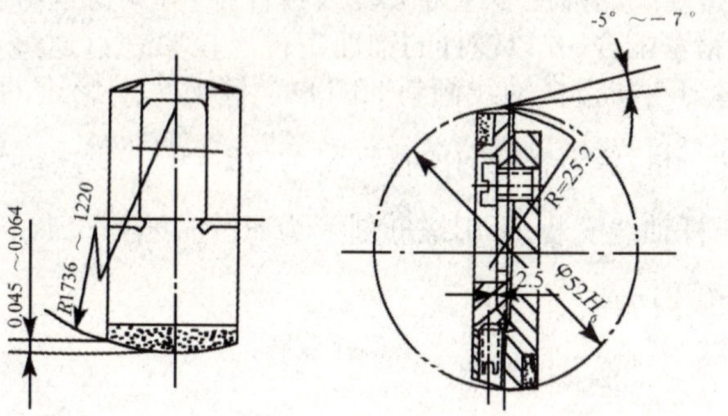

图 6－32　曲线刃浮动堂刀

§6.7 孔加工复合刀具

孔加工复合刀具是指由两个或两个以上同类或不同类的孔加工刀具组合起来，按先后顺序加工同一个孔或同时加工几个孔的刀具。用孔加工复合刀具加工时，工序集中，减少了装夹和定位误差，加工表面的相互位置精度是由刀具本身的精度保证的，故加工精度高。此外可以减少换刀时间及机床台数，生产效率高，成本低。因此孔加工复合刀具在组合机床及自动线上获得了广泛的应用。

6.7.1 孔加工复合刀具的分类

1. 由同类刀具组成的孔复合刀具。如复合钻、复合扩孔钻、复合铰刀和复合镗刀等（图 6－33、6－34、6－35）。

（1）复合钻。通常在钻螺纹底孔与孔口倒角，或钻扩阶梯孔时使用如图 6－33 所示的复合钻。

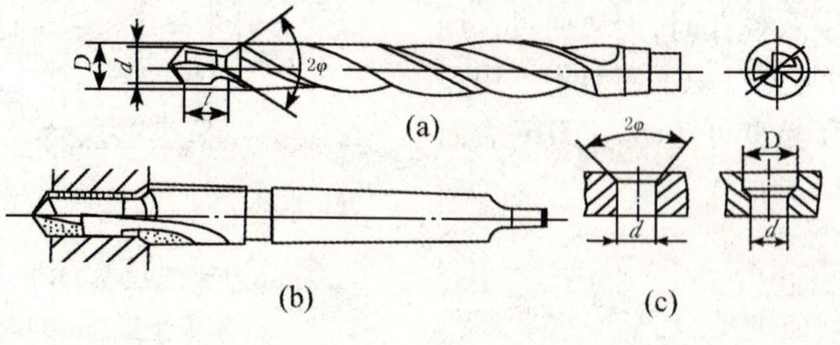

图 6－33　复合钻

(2)复合扩孔钻。在组合机床上加工阶梯孔、倒角等时用如图6-34所示的复合扩孔钻。

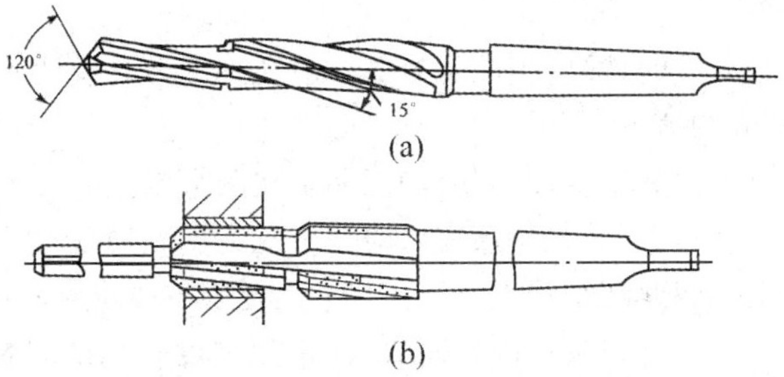

图6-34 复合扩孔钻

(3)复合铰刀。小直径的复合铰刀可制成整体式的;大直径的可制成套式的;相差较大时,可制成装配式的,如图6-35所示。

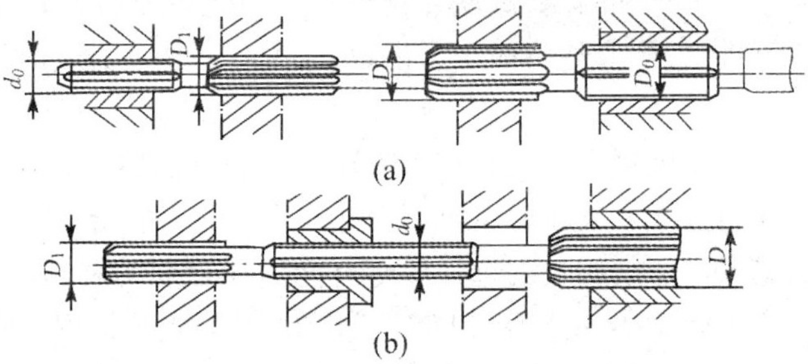

图6-35 复合铰刀

2. 由不同类刀具组成的孔复合刀具。

(1)钻、扩复合刀具。在设计制造这种刀具时,要特别注意切屑能否顺利排出,最好使钻头的长度大于壁厚,并将钻槽和扩孔槽铣通,如图6-36所示。

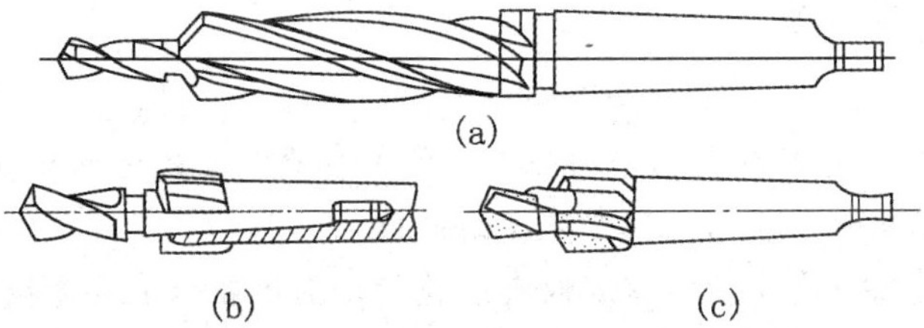

图6-36 钻扩复合刀具

(2)扩、铰复合刀具。如图6-37所示,为带有前引导的扩、铰复合刀具。

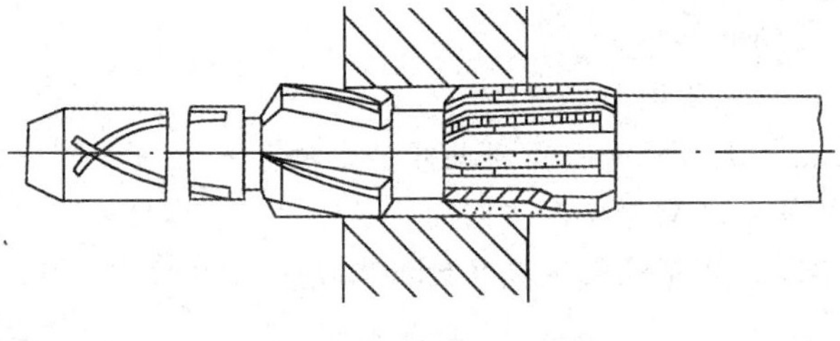

图6-37 扩、铰复合刀具

6.7.2 孔加工复合刀具设计要点

在设计孔加工复合刀具时，除应当注意有关一般孔加工刀具设计的问题外，还应根据其加工特点，在结构上作相应的考虑。

1. 强度和刚度。由于刀具复合，若同时加工两个或两个以上的加工表面时，作用在刀具上的总切削力及扭矩就较大；若刀具是顺序完成对一个孔的多次加工，由于实际导向位置的变化将使刀具的悬伸量加大。因此在结构设计上应使它有足够的强度和刚度。

2. 刀具材料的选择。复合刀具切削负荷大，应选用强度较高的刀具材料。如果复合刀具上各刀具直径相差较大，为保证各刀具耐用度大体相同，则切削速度高的刀具可用硬质合金制造，小直径刀具可选用高速钢材料。

3. 切屑的排出。复合刀具同时参加工作的刀齿数多，会产生大量的切屑。同时还会使前后刀具切下的切屑相互干扰和阻塞，致使刀具损坏。因此各刀齿最好有自己的排屑通道。如果切屑需从同一通道排出，则应适当减少刀齿数，增大容屑槽。必要时可采用高压切削液强迫排屑。

4. 刀具的导向。为保证复合刀具在加工时位置正确，刚性好，切削过程平稳，孔加工复合刀具应具有良好的导向方式。复合刀具可用刀具本身或刀杆在导套中进行导向。

5. 切削用量的选择。切削用量的选择要尽可能达到合理的利用所有刀具，充分发挥其切削性能。因为在组合机床动力头上往往同时工作的刀具种类多，比如钻头、铰刀、镗刀、锪钻等。其切削用量各有特点，要使各种刀具都能有较为合理的切削用量，一般是采用拼凑法解决。如钻铰复合刀具，其进给量按钻头允许的进给量上限选用。这样使复合刀具的钻和铰都有相对合适的切削用量。此外应注意到，由于复合刀具强度及刚度较差，故切削用量应稍选低一些。

思考题

1. 钻头的主偏角 k_r 与半顶角 ϕ 有什么不同？为什么？它们之间又有什么关系？
2. 用图示法表示出钻头主刃上选定点 x 的前角。
3. 麻花钻的主要缺点有哪些？试述改善麻花钻切削性能的主要途径。
4. 深孔加工的特点是什么？试述深孔钻（任选一种）的结构特点。
5. 铰刀直径公差如何确定？
6. 试述浮动镗刀的用途及工作特点。
7. 试作图表示麻花钻的结构。
8. 钻削有哪些要素？试用图表示之。
9. 为什么要对麻花钻进行修磨？有哪些修磨方法？各适用于何种场合？
10. 决定铰刀外径尺寸时应考虑哪些问题？
12. 铰刀比麻花钻和扩孔钻能获得较高的加工质量，试分析其原因。

第7章 铣刀

铣刀是一种多齿刃回转刀具,铣削加工时,铣刀绕其轴线转动,工件作进给运动。铣削加工同时参加切削的刀齿数较多,参加切削的刀刃总长度长,且无空行程,故加工生产率高,表面粗糙度较小,可达 $Ra0.8\sim6.3\mu m$。因此,铣削加工是应用较广泛的切削加工方法之一。

§7.1 铣刀的种类及用途

铣刀的种类很多,其使用量仅次于车刀及钻头。铣刀最常用的分类方法有按加工表面和按刀齿齿背两种。

7.1.1 按加工表面分类

1. 加工平面的铣刀

圆柱铣刀如图7-1(a)所示,多用在卧式铣床上,其刀齿分布在圆柱表面上,端面无切削刃。采用螺旋形刀齿可以提高切削工作的平稳性。标准圆柱铣刀分为粗齿和细齿两种:粗齿铣刀齿数少、刀齿强度高、容屑空间大及可重磨次数多,适用于粗加工;细齿铣刀齿数多、工作平稳,适用于半精加工或精加工。

面铣刀又叫端铣刀,如图7-1(b)所示,多用在立式铣床上,其主切削刃分布在圆锥表面或圆柱表面上,端部切削刃为副切削刃。

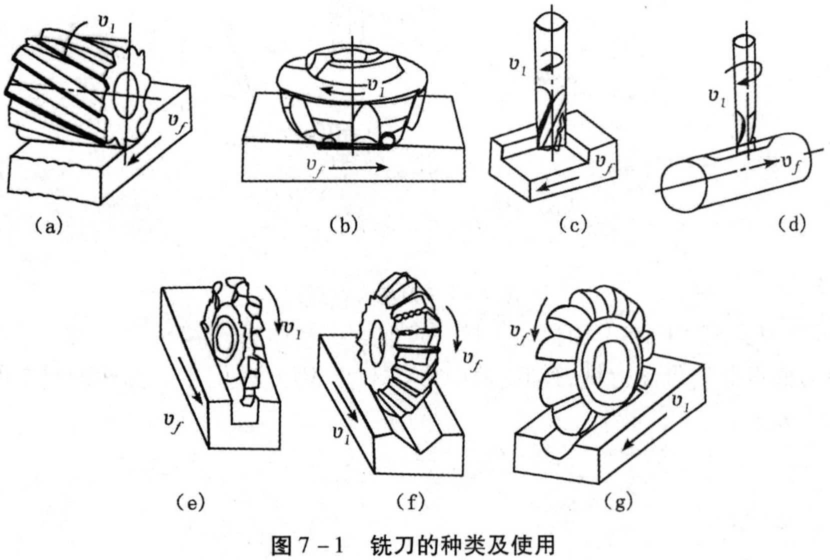

图7-1 铣刀的种类及使用

2. 加工沟槽或台阶的铣刀

立铣刀如图 7-1(*c*)所示,可用于加工台阶和沟槽,其圆柱表面上的切削刃是主切削刃,端刃是副切削刃。

盘形铣刀分为槽铣刀、两面刃铣刀、三面刃铣刀和错齿三面刃铣刀。

槽铣刀仅在圆柱表面上有切削刃,可用于加工浅槽。

两面刃铣刀除圆柱表面上有切削刃外,在一侧端面上也有切削刃,可用于加工台阶面。三面刃铣刀是在圆柱表面上和两侧端面上都有切削刃,可用于加工沟槽或台阶面。为了改善端部切削刃的工作条件,可采用错齿结构,即刀齿交错地左斜和右斜,如图 7-1(*e*)所示,其切削平稳,排屑顺畅,切削力小。

另外,还有一种用于切削窄槽或切断工件的锯片铣刀,是一种薄片槽铣刀。

角度铣刀用于铣削角度沟槽(图 7-1*f*)或斜面。

键槽铣刀如图 7-1(*d*)所示,主要用于加工圆头封闭键槽。其结构和立铣刀相似,但仅有两个刀齿,且端面切削刃通过中心,故可沿其轴向进给。

3. 加工各种成形表面的铣刀

用于加工各种成形柱面(图 7-1*g*)或成形回转面,也可用于加工螺旋形成形面。

7.1.2 按刀齿齿背和重磨方式分类

1. 尖齿铣刀。尖齿铣刀的齿背常做成简单的平面(图 7-2*a*)或直螺旋面。尖齿铣刀重磨后面,容易除去磨损带,刃口锋利,切削轻快,铣削的表面质量好,刀具耐用度高。尖齿铣刀的齿形简单,制造容易,几何参数比较合理。因此它是铣刀的基本齿背形式,绝大多数铣刀(图 7-1*a*~*f*)都是尖齿铣刀。

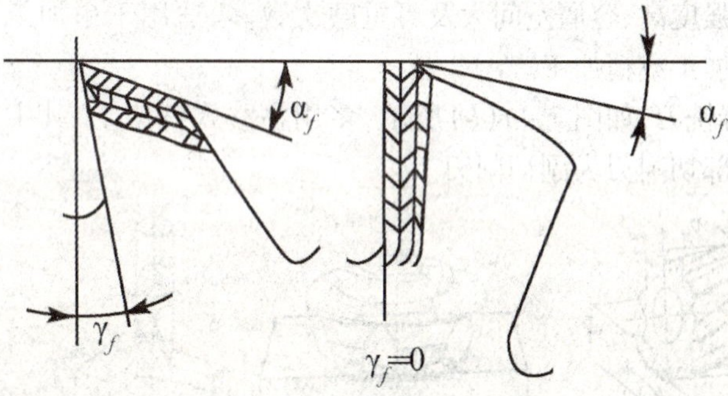

图 7-2　刀齿齿背形式

2. 铲齿铣刀。其后面在专用机床上按一定曲面铲制而成(图 7-2*b*)。这类铣刀用钝后重磨前面,沿前面重磨后可保持铣刀轴向截面形状不变,因此适用于刀具截形复杂的铣刀,如成形铣刀等。

§7.2 铣刀的几何角度

7.2.1 铣刀的几何角度

1. 铣刀的静止参考系。铣刀主切削刃的正交平面静止参考系由三个参考平面 p_r、p_s 和 p_o 组成(图 7－3、图 7－4)。基面 p_r 是过主切削刃选定点,且包含铣刀轴线的平面;主切削平面 p_s 是过主切削刃选定点与主切削刃相切,且垂直于基面的平面;正交平面 p_o 是过主切削刃选定点,同时垂直于基面和主切削平面的平面。

圆柱铣刀的正交平面即为其端平面,且与假定工作平面重合;主切削平面与铣刀外圆柱面相切,且与背平面 p_p 重合。

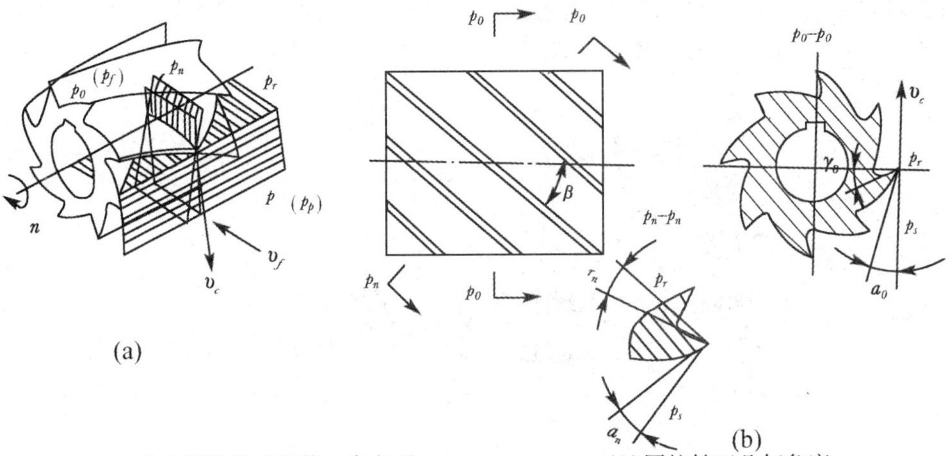

(a)圆柱铣刀的静止参考系　　(b)圆柱铣刀几何角度

图 7－3　圆柱铣刀的几何角度

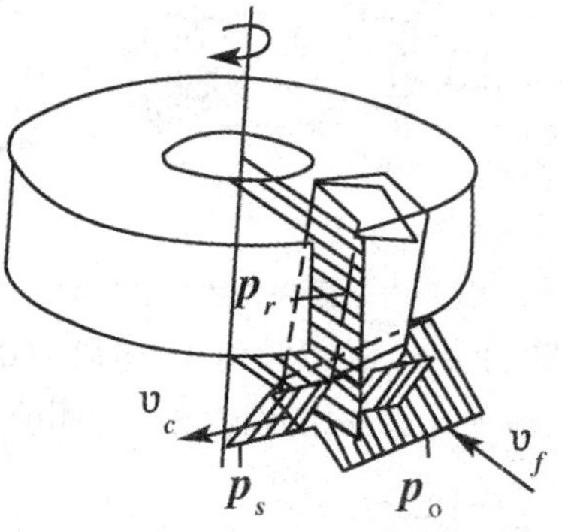

图 7－4　铣刀的正交平面静止参考系

2. 圆柱铣刀的几何角度。铣刀工作部分的每个刀齿相当于一把车刀,因此其几何角度也有前角、后角和刃倾角等。下面以圆柱铣刀为例讨论刀齿的几何角度。

(1)前角和后角。对于螺旋齿圆柱平面铣刀，在工作图上须标注法前角 γ_n 和后角 α_o，以便制造和刃磨。但检验时通常测量前角 γ_o 和后角 α_0，γ_n 和 γ_o 有下述关系

$$tan\gamma_n = tan\gamma_0 cos\lambda_s = tan\gamma_0 cos\beta \tag{7-1}$$

铣刀前角 γ_o 可根据被加工材料来选择。通常取 $\gamma_o = 10° \sim 20°$，铣削软材料时取大值，铣削硬材料时取小值。铣削时的切削层公称厚度 h_D 很小，磨损主要发生在后面上，为减少磨损，应选择较大的后角。通常 $\alpha_o = 12° \sim 16°$，粗加工选小值，精加工选大值。

(2)刃倾角 λ_s。圆柱铣刀的刃倾角 λ_s 与螺旋角 β 相等。β 较大时，刀齿逐渐切入和切离工件，同时工作的刀齿数多，切削平稳。此外 β 大时，实际工作前角 γ_{oe} 较大，切削轻快，切屑易于排出。但 β 过大会使刀齿削弱和刃磨困难。一般细齿铣刀 $\beta = 30° \sim 35°$，粗齿铣刀 $\beta = 40° \sim 45°$，大螺旋角铣刀可达 75°。

(3)主偏角 k_r。主偏角是主切削平面 p_s 和假定工作平面 p_f 的夹角，因此对于圆柱铣刀，$k_r = 90°$，而无选择余地。

3. 面铣刀的几何角度

面铣刀刀齿同样有主、副切削刃和倒角刀尖。在正交平面静止参考系内，面铣刀的几何角度包括 γ_o、α_o、λ_s、k_r、$k_r{}'\alpha'_o$、$\alpha_{o\varepsilon}$、和 $k_{o\varepsilon}$(图 7-5)，其中 $\alpha_{o\varepsilon}$ 是倒角刀尖后角，$k_{o\varepsilon}$ 是倒角刀尖偏角。

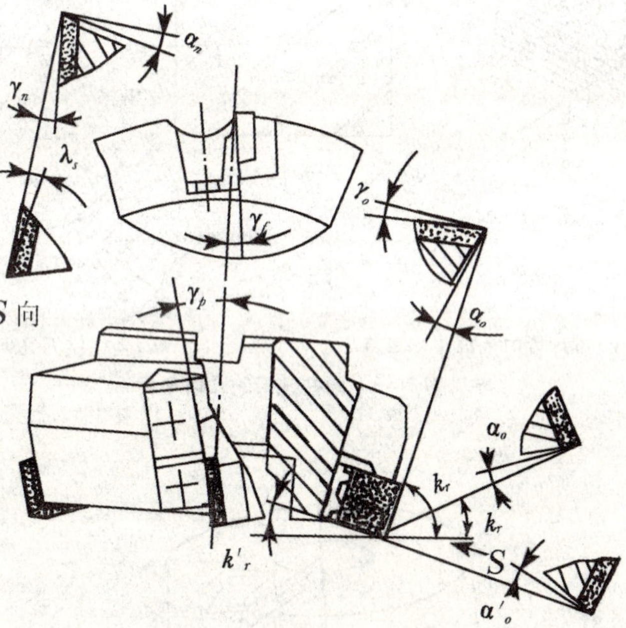

图 7-5　面铣刀的几何角度

机夹式面铣刀单个刀齿的法前角 γ_n 和刃倾角 λ_s 均取为 0°，以便制造和刃磨。为了安装在刀体上获得所需的切削角度，刀齿在刀体中径向倾斜一侧前角 γ_f、轴向倾斜一背前角 γ_p(图 7-6)。并有

$$tan\gamma_f = tan\gamma_0 sink_r - tan\lambda_s cosk_r \tag{7-2}$$

$$tan\gamma_p = tan\gamma_0 cosk_r + tan\lambda_s sink_r \tag{7-3}$$

根据加工条件选定 γ_0、λ_s 和 k_r 值后，即可根据以上公式算出 γ_f、γ_p，作为标注角度供设计、制造刀体之用。

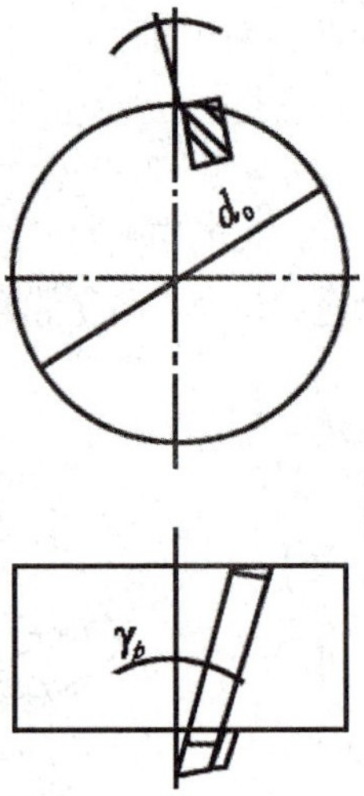

图7-6 面铣刀切削角度的形成

硬质合金面铣刀切削用量大,又是断续切削,机械冲击和热冲击都很大,几何参数的选择要保证刀齿具有足够的强度。一般取 $\gamma_0=10°\sim15°$(铣削钢时)或 $-5°\sim5°$(铣削铸铁),并取 $\lambda_s=-15°\sim7°$, $k_r=45°\sim75°$, $k'_r=5°\sim15°$, $\alpha_o=6°\sim12°$, $\alpha'_o=\frac{1}{2}\alpha_o$。尤其是须注意 γ_0、λ_s 的合理组合(表9-1),这对加强刀齿、防止破损有重要意义。

第7章

表7-1 γ_0 和 λ_s 的组合参考值

类别	γ_0 和 λ_s 组合	特点	使用
Ⅰ	$\gamma_O>0(5°\sim10°)$ $\lambda_s>0(0°\sim5°)$	刀刃锋利,排屑顺利,刀刃强度差	精加工和半精加工钢棒
Ⅱ	$\gamma_O>0(0°\sim10°)$ $\lambda_s<0(0°\sim-8°)$	刀刃抗冲击性和强度较好	精加工一般钢料
Ⅲ	$\gamma_O<0(0°\sim-10°)$ $\lambda_s>0(0°\sim5°)$	刀刃强度好,排屑顺利	加工韧性好的材料
Ⅳ	$\gamma_O<0(-10°\sim-20°)$ $\lambda_s<0(-5°\sim-15°)$	刀刃强度好,切削力大,刀刃钝	加工高强度钢和淬火钢

7.2.2 铣削用量要素

铣削加工与车削加工一样,也产生切削变形、切削力、切削热与刀具磨损等现象。但由于铣削加工的背吃刀量是变化的,切削层总面积也是变化的,以及每个刀齿的切削过程是断续的,因而较之车削更为复杂。

1. 铣削速度 v_c。铣刀旋转运动的线速度

$$v_c=\frac{\pi d_O n}{1000}(m/min) \tag{7-4}$$

式中, d_O - 铣刀直径(mm)。对于有副切削刃的铣刀,是指刀尖旋转运动轨迹的直径;

n－铣刀转速，r/min。

2. 进给量。铣刀与工件在进给运动方向上的相对位移量。铣刀是旋转刀具，故有每转进给量 $f(mm/r)$ 和每齿进给量 $f_z(mm/z)$，它们与进给速度 v_f 的关系是

$$v_f = f \cdot n = f_z \cdot Z \cdot n(mm/min) \tag{7-5}$$

3. 铣削深度 a_{sp}。平行于铣刀轴线方向度量的切削层尺寸(图 7－7)。

4. 铣削宽度 a_{se}。垂直于铣刀轴线及进给运动方向度量的切削层尺寸(图 7－7)。

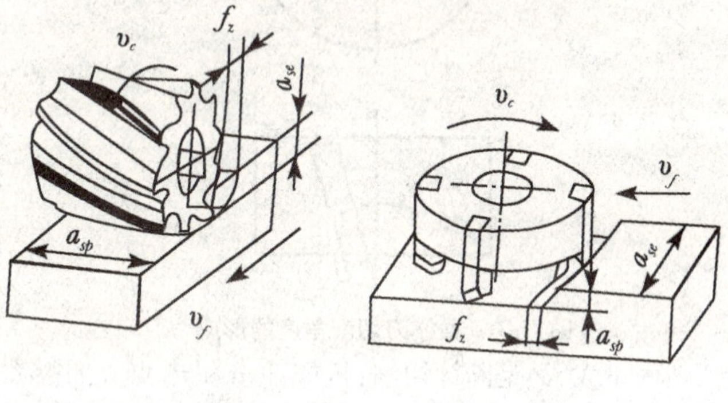

(a)圆周铣削　　(b)端铣

图 7－7　铣削要素

7.2.3 切削层参数

铣削切削层是指铣刀相邻两刀齿在工件上形成的过渡表面之间的金属层。

1. 切削层公称厚度 h_D。铣刀相邻两刀齿主切削刃所形成的工件过渡表面间的垂直距离。用圆柱铣刀铣削时(图 7－8)。

$$h_D = f_z sin\theta \tag{7-6}$$

式中，θ－瞬时接触角。$\theta = 0 \sim \psi$，ψ 为接触弧的中心角。

取 $\theta = \psi/2$ 时的 h_D 作为切削层平均厚度 h_{Dav}，

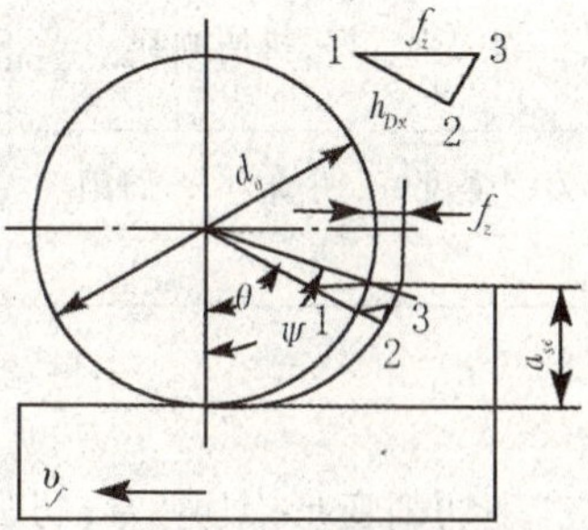

图 7－8　圆柱铣刀切削层公称厚度计算

$$h_{Dav} = f_z sin\psi/2 = f_z \sqrt{a_{se}/d_o} \tag{7-7}$$

用面铣刀铣削时(图 7－9)

$$h_D = \overline{14} = \overline{12}sink_r = \overline{13}cos\theta sink_r \tag{7-8}$$
$$= f_z cos\theta sink_r$$

$$h_{Dav}=\frac{\int_o^{\psi}h_D d\theta}{\psi}=\frac{f_z sink_r\int_o^{\psi}cos\theta d\theta}{\psi}$$

$$=\frac{f_z}{\psi}sink_r sin\psi=\frac{f_z\ a_{se}sink_r}{d_O\psi} \tag{7-9}$$

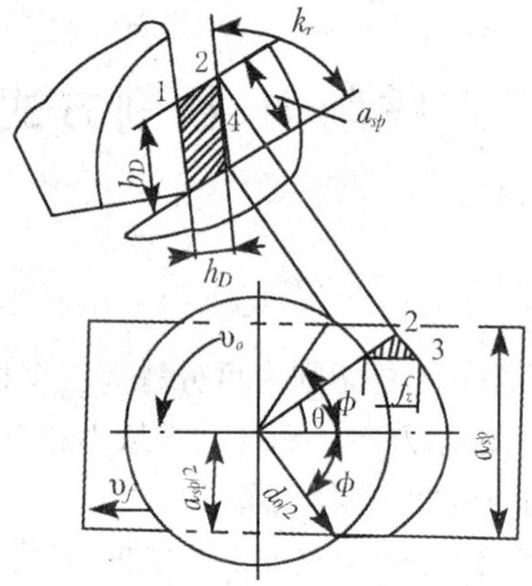

图7-9　面铣刀切削层公称厚度计算

2. 切削层公称宽度 b_D。铣削时的切削层公称宽度是指铣刀主切削刃与切削层接触的长度。

直齿圆柱铣刀铣削

$$b_D=a_{sp} \tag{7-10}$$

面铣刀铣削

$$b_D\approx\frac{a_{sp}}{sink_r} \tag{7-11}$$

螺旋齿圆柱铣刀铣削,其每个刀齿的切削宽度 b_D 是变化的,随刀齿切入工件而渐增,随刀齿切离工件而渐减。

3. 切削层公称横截面积 A_D 和总切削层横截面积 A_{Dtot}。

直齿圆柱铣刀和面铣刀铣削时,每个刀齿的切削层公称横截面积

$$A_D=h_D b_D \tag{7-12}$$

同时工作的各个刀齿的总切削层横截面积

$$A_{Dtot}=\sum_1^{z_e}A_D=\sum_1^{z_e}h_D b_D \tag{7-13}$$

因 h_D 和 z_e 同时工作的刀齿数都是变量,所以 A_D 和 A_{Dtot} 都是变量。为便于应用,可求出 A_{Dtot} 的平均值 A_{Dav}。

圆柱铣刀铣削

$$A_{Dav}=Q/v_c=\frac{a_{sp}a_{se}v_f}{\pi d_O n}$$

$$=\frac{a_{sp}a_{se}f_z Z}{\pi d_O} \tag{7-14}$$

式中,Q - 材料切除率,mm^3/min。

面铣刀铣削

$$A_{Dav}=h_{Dav}\cdot b_D\cdot Z_e$$

$$=\frac{f_z a_{se} sink_r}{d_o \Psi} \cdot \frac{a_{sp}}{sink_r} \cdot \frac{\Psi}{\pi} Z$$

$$=\frac{a_{se} a_{sp} f_z Z}{\pi d_O} \tag{7-15}$$

§7.3 铣削力、铣削方式

7.3.1 铣削力和铣削功率

铣削时产生的铣刀作用在工件上的总切削力可分解为三个相互垂直的分力(图7-10):

1. 切削力 F_c。沿铣刀切削速度 v_c 方向。消耗功率最多,它使铣刀刀杆产生扭转和弯曲变形,是计算铣刀刀齿、刀杆和主轴强度的主要依据。

2. 垂直切削力 F_{cN}。沿铣刀半径方向,它使刀杆弯曲,是计算刀杆和主轴刚度的主要依据,并影响铣削平稳性和加工质量。

3. 背向力 F_p。沿铣刀轴向,不消耗功率,但使铣床主轴增加轴向负荷,是选择主轴轴承的主要依据。

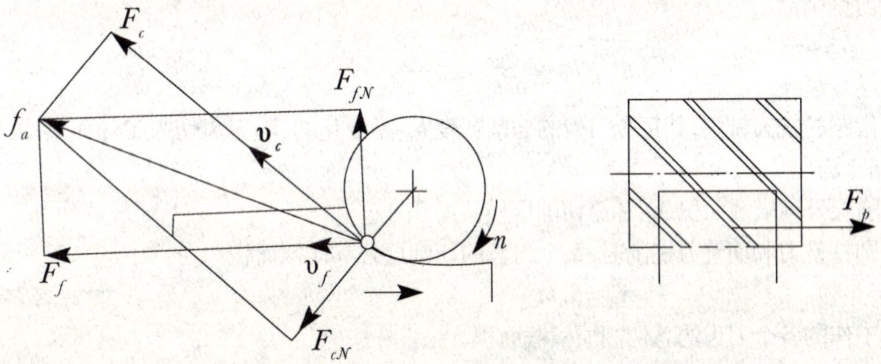

图7-10　铣削力及其分解

为了便于测量,还可将力 F 分解为进给力 F_f、垂直进给力 F_{fN} 和背向力 F_p 等三个互相垂直的分力。

铣削力可用实验公式计算,也可通过实验测得。

铣削中由主运动消耗的功率 P_c 称为切削功率:

$$P_c = F_c \cdot v_c \tag{7-16}$$

当 F_c、v_c 的单位各为 N、m/s 时,P_c 的单位为 W。

进给运动消耗的功率称为进给功率 P_f。试验表明

$$P_f \leqslant 0.15 P_c \tag{7-17}$$

所以铣削的工作功率 P_e 为

$$P_e = P_c + P_f \leq 1.15P_c \tag{7-18}$$

7.3.2 铣削方式

铣削是断续切削，会产生冲击、振动，其总切削层横截面积 A_{Dtot} 也是变化的，铣削均匀性差，铣削力波动较大。采用合适的铣削方式可减轻上述影响，提高工件表面质量，铣刀耐用度和铣削生产率。

1. 端铣和周铣。使用端铣刀的铣削称为端铣，使用圆柱铣刀的铣削称为周铣。端铣有以下优点：

加工表面粗糙度小：因为端铣时副切削刃、倒角刀尖有修光作用；而周铣只有主切削刃，尤其逆铣时，切削层公称厚度从 $h_D=0$ 开始，刀齿切入前在工件表面上有一段滑行，使铣刀磨损加剧、工件表面粗糙度增大。

生产率高：因为端铣时主轴刚性好，且面铣刀易于采用硬质合金可转位刀片，所以端铣的切削用量较大。

因此，在平面铣削中端铣逐渐代替了周铣。但周铣可以加工成形表面和组合平面。

2. 逆铣和顺铣。这是圆柱平面铣刀加工平面时的两种铣削方式。

（1）逆铣。铣刀旋转切入工件的速度方向与工件的进给方向相反称为逆铣（图 7－11）。逆铣时，刀齿的切削厚度 h_D 从零开始增加，刀齿在工件表面上挤压和磨擦，刀齿较易磨损。同时，工件表面受到较大的挤压应力，冷硬现象严重，更加剧刀齿磨损，并影响已加工表面质量。此外，逆铣时刀齿作用于工件上的垂直分力朝上，有挑起工件的趋势，这就要求工件装夹紧固。但是逆铣时刀齿是从切削层内部开始工作的，当工件表面有硬皮时，对刀齿没有直接影响；同时作用于工件上的纵向水平分力与其进给方向相反，使铣床工作台进给机构中的丝杠螺母的右侧面接触，因此进给速度比较均匀。

（2）顺铣。铣刀旋转切入工件的速度方向与工件进给方向相同称为顺铣。顺铣时刀齿的切削厚度从 h_{Dmax} 到 $h_D=0$，容易切下切削层，刀齿磨损较少，已加工表面质量较高。有些试验表明，顺铣法可提高刀具耐用度 2～3 倍，尤其铣削难加工材料时效果更加明显。但在顺铣过程中，作用于工件上的水平力与进给方向相同，此时如果工作台下面的传动丝杠与螺母之间的间隙较大，则分力有可能使工作台连同丝杠一起沿进给方向移动，导致丝杠与螺母之间的间隙转移，引起进给速度时快时慢，影响工件表面粗糙度，有时甚至会因进给量突然增加很多而损坏铣刀刀齿。因此，使用顺铣法加工时要求铣床的进给机构具有消除螺母间隙的装置。此外，用顺铣法加工时，要求工件表面没有硬皮，否则铣刀很易磨损。

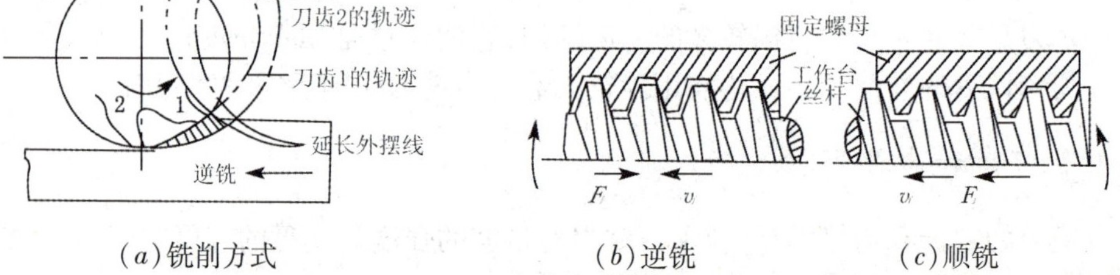

（a）铣削方式　　（b）逆铣　　（c）顺铣

图 7－11　铣削方式及其作用在丝杆上的力的方向

3. 对称铣和不对称铣。这是端铣加工的铣削方式(图7－12)。

(1)对称铣。具有最大的切削层平均厚度,刀齿可超越冷硬层而切入工件。宜用于铣削淬硬钢或精铣机床导轨,可降低工件表面粗糙度和提高刀具耐用度。

(2)不对称逆铣。刀齿切入处 h_D 最小,铣削碳素结构钢、合金结构钢和铸铁时可减小切入冲击,使硬质合金面铣刀的耐用度提高一倍以上。

(3)不对称顺铣。从 h_D 较大处切入,从 h_D 最小处切出,使切削层对刀齿的压力逐渐减小,可减少粘刀和减轻刀齿再次切入时因粘附的切屑脱落所形成的冲击。不对称顺铣主要用于加工塑性大、冷硬现象严重的不锈钢和耐热钢。

端铣方式还显著影响铣刀的破损:用大直径端铣刀加工宽度小的工件时,采用不对称顺铣,刀齿破损的情况最少,效果最好;用对称铣,有破损产生,效果较差;用不对称逆铣,常发生破损,效果最差;用直径比工件宽度略大的面铣刀加工时,用对称铣,效果较好。

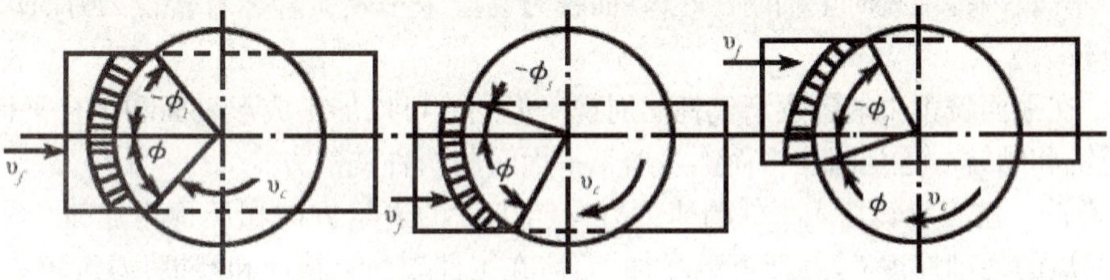

(a)对称端铣　　(b)不对称逆铣　　(c)不对称顺铣

图7－12　端铣时的顺铣与逆铣

4. 铣削加工特点:

(1)刀具连续转动。铣刀切削时是连续的旋转运动,所以相对刨刀而言,铣削加工容许使用较高的切削速度。

(2)多刀多刃切削。铣刀的刀齿多,刀刃的总长度大,这有利于提高加工生产率和刀具耐用度。但由于刀齿多,容屑问题常是一个矛盾。因为每个刀齿在切削过程中切下的切屑被封闭在刀槽中,直至该刀齿完全离开时才能将切屑抛出,所以要求刀槽应有足够的容屑空间。

(3)断续切削。铣削加工时,一个刀齿仅有一段时间参加工作,其余时间在空气中冷却,这种自然冷却作用对提高刀具耐用度有利。但是另一方面,各刀齿断续的切削会引起冲击;故铣削的均匀性差,工件表面粗糙度达 $Ra6.3 \sim 1.6\mu m$。

§7.4 尖齿铣刀

尖齿铣刀是普通铣刀中应用较多的刀齿结构,它的齿槽是用单角度铣刀或双角度铣刀铣削而成。尖齿铣刀的前面和后面均需用砂轮刃磨。当铣刀用钝后需重磨后面。

7.4.1 刀齿和齿槽形状

尖齿铣刀的刀齿和齿槽形状,应保证铣刀有足够的强度和充足的容屑空间、较多的重磨次数。常用的有三种刀齿形式,如图7－13所示。

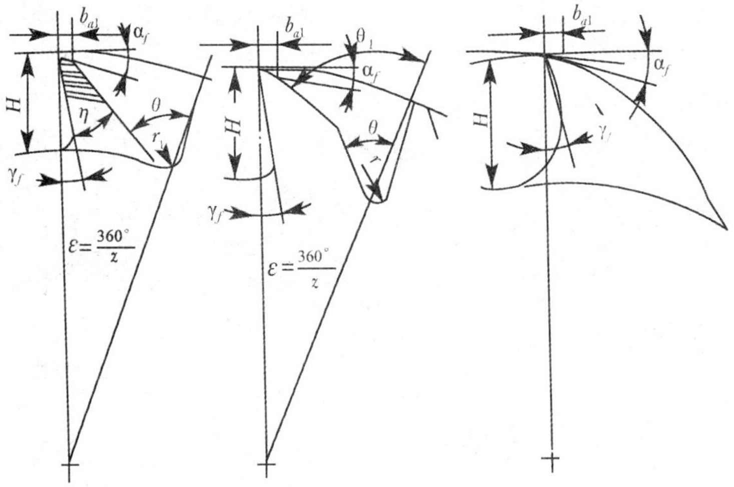

(a)直线齿背　(b)折线齿背　(c)曲线齿背

图7-13　尖齿铣刀齿背形式

1. 直线齿背。直线齿背的齿槽是用一把角度铣刀铣削,因此制造简单,但刀齿强度较低,所以常用作细齿铣刀的齿背,铣刀用钝后重磨后面,这样容屑空间显著减少,因而刀齿重磨次数不多。

2. 折线齿背。折线齿背的齿槽是用两把角度铣刀分两次铣出,齿背接近抛物线形状,因而刀齿强度较好,且齿槽的容屑空间较直线齿背大。该齿背常作粗齿铣刀。

3. 曲线齿背。曲线齿背在任何截面上的抗弯强度均相等,有较高的刀齿强度,并可增大齿槽的容屑空间。该齿背曲线常取圆弧形,所以可用成形铣刀一次铣成。

7.4.2 常用尖齿铣刀的结构特点与应用

1. 立铣刀。主要用在立铣床上,加工凹槽或铣削互相垂直的两平面,以及按靠模加工成形表面等。如图7-14所示,立铣刀在圆柱面上的切削刃是主刀刃,端面上的切削刃是副刀刃,因此铣削时不宜沿铣刀轴线方向作进给运动。主刀刃上螺旋角的作用与圆柱铣刀的螺旋角相似,一般取$\beta=30°\sim45°$。为了使副刀刃有足够的强度,常在副刀刃的前面上磨出$b_{r1}'=0.4\sim1.5mm$,$\gamma_{o1}'=6°$的棱边。

按国家标准规定,立铣刀的粗齿锥柄和粗齿直柄立铣刀,齿数取3~4个;细齿锥柄和直柄立铣刀,齿数为5、6、8个齿。

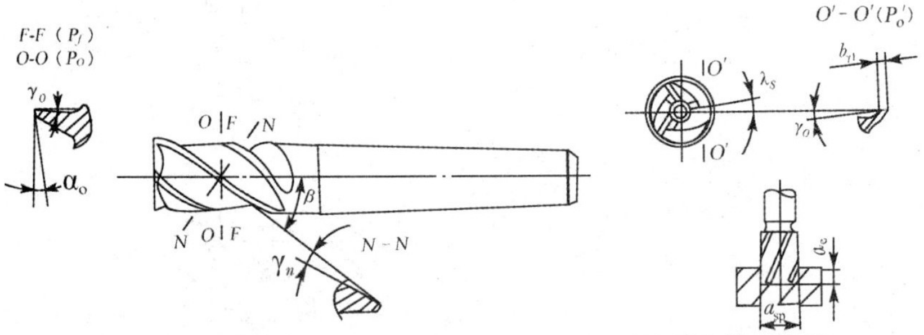

(a)立铣刀　(b)用立铣刀铣槽

图7-14　立铣刀

2. 键槽铣刀。键槽铣刀用于铣削圆头封闭键槽，如图 7－15 所示。这种铣刀在圆柱面和端面上都有刀齿，且齿数少，螺旋角小，端面刀齿直接延伸到刀具中心，因此该刀齿的强度较好。工作时，不仅可以纵向进给，同时也能轴向垂直进给。铣削时要分几次垂直进给和纵向进给，才能完成键槽的加工。

键槽铣刀的直径 $d_o=2\sim22mm$ 时用圆柱柄，直径 $d_o=22\sim40mm$ 时用锥柄。

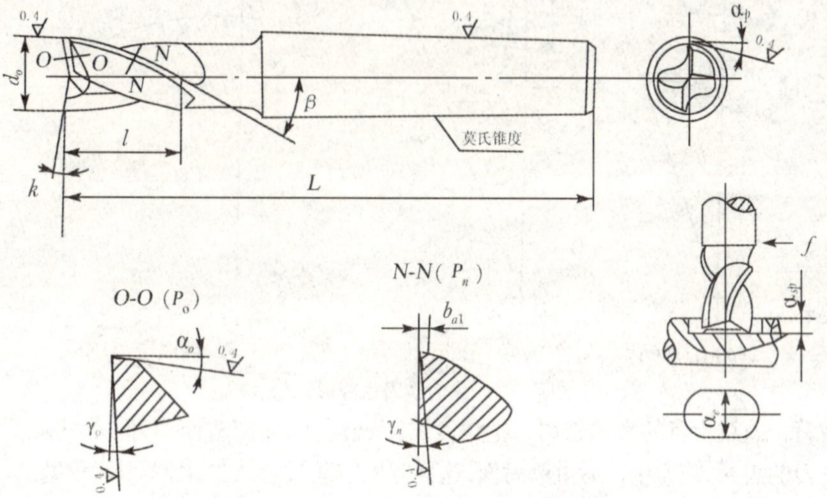

（a）键槽铣刀　　（b）用键槽铣刀加工键槽

图 7－15　键槽铣刀

3. 三面刃铣刀。三面刃铣刀除了在圆周上有切削刃外，它的两侧面同样也有切削刃，因此改善了切削情况，提高了切削效率，且减小了加工表面的粗糙度。这种刀具通常用于铣制沟槽或台阶面。三面刃铣刀按结构可分为：

⑴直齿三面刃铣刀。如图 7－16 所示。这种刀具两侧刃上的前角等于零度，因此在铣削塑性材料时的切削条件较差。直齿三面刃铣刀 $d_O=50\sim200mm$，$B=4\sim40mm$。圆周前面与端齿前面连成一个平面，并且一次铣成和刃磨，使工序简化。圆周刀齿和端面刀齿均留有凸起的棱边，便于刃磨，且可保持棱边的宽度不变。

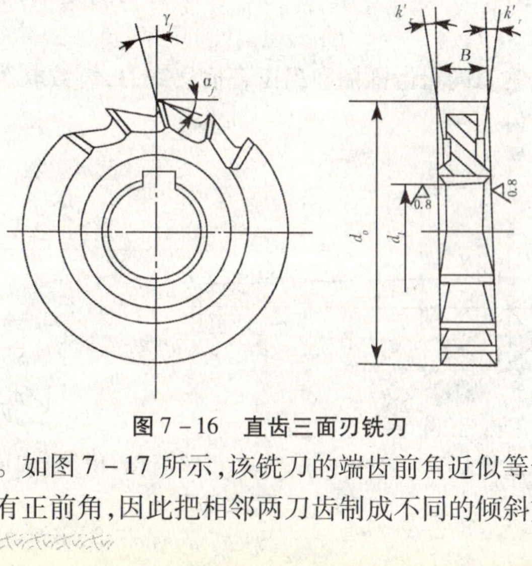

图 7－16　直齿三面刃铣刀

⑵错齿三面刃铣刀。如图 7－17 所示，该铣刀的端齿前角近似等于圆周刀齿的刃倾角，为了使两侧端齿的侧刃都有正前角，因此把相邻两刀齿制成不同的倾斜方向，每个刀齿只是在正

前角一侧有端齿,形成了交错齿,所以错齿三面刃铣刀具有切削平稳、切削力小、排屑容易以及容屑空间大等优点,但制造和刃磨较困难。

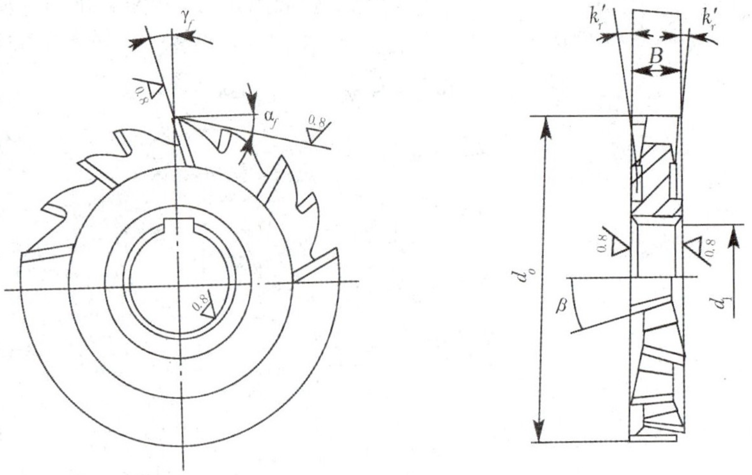

图7－17　错齿三面刃铣刀

(3)镶齿三面刃铣刀。按国家标准规定,直径 $d_0=80\sim312mm$,宽度 $B=12\sim40mm$ 的三面刃铣刀,可制成镶齿铣刀,其结构如图7－18所示。它的特点是带有齿纹的楔形刀齿,楔紧在刀体的齿槽内。多次重磨铣刀后,当宽度变小时,可用移动齿纹的方法恢复刀齿的宽度尺寸(图7－18b)。

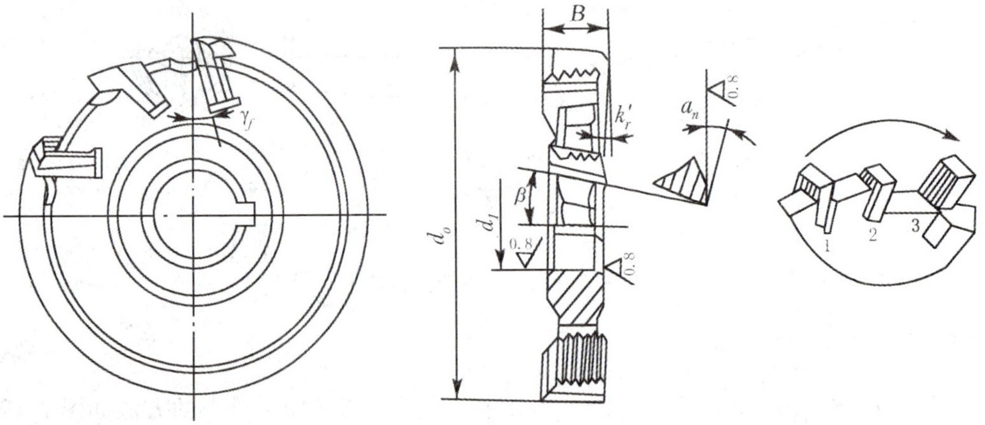

(a)镶齿铣刀　　(b)铣刀尺寸调整

图7－18　镶齿三面刃铣刀

7.4.3 尖齿铣刀的改进途径

1. 增大螺旋角 β。增大铣刀螺旋角 β,可使铣刀在铣削时的铣削力平稳,并增加实际前角,使实际刃口的圆弧半径减小,有利于改善铣削表面质量。铣切钢时可取 $\beta=60°$;铣切铸铁时,可取 $\beta=40°$。

2. 减少齿数。尖齿铣刀可以适当减少刀齿数,以增大容屑空间,提高刀齿强度,从而有利于增大进给量及提高铣削生产率。为此,可以选择曲线齿背作为刀齿的齿背结构。

3. 开分屑槽及使用波形刃铣刀。

（1）开分屑槽。在圆柱铣刀和立铣刀等螺旋齿刀齿的齿背上，常刃磨出相互错开的分屑槽，如图 7－19 所示。其作用是改变切削图形，便于切屑的形成、卷曲和排出，且能减小切削力使切削轻快。实践证明有分屑槽的铣刀可提高切削效率 3～4 倍。显然在三面刃铣刀等各种主切削刃宽度较大的刀具上，刃磨分屑槽同样有效。

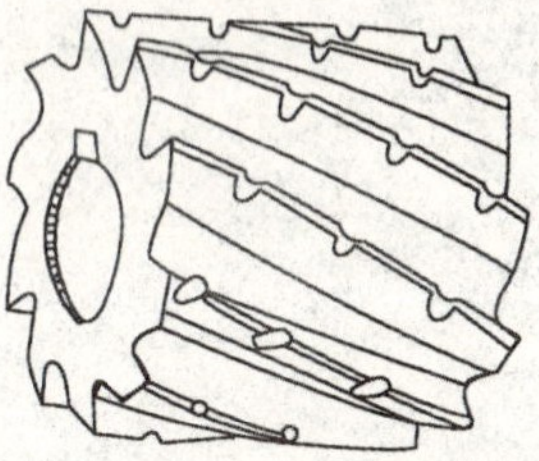

图 7－19　开分屑槽圆柱形铣刀

（2）波形刃铣刀。在普通立铣刀的螺旋前面的基础上，用靠模摆动装置，将螺旋前面加工成波浪形螺旋面（图 7－20），此面与后面相交，自然形成波浪形切削刃。由于相邻两波形的峰谷沿轴向错开一定距离，使切屑宽度显著减小，改变了切削图形，可减少切削变形，铣削力随之降低，铣刀耐用度也相应得到提高，因而可使用比普通立铣刀提高 2～3 倍的切削用量。但此种刀具制造较复杂。

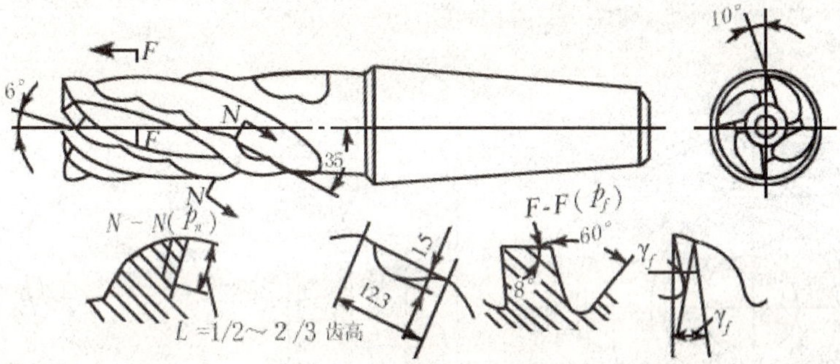

图 7－20　波形刃立铣刀

7.4.4 尖齿铣刀的刃磨

尖齿铣刀一般刃磨后面，常在万能工具磨床上完成。刃磨圆柱铣刀的方法如图 7－21 所示，刀齿的前面由支撑片支持着，并可调节刀齿的位置。

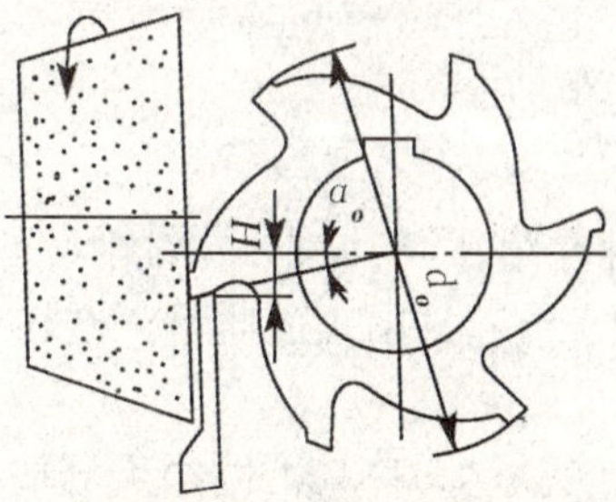

图 7－21　尖齿铣刀的刃磨

§7.5 硬质合金端铣刀

硬质合金端铣刀是目前应用很广泛的一类铣刀，它适于高速铣削。与高速钢铣刀比较，不仅生产率高，而且加工质量也好。根据刀齿与刀柄的连接方式，硬质合金端铣刀可分为整体焊接式、机夹焊接式和可转位式三种。

7.5.1 整体焊接式

图7－22所示的端铣刀是在优质结构钢的刀体上，镶焊硬质合金刀片，形成圆周齿和端面齿，经过刃磨达到规定的径向跳动的技术要求。若发生刀齿磨损或崩刃后，则整把铣刀报废，目前已较少使用。

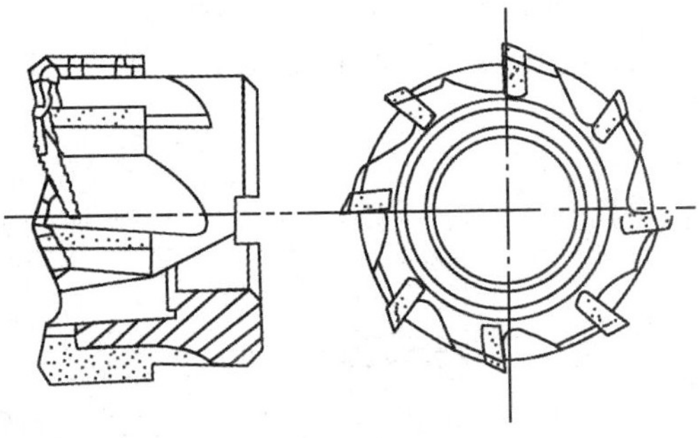

图7－22　整体焊接式端铣刀

7.5.2 机夹－焊接式

图7－23所示的端铣刀是将硬质合金刀片焊在小刀条上形成刀齿，再将刀齿用机械夹固的方法，装夹在刀体的刀槽中。当刃齿磨损到不能使用时，只需换上新刀齿即可，这是常用的结构型式。

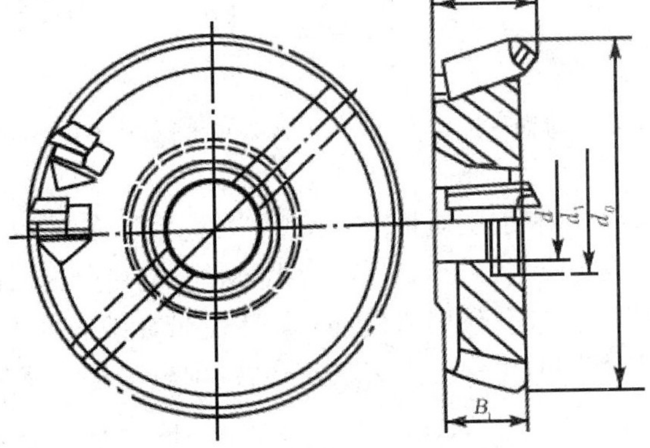

图7－23　机夹－焊接式铣刀

机夹－焊接式端铣刀的刃磨方式有两种，整体刃磨和体外刃磨。整体刃磨是将整个铣刀装夹在刃磨机床上进行刃磨，其优点是容易控制铣刀刀齿的径向和轴向跳动；体外刃磨是将端铣刀的刀齿从刀体上拆下后进行单独刃磨，然后利用专门的对刀夹具，调整每个刀齿在刀体上的位置，它的优点是不需要专用机床刃磨刀齿，调整刀齿方便，但是，对刀齿和刀槽的制造精度要求较高。

7.5.3 机夹可转位式

由于焊接夹固式的结构较为复杂，而且又有焊接后的硬质合金刀片质量下降问题，因此现在已逐渐使用机夹可转位刀片的端铣刀。该结构是将放在刀垫上的多边形硬质合金刀片，用楔块和螺钉直接夹固在铣刀的刀槽内，如图 7－24 所示。当刀片的一个切削刃经铣削钝化后，可直接在机床上松开夹紧刀片的螺钉，转换切削刃的一个位置或掉换一个刀片即可继续进行铣削。因此，它节省了装拆刀具的辅助时间，并且也减轻了装拆铣刀的劳动量。

直径在 $\phi 90mm$ 以下的端铣刀常做成带柄的，用锥柄与铣床主轴连接，并用拉杆将锥柄拉紧在主轴锥孔中；$\phi 90mm$ 以上则作成带孔的，以其内孔在铣床主轴外径上定位安装，也可借助心轴或定心圆环在铣床主轴上定位安装，并以端面键传递扭矩。使用面铣刀时，应根据铣削宽度选择合适的铣刀直径，使铣刀工作时有合理的切入接触角 ψ 和切离角 ψ_1（图 7－12），以保证面铣刀的耐用度。

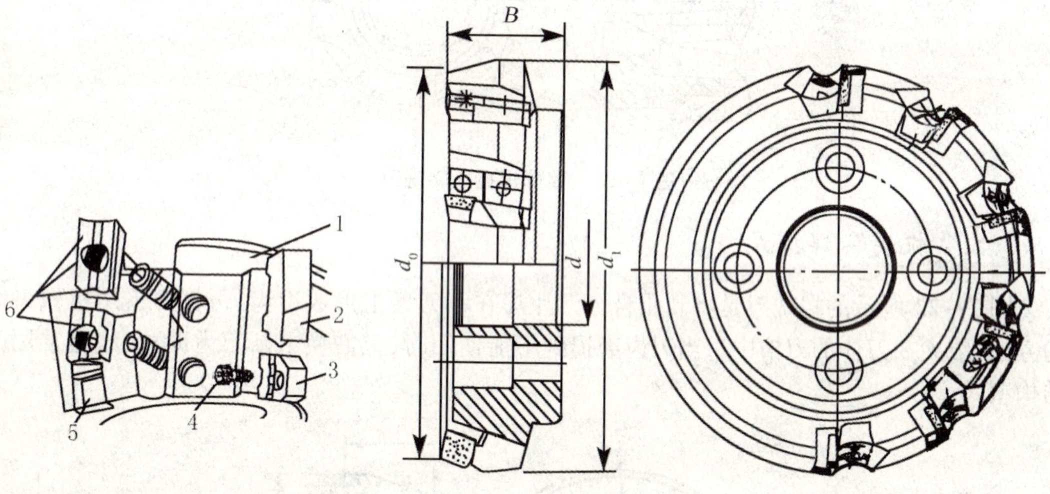

（a）可转位刀片定位和夹紧　　（b）可转位端铣刀

1. 刀体；2. 轴向支承块；3. 刀垫；4. 内六角螺钉；5. 刀片；6. 楔块

图 7－24　可转位端铣刀

面铣刀齿数对铣削生产率和加工质量有直接影响，齿数较多，其生产率较高，铣削过程也较平稳，加工质量较好。可转位端铣刀的齿数，根据直径不同可分为粗齿、细齿和密齿等三种。粗铣钢件时，需要较大的容屑空间，应用粗齿铣刀。粗铣带断续表面的铸件以及半精铣、精铣钢件时，可选用细齿铣刀，其同时工作的刀齿数较多，铣削较平稳。密齿铣刀常用于精铣铸铁件，尤其是薄壁铸件。

§7.6 成形铣刀

成形铣刀与成形车刀类似，都是根据工件的轮廓设计刀具截面形状的成形刀具。按照齿背形状，可分为尖齿成形铣刀和铲齿成形铣刀（图7-25）。前者制造与刃磨较困难，但铣刀的耐用度和加工表面质量较高。后者的齿背是按照一定的曲线铲制的，重磨铣刀时，只需刃磨前面，刃磨方便。

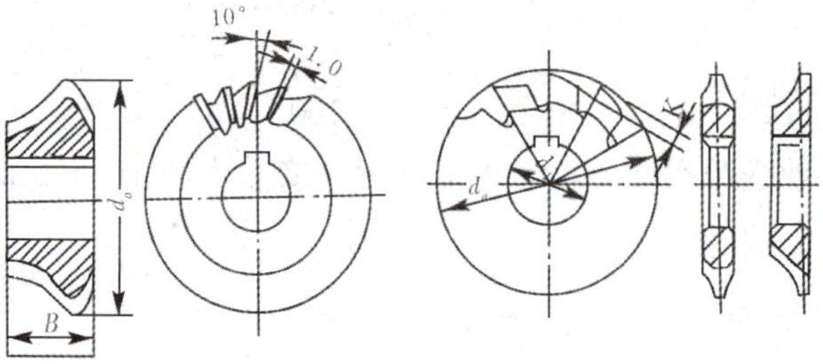

（a）尖齿成形铣刀　　（b）铲齿成形铣刀

图7-25　成形铣刀

7.6.1 铲齿成形铣刀的基本概念

1. 对成形铣刀的要求。成形铣刀为了刃磨方便，常制成进给前角 $\gamma_f=0$，每次沿前面重磨后，要求刀齿的刃形不变和具有适当的后角。因此成形铣刀的刀齿，相当于同一形状的刃形均匀的沿径向向铣刀轴线靠近而形成的。为了满足这个要求，成形铣刀的后面是以刃形绕铣刀轴线旋转的同时沿径向向铣刀轴线均匀移动而形成的表面。通常都采用阿基米德螺线作为铲齿铣刀的齿背曲线。

2. 铲齿过程。如图7-26所示，铲齿车刀是一把进给前角等于零度的平体成形车刀，它的前面准确地置于铲齿车床的中心平面内。铣刀绕铲齿车床主轴作等速转动的同时，铲齿车刀在具有阿基米德曲线凸轮控制下向铣刀轴线等速推进，当铣刀转过一个 ε_p 角时，凸轮也相应地转过 φ_p 角，铲齿车刀刀尖铲至铣刀 F 点，从而完成一个齿背的铲削工作。当铣刀继续转过角 ε_x 时，凸轮相应的转过 φ_x 角，铲齿车刀迅速退回原位，然后再开始下一个齿的铲削。

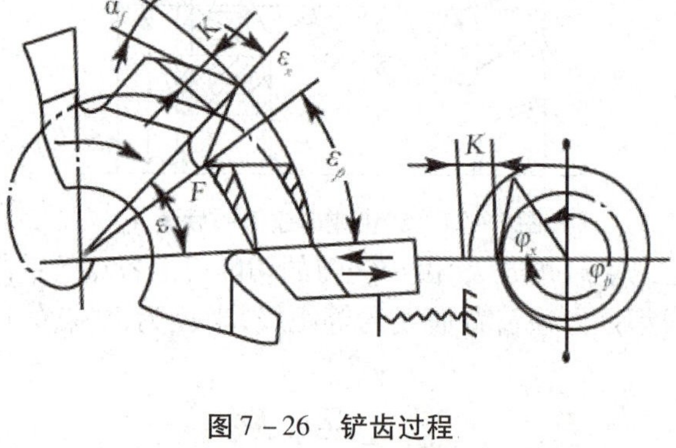

图7-26　铲齿过程

根据铣刀和凸轮的运动关系可得出：

$$\frac{\varepsilon_x}{\varepsilon}=\frac{\varphi_x}{360°} \tag{7-19}$$

式中，ε－铣刀齿间角，$\varepsilon=\dfrac{360°}{Z}$；

ε_x－铲齿车刀在空行程时，铣刀所转过的角度；

φ_x－铲齿凸轮空行程回转角。

这个比值是阿基米德螺线凸轮的重要参数。

当凸轮 $\varphi_x=90°$时，则
$$\frac{\varphi_x}{360}=\frac{1}{4} \tag{7-20}$$

$\varphi_x=60°$时，则
$$\frac{\varphi_x}{360°}=\frac{1}{6} \tag{7-21}$$

铲齿时，铲齿车刀前进距离即凸轮最大最小半径之差 K，K 在凸轮上称为升程，在被铲齿的铣刀上称为铲齿量。

7.6.2 铲削量与后角

1. 进给后角。由图 7－26 可知，当铲齿刀的径向铲削量为 K，成形铣刀的顶刃进给后角为 α_f 时，二者的关系为：

$$tan\alpha_f=\frac{K}{\dfrac{\pi d_O}{Z}}=\frac{KZ}{\pi d_O}=\frac{KZ}{2\pi R} \tag{7-22}$$

式中，α_f－铣刀最大外径处的侧后角或顶刃后角，一般取 10～12°；

d_o－铣刀外径，单位 mm；

R－铣刀最大半径，单位 mm；

Z－铣刀齿数；

K－铲齿量，单位 mm。

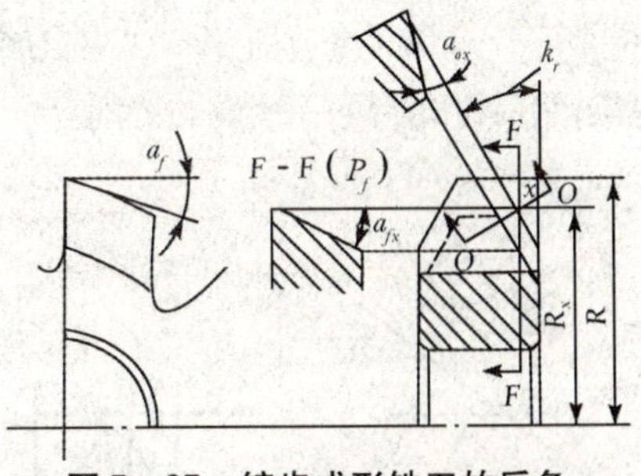

图 7－27　铲齿成形铣刀的后角 α_{ox}

2. 侧刃上任意点处的主后角 α_{ox}。由于铣刀的切削刃上各点的铲削量都相同，所以刀刃上不同半径处的齿背曲线都是齿顶齿背曲线的等距线，半径为 R_x 点的进给后角 α_{fx}（图 7－27）可按下式求出：

$$tan\alpha_{fx}=\frac{KZ}{\pi d}=\frac{KZ}{2\pi R_x} \tag{7-23}$$

而 $$\tan\alpha_f=\frac{KZ}{\pi d_o}=\frac{KZ}{2\pi R} \quad (7-24)$$

所以 $$\tan\alpha_{fx}=\frac{R}{R_x}\tan\alpha_f \quad (7-25)$$

与成形车刀一样,成形铣刀切削刃上任意点的主剖面后角 α_{ox} 与进给后角 α_{fx} 之间关系由成形车刀公式:

$$\cot\alpha_f=\cot\alpha_o\sin k_r-\tan\lambda_s\cdot\cos k_r$$

当 $\lambda_{sx}=0$ 时,即可得下面关系式:

$$\tan\alpha_{ox}=\tan\alpha_{fx}\sin k_{rx} \quad (7-26)$$

将式(7-25)代入得

$$\tan\alpha_{ox}=\frac{R}{R_x}\tan\alpha_f\sin k_{rx} \quad (7-27)$$

式中,k_{rx} - 切削刃上任意点的主偏角,或铣刀切削刃一点的切线与进给方向间的夹角;

α_{ox} - 切削刃上任意点的主后角;

R_x - 切削刃上任意点的半径;

R - 切削刃上最外一点半径。

由式(7-27)可知,径向铲齿时,切削刃上任意点的 k_{rx} 愈小,或半径 R_x 愈大,则该点的 α_{ox} 也愈小。刀刃上每一点的主后角 α_{ox}(图7-27),应不小于2~3°,为此需要验证主后角。

当 $k_{rx}=0°$时,则 $\alpha_{ox}=0°$,这时可采取下列改善措施。

3. 主后角过小的改善措施:

(1)增加顶刃后角 α_f。从上式(7-27)可知,为增大 d_{ox} 可增大 α_f。但应取 $\alpha_f\leq 15\sim 17°$,以免刀齿过分削弱。

(2)采用斜向铲齿。如图7-28所示,将铲齿车床的铲齿刀架倾斜一个角度 τ 角,使铲齿方向倾斜 τ 角。这样原来 $k_r=0°$的切削刃,因具有轴向铲齿量 Kz,因而形成了主后角。

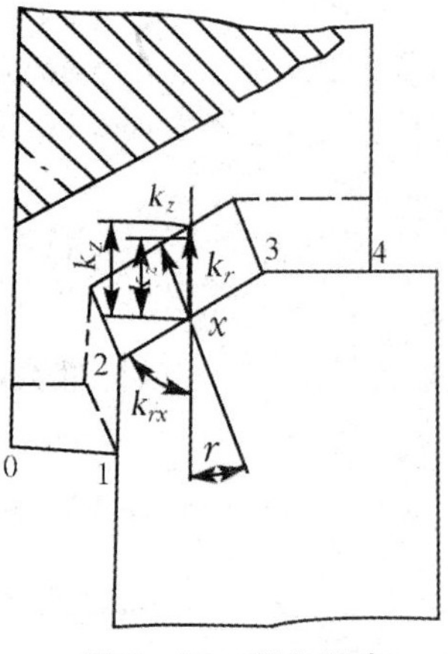

图7-28 斜向铲齿

(3)磨出凹槽或磨出副偏角。在 $k_r=0°$的切削刃处磨出凹槽或副偏角,以改善切削性能(图7-29)。

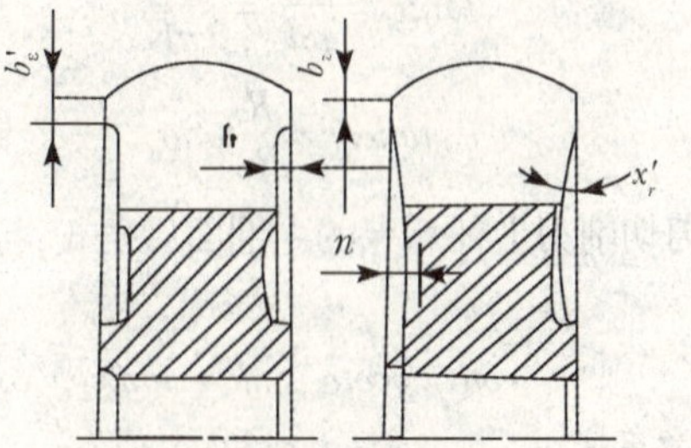

图 7-29 在 $k_r=0°$ 的切削刃处磨出凹槽或副偏角

7.6.3 铣刀的结构参数

1. 铣刀的直径 d_o 和孔径 d_1。

d_o 增大则可以增大 d_1，使刀杆强度、刚度提高，允许用较大的切削用量；可以增加刀齿数目 Z，使 $f=f_zZ$ 增大；可以减小工件表面的残留面积高度。但 d_o 过大会使刀具材料消耗和加工成本增加；会使铣削扭矩和动力消耗增加，并容易产生振动。

应在保证刀杆强度、刚度和刀齿容屑空间的前提下，尽量将 d_o 取小一些（图 7-30），故

$$d_o=d_1+2m+2H \tag{7-28}$$

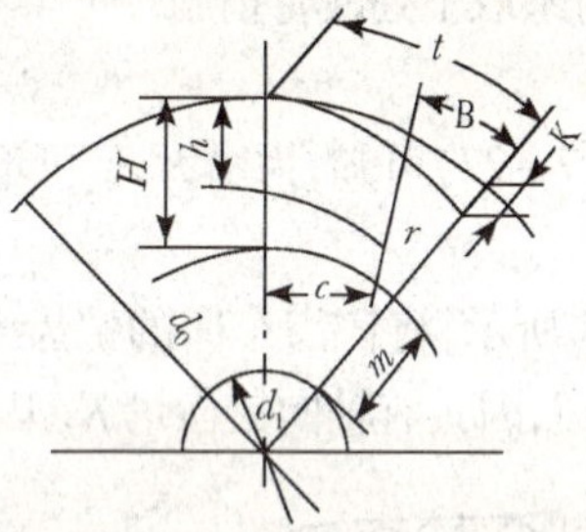

图 7-30 铲齿成形铣刀的结构要素

式中，m - 刀体壁厚。为保证刀体强度，一般取 $m=(0.3\sim0.5)d_o$；

H - 容屑槽深度。$H=h+k+r$；

h - 刀齿截形高度。$h=$ 工件截形高度 $+(1\sim5)mm$；

r - 容屑槽底圆弧半径。$r=(1\sim5)mm$。

孔径 d_1 的大小应保证刀杆强度、刚度足够，并取标准数值。其推荐值见表 9-3。

表 7-2　铲齿成形铣刀孔径 d_1（mm）

宽度铣削		<6	>6~12	>12~25	>25~40	>40~60	>60~100
铣刀孔径	一般切削	13	16	22	27	32	40
	重切削	16	22	27	32	40	50

2. 齿数 Z

Z 多，则同时工作齿数 Z_e 也多，铣削均匀性较好。但 Z 不宜太多，以保证刀齿强度和足够容屑空间。

铲齿成形铣刀刀齿强度随着前面的重磨而降低，故应注意新刀刀齿的根部厚度 C 要足够大，常取 $C \geq (0.8 \sim 1.0)H$。Z 值可按下式计算

$$Z = \pi d / t \tag{7-29}$$

式中，t - 圆周齿距。粗加工取 $t = (1.8 \sim 2.4)H$。精加工取 $t = (1.3 \sim 1.8)H$。

3. 容屑槽夹角 θ 和容屑槽底形式

一般取 $\theta = 22°$、$25°$ 及 $30°$。Z 较少、d_0 较大、H 较小的铣刀，可取较大的 θ。

容屑槽底形式有两种，如图 7-31 所示，即平底形式和中间凸起的加强形式。当 H 较大时，可用加强形式以保证刀齿强度。

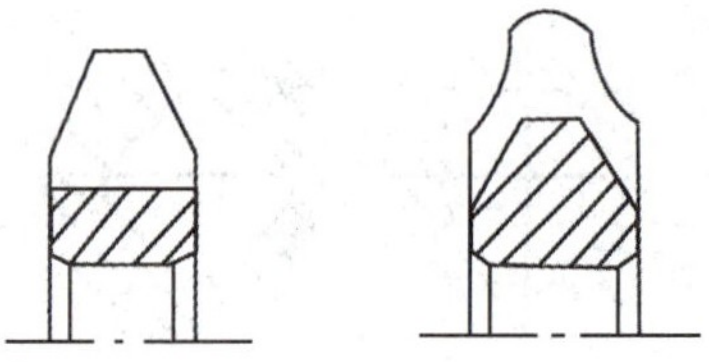

图 7-31 容屑槽槽底形式

4. 铣刀宽度 B

B 应比工件截形的最大宽度大 2 ~ 3mm，并按标准尺寸系列选取。

思考题

1. 车削用量与铣削用量有何不同？
2. 对照斜角切削特点，说明铣刀螺旋角的作用。
3. 硬质合金可转位面铣刀的几何参数，在选用时要注意一些什么问题？
4. 影响硬质合金端铣刀破损的主要原因有哪些？应从哪几个方面着手减少和防止端铣刀产生破损。
5. 波形刃立铣刀有何优缺点？
6. 铲齿成形铣刀的主后角与铲齿量 K 间有什么关系？什么情况下主后角为零？应采取什么措施予以改善？

第8章 拉刀

拉刀是一种多齿、高效的专用刀具，它可以加工各种形状的内、外表面。拉削工件时，拉床没有进给运动，只有主运动，拉刀上各齿依次从工件上切下很薄的一层金属，经一次行程可切除全部余量，并获得 $IT8\sim IT7$ 精度等级、表面粗糙度值 $Ra5\sim0.8\mu m$。可拉削的典型表面如图 8－1 所示。拉刀的使用寿命长，但结构复杂，制造成本高。目前，主要用于成批、大量生产。

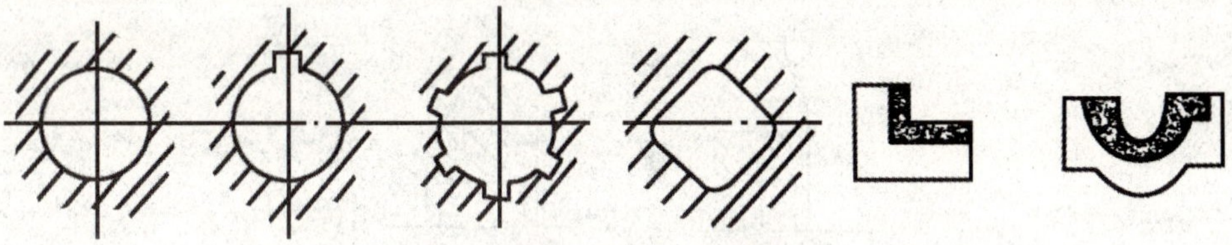

图 8－1　拉刀拉削的典型表面

§8.1 拉削特点及拉刀的种类

8.1.1 拉削特点

1. 生产效率高。拉削时同时参加工作的刀齿数多，每个刀齿的刀刃长度长，使切削刃的总长度大。此外，由于拉刀结构的特殊性，一次拉削就能完成粗－半精－精加工，因此生产率高。

2. 加工精度及表面质量高。拉削过程平稳，切削速度低，切削厚度薄，积屑瘤尺寸小，加工表面已被多次切削及精整，因此加工精度及表面质量高。一般精度可达 $IT7$，表面粗糙度小于 $Ra0.8\mu m$，若拉刀尾部装有浮动挤压环，则可达 $Ra0.4\sim0.2\mu m$。

3. 刀具耐用度高。每次拉削时，拉刀的每一个刀齿只参加一次切削，切削行程短，并且拉削速度低，刀具磨损小，刀具耐用度高。

8.1.2 拉刀的种类及用途

拉刀的种类很多，通常可按下列几个方面来分类：

1. 按加工表面的不同，可分为内拉刀和外拉刀。常见的内拉刀有圆拉刀、键槽拉刀及花键拉刀等。常见的外拉刀有平面拉刀、特形拉刀等，如图 8－2 所示。

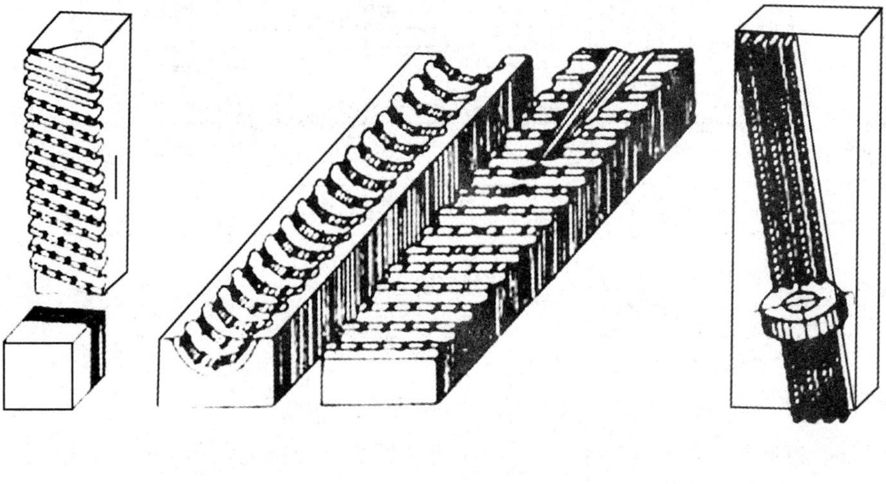

(a)　　(b)　　(C)

图8－2　外拉刀

2. 按拉刀结构不同,可分为整体式与装配式两类。整体式多用于中小尺寸的拉刀,装配式用于大尺寸的拉刀。采用装配拉刀可以节省刀具材料,当拉刀刀齿磨损或损坏后,能够调整和更换。为了提高拉刀的耐用度,有些大尺寸拉刀的刀齿,也采用了硬质合金可转位刀片的镶齿结构。

3. 按受力方向不同又分为拉刀和推刀。推刀是在受压状态下工作,因此长径比不能太大,推刀常常用作精整加工,如图8－3所示。

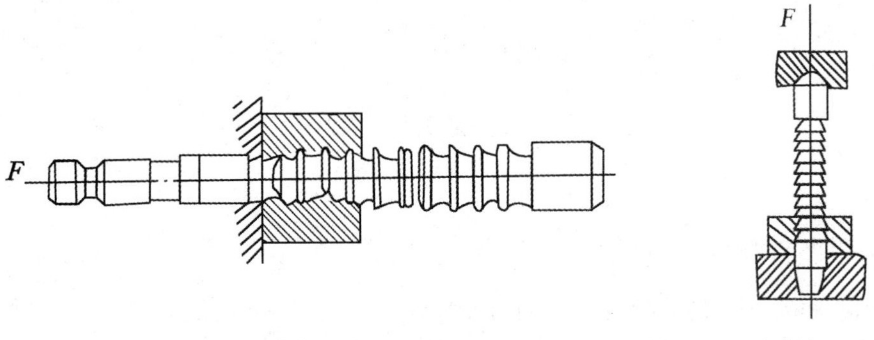

(a)　　(b)

图8－3　拉刀与推刀

§8.2 拉刀的组成

拉刀的外形及结构各不相同,但主要构成部分大体相同。现以圆孔拉刀(图8－4)为例,说明拉刀各组成部分及其作用。

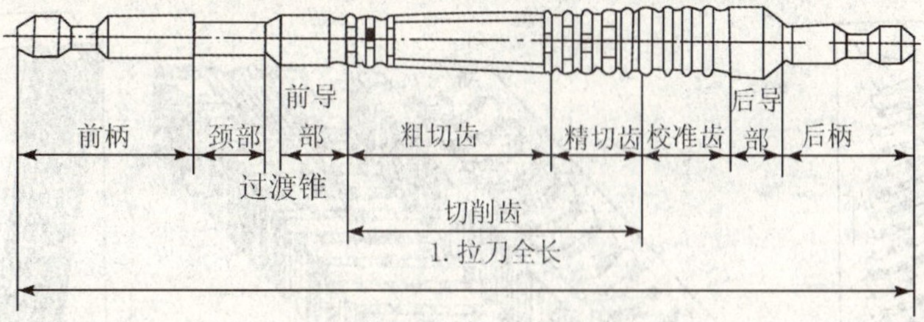

图 8－4　圆拉刀的主要构成部分

拉刀一般由以下儿部分组成：

前柄－拉刀前端用于夹持和传递动力。

后柄－拉刀后端用于夹持或支承的柄部。

颈部－前柄与过渡锥之间的连接部分，便于柄部穿过拉床的挡壁，也是打印标记的地方。

过渡锥－引导拉刀前导部进入工件预加工孔的锥度部分。

前导部－引导拉刀切削齿正确地进入工件待加工表面的部分，防止拉刀歪斜。

粗切齿－拉刀上起粗加工作用的刀齿。

精切齿－拉刀上起精加工作用的刀齿。

切削齿－粗切齿和精切齿的总称。

校准齿－几个尺寸形状相同，起修光和校准作用，并可作为精切齿的后备齿。

后导部－保证拉刀最后刀齿正确位置，防止拉刀的刀齿离切后因下垂而损坏已加工表面或刀齿。

§8.3 拉削概述

8.3.1 拉削图形

拉削图形是指每个刀齿切下的切屑截面形状。它影响刀齿负荷的分配，从而影响拉削力、拉刀耐用度、拉刀的结构、拉削的生产率以及拉削的表面质量等。拉削图形不同，拉刀的设计方法也不同。所以拉削图形的确定，是拉刀设计的一个重要环节。拉削图形分为两大类：

1. 分层拉削。分层拉削的加工余量是一层一层地切去。根据加工表面的形成过程，可分为同廓式拉削和渐成式拉削。

⑴同廓式。按同廓式设计的拉刀（图 8－5），各刀齿的廓形与被加工表面的最终形状相似，一层一层地切去加工余量，由拉刀最后一个切削齿和校准齿形成工件最终的形状及尺寸。同廓式拉削时，每个刀齿参加工作的刀刃长度长，而切削厚度小，切削层单位面积切削力大，刀齿数多。为了减小切屑宽度，使切削容易卷曲和减小切削力，在拉刀切削齿上都磨有前后交错的窄分屑槽（图 8－5*b*），但有了分屑槽后将使切屑上多了一条加强筋（图 8－5*c*），切屑卷曲困难，这就需要增大拉刀容屑空间和齿距，因此拉刀长度长，刀具成本高，生产率低，并且不适于加工带硬皮的工件。由于分屑槽处副刃侧后角很小，容易磨损，影响刀具耐用度。其优点是拉

削后工件的表面粗糙度小，加工平面和圆孔，刀齿廓形简单，容易制造。

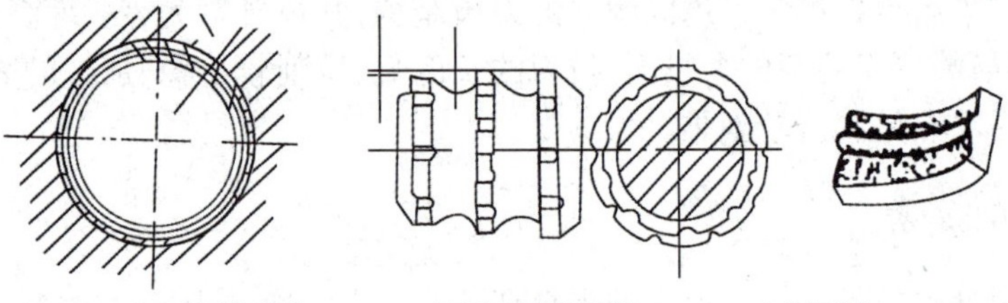

（a）拉削图形　　（b）切削部齿形　　（c）切屑

图8－5　成形式拉削图形

⑵渐成式。按渐成式（图8－6）设计的拉刀，每个刀齿的主刃切除加工余量，各刀齿的副刃均参与工件最终表面的形成。各刀齿的形状与加工表面的最终形状不相似，已加工表面的形状和尺寸是由各刀齿切出的表面连接而成。其优点是拉刀制造简单，缺点是拉削后的表面质量差。

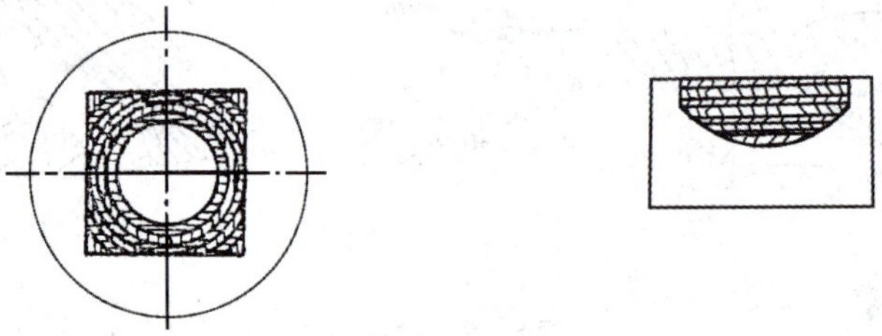

（a）同廓拉削　　（b）渐成拉削

图8－6　渐成式拉削图形

2. 分块拉削。分块拉削是把加工余量分为若干层，每层被各刀齿分段切除。分块拉削可分为轮切式拉削和综合轮切式拉削，如图8－7所示。

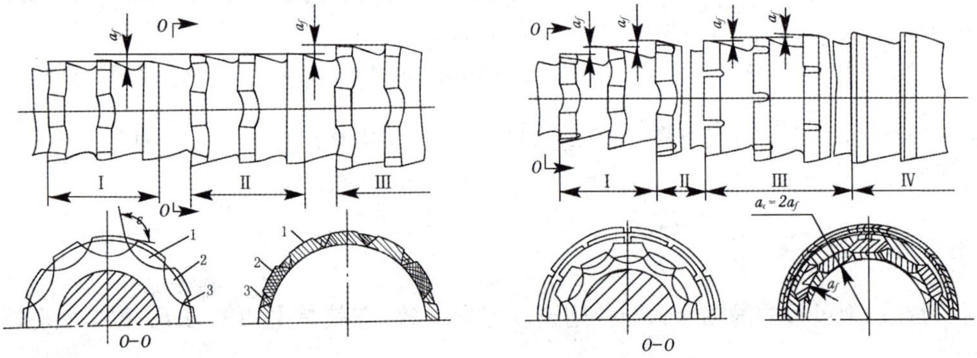

（a）轮切式　　（b）综合轮切式

图8－7　分块拉削方式

（1）轮切式。拉刀切削部分是由若干齿组组成，每个齿组中有2～5个刀齿。每个刀齿组切除较厚的一层加工余量，每个刀齿切除该层加工余量的一段，如图8－7a所示为三个刀齿列为一组的轮切式拉刀刀齿的结构与拉削图形。前两个刀齿在刀刃上磨出交错分布的大圆弧分屑槽，使切削刀刃交错分布。第三个刀齿为圆环形，直径略小。轮切式拉刀拉削时的h_D大、b_D小，故拉刀上的刀齿数少、长度短、切削效率高。适用于加工尺寸大、余量大的内孔。

（2）综合轮切式。综合轮切式拉削是吸取了轮切式与同廓式的优点而形成的拉削方式，其刀齿的结构与拉削图形如图8－7b所示。粗切齿组Ⅰ与过渡齿组Ⅱ采用轮切式的刀齿结构，粗切齿的齿升量较大，过渡齿的齿升量逐渐减小。精切齿组Ⅲ采用同廓式的刀齿结构，其齿升量较小。校正齿组Ⅳ也是采用同廓式的刀齿结构，其齿升量为零。综合轮切式拉刀齿升量分布合理、刀齿数少而拉削的余量大、拉刀的长度短、拉削较平稳、加工的表面质量高、拉刀的耐用度较高。缺点是制造较困难。

8.3.2 拉削要素

拉刀在切削过程中是后一个刀齿的齿高高于前一个刀齿，拉刀作直线运动，一次行程从工件上切下全部加工余量，如图 8－8 所示。

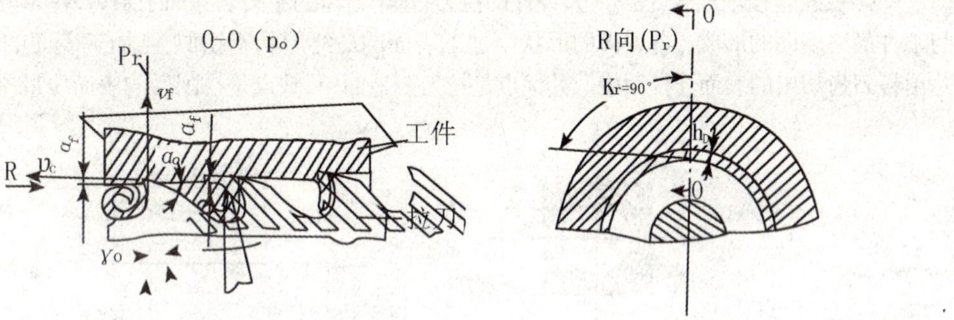

图 8－8　拉削过程

1. 拉削速度 v_c。拉刀直线运动的速度就是拉削速度。

2. 进给量或齿升量 a_f。相邻两齿径向高度之差。

3. 切削厚度 h_D。在基面 p_r 内平行于加工表面的切削层尺寸。当 $k_r=90°$时，$h_D=a_f$。

4. 切削宽度 b_D。在基面 p_r 内沿外加工表面所度量的切削层尺寸。同廓式圆孔拉刀的 b_D 为 $b_D=\pi d_0$，式中 d_0 为拉刀刀齿的直径，单位为 mm。

5. 切削面积 A_D。在基面 p_r 内，切削层截面的面积 $A_D=h_D \cdot b_D=a_f b_D$；切削总面积 $A_{D\Sigma}=A_D Z_e$。（式中 Z_e－同时工作齿数，$Z_e=\dfrac{l}{p}+1$；p－拉刀切削齿的齿距；l－拉削长度，p、l 单位均为 mm）。

8.3.3 拉削力

拉刀在切削过程中的轴向力与拉削速度方向一致，它就是主切削力 F_z，根据实验求得的公式为：

$$F_c=p \cdot b_D \cdot Z_e \cdot K \qquad (8-1)$$

式中，F_c－主切削力，单位为 N；

K－与拉刀前角、切削液、刀齿磨损等因素有关的修正系数，一般略去不计；

b_D－切削宽度，单位为 mm；

Z_e－同时工作齿数；

p－作用在单位长度切削刃上的作用力。它与被加工材料和齿升量有关，可由“刀具设计指导资料中”查得。

8.3.4 拉削时的容屑问题

拉削是属于封闭切削，因此，容屑、排屑和散热均较困难。如果切削堵塞容屑空间，不仅会恶化表面加工质量、损坏刀齿，还会造成拉刀断裂。因此，拉刀的两个刀齿之间应有足够的容屑空间及合理的容屑槽形，以便切屑的卷曲和容纳。

§8.4 综合式圆孔拉刀的结构要素

通过拉削图形的分析可知，综合轮切式拉刀的优点较多，因此我国生产的圆孔拉刀一般都采用组合式，下面以综合轮切式圆孔拉刀为例介绍其结构，主要有切削、校准和其他部分组成，如图 8－9 所示。

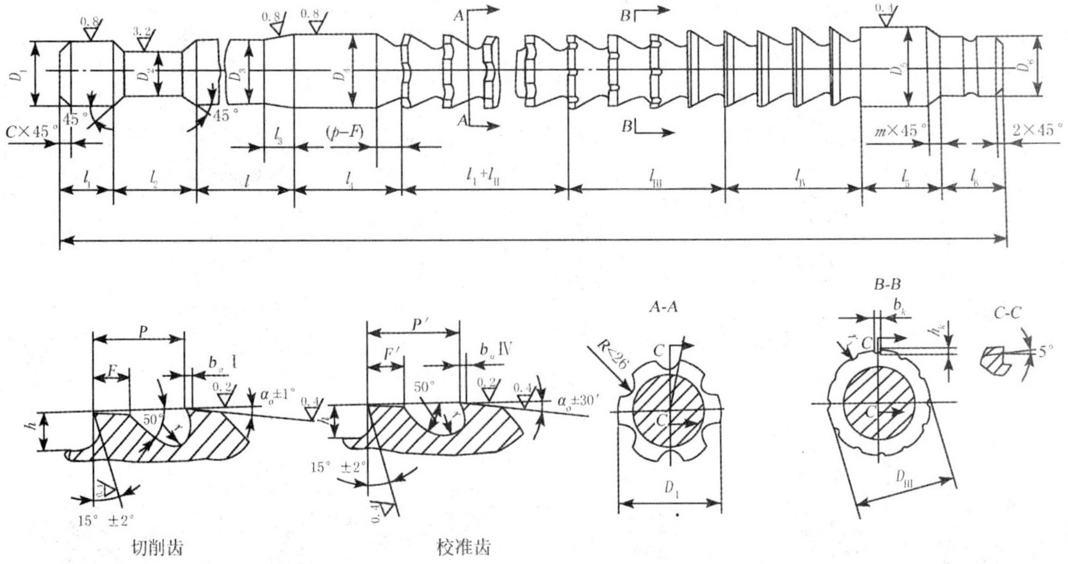

图 8－9　综合轮切式圆孔拉刀的结构

8.4.1 切削部分

切削部分是拉刀的主要部分，它与拉削质量以及生产率有密切关系。其组成参数有：齿升量、几何参数、齿距、容屑槽、分屑槽、切削齿数及其直径等。

1. 齿升量 a_f。粗切齿、过渡齿和精切齿都有齿升量。粗切齿的齿升量较大（约为 0.03～0.06*mm*），各粗切齿的齿升量相等，全部粗切齿共约切去拉削余量的 80%，齿升量也不宜过大，过大则拉削力太大，影响拉刀的强度和机床的负荷，也难获得表面粗糙度值小的拉削表面；齿升量也不能小于 0.01*mm*，过小则切屑很薄，由于刃口钝圆半径 r_β 的影响，使挤压作用加剧，刀齿容易磨损，且难获得光洁的加工表面。粗切齿的齿升量是根据工件材料和拉刀类型进行选取。过渡齿的齿升量不等，为了逐渐降低拉削负荷，由粗切齿的齿升量逐齿递减至精切齿的齿升量。精切齿的齿升量一般取 0.03～0.01*mm*。

2. 几何参数。

(1)前角 γ_o。为了减小切削变形和便于卷屑、降低切削力、获得光洁的加工表面、提高拉刀的耐用度，前角应适当选大些。一般是根据工件材料选取 5°~20°。

(2)后角 α_o。圆孔拉刀是属于精加工的刀具，工件的尺寸由刀具来控制，拉刀是重磨前面，为了使直径变小较少，延长拉刀的使用寿命，后角应选取小些，一般取为 1°~3°。

(3)刃带宽度 b_{a1}。刃带的作用是为了在制造拉刀时便于测量刀齿直径和拉削时起支承作用，重磨后保持直径不变。但刃带不能太宽，以免增加磨擦而使表面粗糙度值变大，刃带的宽度一般选为 0.1~0.4mm，粗切齿取小值，精切齿取大值。

3. 齿距 P。齿距是指相邻两个刀齿间的轴向距离。齿距小时，同时工作齿数增多，拉削过程平稳，拉削表面粗糙度值小。但不能过小，过小时切屑容易挤塞在容屑槽内而折断刀齿；齿距也不能过大，过大会使同时工作齿数减少，拉削过程平稳性变差，且增加了拉刀长度。为了保证拉削平稳，以获得良好的表面质量，一般应有 3~8 个刀齿同时工作为最好。

通常对粗切齿 $$P_{\mathrm{I}}=(1.25\sim1.5)\sqrt{l} \tag{8-2}$$

式中，P_{I} - 拉刀粗切齿的齿距，$[P_{\mathrm{I}}]$ 为 mm。

l - 拉削长度，$[l]$ 为 mm。

对过渡齿 $$P_{\mathrm{II}}=P_{\mathrm{I}} \tag{8-3}$$

式中，P_{II} - 拉刀过渡齿的齿距，$[P_{\mathrm{II}}]$ 为 mm。

对精切齿 $$P_{\mathrm{III}}=(0.6\sim0.8)P_{\mathrm{I}}（当 P_{\mathrm{I}}>10mm）。 \tag{8-4}$$

式中，P_{III} - 拉刀精切齿的齿距，$[P_{\mathrm{III}}]$ 为 mm。

4. 容屑槽

(1)容屑槽的形状

容屑槽的形状应能使切屑自由卷曲，并能使刀齿有足够的强度和重磨次数。其形式如图 8-10 所示。

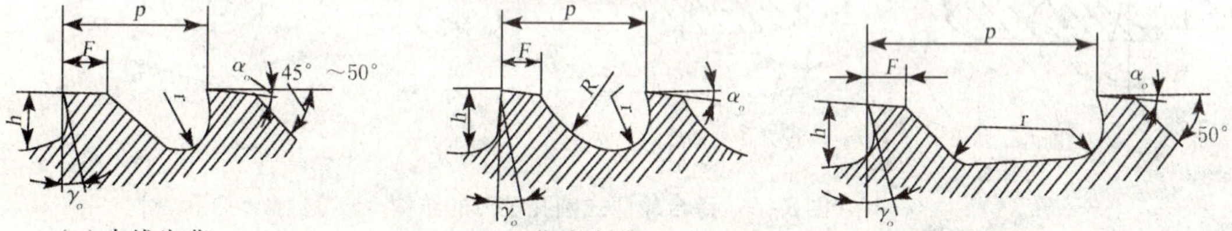

(a)直线齿背　　(b)曲线齿背　　(c)加长齿距

图 8-10　容屑槽形式

直线齿背。槽形简单、制造容易，常用于拉削脆性金属。

曲线齿背。槽形有利于切屑的卷曲，适用于拉削韧性金属。

加长齿距。槽形有足够的容屑空间，适用于综合轮切式拉刀。

(2)容屑槽的深度 h

$$h=1.13\sqrt{kh_D\cdot l} \tag{8-5}$$

式中，h - 容屑槽深度，单位 mm；

k - 容屑系数，即容屑槽的有效容积和切屑体积的比，一般 =2~4；

h_D - 切削厚度，单位 mm；

l - 拉削长度，单位 mm。

根据齿距 p 和槽深 h,可在有关资料中查出容屑槽的各尺寸。

5. 分屑槽

分屑槽的作用是减小切屑宽度,便于切屑容纳在容屑槽中。所以,在切削齿的刀刃上都要做出交错分布的分屑槽,使切屑分成许多小段。其形式有 V 形、U 形和圆弧形三种,如图 8－11 所示。分屑槽的深度应大于齿升量,槽底后角为 $\alpha_0+2°$。为了保证拉削质量,最后一个精切齿没有分屑槽。拉削脆性材料时,因是崩碎切屑,可不设分屑槽。

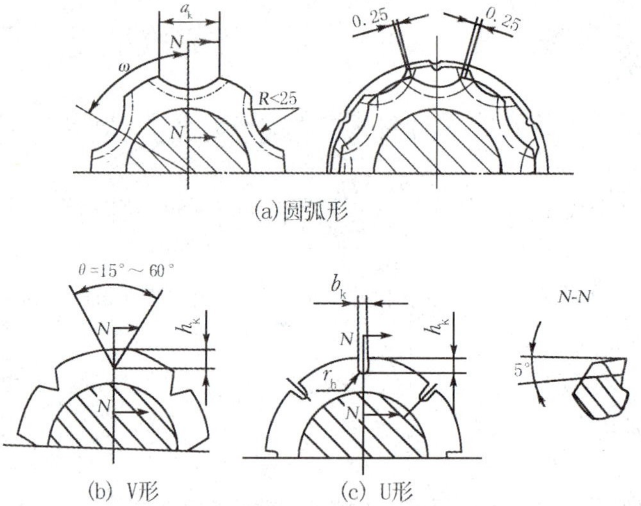

(a)圆弧形

(b) V形　　(c) U形

图 8－11　分屑槽形式

6. 切削齿数

切削齿的齿数 Z

$$Z=Z_{\mathrm{I}}+Z_{\mathrm{II}}+Z_{\mathrm{III}} \tag{8-6}$$

(1)粗切齿齿数 Z_{I}。

$$Z_{\mathrm{I}}=\frac{A-(A_{II}+A_{III})}{2a_f}+1 \tag{8-7}$$

式中,A－总余量,单位 mm。

A_{II}－过渡齿切削余量,单位 mm。

A_{III}－精切齿切削余量,单位 mm。

(2)过渡齿齿数 Z_{II}　Z_{II}一般取 3～5 个。

(3)精切齿齿数 Z_{III}　Z_{III}一般取 3～7 个。

7. 直径

(1)拉刀第一圈粗切齿的直径

为避免因拉削余量不均,使拉刀承受过大的负荷,拉刀的第一个粗切齿的直径一般与前导部分的直径相同。

综合轮切式圆孔拉刀的第一个切削齿直径 d_{o1} 可以没有齿升量,或者取为:

$$d_{o1}=d_{wmin}+\left(\frac{1}{3}\sim\frac{1}{2}\right)a_f \tag{8-8}$$

当拉削前孔的精度在 $IT10$ 以上时,因精度较高,则第一个切削齿可以参加切削工作,故取为:

$$d_{o1}=d_{wmin}+a_f \tag{8-9}$$

上述两式中：

d_{o1} – 拉刀第一个切削齿的直径，单位为 mm；

d_{wmin} – 预制孔的最小直径，单位为 mm；

a_f – 齿升量，单位为 mm。

(2)各刀齿的直径

以后各刀齿的直径则按各刀齿的齿升量依次递增计算，最后一个精切齿直径等于校准齿的直径。

8.4.2 校准部分

校准部分的校准齿没有齿升量，只起校准和修光作用，不开分屑槽。

1. 几何参数

前角 $\gamma_{oⅣ}$。由于校准齿不起切削作用，前角可取为0°~5°。但为了制造方便，也可取与切削齿相同的前角。

后角 $\alpha_{oⅣ}$。为了使拉刀重磨后直径变化小，延长拉刀的使用寿命，校准齿的后角比切削齿的后角取得小些，一般取1°~2°。

刃带宽度 $b_{\alpha1Ⅳ}$。为了使拉刀重磨后直径变化小及拉削平稳，校准齿上也做有刃带，其宽度比精切齿大些，一般取0.4~0.8mm，

2. 齿距

由于校准齿只起修光作用，其齿距可以短些，以缩短拉刀长度。

当粗切齿的齿距 $P_Ⅰ > 10mm$ 时，$P_Ⅳ = (0.6 \sim 0.8)P_Ⅰ$；

当粗切齿的齿距 $P_Ⅰ \leqslant 10mm$ 时，$P_Ⅳ = P_I$。

3. 齿数与直径

孔的精度要求高时，校准齿的齿数就应该多些，一般为2~7个齿。最后一个精切齿重磨后直径减小了，于是第一个校准齿就变为新的最后一个精切齿。

为了增加拉刀的重磨次数和延长使用寿命，校准齿的直径应等于被拉削孔的最大直径 d_{mmax}。但考虑到拉削后的工件孔常会发生扩张或收缩，故校准齿直径 $d_{oⅣ}$ 实际取为：

$$d_{oⅣ} = d_{mmax} \pm \delta \tag{8-10}$$

式中，$d_{oⅣ}$ – 校准齿直径，单位为 mm。

d_{mmax} – 拉削后孔的最大直径，单位为 mm。

δ – 拉削后孔径扩张或收缩量，单位为 mm。

拉削后孔径扩张，取“–”号，若孔径收缩，取“+”号。

拉削韧性金属，取收缩量为0.01mm。

加工薄壁零件时，收缩量按下式计算：

$$\delta = 0.3d_{mmax} - 1.4T\text{（拉削3号或5号钢）} \tag{8-11}$$

$$\delta = 0.6d_{mmax} - 2.8T\text{（拉削}40C_r\text{或}18C_rNiMnWA\text{）} \tag{8-12}$$

式中，δ – 拉削后孔的扩张量或收缩量，单位为 mm；

T – 孔壁厚度，单位为 mm；

8.4.3 其他部分

1. 柄部、颈部、过渡锥和前导部(如图8-9)

柄部:通常采用快速装夹的形式,其直径 D_1 约比拉削前孔径小0.5mm,并按标准尺寸选取;$C=2\sim5mm$;$l_1=15\sim25mm$;$l_2=28\sim38mm$;$D_2\geqslant D_1-5mm$。

颈部和过渡锥:$D_3=D_1-(0.3\sim1)mm$ 或 $D_3=D_1$;$l=100\sim180mm$(根据拉床规格选取);l_3 可取10mm、15mm、20mm三种规格。

前导部:D_4 等于拉削前孔的最小直径 d_{wmin},偏差取e8。l_4 等于拉削孔的长度。

2. 后导部和支托部(图8-9)

后导部:D_5 等于拉削后孔的最小直径 d_{wmin},偏差取f7。$l_5=(0.5\sim0.7)l$(l-拉削孔长度)。

支托部:$D_6=(0.5\sim0.7)$拉削后孔的公称尺寸。$l_6=(0.5\sim0.7)l$(l-拉削孔长度)。

3. 拉刀的总长度

拉刀所有组成部分长度的总和。总长度在1000mm以内时,偏差取±2mm;超过1000mm时,偏差取±3mm。拉刀的总长度不能超过拉床允许的最大行程。一般拉刀总长度 $L=(30\sim40)d_o$(d_o 为拉刀外径),当外径小和容屑槽深时取小值。

第8章

8.4.4 拉刀强度和拉床拉刀的校验

拉刀在拉削时产生的最大拉力 F_{max},必须小于拉床的实际拉力,并且要满足拉刀强度的限制,才不会损坏拉床或拉断拉刀,所以要进行拉刀强度和拉床拉力的校验。

1. 拉刀强度的校验

拉削时产生的拉应力 σ_b 应小于拉刀材料的许用应力$[\sigma]$,即

$$\sigma_b=\frac{F_{max}}{A_{min}}\leqslant[\sigma] \tag{8-13}$$

式中,σ_b-拉削时产生的应力,单位为GPa;

$[\sigma]$-拉刀材料的许用应力,$[\sigma]$单位为GPa;对高速钢(W18Cr4V),$[\sigma]=0.343\sim0.392GPa$;当柄部和颈部的材料为合金钢(40Cr)时,$[\sigma]=0.245GPa$;

A_{min}-拉刀的危险截面面积,$[A_{min}]$单位为mm^2;

F_{max}-最大拉削力,$[F_{max}]$单位为N。

2. 拉床拉力的校验

每一种型号的拉床都规定有允许的最大拉力 Q_{max},计算出的最大拉力 F_{max} 应小于拉床的允许拉力$[Q]$,即

$$F_{max}<[Q] \tag{8-14}$$

式中,F_{max}-最大拉削力;

$[Q]$-拉床的允许拉力,一般$[Q]=(0.5\sim0.9)Q_{max}$,$[Q]$单位为N。

经校验后,如果超过许可值时,应减小拉削力 F_{max}。其方法是减小 a_f 或增加 p 以减小 Z_e。如果拉刀的强度允许,可在额定功率大的拉床上加工。

§8.5 花键拉刀的设计特点

花键拉刀的结构与圆孔拉刀的结构基本相同,所不同的是齿形部分,其设计特点就是齿形部分,其中矩形花键拉刀应用最为广泛。

8.5.1 矩形花键拉刀拉削方式

图 8－12a 为花键孔形状矩形花键拉刀按其用途不同,可设计成只拉花键的拉刀,或设计成圆孔、花键、倒角各种复合形式的复合拉刀。

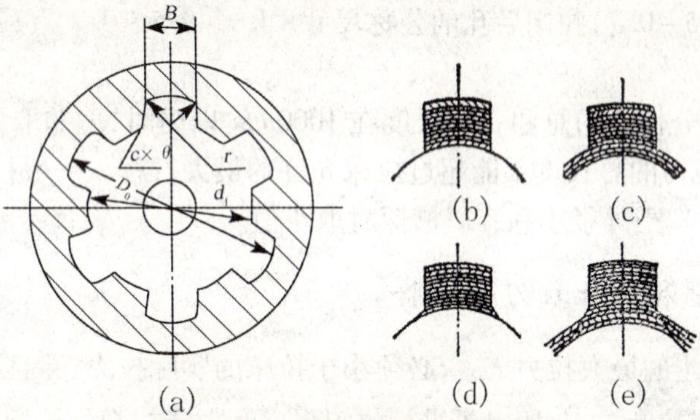

图 8－12　花键拉刀的拉削图形

只拉花键(图 8－12b)拉刀结构最为简单,要求工件内径有较高精度。

拉花键及圆孔(图 8－12c)这种拉刀能保证内外径的同轴度,对预制孔的精度要求不高。

拉倒角及花键(图 8－12d)这种拉刀要求预制孔精度较高。

拉圆孔、花键及倒角(图 8－12e)有圆孔－花键－倒角;倒角－圆孔－花键;倒角－花键－圆孔三种拉削顺序,在加工倒角刀齿和花键刀齿时,碰伤圆形刀齿的危险性较小,所以工艺性较好。

8.5.2 切削齿的形状

花键齿的形状如图 8－13 所示。

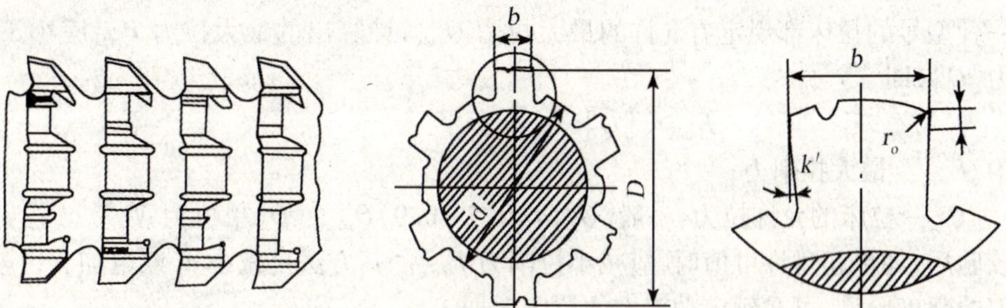

图 8－13　矩形花键拉刀刀齿

1. 刀齿宽度 b

$$b = B_{max} \pm \delta \qquad (8-15)$$

式中，b－刀齿的宽度，[b]为 mm；

B_{max}－花键槽取最大宽度[B_{max}]为 mm；

δ－拉削后键槽宽的扩张量或收缩量，[δ]为 mm。δ 值由试验确定，扩张时取"－"号，收缩时取"＋"号。

2. 刀齿侧刃及棱边 f_1

为了保持拉刀一定的使用寿命、重磨后刀齿宽度及起修光作用，在侧刃上留有 $f_1 = 0.8 \sim 1mm$ 的棱边，当花键齿的高度大于 $1.5mm$ 时，刀齿侧刃上磨出侧隙角 $k_r' = 1° \sim 1°30'$，以减少齿侧与拉削表面的摩擦。

§8.6 拉刀的刃磨

圆拉刀的刃磨是在万能工具磨床或拉刀磨床上用碟形砂轮沿前面进行磨削。如图8－14所示，砂轮和拉刀绕各自的轴线转动，并使砂轮周边与前面上 m 点接触，m 点为前面与槽底圆弧之间的交点。为了减少砂轮的接触面积，砂轮的锥面与前面的夹角为5°～15°。砂轮的轴线与拉刀的轴线间夹角 $\beta = 35° \sim 55°$，两者轴线保持在同一垂直平面内。为了避免砂轮对拉刀槽底产生过切现象，故砂轮直径不能太大，通常按下式计算确定：

$$R = \frac{r_m \sin(\beta - \gamma_。)}{\sin\gamma_。} \qquad (8-16)$$

式中，R－砂轮半径，单位为 mm；

r_m－拉刀 m 点的半径，单位为 mm；

β－砂轮轴线与拉刀轴线的夹角，β 单位为(°)；

$\gamma_。$－拉刀切削刃前角，单位为(°)。

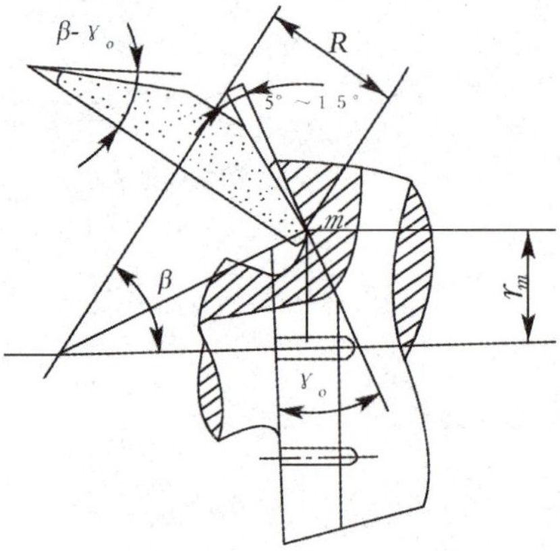

图8－14 圆拉刀的刃磨

思考题

1. 试述拉刀的种类和用途?
2. 说明各种拉削图形的拉削特点?
3. 粗切齿、精切齿和校准齿的刃带,三者为什么不同?
4. 拉刀的齿升量根据什么选择?
5. 综合式拉刀为什么要有过渡齿?它们对拉削过程有何影响?
6. 花键拉刀余量切除方式有哪些?
7. 怎样刃磨圆孔拉刀的前角?如何选择砂轮直径?
8. 如果拉刀强度不够,需如何改进?

第9章 齿轮刀具

齿轮刀具是用于加工齿轮齿形的刀具，为适应各类齿轮的加工，满足质量与产量的要求，齿轮刀具的种类繁多，切齿原理不尽相同。本章主要介绍加工渐开线圆柱齿轮的齿轮铣刀，齿轮滚刀以及插齿刀的工作原理和选用方法，重点对蜗轮滚刀的齿形设计原理和结构参数的确定进行了较为详细的叙述，为齿轮刀具的设计与选用打下初步基础。除此之外，也对其他常用的齿轮刀具进行简要的介绍。

§9.1 齿轮刀具的基本概念

9.1.1 平面齿形啮合的基本原理

平面中的两个齿形啮合，是指它们在传动过程中的每一瞬时都是刚性的相切接触，它们在接触点的法线重合为一条直线，称为公法线。两齿形在接触点沿公法线方向的相对运动速度等于零。在啮合过程中，两齿形的接触点在固定平面中的轨迹称为啮合线。

图9-1是两个平面齿形啮合传动的情况，0_1 及 0_2 分别为两齿形的回转中心，当齿形1以角速度 ω_1 绕 0_1 顺时针转动时，齿形2便以角速度 ω_2 绕 0_2 反时针转动。设在某一瞬时，两齿形在 M 点接触，$N-N$ 为两齿形过 M 点的公法线，$N-N$ 与连心线$\overline{0_1 0_2}$的交点为 P。要使齿形1与齿形2保持连续接触传动而不脱开，两齿形在接触点 M 处的法向速度必须相等，即

$$v_1 \cdot cos\alpha_1 = v_2 \cdot cos\alpha_2 \tag{9-1}$$

而

$$cos\alpha_1 = \frac{\overline{0_1 A_1}}{r_1} \qquad cos\alpha_2 = \frac{\overline{0_2 A_2}}{r_2}$$

$$v_1 = r_1 \cdot \omega_1$$

$$v_2 = r_2 \cdot \omega_2$$

将上面的式子代入(9-1)，得

$$i_{12} = \frac{\omega_1}{\omega_2} = \frac{\overline{0_2 A_2}}{\overline{0_1 A_1}} = \frac{\overline{0_2 P}}{\overline{0_1 P}} \tag{9-2}$$

若要保证瞬时传动比不变，则

$$i_{12} = \frac{\omega_1}{\omega_2} = \frac{\overline{0_2 P}}{\overline{0_1 P}} = \text{定值} \tag{9-3}$$

当两齿轮的中心距不变时，要使两齿形的瞬时传动比不变，两齿形在任意接触点的公法线和连心线的交点 p 必为一定点。这就是平面齿形啮合的基本原理。

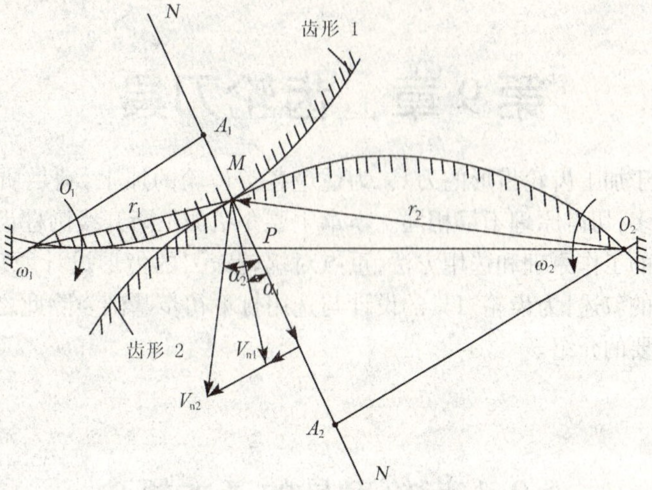

图 9－1　平面齿形啮合传动

由式(9－3)可知,齿形 1 与齿形 2 的啮合传动比也等于以$\overline{0_2P}$及$\overline{0_1P}$为半径的两个假想的圆作纯滚动的传动比,这两个圆称为节圆,p 点称为节点。在固定平面中,两齿形接触点的运动轨迹称为啮合线。

9.1.2 渐开线圆柱齿轮啮合的基本条件

渐开线圆柱齿轮要能正常啮合,必须满足一些条件。最基本的条件是:

1. 两齿轮的法向基节必须相等,以保证啮合的连续性。在渐开线圆柱齿轮的啮合中,不论两齿轮的轴线是平行的或是交错的,它们的法向基节(又称为法向基圆齿距)p_{bn}必须相等。只有在两齿轮法向基节相等的情况下,两对啮合齿面上的接触点沿公法线上的距离才能相等,因而才能有后一对齿面的接触来接替前一对齿面的接触,从而保证啮合传动的连续性,用公式表示为

$$p_{b1} = \pi m_1 cos\alpha_1 = p_{b2} = \pi m_2 cos\alpha_2 \qquad (9-4)$$

式中,p_{b1},p_{b2}——齿轮 1,齿轮 2 的基节;

m_1,m_2——齿轮 1,齿轮 2 的模数;

α_1,α_2——齿轮 1,齿轮 2 的齿形角。

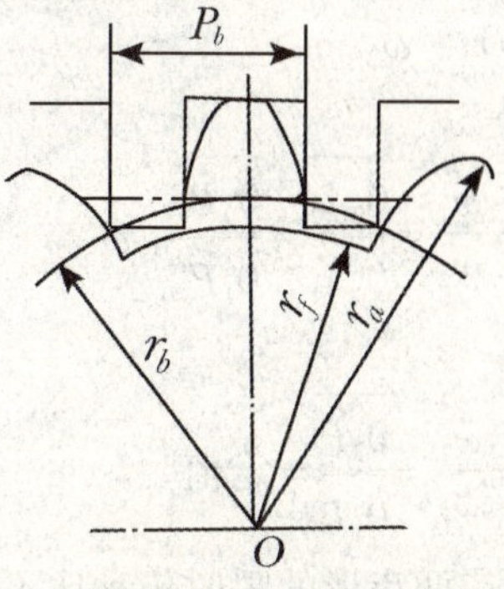

图 9－2　零度齿形角齿条与齿轮啮合

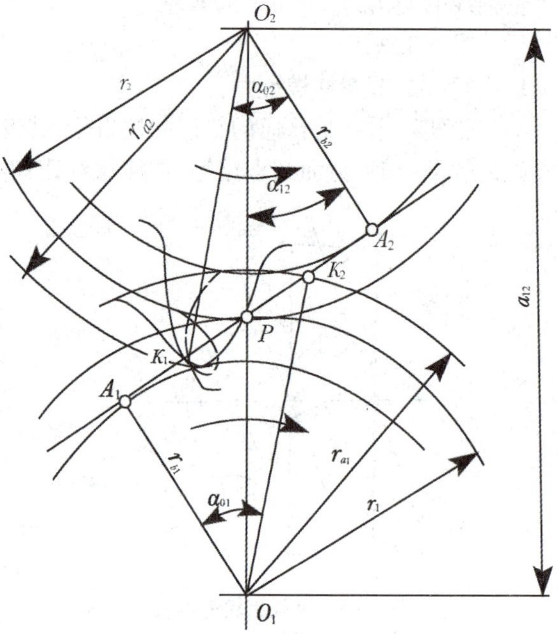

图9-3　有效齿形最低点的曲率半径

由上式可知，当一对齿轮的模数和齿形角分别相等时，它们的法向基节就相等了，这是设计和选用齿轮刀具的重要依据。

但模数和齿形角不相等的一对齿轮只要满足式(9-4)也可以正常的啮合传动。如图9-2所示，$\alpha_2=0°$的齿条也可以同齿轮1啮合传动，只要满足 $m_2=m_1cos\alpha_1$。

2. 两齿轮的渐开线齿形应有足够的长度。为保证两齿轮的正常啮合，两齿轮的齿形应有足够的渐开线长度，否则将发生过度曲线干涉。

如图9-3所示，齿轮1的齿形在啮合线$\overline{A_1A_2}$上的 K_1 点与齿轮2的齿顶接触，这就要求齿轮1的齿形必须从 K_1 点到齿顶之间全部加工出渐开线。K_1 点的位置常用该点的渐开线曲率半径 ρ_{k1} 表示，即

$$\rho_{k_1}=\overline{A_1k_1}=\overline{A_1A_2}-\overline{k_1A_2}=a_{12}\cdot sina\alpha'-\sqrt{r_{a2}^2-r_{b2}^2}$$

加工齿轮时必须保证渐开线齿形最低点的曲率半径小于 ρ_{k_1}。

3. 要有足够的重合系数，以保证啮合的平稳性。为了使一对齿轮连续而平稳的传动，除了上述两条件外，还应保证在前一对齿脱离接触之前，后一对齿就开始啮合。要满足这一条件，必须使啮合线的有效长度$\overline{k_1k_2}$大于或至少等于基节，即

$$\overline{k_1k_2}\geqslant p_b$$

或重合系数

$$\varepsilon=\frac{\overline{k_1k_2}}{p_b}\geqslant 1$$

9.1.3 螺旋齿轮啮合传动

当啮合传动的两个渐开线圆柱齿轮的轴线既不平行又不相交时，这对齿轮副称为螺旋齿

轮。如图 9－4 所示，两齿轮轴线的交角为

$$\Sigma = \beta_1 \pm \beta_2$$

式中，β_1，β_2——齿轮 1，齿轮 2 的节圆柱螺旋角。

螺旋齿轮副中的每一个齿轮实际上就是普通的斜齿圆柱齿轮，其齿面为渐开线螺旋面，齿面的端截形为渐开线。螺旋齿轮啮合时，齿面为点接触，在接触点处有相对滑移。

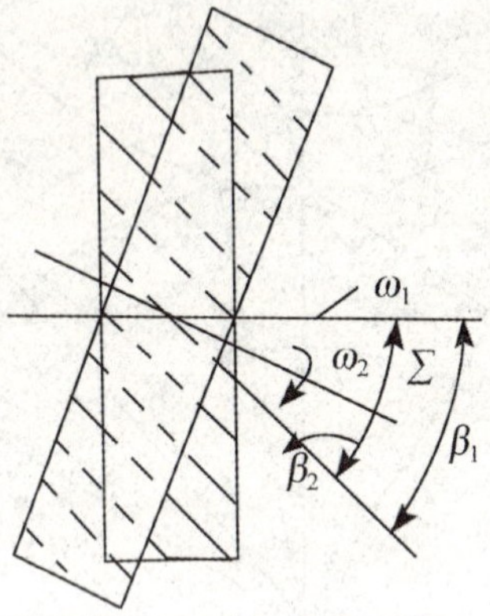

图 9－4　螺旋齿轮的啮合

9.1.4 蜗杆的类型

为了便于制造和检验，常用的蜗杆螺纹表面是由直母线形成的。按照直母线和蜗杆轴线的相对位置不同，可以形成渐开线蜗杆，阿基米德蜗杆和法向直廓蜗杆等。

1. 渐开线蜗杆。渐开线蜗杆实质上就是一个齿数很少的螺旋圆柱齿轮，其齿面为渐开螺旋面。渐开螺旋面是由与基圆柱相切的平面中的一条斜线绕基圆柱螺旋而形成的，斜线与端面的夹角为基圆螺旋升角 λ_b。按形成原理，渐开线蜗杆可用车削加工，如图 9－5 所示，车削时，车刀的前面与直径为 d_b 的基圆柱相切，车右侧齿面时，车刀低于蜗杆轴线。车左侧齿面时，车刀高于蜗杆轴线，车刀的侧前角 $\gamma_f = 0°$，齿形角为 λ_b，渐开线蜗杆齿面的轴向截形是曲线，端截形为渐开线。

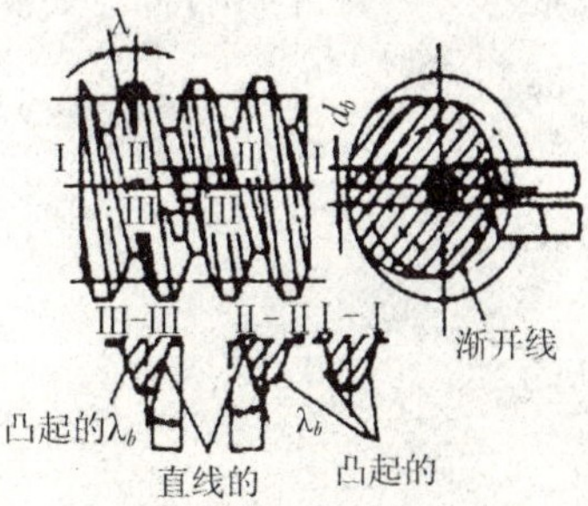

图 9－5　渐开线蜗杆齿面的形成

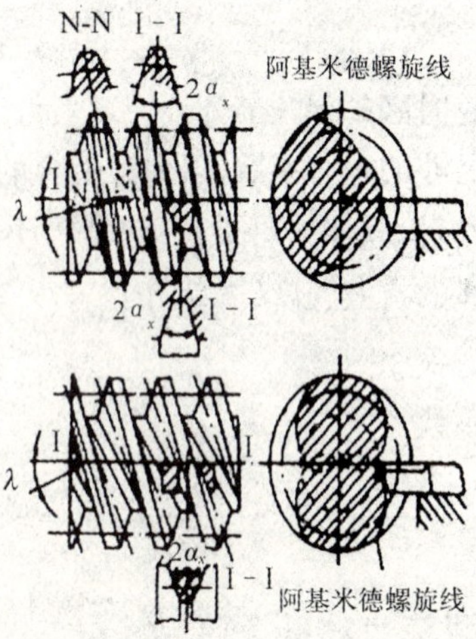

图 9－6　阿基米德蜗杆齿面的形成

2. 阿基米德蜗杆。阿基米德蜗杆的齿面是阿基米德螺旋面，其齿面的形成原理如图9－6所示，它可用车削加工，与车削普通螺纹类似，车刀为直线切削刃，并通过蜗杆的轴向平面，其齿形角为α_x，因此，蜗杆齿面是由直母线(刀刃)绕蜗杆轴线作螺旋运动形成的。显然，阿基米德蜗杆齿面的轴向截形为直线，这一点给蜗杆的制造和检验带来许多方便。阿基米德蜗杆的端截形为阿基米德螺旋线。

3. 法向直廓蜗杆。法向直廓蜗杆是指在齿形的某一法截面中具有直线齿形的蜗杆。因直线齿形所在的法截面不同，这类蜗杆又可分为齿槽法向直廓蜗杆和齿纹法向直廓蜗杆。如图9－7所示，这类蜗杆可用直线刃车刀安装在$N-N$或N_1-N_1剖面中车削加工切出。法向直廓蜗杆的端截形为延长渐开线。

§9.2 齿轮刀具的种类和工作原理

齿轮刀具是用于加工齿轮齿形的刀具，由于齿轮的种类很多，其加工方法和生产批量又各不相同，所以齿轮刀具的种类也很多。

1. 按刀具的成形原理分，有以下两类刀具：

(1)成形齿轮刀具。这类刀具的齿形或齿形的投影与被加工直齿齿轮端面内的槽形相同。这类刀具主要有盘形齿轮铣刀、指形齿轮铣刀等。

①盘形齿轮铣刀。盘形齿轮铣刀是一种铲齿成形铣刀，其结构如图9－7(a)所示。它容易制造，成本低，在普通铣床上就能加工齿轮，切齿过程中刀具旋转，沿齿槽方向进给，铣完一个齿槽后需分度，但加工精度和生产效率低，只适用于单件，小批量生产或修配车间加工直齿、斜齿圆柱齿轮和齿条等。

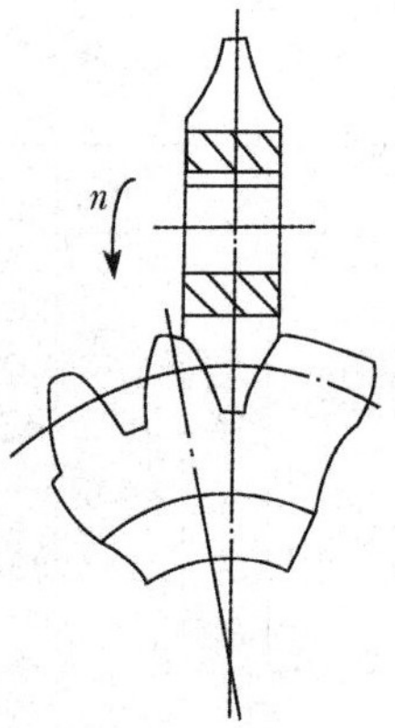

(a)盘形齿轮铣刀

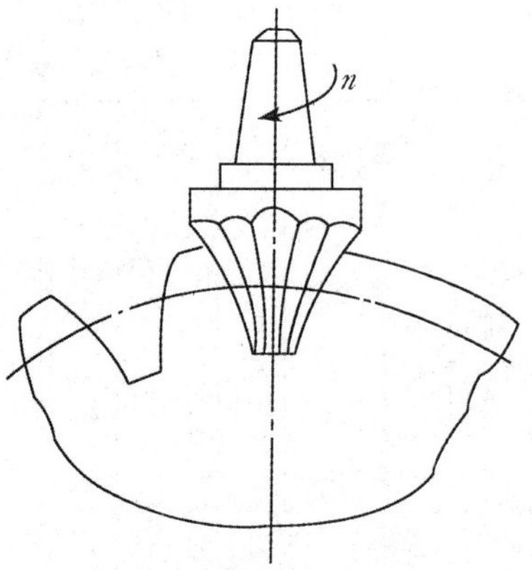

(b)指形齿轮铣刀

图9－7　成形齿轮铣刀

当盘形齿轮铣刀前角为零度时，其刃口形状就是被加工齿轮的齿形。而齿轮齿形的渐开线形状有基圆大小决定，如图9－8所示。基圆愈小，渐开线愈弯曲；基圆无穷大时，渐开线变为直线，即为齿条齿形。而基圆直径又与齿轮的模数、齿数、压力角有关。当被加工齿轮的模数和压力角都相同，只有齿数不同时，其齿形的渐开线形状显然不同，这就要求对每一种齿数的齿轮设计一把铣刀，从而大大增加了盘形齿轮铣刀的规格，提高了成本。为此，可把齿数接近的几个齿轮用相同的一把铣刀去加工，这样虽然使被加工齿轮产生了一些误差，但铣刀的数量却减少了很多。

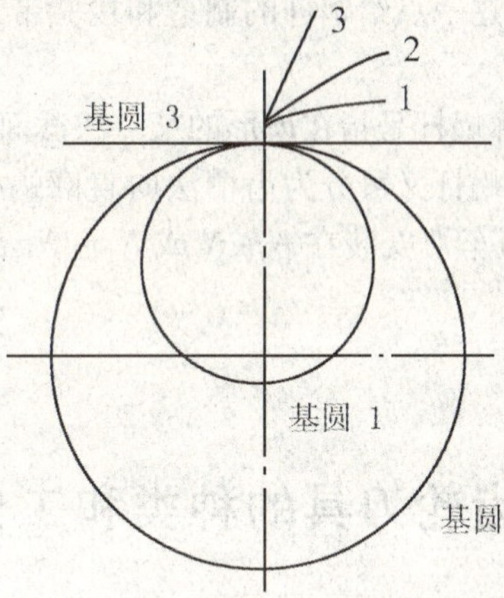

图 9－8　渐开线形状与基圆的关系

盘形齿轮铣刀用高速钢制造，可用于加工分圆压力角为 20°，模数为 0.3 ~ 16*mm* 的圆柱齿轮。从理论上说，加工不同模数、不同齿数的齿轮，都应使用不同刃形的铣刀。因为齿数不同，齿形就不同。在实际生产中加工压力角为 20°的直齿渐开线圆柱齿轮用的盘形齿轮铣刀已经标准化了（*GB*9063 · 1 − 88）。当模数为 0.3 ~ 8*mm* 时，每种模数的铣刀由 8 把组成一套；当模数为 9 ~ 16*mm* 时，每种模数的铣刀由 15 把组成一套。一套铣刀中的每一把都有一个号码，称为刀号。每套中各号铣刀加工齿轮的齿数范围如表 9 − 1 所示。每号铣刀的齿形，是按所加工齿数范围中齿数最少的齿轮齿形设计的。用这把铣刀加工其他齿数的齿轮时会产生齿形误差。因为齿数少的齿轮齿形曲率半径小，用这种齿形的铣刀加工其他齿数的齿轮时会使被加工齿轮的齿顶和齿根多切掉一些金属，啮合时不会有干涉的危险。

表 9 − 1　　盘形齿轮铣刀的分组

铣刀号		1	$1\frac{1}{2}$	2	$2\frac{1}{2}$	3	$3\frac{1}{2}$	4	$4\frac{1}{2}$	5	$5\frac{1}{2}$	6	$6\frac{1}{2}$	7	$7\frac{1}{2}$	8
加工齿数	8把一套	12 ~ 13	–	14 ~ 16	–	17 ~ 20	–	21 ~ 25	–	26 ~ 34	–	35 ~ 54	–	55 ~ 134	–	≥135
	15把一套	12	13	14	15 ~ 16	17 ~ 18	19 ~ 20	21 ~ 22	23 ~ 25	26 ~ 29	30 ~ 34	35 ~ 41	42 ~ 54	55 ~ 79	80 ~ 134	≥135

盘形齿轮铣刀也可加工斜齿圆柱齿轮。所用铣刀的模数与压力角应与被切齿轮的法向模数和压力角相同，而刀号由当量齿数 Z_v 确定，即

$$Z_v = \frac{Z_1}{cos^3\beta_1}$$

式中,Z_1——斜齿轮齿数;

β_1——斜齿轮分度圆螺旋角。

②指形齿轮铣刀。如图9-7(*b*)所示这种齿轮铣刀实质上是一种成形立铣刀,有铲齿和尖齿结构,切齿方法与盘形铣刀相同,刀具旋转,沿齿槽进给,分度。主要用于加工大模数(m=10~100mm)的直齿,斜齿齿轮以及无空刀槽的人字齿轮等。指形齿轮铣刀工作时相当于一个悬臂梁,齿数少,几乎整个刃长都参加切削,切削力大,刀齿负荷重,工作条件差,因此,进给量小,加工效率低。指形齿轮铣刀还没有标准化,需按照被加工齿轮齿形进行专门的设计和制造。

(2)展成齿轮刀具。这种类型的齿轮刀具齿形和工件齿槽形状不同。切齿时,刀具相当于一个齿轮,它与被加工齿轮作无侧隙啮合,工件齿形是刀具齿形运动轨迹包络而成的。其加工齿轮的精度和生产率较高,刀具通用性好,是生产中广泛采用的一种齿轮刀具。这类刀具最常用的有:

①齿轮滚刀。可加工直齿,斜齿圆柱齿轮,生产率较高,应用最为广泛。

②蜗轮滚刀。是加工蜗轮最常用的刀具,它需要进行专门的设计和制造。

③插齿刀。是加工内、外齿轮最常用的刀具,除此之外,还可用来加工台肩齿轮、阶梯齿轮、无空刀槽的人字齿轮和外圆柱齿轮等。它的加工精度略高于滚齿。

④剃齿刀。是对未淬硬($HRC<32$)的直齿、斜齿圆柱齿轮进行精加工的刀具。齿轮在被剃之前,需用专门的滚刀或剃前插齿刀加工出齿槽,并在齿面上留有剃削余量。剃齿刀加工齿轮生产率高,刀具寿命长,在成批大量生产中使用较多。

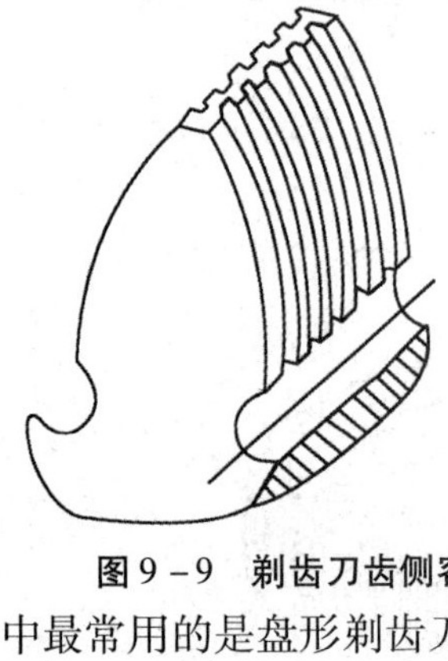

图9-9 剃齿刀齿侧容屑槽

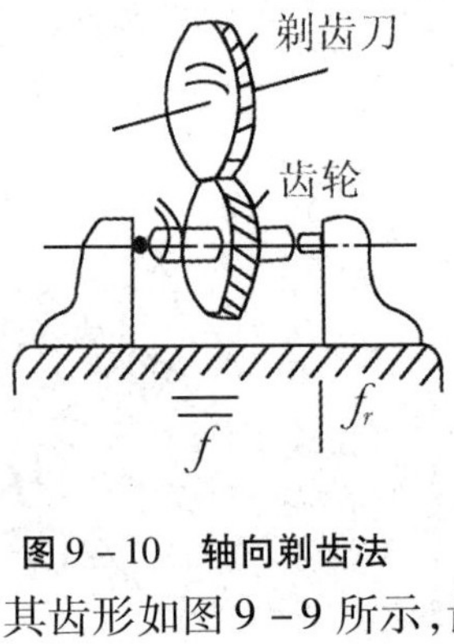

图9-10 轴向剃齿法

生产中最常用的是盘形剃齿刀,其外观与斜齿轮相似,其齿形如图9-9所示,齿侧面开有容屑槽以形成切削刃。用的较多的剃齿方法是轴向剃齿法。采用这种剃齿法加工齿轮的情况如图9-10所示。剃齿过程与交错轴螺旋齿轮啮合类似,剃齿刀与被剃齿轮是点接触,啮合过程中,两齿侧面间产生相对滑移而形成切削运动。为了剃出齿轮的整个齿侧面,当剃齿刀带动齿轮转动的同时,被剃齿轮还要沿其轴线作往复运动。每一往复行程后,剃齿刀还要相对于被剃齿轮作径向进给,直到剃除齿厚上的所有加工余量为止。

2. 按被加工的齿轮分。按被加工的齿轮分,有以下三类刀具:

(1)圆柱齿轮刀具,它又可分为两类:

①加工渐开线圆柱齿轮的刀具。如上述的成形齿轮刀具以及展成齿轮刀具中的齿轮滚

刀、插齿刀、梳齿刀、剃齿刀等。在这类刀具中,展成齿轮刀具的通用性较成形齿轮刀具好,用同一把展成齿轮刀具,可以加工模数和齿形角相同而齿数不同的齿轮,也可用标准刀具加工不同变位系数的变位齿轮。

②加工非渐开线圆柱齿轮的刀具。如圆弧齿轮滚刀、摆线齿轮滚刀、花键滚刀等。

(2)蜗轮刀具。如蜗轮滚刀、蜗轮飞刀、蜗轮剃齿刀等。

(3)锥齿轮刀具,它又可分为两类:

①加工直齿锥齿轮的刀具。如成对刨刀、成对盘铣刀、拉-铣刀盘等。

②加工曲线齿锥齿轮的刀具。如弧齿锥齿轮铣刀盘、摆线齿锥齿轮铣刀盘等。

§9.3 齿轮滚刀

9.3.1 齿轮滚刀的工作原理

齿轮滚刀是一种用展成法加工齿轮的刀具,也是齿轮加工中最常用的刀具。它是按螺旋齿轮啮合原理加工齿轮的。在加工过程中,滚刀相当于一个斜齿圆柱齿轮,它同被加工的齿轮形成螺旋齿轮啮合,图9-11是用滚刀在滚齿机上加工齿轮的情况。切削时,滚齿的主运动是滚刀的旋转运动。滚刀转一圈,被加工齿轮转过的齿数等于滚刀头数,以形成展成运动,为了在整个齿宽上都加工出齿轮齿形,滚刀还要沿齿轮轴线方向进给,同时,为了得到规定的齿高,滚刀还要相对于齿轮作径向进给运动。在加工斜齿轮时,除了上面的运动外,齿轮还有一个附加转动,附加转动的大小与斜齿轮螺旋角的大小有关。

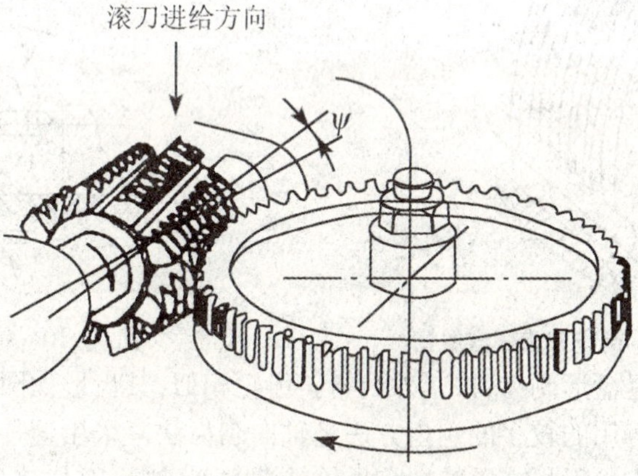

图9-11 齿轮滚刀的工作情况

9.3.2 齿轮滚刀的基本蜗杆

1. 滚刀基本蜗杆的意义。如图9-12所示,齿轮滚刀相当于一个螺旋齿轮,它的齿数很少(或称头数,通常是一头或二头),螺旋角很大,实际上就是一个蜗杆。因为它是一把刀具,其上开有容屑槽,以形成后角。这样一来,滚刀的外形已不像一个蜗杆了。但由于用滚刀加工齿轮时是严格按照螺旋齿轮的啮合过程进行的,因此,要加工出合格的齿轮,滚刀的切削刃必须在蜗杆表面上，这个蜗杆称为滚刀的基本蜗杆。基本蜗杆的螺纹通常做成右旋的，有时也做成左旋的，这些滚刀分别称为右旋滚刀或左旋滚刀。

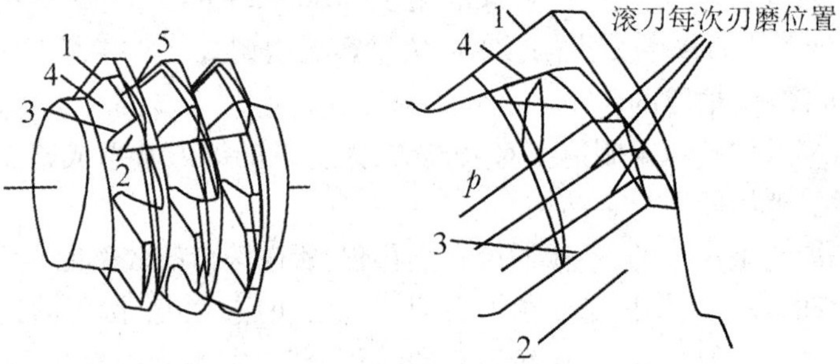

图9－12　滚刀的基本蜗杆

按照渐开线螺旋齿轮啮合原理，上述基本蜗杆的齿面应是渐开螺旋面，相应地称为渐开线基本蜗杆，而这样的滚刀称为渐开线滚刀。用渐开线滚刀可以切出理论上完全正确的渐开线齿形。但是，由于这种滚刀制造困难，生产上用得不多，生产中大量地采用近似造形的滚刀，它们的基本蜗杆是阿基米德蜗杆或法向直廓蜗杆，这些滚刀分别称为阿基米德滚刀或法向直廓滚刀。

2. 齿轮滚刀基本蜗杆参数的计算。既然齿轮滚刀的基本蜗杆相当于斜齿圆柱齿轮，所以斜齿圆柱齿轮各基本参数的定义和计算公式也适用于滚刀的基本蜗杆。但是因为滚刀的螺旋角较大，一般公式中都用螺旋升角来代替它。基本蜗杆的主要参数如下：

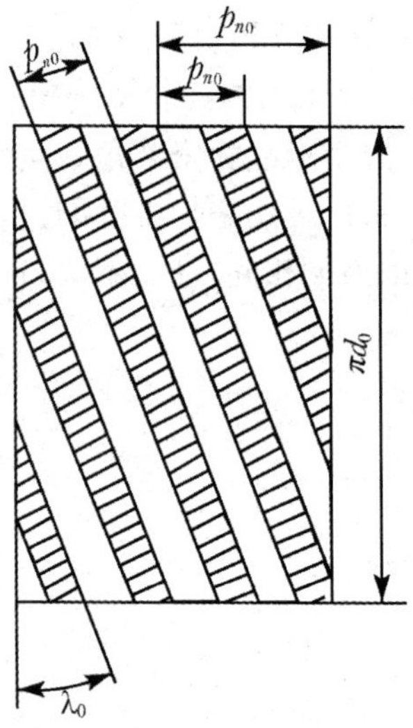

图9－13　基本蜗杆的分圆柱面展开图

滚刀基本蜗杆的分圆柱螺旋升角 λ_0 按下式计算：

$$sin\lambda_0 = \frac{m_n Z_0}{d_0}$$

式中，m_n——滚刀基本蜗杆的法向模数，等于被加工齿轮的法向模数；

Z_0——滚刀基本蜗杆的螺纹头数；

d_0——滚刀的分圆柱直径。

滚刀基本蜗杆的法向分圆齿距为：$p_{n0} = \pi m_n$ 图9－13是基本蜗杆螺纹在分圆柱面上的截形展开图。由图可得基本蜗杆的轴向齿距为：

$$p_{x0} = \frac{p_{n0}}{cos\lambda_0} = \frac{\pi m_n}{cos\lambda_0}$$

当 $Z_0 > 1$ 时，基本蜗杆的导程为：

$$p_{x0} = p_{x0} Z_0$$

或

$$p_{x0} = \pi d_0 tan\lambda_0$$

9.3.3 齿轮滚刀的选用

对模数1～10的齿轮滚刀,我国已经标准化了(*GB*6083－85)。此标准适用于加工齿形角为20°的渐开线齿轮。滚刀作单头,右旋,零前角直容屑槽型式,分*AA*级、*A*级、*B*级和*C*级四种,分别加工6、7、8、10级精度的齿轮。

齿轮滚刀一般都采用高速钢制造。对大模数,大直径的滚刀常做成镶齿结构。小模数的齿轮滚刀有时也做成整体硬质合金结构。

因为滚刀加工齿轮是连续的,不像插齿有空行程,所以滚齿的效率比插齿高。使用单头滚刀加工齿轮时,齿轮的每一齿侧面都是由许多刀刃包络而成,因此,滚刀的齿距误差不会影响被加工齿轮的齿距精度。但是,由于齿轮滚刀的结构所限,它不能用来加工双联齿轮,空刀槽小的人字齿轮和内齿轮。在加工宽度较小的齿轮时,由于切入切出的工时较长,滚齿的生产率就不如插齿高。滚齿时,滚刀要沿被切齿轮轴线方向进给,所以在齿面上会出现进给波纹,影响表面质量。与插齿刀相比,同样的精度等级,滚刀加工齿轮的齿形精度较低。

在选用滚刀时,应使滚刀的法向模数,法向齿形角与被切齿轮的法向模数和分圆压力角相同。同一把滚刀,既可用来加工直齿轮,也可用来加工斜齿轮,只是滚刀的安装角不同。如图9－14所示,当滚刀与齿轮螺旋角旋向一致时,安装角φ等于工件分圆螺旋角β与滚刀分圆螺旋升角λ_0之差;反之,安装角φ为β、λ_0两角之和。滚切直齿轮时,因为$\beta=0°$,则有:$\varphi=\lambda_0$。同一把滚刀,既可用来加工标准齿轮,又可用来加工变位齿轮。而且,只要被切齿轮的模数和压力角与滚刀的相同,同一把滚刀可用来加工任意齿数的齿轮。

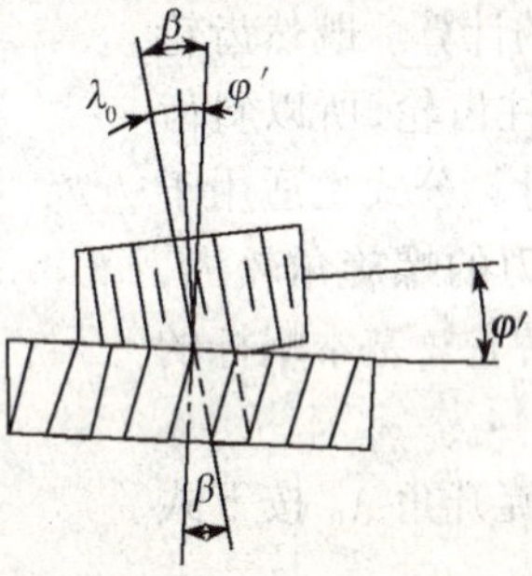

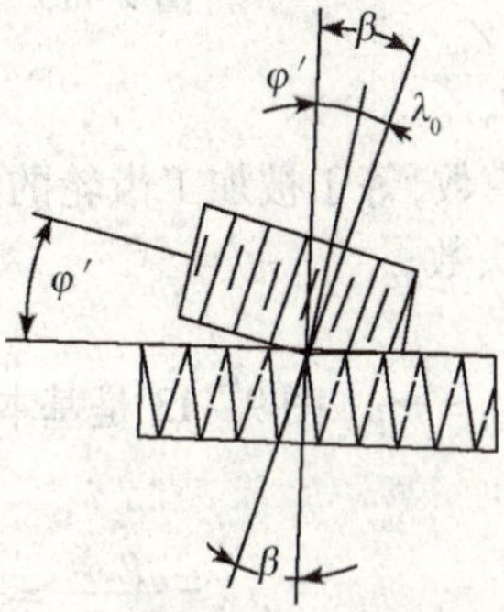

图9－14　滚刀的安装角

增大滚刀外径,可以增加滚刀的圆周齿数,从而增加包络被加工齿轮齿面的刀刃数,减少每个刀齿的切削负荷,提高被加工齿轮的齿形精度和延长滚刀的使用寿命。对标准零前角滚刀而言,增大滚刀外径可减小滚刀的螺旋升角,这样可减小滚刀的造形的误差。因此,在国家标准 GB6083-85 中,Ⅰ型为大外径系列,Ⅱ为小外径系列。前者用于高精度的 AA 级滚刀,后者用于 AA、A、B、C 四种精度等级的滚刀。

另外,Ⅰ型滚刀的长度也比Ⅱ型滚刀长。这是因为加长滚刀有一定的轴向窜刀储备量,可是磨损较大的刀齿离开最大负荷区,而将原来磨损很小的刀齿移至最大负荷区。这样不仅可以明显提高滚刀的使用寿命,而且可以保证齿轮的加工精度。轴向窜刀可用机床的轴向窜刀机构或手动调整窜刀来实现。

9.3.4 齿轮滚刀的发展方向

随着机械制造技术的不断发展,对齿轮的精度和齿面的硬度都提出了新的要求。为了满足这些要求,作为齿轮加工主要刀具的齿轮滚刀,其发展趋势是:改进齿轮滚刀的结构,降低制造成本,延长使用寿命,使齿轮加工有更高的精度和效益。在齿轮滚刀的发展方向中最有代表意义的是加工硬齿面的刮削滚刀和圆磨法滚刀(或称不铲磨滚刀)。

1. 加工硬齿面的刮削滚刀。所谓硬齿面是指淬火硬度在 HRC45~64 的齿轮齿面。这种齿轮齿面的传统加工方法是磨齿。但磨齿效率低、成本高,需专用设备。20 世纪 70 年代国外出现了这种新型的刮削滚刀以滚代磨对淬硬齿轮进行精加工,大大提高了加工这种齿轮的经济效益。目前,我国不少厂家也研制成功了这种滚刀并已投入批量生产。

如图 9-15 所示,这种滚刀采用焊接式结构,刀片选用优质的新牌号硬质合金如 YT5 等,刀体选用合金结构钢或合金工具钢。对焊接质量要求较高,一般均采用真空炉焊接。

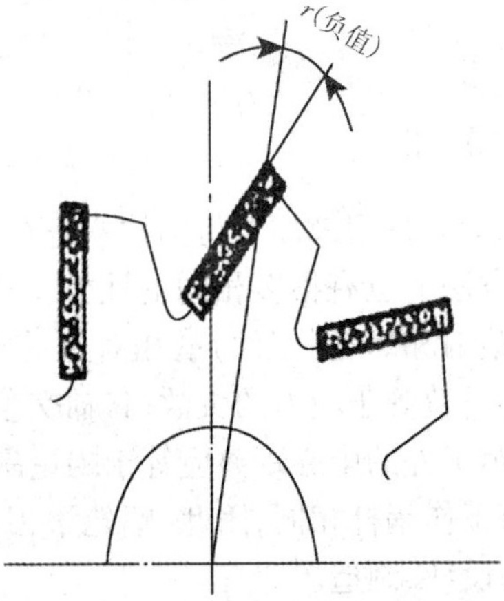

图 9-15 硬齿面刮削滚刀

为了减少切入时对刀齿的冲击,硬齿面刮削滚刀都设计成大负前角,通常采用 $-25° \sim -30°$。滚刀的容屑槽做成直槽,外径和孔径都比较大,这有利于增加加工时的刚性,减少振动。

在硬齿面刮削加工之前,齿轮需用专门的滚刀粗切齿。刮削加工时,滚刀的齿顶是不参加切削的。

2. 圆磨法齿轮滚刀(非铲磨齿轮滚刀)。上面所提到的齿轮滚刀,后面的最终工序都是铲磨加工。铲磨只能使用小直径砂轮,磨削效率低,齿面粗糙度差,而且仅 $\frac{1}{2} \sim \frac{2}{3}$ 的齿面长度能铲磨出合格齿形,因而使滚刀的刃磨次数减少,寿命缩短。由此而发展了新结构滚刀,称圆磨法滚刀(或非铲磨滚刀)。圆磨法滚刀齿面的形成原理如图 9-16(a)所示。先将刀片装在工艺刀体上,使刀片的偏距为 e,然后将工艺刀体和刀片装在蜗杆磨床或螺纹磨床上磨齿形。磨完后,再把刀片从工艺刀体上取下来装在工作刀体上,使前面与工作刀体的中心线对齐,这样便使滚刀齿面产生了后角。最后,如图 9-16(b)所示,用定位端盖将刀片压紧而成为一把装配式滚刀。

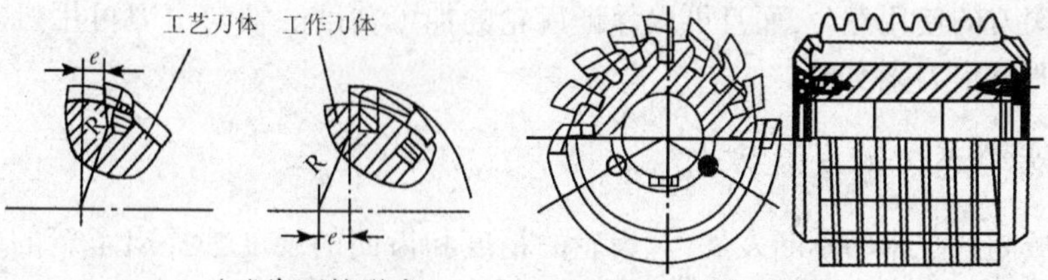

(a)齿面的形成　　(b)装配图

图 9-16　圆磨法滚刀

由于在螺纹磨床上可采用大直径砂轮磨齿面,使磨齿效率得以大幅度提高,齿面的粗糙度有较大改善,而且可磨出整个齿面,从而使滚刀的重磨次数大大增加。因为具有这些优点,圆磨法滚刀在工业发达的国家中得到了迅速的发展,在加工中等模数以上的齿轮中,大有取代传统铲磨式齿轮滚刀的趋势。我国的一些研究单位和厂家也在研究和试制这种滚刀。

§9.4 蜗轮滚刀

9.4.1 蜗轮滚刀的工作原理

1. 蜗轮滚刀的特点。蜗轮滚刀是用来加工与圆柱蜗杆相啮合的蜗轮的,它在外观上与齿轮滚刀很相似,在设计理论和方法上也有很多相同的地方。蜗轮滚刀加工蜗轮时是模拟着蜗杆蜗轮的啮合传动过程:蜗轮滚刀和蜗轮(工件)的相对运动与工作蜗杆和蜗轮的相对运动相同,即滚刀转一转,蜗轮转过的齿数等于滚刀的头数;其轴交角等于蜗轮副啮合传动的轴交角;滚刀径向进给到最终位置后,距工件的中心距离应等于蜗论副啮合传动的中心距,而且滚刀基本蜗杆的类型和主要尺寸也与工作蜗杆相同,因此,蜗轮滚刀是专用刀具,它必须根据被加工蜗轮副的有关参数进行专门的设计、制造。

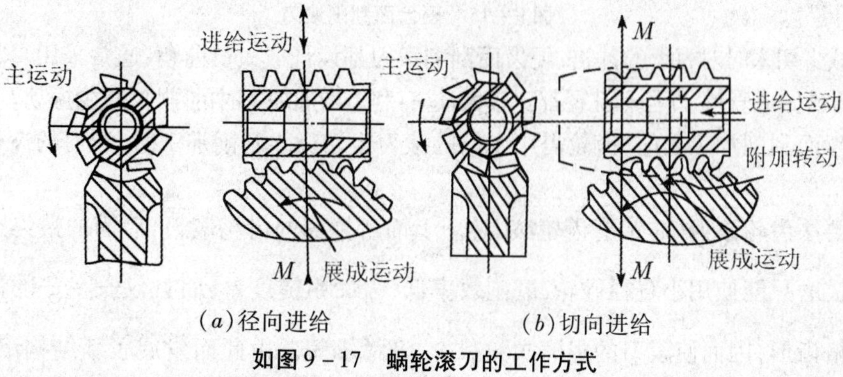

(a)径向进给　　(b)切向进给

如图 9-17　蜗轮滚刀的工作方式

2. 蜗轮滚刀的切削方式。蜗轮滚刀切削蜗轮时，可采用两种不同的进给方式：径向进给方式（图9－17*a*）和切向进给方式（图9－17*b*）。用径向进给方式时，滚刀每转一圈，蜗轮转过的齿数应等于滚刀的头数，这样就形成了展成运动；在此同时，滚刀沿着蜗轮半径方向进给，逐渐切入蜗轮材料，直到规定的中心距为止，滚刀再把工件切几圈，包络出蜗轮的完整齿形。用径向进给切蜗轮时，滚刀每个刀齿是在相对于蜗轮轴线的一定位置切出齿形上一定的部位。

用切向进给方式时，必须把滚刀和蜗轮的中心距调整到等于规定的中心距，而滚刀沿本身的轴线方向逐渐切入蜗轮。在此同时，需有如下的展成运动：当滚刀每转一圈，蜗轮除了要转过与滚刀头数相等的齿数外，还需有附加的转动。为了减轻第一个切入刀齿的负荷，切向进给的蜗轮滚刀必须在前端做有切削锥部，锥角 $\varphi_k = 11° \sim 13°$。

用切向进给方式加工蜗轮可以得到较光洁的加工表面，这是因为在切向进给时包络蜗轮齿形的切线数目不仅和滚刀的刀齿数有关，而且还与滚刀沿轴线方向的进给量大小有关。当滚刀切向进给时，每个刀齿在蜗轮上的造形点是不断改变位置的，切向进给量越小，包络蜗轮齿形的切线数目就越多，因而得到的齿面越光洁。此外，因切向进给的滚刀有切削锥部，各刀齿切削负荷比较均匀，因而滚刀的耐用度也较高。但是切向进给方式的生产效率较低，而且需用机床专用附件——切向刀架，同时传动链也较长，使得齿面精度有所降低，所以加工精密蜗轮时一般还是采用径向进给。

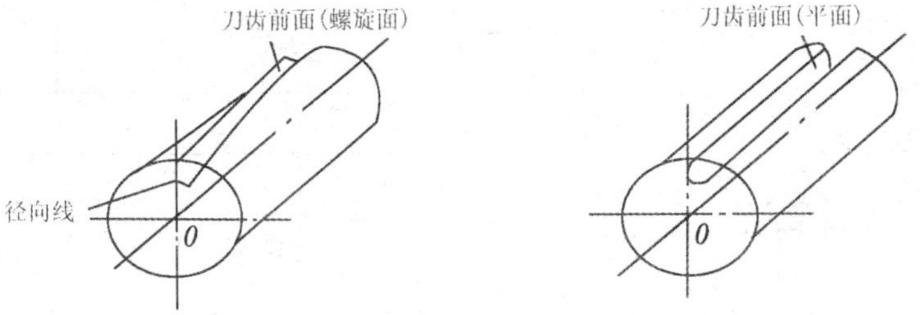

（*a*）螺旋槽　　（*b*）直槽

图9－18　滚刀的容屑槽

9.4.2 阿基米德蜗轮滚刀的齿形设计

基本蜗杆螺旋面是阿基米德螺旋面的蜗轮滚刀称阿基米德蜗轮滚刀，它是生产中使用最普遍的一种加工蜗轮的刀具。现以这种滚刀为例来说明蜗轮滚刀的齿形设计方法。

1. 滚刀的容屑槽。滚刀容屑槽的一侧构成前面。容屑槽可做成直槽，如图9－18（*b*），其前面为一平面。也可做成螺旋槽，其前面为阿基米德螺旋面，如图9－18（*a*）所示。前面与滚刀端面的交线为一直线，且通过滚刀轴线，因此，滚刀的径向前角为0°。直槽滚刀加工蜗轮时，左右两侧刃的前角不等，且一侧为负值。在图9－19（*b*）滚刀分圆柱展开图中，加工蜗轮时，合成切削速度$\overline{v_e}$的方向与滚刀基本蜗杆螺纹方向一致，切削刃上与$\overline{v_e}$垂直的平面是基面，前面与基面间的夹角是横向前角 γ_f。由图知 $\gamma_{fR} > 0°$，而 $\gamma_{fL} < 0°$。如图9－19（*a*）所示，滚刀采用螺旋槽后，便有 $\gamma_{fR} = \gamma_{fL} = 0°$，从而使滚刀左右侧刃的切削性能、耐用度和加工精度都相同。但螺旋容屑槽的制造，检验都比直槽麻烦，所以当滚刀分圆螺旋升角 $\lambda_o \leqslant 5°$，上述影响很小时，都将滚刀做成直槽。

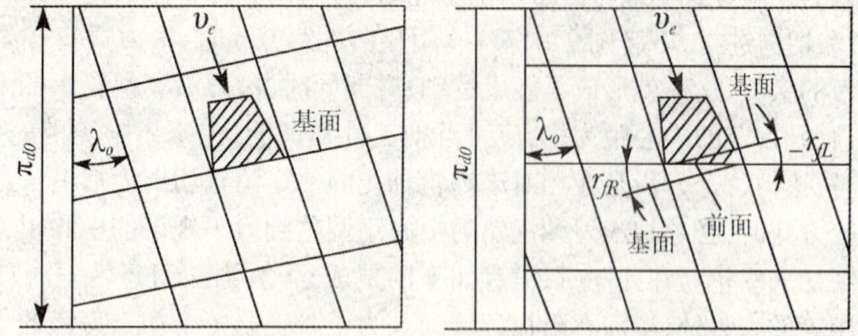

（a）螺旋槽　　（b）直槽

图 9－19　滚刀侧刃前角

滚刀做成螺旋槽时，一般让前面垂直于基本螺杆螺纹方向，如图 9－20 所示，使 $\beta_k=\lambda_o$，其中 β_k 为前面在分圆柱上的螺旋角，λ_o 为滚刀基本蜗杆螺纹表面在分圆柱上的螺旋升角。由图可知

$$P_k=\frac{\pi d_o}{tan\beta_k}$$

式中，d_o——滚刀分圆直径。

令 P_o 为滚刀基本蜗杆螺旋面导程，则有 $\pi d_o=\frac{P_o}{tan\lambda_o}$，

代入上式，得

$$P_k=\frac{P_o}{tan\lambda_o tan\beta_k}=\frac{P_o}{tan^2\lambda_o}$$

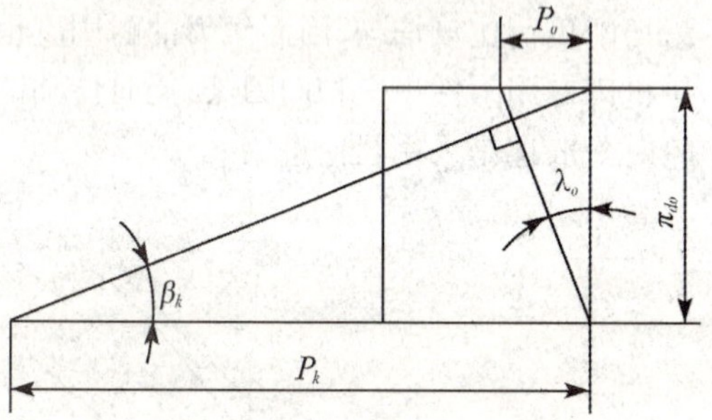

图 9－20　滚刀分度圆柱展开图

2. 滚刀的铲齿及轴向截形。为了使滚刀获得后角，刀齿的侧后面和顶后面都要进行铲齿加工。工厂中所采用的铲齿方法是径向铲齿法。现以侧后面为例来说明径向铲齿过程及后面的形成原理。

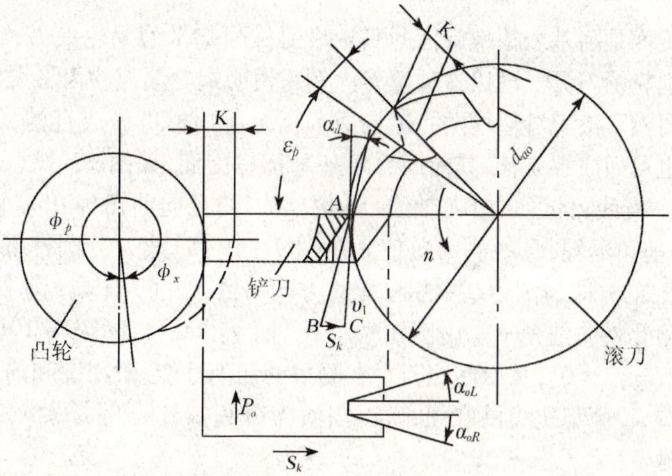

图 9－21　滚刀的铲齿

滚刀的铲齿是在专用的铲齿车床上进行的，如图 9－21 所示。滚刀旋转的同时，铲刀一方面沿着滚刀轴线方向按滚刀基本蜗杆的导程 p_o 运动；另一方面垂直于滚刀轴线，按每齿铲削量为 K 作径向铲齿运动。铲刀的铲齿运动由机床的凸轮控制，凸轮每转一圈，铲刀来回运动一次，铲削滚刀的一个刀齿。在实际生产中，一般是将滚刀的顶刃和两个侧刃用单独的铲刀分别铲削。

用这种方法铲出来的侧后面仍然是阿基米德螺旋面，但其导程已经和基本蜗杆螺旋面的导程不同了。在图 9－22 分圆柱展开图中，虚线为基本蜗杆螺旋线，其导程为 P_o。P_{oL} 和 P_{oR} 分别为刀齿左右侧铲面的导程，显然，从图中可看出 $P_{oR} > P_o$，而 $P_{oL} < P_o$。

为了求得滚刀左右侧铲面的导程 P_{oL} 与 P_{oR}，现引入铲削当量这个概念。实际铲齿时，铲刀每铲完一个刀齿，铲刀要退回到起始位置，然后再铲下一个刀齿。设想铲刀铲完一个刀齿后不退回，一直继续铲下去，滚刀转一圈时，铲刀沿滚刀径向移动的距离称铲削当量，用 K_v 表示。即

$$K_v = N \cdot K \tag{9-5}$$

式中，N——滚刀转一圈的铲削次数。

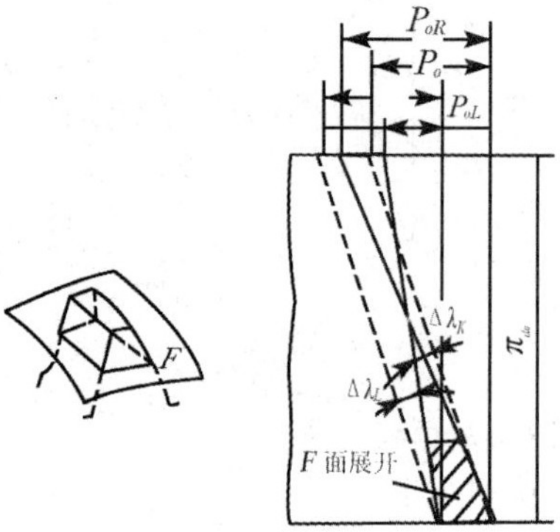

图 9－22　滚刀刀齿分度圆柱展开图

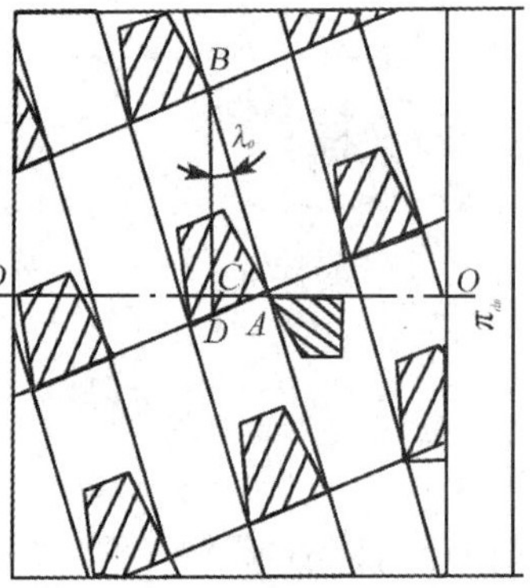

图 9－23　螺旋槽滚刀的铲齿

对于直槽滚刀、滚刀转一圈，铲削 Z_k 次，即 $N = Z_k$（Z_k 为滚刀的圆周齿数）。对于螺旋槽滚刀，N 的值可由滚刀分圆柱展开图 9－23 求得。由于滚刀的刀齿分布在螺旋槽前面上、滚刀转一圈，铲削次数 $N \neq Z_k$。图中，设某一刀齿的 A 点正在滚刀轴线 $O-O$ 上，此时开始铲削，当铲到下一个刀齿的 B 点时，铲刀往返一次，完成一次铲削，而滚刀转过的弧长为 $\overset{\frown}{BC}$，因而当滚刀转一圈时，铲刀的铲削次数为

$$N = \frac{\pi d_o}{\overset{\frown}{BC}}$$

由直角三角形 ABC 和 ABD 得

$$\overset{\frown}{BC} = AB \cdot \cos\lambda_0 = BD \cdot \cos\lambda_0 \cdot \cos\lambda_0 = \frac{\pi d_0}{Z_k} \cdot \cos^2\lambda_0$$

将 $\overset{\frown}{BC}$ 代入上式有

$$N = \frac{Z_k}{\cos^2\lambda_0} = Z_k(1 + \tan^2\lambda_0)$$

而 $$\tan^2\lambda_0 = P_0/P_k$$

因而有 $$N = Z_k\left(1+\frac{P_0}{P_k}\right) \tag{9-6}$$

从上式可看出，N 不是整数，且大于 Z_k。把上式代入式(9-5)得

$$K_\nu = N \cdot K = \frac{P_k + P_o}{P_k} \cdot KZ_k \tag{9-7}$$

滚刀侧铲面的导程可由图 9-24 求得。设右铲刀刃口为直线，齿形角为 α_{oR}，铲刀的起始位置在 1，滚刀转动的同时，铲刀还要随小拖板作径向铲齿运动，在半径方向移动距离 K_ν，最后到达位置 3。这样铲刀刀刃沿滚刀轴线移动的距离为

$$P_{0R} = P_0 + \triangle P_R$$

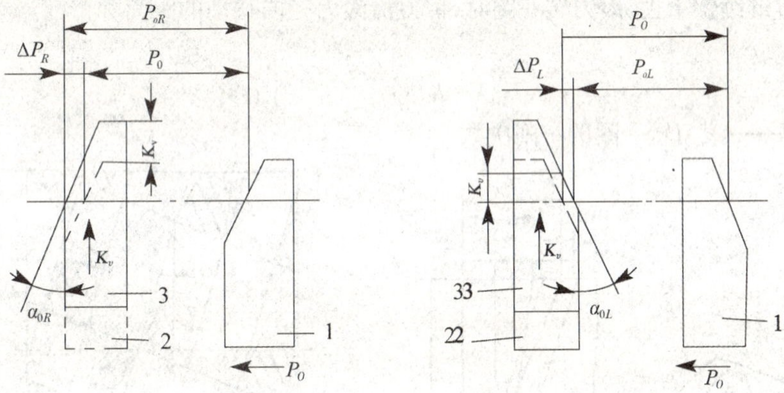

(a) 右侧铲刀　　(b) 左侧铲刀

图 9-24　滚刀侧铲面的导程

$\triangle P_R$ 是由径向铲削当量 K_ν 而产生的轴向位移分量，其值为

$$\triangle P_R = K_\nu \cdot \tan\alpha_{0R}$$

所以 $$P_{0R} = P_0 + K_\nu \cdot \tan\alpha_{0R} \tag{9-8}$$

同理，左侧铲面的导程应为

$$P_{0L} = P_0 - K_\nu \cdot \tan\alpha_{0L} \tag{9-9}$$

将式(9-7)代入式(9-8)和式(9-9)得

$$\begin{cases} P_{0R} = P_0 + \dfrac{P_k + P_0}{P_k} k \cdot Z_k \cdot \tan\alpha_{0R} \\ P_{0L} = P_0 - \dfrac{P_k + P_0}{P_k} k \cdot Z_k \cdot \tan\alpha_{0L} \end{cases} \tag{9-10}$$

对直槽滚刀，因 $P_k = \infty$，上式为

$$\begin{cases} P_{0R} = P_0 + k \cdot Z_k \cdot \tan\alpha_{0R} \\ P_{0L} = P_0 - k \cdot Z_k \cdot \tan\alpha_{0L} \end{cases} \tag{9-11}$$

为了制造铲刀以及对滚刀进行测量须知道滚刀刀齿的轴向截形，即滚刀刀齿侧铲面的轴向截形。因为滚刀的侧铲面可看成是滚刀的刀刃以导程 P_{0R}（或 P_{0L}）作螺旋运动而形成的螺旋面，而滚刀刀刃又可看成是前面与基本蜗杆螺旋面的交线，所以求滚刀侧铲面轴向截形可按下述步骤进行：

(1)建立阿基米德基本蜗杆螺旋面方程；

(2)建立滚刀前面方程；

(3)联立解上面两个方程即得刀刃方程；

(4)令刀刃按左右侧铲面的导程作螺旋运动，即得到侧铲面方程；

(5)用轴向平面去切侧铲面便得到侧铲面的轴向截形。

为简化求解步骤，先建立阿基米德基本蜗杆螺旋面的方程。如图9－25所示，建立直角坐标系($O-xyz$)以及相应的圆柱坐标系(x、ρ、θ)，x轴与蜗杆轴线重合。

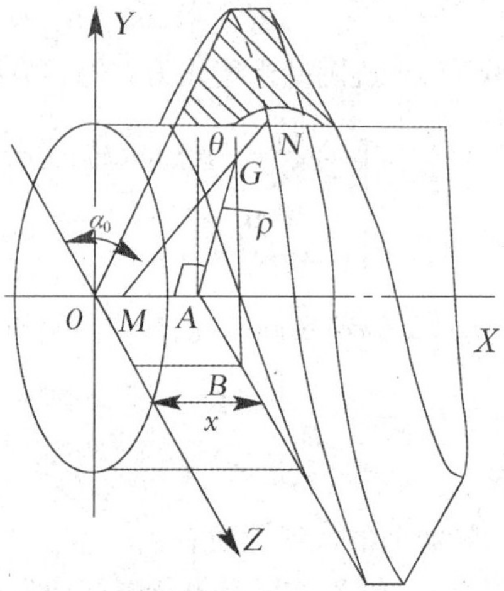

图9－25 阿基米德螺旋面的形成

直母线$\overline{MN}$绕x轴作螺旋运动便形成了阿基米德基本蜗杆螺旋面。直母线$\overline{MN}$与轴x相交，与端面夹角为α_{x0}。当直母线由起始位置运动到任意一位置时，其上任意一点G(半径为ρ，转角为θ)的x坐标为

$$x=\overline{OA}=\overline{OM}+\overline{MA}$$

母线$\overline{MN}$转一圈的同时沿轴线移动一个导程P_0的距离，而转角为θ时轴向移动的距离$\overline{OM}$为

$$\overline{OM}=\frac{P_0}{2\pi}\theta$$

而$\overline{MA}=\overline{AG}\cdot tan\alpha_{x0}=\rho\cdot tan\alpha_{x0}$

因此

$$\begin{cases}x=\dfrac{P_0}{2\pi}\theta+\rho\cdot tan\alpha_{x0}\\ y=\rho\cdot cos\theta\\ z=\rho\cdot sin\theta\end{cases}\qquad(9-12)$$

上面为右旋阿基米德基本蜗杆螺旋面左侧面方程式，为了简单起见，下文将省写y,z两项。

同理，可得到右旋阿基米德基本蜗杆螺旋面右侧面的方程为

$$x=\frac{P_0}{2\pi}\theta-\rho\cdot tan\alpha_{x0}\qquad(9-13)$$

对于左旋阿基米德基本蜗杆螺旋面，上面几个式子中的 θ 为负值。令式(9－12)、式(9－13)中的 $\theta=0$，可得螺旋面轴向截形方程

$$x = \pm\rho \cdot tan\alpha_{x0} \tag{9-14}$$

因 $\theta=0$ 时的轴向截面就是 xyz 坐标平面，且 $\rho=y$，故上式可写为

$$x = \pm y \cdot tan\alpha_{x0} \tag{9-15}$$

螺旋槽滚刀前面也是阿基米德螺旋面，其母线垂直于滚刀轴线，因此有 $\alpha_{x0}=0$。因右旋滚刀的前面为左旋螺旋面，且导程为 P_k，由式(9－13)得前面方程

$$x = -\frac{P_k}{2\pi}\theta \tag{9-16}$$

联立式(9－13)、式(9－16)得右旋阿基米德滚刀右侧刃方程

$$\begin{cases} x = \dfrac{P_0}{2\pi}\theta - \rho \cdot tan\alpha_{x0} \\ x = -\dfrac{P_k}{2\pi}\theta \end{cases} \tag{9-17}$$

因为径向铲齿时，铲刀的运动是等速螺旋运动，所以，侧铲面必为一螺旋面，用其通式表示为

$$x = \frac{P_{0R}}{2\pi}\theta + X \tag{9-18}$$

式中，X 为待定参数，它与螺旋面的母线性质有关。

由于切削刃是基本蜗杆螺旋面、螺旋前面及侧铲螺旋面的交线，故可将式(9－17)代入式(9－18)，并消去 θ 和 x，从而求得代定参数 X

$$X = -\frac{P_{0R}+P_k}{P_0+p_k}\rho \cdot tan\alpha_{x0}$$

将上式代入式(9－18)即得到右旋滚刀右侧后面方程

$$x = \frac{p_{0R}}{2\pi}\theta - \frac{P_k+P_{0R}}{P_k+P_0}\rho \cdot tan\alpha_{x0} \tag{9-19}$$

用同样的方法可得到右旋滚刀左侧后面方程

$$x = \frac{P_{0L}}{2\pi}\theta + \frac{P_k+P_{0L}}{P_k+p_0}\rho \cdot tan\alpha_{x0} \tag{9-20}$$

改变式(9－19)、式(9－20)中 θ 的符号，可得左旋滚刀侧后面方程。

令上两式中的 $\theta=0,\rho=y$ 便得到右旋滚刀后面的轴向截形方程

右侧 $$x = \left[-\frac{P_k+P_{0R}}{P_k+P_0}tan\alpha_{xo}\right]y \tag{9-21}$$

左侧 $$x = \left[\frac{P_k+P_{0L}}{P_k+P_0}tan\alpha_{x0}\right]y \tag{9-22}$$

上两式中，P_k,P_0,P_{0R},P_{0L} 以及 α_{x0} 均为常数，因此，两式都是直线方程，两直线都通过原点，与 y 轴的夹角即为轴向截面内的齿形角 α_{0R} 和 α_{0L}。由式(9－21)和式(9－22)可得到齿形角的表达式为

$$tan\alpha_{0R} = \frac{-x}{y} = \frac{P_k + P_{0R}}{P_k + P_0} \cdot tan\alpha_{x0} \tag{9-23}$$

$$tan\alpha_{0L} = \frac{x}{y} = \frac{P_k + P_{0L}}{P_k + P_0} \cdot tan\alpha_{x0} \tag{9-24}$$

将式(9－10)代入上两式并化简得

$$\begin{cases} cot\alpha_{0R} = cot\alpha_{x0} - \dfrac{KZ_k}{P_k} \\ cot\alpha_{0L} = cot\alpha_{x0} + \dfrac{KZ_k}{P_k} \end{cases} \tag{9-25}$$

用同样的方法可求得左旋滚刀的轴向齿形角为

$$\begin{cases} cot\alpha_{0R} = cot\alpha_{x0} + \dfrac{KZ_k}{P_k} \\ cot\alpha_{0L} = cot\alpha_{x0} - \dfrac{KZ_k}{P_k} \end{cases} \tag{9-26}$$

阿基米德蜗轮滚刀的顶后面同样要进行铲削加工以形成顶后角。在滚刀的轴向截形中，顶后面的截形可用如下方法求得。

仍以右旋滚刀为例开进行分析。由式(9－25)可知，螺旋槽蜗轮滚刀后面轴剖面左右齿形角是不相等的，而且 $\alpha_{oR} > \alpha_{xo}$，$\alpha_{oL} < \alpha_{xo}$ 如图9－26a 所示，可将 α_{0R} 和 α_{oL} 写成如下形式

$$\begin{cases} \alpha_{oR} = \alpha_{xo} + \varphi'_x \\ \alpha_{oL} = \alpha_{xo} - \varphi_x \end{cases} \tag{9-27}$$

将上式代入式(9－21)和式(9－22)得

$$\begin{cases} cot(\alpha_{xo} + \varphi'_x) = cot\alpha_{xo} - \dfrac{KZ_k}{P_k} \\ cot(\alpha_x - \varphi_x) = cot\alpha_{xo} + \dfrac{KZ_k}{P_k} \end{cases} \tag{9-28}$$

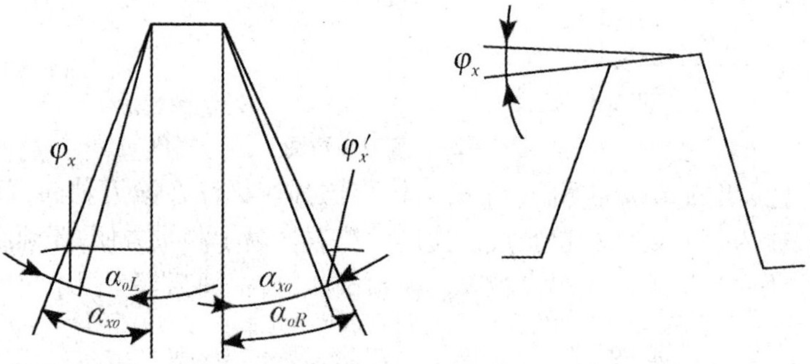

(a)滚刀刀齿轴截形　　　(b)齿顶斜角

图9－26　齿顶斜角的形成

顶后面和侧后面的形成原理完全相同，从几何概念上讲，侧刃为基本蜗杆齿侧面，侧后面和前面的交线，顶刃为外圆柱面，顶后面和前面的交线。若把外圆柱面视为齿形角 $\alpha_{x0} = 90°$ 的基本蜗杆螺旋面，则式(9－28)即为滚刀顶截形的表达式，则

$$\begin{cases} cot(90° + \varphi'_x) = cot90° - \dfrac{KZ_k}{P_k} \\ cot(90° + \varphi_x) = cot90° + \dfrac{KZ_k}{P_k} \end{cases}$$

经整理后得

$$tan\varphi'_x = tan\varphi_x = \frac{KZ_k}{P_k} \tag{9-29}$$

同理，对左旋阿基米德滚刀有

$$tan\varphi_x = -\frac{KZ_k}{P_k} \tag{9-30}$$

φ_x 称为齿顶斜角，如图 9－26(*b*)所示，为轴截面中滚刀齿顶与平行于滚刀轴线的直线间的夹角。

从以上分析可知，螺旋槽阿基米德蜗轮滚刀的轴向齿形均为直线，两侧齿形角不相等，齿顶不平行于滚刀轴线。经铲削后的侧后面和顶后面均为阿基米德螺旋面。

对于直槽滚刀可令式(9－25)和式(9－29)中的 $P_k = \infty$，则有 $\alpha_{0R} = \alpha_{0L} = \alpha_{x0}$，$\varphi_x = 0$。这表明直槽阿基米德蜗轮滚刀轴向齿形左右齿形角相等，都等于基本蜗杆的轴向齿形角，齿顶为平行于滚刀轴线的直线。

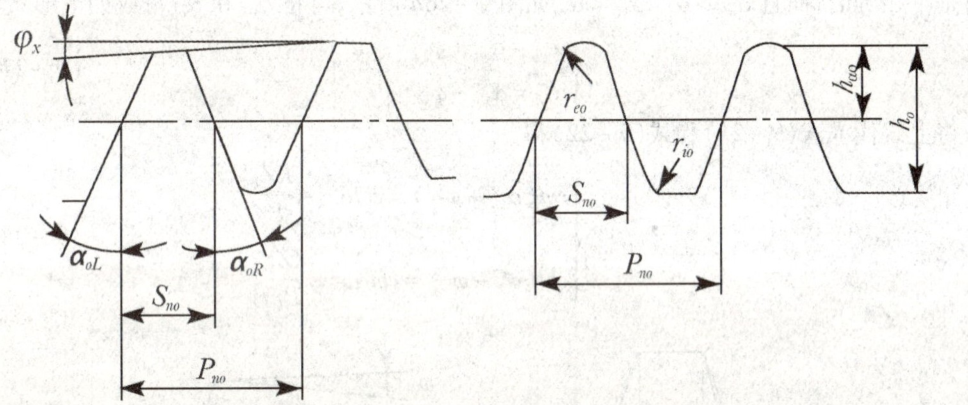

(*a*)轴向齿形　　(*b*)法向齿形

图 9－27　滚刀齿形图

按上述公式计算出的 α_{0R}，α_{0L} 和 φ_x 角的具体数值都应标注在滚刀轴向截面的齿形图中，如图 9－27 所示，作为铲刀设计和检验滚刀齿形的依据。为了测量方便，还须给出滚刀的法向齿形图，其上标注法向齿厚 S_{n0}，法向齿距 P_{n0}，齿顶圆弧，齿根圆弧等。图中尺寸的计算公式如下：

(1)齿顶高

$$h_{a0} = \frac{d_{ao} - d_o}{2} \tag{9-31}$$

(2)全齿高

$$h_0 = \frac{d_{ao} - d_{fo}}{2} \tag{9-32}$$

式中，d_{fo}——新滚刀根圆直径，通常取 $d_{f0}=d_{f1}$，d_{f1} 为工作蜗杆的根圆直径。

(3)轴向齿距

$$P_{x0}=\pi m_{x0} \tag{9-33}$$

式中，m_{x0}——滚刀轴向模数。

(4)法向齿距

$$P_{n0}=\pi m_{x0}\cdot cos\lambda_0 \tag{9-34}$$

(5)齿顶圆弧半径

$$r_{e0}=(0.2\sim0.3)m_{x0} \tag{9-35}$$

(6)齿根圆弧半径

$$r_{i0}=(0.2\sim0.3)m_{x0} \tag{9-36}$$

(7)法向齿厚

由于蜗轮滚刀加工蜗轮时的中心距与工作蜗轮副啮合传动时相同，不能改变。因此，在蜗轮滚刀设计时，必须考虑滚刀用钝重磨后刀齿法向齿厚减薄的补偿问题，所以新滚刀的齿厚都要给出加厚量。当然，所给值一定要在允许的范围内，一般按下式计算

$$S_{n0}=\frac{\pi m_{x0}}{2}\cdot cos\lambda_0+\triangle S_n \tag{9-37}$$

式中，$\triangle S_n$——法向齿厚加厚量，可取 $\triangle S_n=\frac{E_{ss1}}{2}$，$E_{ss1}$ 可按蜗轮的模数和精度等级在 $GB10089-88$ 中查到。生产中有时也取 $\triangle S_n=0$。

(8)退刀槽尺寸

当 $m_{x0}>4$ 时，滚刀槽底应做出铲磨砂轮的退刀槽，其尺寸为

槽深　$$h_k=0.5\sim1.5mm \tag{9-38}$$

槽宽　$$b_k=0.75S_{f0} \tag{9-39}$$

式中，S_{f0}——齿底宽度。

齿底宽度可按下式近似计算

$$S_{f0}=P_{n0}-[S_{n0}+2(h_0+h_{a0})\cdot tan\alpha_{x0}]$$

9.4.3 阿基米德蜗轮滚刀主要结构参数的确定

1. 阿基米德蜗轮滚刀的基本参数。由于蜗轮滚刀加工蜗轮的过程是模拟蜗杆与蜗轮啮合的过程，因此，蜗轮滚刀的基本参数，如轴向模数 m_{x0}，分圆直径 d_0，轴向齿形角 α_{x0}，头数 Z_0，轴向齿距 P_{x0}，螺纹导程 P_0，分圆螺旋升角 λ_0 等都与工作蜗杆相同。除此之外，蜗轮滚刀的螺旋面类型亦应与工作蜗杆一样，对于蜗轮滚刀不存在“近似造型”问题。即有

$$m_{x0}=m_x$$

$$\alpha_{x0}=\alpha_{x1}$$

$$Z_0=Z_1$$

$$P_{x0}=P_{x1}=\pi Z_1 m_x$$

$$d_0=d_1$$

$$tan\lambda_0=tan\lambda_1=\frac{Z_1}{q}=\frac{m_x Z_1}{d_1}$$

上面各式等号右边均为工作蜗杆的参数。

2. 蜗轮滚刀的外径。蜗轮滚刀的外径应设计得比工作蜗杆大些，这是因为：其一要使切出的蜗轮具有一定的径向间隙；其二使滚刀重磨后，由于顶后角而导致的外径减小得到一定的补偿。所以，设计滚刀时预先把外径加大 $0.2m_{x0}$。这样新滚刀的外径为

$$d_{a0}=d_{a1}+2(c^{*}+0.1)m_{x0} \tag{9-40}$$

式中，d_{a1}——工作蜗杆外径。

3. 圆周齿数。蜗轮滚刀的圆周齿数 Z_k 与滚刀的容屑槽数是一致的。滚刀圆周齿数的多少与包络蜗轮齿面的刀刃数目有直接关系，从而影响被切蜗轮齿面的粗糙度。特别是多头滚刀影响更大。为了改善被切蜗轮齿面的粗糙度，在保证滚刀刀齿强度和不发生铲磨干涉的前提下，应尽可能增加滚刀的圆周齿数。这样虽然要减小刀齿宽度，但对滚刀重磨次数没有太大影响。因为蜗轮滚刀的可重磨次数是有限的，只要重磨到齿厚减小到规定值时，即报废了。一般按以下原则选取：

加工 6 级精度蜗轮 $Z_k \geqslant 12$；

加工 7 级精度蜗轮 $Z_k \geqslant 10$；

加工 8 级精度蜗轮 $Z_k \geqslant 8$；

加工 9 级精度蜗轮 $Z_k \geqslant 6$。

同时，还应考虑下列情况：

(1) 对于径向进给蜗轮滚刀，当蜗轮齿数 Z_2 与蜗杆头数 Z_1 不能整除时，滚刀的圆周齿数 Z_k 应与滚刀头数 Z_0 之间无公因数。这样，可增加包络蜗轮齿面切削刃的数目。

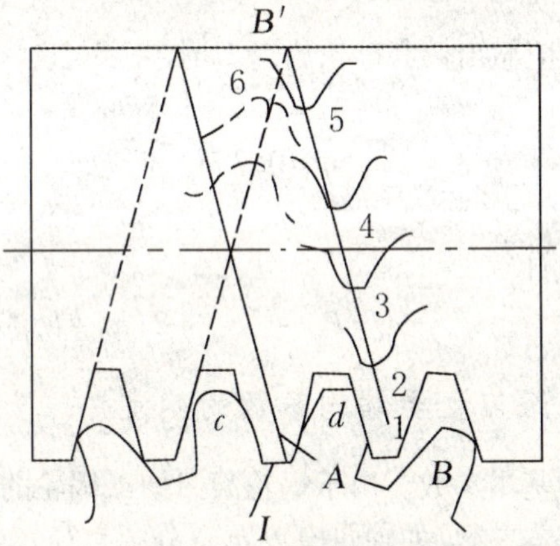

图 9-28 双头滚刀加工蜗轮

如图 9-28 所示，用一把有 A、B 两个头的蜗轮滚刀加工齿数为奇数 n 的蜗轮。在图示位置，A 头的刀刃切在 c 点和 d 点，当蜗轮转过一圈后，该齿槽 1 又回到图示位置，而滚刀转过 $n/2$ 转，由于 n 是奇数，$n/2$ 必为一整数加上 1/2 转，这时，滚刀多转半圈，B 头的 B′处转到齿槽 1 中。如果滚刀圆周齿数 Z_k 是偶数，则 B′处又正是刃口位置，B 齿的刀刃又切在 c 点和 d 点。如果滚刀圆周齿数是奇数，设 11 个刀齿，则 B′处正位于 5 号刀齿与 6 号刀齿之间，只有蜗轮再转一微小转角后，6 号刀齿才转到齿槽 1 中，这时刀刃切削的位置已不是 c 点和 d 点，从而增加了包络齿面切削刃的数目。

(2)当蜗轮齿数与蜗杆头数之比为整数时,无论滚刀圆周齿数选多少,当滚刀径向进给时,刀刃切削蜗轮齿面的位置都是重复的。因此包络蜗轮齿面的切削刃数目较少,齿面粗糙度较差。如遇到这种情况可采用切向进给法加工蜗轮,或者以滚切为粗加工,再用蜗轮剃齿刀精加工,以改善蜗轮齿面粗糙度。

(3)对于切向进给蜗轮滚刀,控制切向进给量可改变包络蜗轮齿面的切削刃数目,选择圆周齿数时将不是从齿面粗糙度方面考虑,而主要是考虑到各刀齿应均匀磨损。一般可按下述原则设计:当蜗论齿数 Z_2 与蜗杆头数 Z_1 不能整除时,滚刀圆周齿数应是滚刀头数的整数倍。

4. 容屑槽端面参数。如图 9-29 所示,容屑槽的端面参数是指:

(1)容屑槽深度 H_k

$$H_k = h_0 + \frac{K_1 + K}{2} + (0.5 \sim 1.5)mm$$

(2)容屑槽底圆角半径 r

可按下面的经验公式计算:

$$r = \frac{\pi(d_{a0} - 2H_k)}{10Z_k}$$

(3)容屑槽形角 θ

一般取 $\theta = 25° \sim 30°$

(4)刀齿根部宽度 B

$$B = \frac{2.5(d_{a0} - 2H_k)}{Z_k}$$

加工 7 级精度以上的蜗轮时,$\frac{B}{H_k} \geqslant 0.35$;

加工 8~9 级精度的蜗轮时,$\frac{B}{H_k} \geqslant 0.45$;

切向进给,一般取:$\frac{B}{H_k} = 0.6 \sim 0.8$。

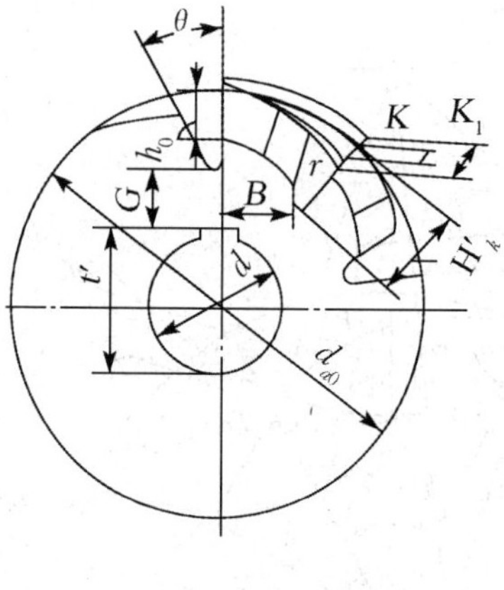

图 9-29　滚刀端面图

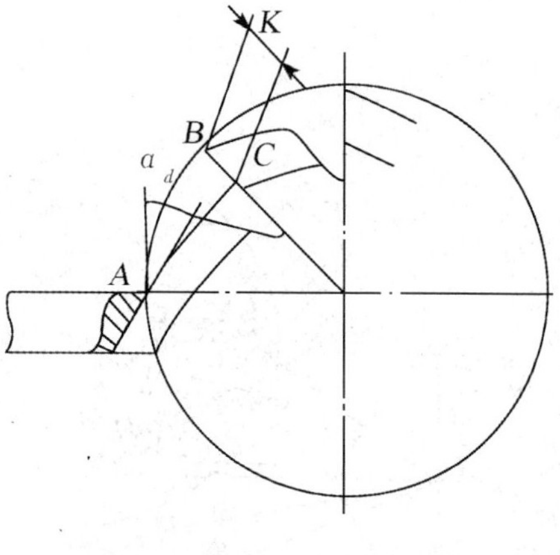

图 9-30　铲削量与后角的关系

5. 滚刀的双重铲齿及铲磨。

(1)铲削量与后角蜗轮滚刀的后角是由径向铲齿得到的,因此,后角的大小与铲削量 K 的大小有关,其关系式可由图 9-30 导出。图中,滚刀的径向后角为 α_d,将 ABC 近似看成直角三角形有

$$\tan\alpha_d = \frac{K}{\overset{\frown}{AB}}$$

而

$$\overset{\frown}{AB} = \frac{\pi d_{a0}}{Z_k}$$

将 $\overset{\frown}{AB}$ 代入上式有

$$\tan\alpha_d = \frac{KZ_k}{\pi d_{a0}} \qquad (9-41)$$

或

$$K = \frac{\pi d_{a0}}{Z_k} \cdot \tan\alpha_d \qquad (9-42)$$

蜗轮滚刀的顶刃后角应沿基本蜗杆螺纹方向计量。当螺旋升角较小时,滚刀顶刃螺纹方向的后角与端截面方向的后角相差很小,因此,仍可近似按式(9-41)计算。但当滚刀分圆螺旋升角 $\lambda_0 \geqslant 15°$时,滚刀顶刃螺纹方向的后角与端截面方向的后角相差很大,滚刀的后角就不应在端截面中计量,而应按螺纹方向计量。设螺纹方向的后角为 α_P,它与端截面后角的关系为

$$\tan\alpha_d = \tan\alpha_P \cdot \cos\lambda_{a0} \approx \tan\alpha_P \cdot \cos\lambda_0$$

式中,λ_{a0}——滚刀外圆的螺旋升角。

将上式代入式 $H_K = h_o + \frac{K_1 + K}{2} + (0.5 \sim 1.5)mm$ 得

$$K = \frac{\pi d_{a0}}{Z_k} \cdot \tan\alpha_P \cdot \cos\lambda_0 \qquad (9-43)$$

在设计蜗轮滚刀时,一般先定出 α_d 或 α_P 的值(生产中通常取 $\alpha_P = 10° \sim 12°$),再按式(9-42)或式(9-43)初算 K 值,最后按铲齿车床所备有的凸轮升程圆整后确定 K 值代入式(9-41)可得到滚刀的实际后角。

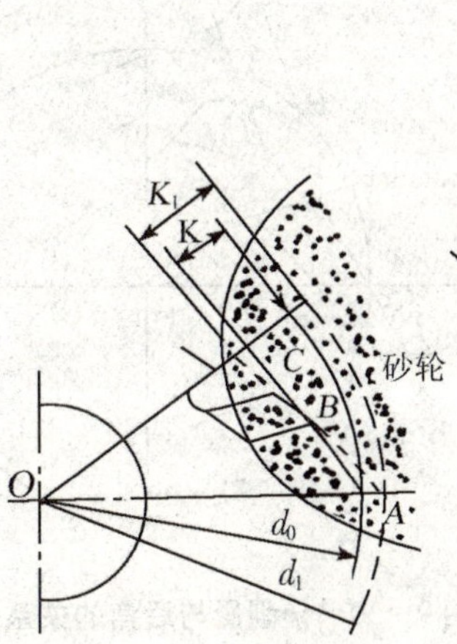

图 9-31 滚刀的铲磨

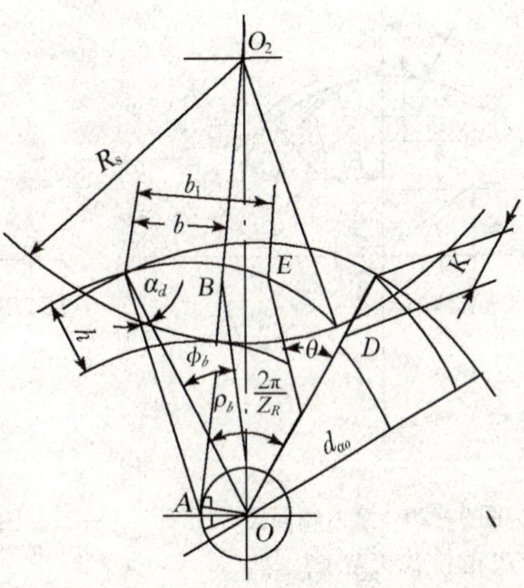

图 9-32 滚刀铲磨干涉校核

(2)双重铲齿及铲磨。蜗轮滚刀在热处理之后,齿形都要进行铲磨。如图9－31所示,铲磨时,因砂轮直径较大,为了不碰到下一个刀齿,不可能铲磨出全部后面。

为了避免砂轮将B点之前磨光后,在B点处形成凸台,因此将后面做成双重铲齿形式,即先用铲削量为K的凸轮铲削后,再用铲削量为K_1的凸轮再铲一次,将不铲磨的BC段多铲去一些。一般取

$$K_1 = (1.2 \sim 1.5)K \tag{9-44}$$

在上述参数确定以后,还应校核铲磨时,砂轮是否会和下一个刀齿的根部发生干涉,可采用作图法,也可采用计算法校核。以下给出简化的计算校核法。

图9－32为铲磨滚刀的简图。要使砂轮不与下一个刀齿根部发生干涉,应有

$$\Delta R = \overline{DO_2} - R_s > 0 \tag{9-45}$$

式中,R_s——砂轮半径。

在端截面中,滚刀顶后面的铲齿曲线的极坐标方程为

$$\rho = \frac{d_{a0}}{2} - \frac{KZ_k}{2\pi}\varphi \tag{9-46}$$

令B点$\varphi = \varphi_b$代入上式可得到ρ_b。

在$\triangle ABO$中,$\overline{AB} = \sqrt{{\rho_b}^2 - AO^2}$

式中,$\overline{AO} = \frac{d_{a0} \cdot sin\alpha_d}{2}$

在$\triangle AO_2O$中,$\overline{OO_2} = \sqrt{AO^2 + (AB + R_s - h_0 \cdot cos\alpha_d)^2}$

在$\triangle BOO_2$中按余弦定理有

$$cos\angle BOO_2 = \frac{{\rho_b}^2 + \overline{OO_2^2} - (R_s - h_0 \cdot cos\alpha_d)^2}{2\rho_b \cdot \overline{OO_2}}$$

因此 $$\angle O_2OD = \frac{2\pi}{Z_k}\varphi_b - \angle BOO_2,$$

在$\triangle DOO_2$中按余弦定理有

$$\overline{DO_2} = \sqrt{{r_f}^2 + OO_2^2 - 2 \cdot \overline{OO_2} \cdot r_f \cdot cos\angle DOO_2} \tag{9-47}$$

式中,$r_f = \frac{d_{ao}}{2} - h_0$

将上式中求得的$\overline{DO_2}$代入式(9－45),即可进行铲磨干涉的校核。

其中,φ_b可用下述方法求得。如图9－33所示,有

$$\overline{OF} = \frac{d_{a0}}{2} - [H_k + r \cdot cot(\frac{\theta}{2}) - r] \tag{9-48}$$

将$\angle FGE$近似视为直角,有下列关系

$$\overline{EG} = \overline{FG} \cdot tan\theta$$

式中, $$\overline{FG} = \frac{d_{a0}}{2} - \overline{OF} - K$$

因此 $$\angle EOG = arcot(\frac{\overline{EG}}{\overline{DG}})$$

式中，$\overline{OG} = \frac{d_{a0}}{2} - K$

由此可得 $$\varphi_e = \frac{2\pi}{Zk} - \angle EOG \qquad (9-49)$$

当 $m_{x0} \leqslant 4$ 时，$\frac{b}{b_1} \approx \frac{\varphi_b}{\varphi_e} = \frac{1}{2}, \varphi_b = \frac{\varphi_e}{2}$；

当 $m_{x0} > 4$ 时，$\frac{b}{b_1} \approx \frac{\varphi_b}{\varphi_e} = \frac{2}{3}, \varphi_b = \frac{2\varphi_e}{3}$。

6. 切削部分长度。径向进给蜗轮滚刀切削部分长度可取稍大于工作蜗杆长度，即

$$L_w = L_1 + \pi m_x$$

式中，L_1——工作蜗杆螺纹部分长度。

切向进给蜗轮滚刀，切削部分由圆柱部分和圆锥部分组成。圆柱部分的长度可取为：$(2 \sim 2.5)\pi m_x$，圆锥部分长度取 $(2.5 \sim 3)\pi m_x$，锥角取 $11° \sim 13°$，总长可按下式计算

$$L_w = (4.5 \sim 5)\pi m_x$$

7. 结构形式。在上述的结构参数初步选定后，按图 9－22 所示对刀体强度进行校验，即

$$d_{a0} \geqslant 2\left[t' - \frac{d}{2} + c + H_k\right] \qquad (9-50)$$

其中，c 应不小于 $(0.25 \sim 0.3)d$。若上述条件不满足，应将滚刀做成连轴结构。

连轴结构的蜗轮滚刀，其总长，锥柄尺寸，轴颈尺寸等都要按所用滚齿机的型号来确定。

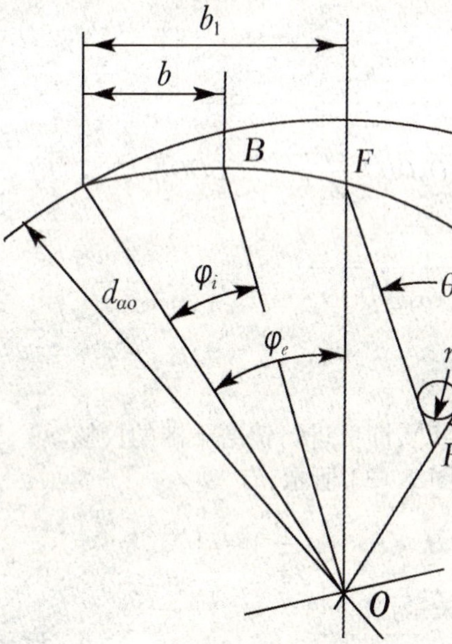

图 9－33　铲磨长度

§9.5 插齿刀

9.5.1 插齿刀的工作原理及用途

插齿刀是利用展成原理加工齿轮的一种刀具，也是使用比较广泛的齿轮刀具之一。它可用来加工直齿、斜齿、内齿圆柱齿轮和人字齿轮等，而且是加工内齿轮、双联齿轮和台肩齿轮最常用的刀具。

插齿刀的形状很像齿轮，它的模数和名义齿形角就等于被加工齿轮的模数和齿形角，只是插齿刀有切削刃和前、后角。为了形成切削刃，齿顶与齿侧制出后角、端面作出前角。

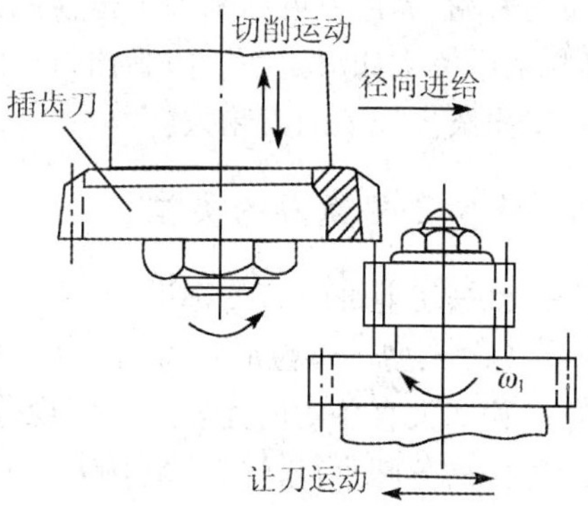

图9－34　插齿刀的工作原理

图9－34是直齿插齿刀加工直齿圆柱齿轮时的情形：插齿刀以内孔和外支承平面作为定位基面，用螺母紧固在机床主轴上，插齿的主运动是插齿刀上下往复运动，向下为切削运动，向上为空行程，与此同时，还有插齿刀的回转运动与工件回转运动相配合的展成运动，就象两个齿轮相互啮合传动一样，以逐渐包络出工件齿形。开始切削时，在机床凸轮的控制下，插齿刀还有径向的进给运动，沿半径方向切入工件至预定深度后径向进给停止，但展成运动仍继续进行直到齿轮的齿全部切完为止。在插齿刀向上回程时，为了避免插齿刀与工件的摩擦，还有被加工齿轮随工作台的让刀运动。

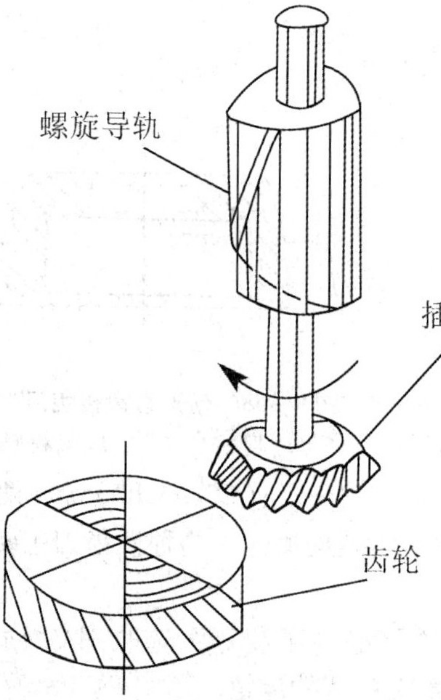

图9－35　斜齿插齿刀

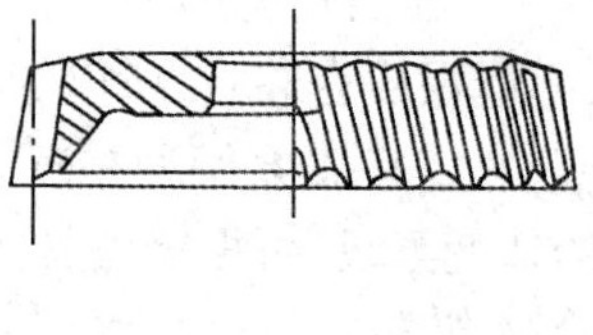
图9－36　斜齿插齿刀的工作原理

图9－35为加工斜齿圆柱齿轮用的斜齿插齿刀。加工斜齿时，其工作原理基本上与加工直齿轮时相同，如图9－36所示，其不同之处在于，插齿刀除了有主运动和展成运动外，在它往复运动的同时，还有一个附加的转动，使切削刃的运动轨迹描绘出一个假想的斜齿圆柱齿轮的齿侧面。这个附加转动是有机床上的螺旋导轨实现的。斜齿插齿刀除了模数和齿形角应和被加工齿轮的相等外，其螺旋角还应和被加工齿轮的螺旋角数值相等，而旋向相反。斜齿插齿刀也可用来加工无空刀槽的人字齿轮，但须在专门的插齿机上用一对斜齿插齿刀分别加工人字齿轮的两边牙齿。

因为插齿刀是用展成原理加工齿轮的，同一把插齿刀可加工模数和齿形角相同而齿数不同的齿轮，插齿刀可用来加工标准齿轮，亦可用来加工变位齿轮。一般说来，由于插齿有空行程，生产率不如滚齿高。由于插齿刀的齿距误差会全部反映给被加工齿轮，因而使齿轮的周节误差比滚齿加工的齿轮大。

9.5.2 插齿刀的类型

机械工业部颁布的标准 *JB*2496－78 规定，直齿插齿刀分为三种类型和三种精度等级：

（1）Ⅰ型——盘形直齿插齿刀（图9－37）。这是最常用的一种结构型式，用于加工直齿外齿轮和大直径的内齿轮。不同规范的插齿机应选用不同分圆直径的插齿刀。直齿盘形插齿刀的公称分圆直径 d_0' 有75、100、125、160和200*mm*五种。$d_0'=75\sim125mm$ 的插齿刀，精度等级分为*AA*、*A*、*B*三种；$d_0'=160\sim200mm$ 的插齿刀，精度等级分为*A*、*B*两种。

（2）Ⅱ型——碗形直齿插齿刀（图9－38）。它和盘形插齿刀的区别在于其刀体凹孔较深，以便容纳禁固螺母，避免在加工双联齿轮时螺母碰到工件。这种插齿刀的公称分圆直径有50、75、100和125*mm*四种，前两种主要用于加工内齿轮，后两种主要用于加工外齿轮。$d_0'=75\sim125mm$ 的插齿刀，精度等级分为*AA*、*A*、*B*三种；$d_0'=50mm$ 的插齿刀，精度等级分为*A*、*B*两种。

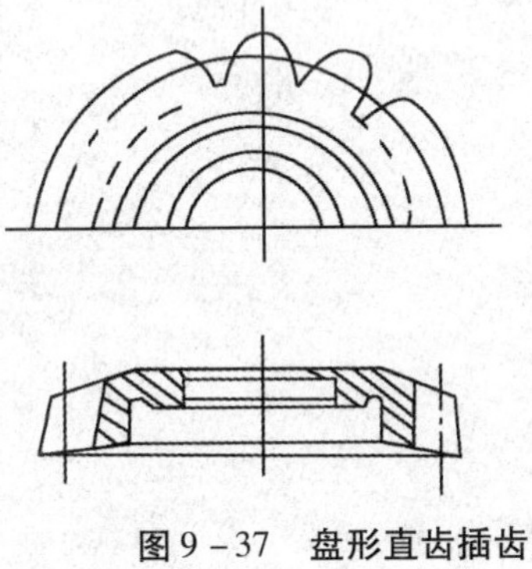

图9－37　盘形直齿插齿刀

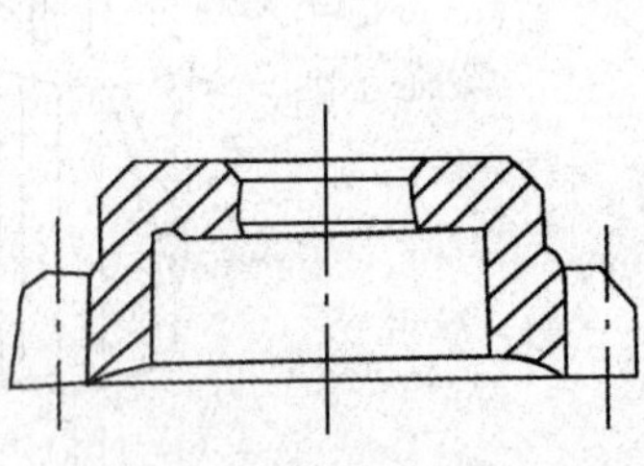

图9－38　碗形直齿插齿刀

对于上面两种型号的插齿刀，当 $d_0'=100mm$，$m=1\sim1.5$ 时，只规定有*A*、*B*两种精度等级。

（3）Ⅲ型——锥柄直齿插齿刀（9－39）。公称分圆直径有25*mm*和38*mm*两种。因分圆直径比较小，不能做成套装式，所以做成带锥柄的整体结构型式。这种插齿刀主要用于加工内齿轮，标准中只规定有*A*、*B*两种精度等级。

插齿刀的精度等级，可根据被加工齿轮的工作平稳性精度等级选取：*AA*级适用于加工6级精度的齿轮，*A*级和*B*级分别用于加工7级和8级精度的齿轮。

斜齿插齿刀也有盘形和带锥柄两种结构型式，前者的公称分圆直径为100mm，后者为38mm。不论是盘形的或带锥柄的，公称分圆螺旋角都有15°及23°两种。

人字齿轮插齿刀通常做成盘形的，由两把组成一套，它们的螺旋角相等(一般为30°)，但旋向相反。这种插齿刀的公称分圆直径常用的有100、150和180mm三种。

除了上述的标准插齿刀外，还可根据生产的需要，设计专用插齿刀，例如：专用的粗加工插齿刀，可用来预切齿轮以提高生产率。因为这种插齿刀的齿形精度要求不高，可以合理地选择它的切削角度，以增大切削用量。在大量生产中，为了提高生产率，还采用复合插齿刀，即在同一把插齿刀上做有粗切齿和精切齿，它们的齿数都等于被加工齿轮的齿数。这样，当插齿刀旋转一转，就可完成齿形的粗加工和精加工。加工修缘齿轮和剃前齿轮，需用修缘插齿刀和剃前插齿刀，它们的齿形是根据被加工齿轮的齿形特殊要求设计的。为了节约高速钢，直径大的插齿刀可以制成镶齿的结构。

9.5.3 直齿插齿刀齿面形状分析

直齿插齿刀的切削刃在插齿刀前端面上的投影应当为渐开线，这样，当插齿刀沿其轴线往复运动时，切削刃的运动轨迹就像是一个直齿渐开线齿轮的齿面，这个假想的齿轮称为“产形”齿轮，与被切齿轮啮合传动。

插齿刀用钝后需要重磨，重磨后的插齿刀仍要求能切出正确的渐开线齿形。为了达到这个目的，须对插齿刀的后面进行分析。

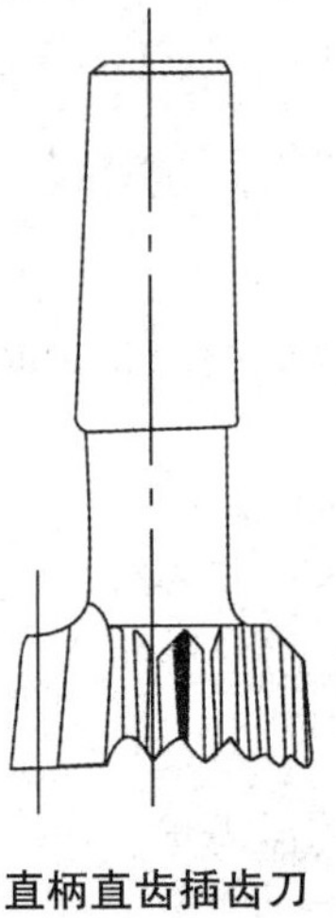

图9－39　直柄直齿插齿刀

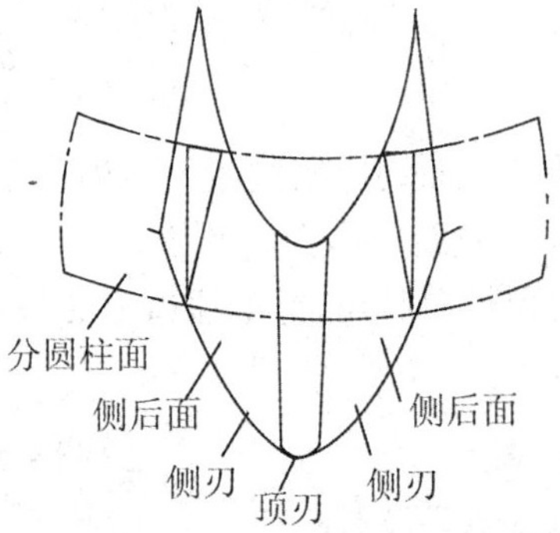

图9－40　插齿刀的后面及切削刃

1. 插齿刀的后面及后角。如图9－40所示，插齿刀的每个刀齿有三个切削刃：一个顶刃，两个侧刃。三个后面：一个顶后面，两个侧后面。由于有顶后角，顶后面做成圆锥形，顶圆直径从前端向后逐渐减小。又由于有侧刃后角，其分圆齿厚也是由前端向后逐渐减小。虽然，重磨后切削刃的形状和位置都发生了变化，但仍然要求能加工出有正确渐开线齿形的齿轮。根据齿轮啮合原理可知：要满足以上要求，重磨后的插齿刀所产生的产形齿轮必须仍是与重磨前同一基圆的渐开线齿轮，只是与重磨前的变位系数不同而已。这就要求插齿刀刀齿的两个侧表面是渐开螺旋面，这种螺旋面的端截形为渐开线。为了使侧刃有后角，左侧后面做成右旋渐开螺旋面，右侧后面做成左旋渐开螺旋面。渐开螺旋面可用平面砂轮按展成原理磨出，制造和检验都很方便。

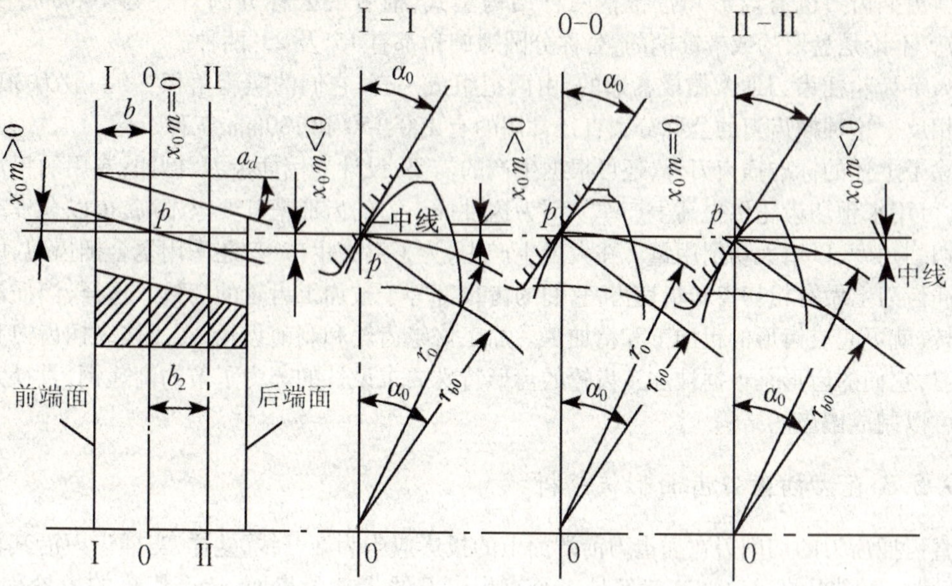

图 9-41 插齿刀不同剖面的齿形

由上面的分析可知，插齿刀不同端剖面是同一基圆，不同变位系数的齿轮。如图 9-41 所示，在插齿刀前端的Ⅰ-Ⅰ截面中，变位系数 $x_0>0$，接近后端面的Ⅱ-Ⅱ截面中，变位系数 $x_0<0$，而在中间某一截面 0-0 中，变位系数 $x_0=0$，该截面称为插齿刀的原始截面。各截面的变位系数与该截面到原始截面的距离 b 成正比。如图 9-41 所示，Ⅰ-Ⅰ截面中变位量为

$$X_0=x_{01}\cdot m=b\cdot tan\alpha_d$$

因此

$$x_{01}=\frac{b}{m}\cdot tan\alpha_d \qquad (9-51)$$

式中，b——任一截面到原始截面的距离。在原始截面的前端 b 为正值，后端 b 为负值；

x_{01}——任一截面齿形变位系数；

α_d——齿顶径向后角，标准插齿刀 $\alpha_d=6°$。

分圆齿厚

$$S_{01}=\frac{\pi m}{2}+2x_{01}\cdot m\cdot tan\alpha_0 \qquad (9-52)$$

式中，α_0——插齿刀分圆压力角，它等于被加工齿轮的压力角。

齿顶高

$$h_{a01}=(h_a^*+c^*+x_{01})m \qquad (9-53)$$

齿根高

$$h_{f01}=(h_a^*+c^*-x_{01})m \qquad (9-54)$$

式中，h_a^*——被加工齿轮的齿顶高系数；

c^*——被加工齿轮的径向间隙系数。

为了切出齿轮的径向间隙，插齿刀的齿顶高比被加工齿轮的齿根高大些。

插齿刀加工齿轮，相当于两个变位齿轮作无侧隙啮合，因此，其中心距为

$$\alpha_{01}=\frac{m(Z_1+Z_0)}{2}\cdot\frac{cos\alpha}{cos\alpha_{01}}, \qquad (9-55)$$

式中，Z_1——被加工齿轮齿数；

Z_0——插齿刀齿数；

α——被加工齿轮分圆压力角；

α'_{01}——插齿刀和齿轮的啮合角。

α'_{01}由下式计算

$$inv\alpha_{01}' = \frac{2(x_1 + x_0)tan\alpha}{z_1 + z_0} + inv\alpha \qquad (9-56)$$

式中，x_1——被加工齿轮的变位系数；

x_0——插齿刀的变位系数。

图9-42所示为插齿刀侧刃在正交平面中任意点的后角 α_c，其值可按下式计算

$$tan\alpha_c = sin\alpha_0 \cdot tan\alpha_d \qquad (9-57)$$

从上式可知，插齿刀侧刃上各点的后角都相等，且它等于基圆柱上的螺旋角 β_{b0}。并随顶刃后角的增大而增大，但它比顶刃后角小得多。对于标准插齿刀 $\alpha_d = 6°$，$\alpha_0 = 20°$时，侧刃后角 $\alpha_c = 2°3'32''$。

2. 插齿刀的前角及齿形误差。为改善切削条件，如图9-42所示，标准插齿刀都具有前角。为此，将插齿刀的前面做成内锥面，其轴线与插齿刀的轴线重合。

插齿刀的侧刃前角 γ_c 也是在正交平面 $N-N$ 内测量，其值按下式计算

$$tan\gamma_c = tan\gamma \cdot sin\alpha_x \qquad (9-57)$$

式中，γ——插齿刀顶刃前角；

α_x——插齿刀侧刃上任意点 X 的压力角。

α_x 可按下式计算

$$\alpha_x = cos^{-1}\frac{r_{b0}}{r_x} \qquad (9-58)$$

式中，r_{b0}——插齿刀基圆半径；

r_x——插齿刀侧刃上任意点 x 的半径。

当插齿刀前角为零时，前面就是端截面，前面与齿侧渐开螺旋面的交线是渐开线。现在插齿刀的前角大于零，前面是内锥面，内锥面和齿侧渐开螺旋面的交线，即侧切削刃，不在同一端截面中，侧切削刃在端面上的投影已不再是渐开线。

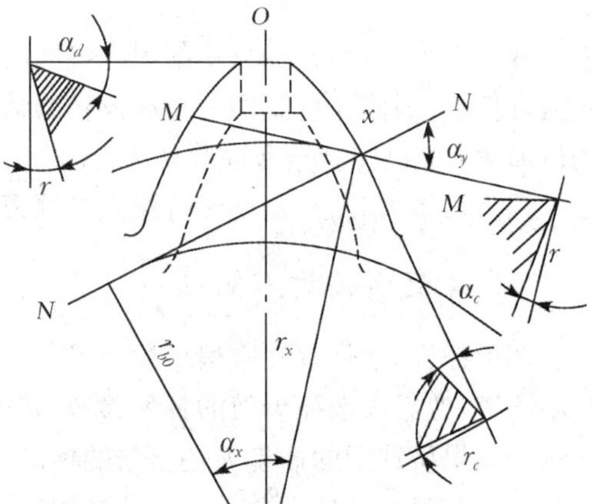

图9-42　插齿刀的前角和后角

插齿刀有了前角后，齿顶、分圆和齿根不在同一端截面中。假想左侧齿面一直延伸到前端面，如图9-43所示，过分圆作截面Ⅱ-Ⅱ得到齿形Ⅱ；过齿顶作截面Ⅰ-Ⅰ得到齿形Ⅰ，它相当于齿形Ⅱ逆时针转过 φ 角，齿顶宽度增大 Δe；再过齿根作截面Ⅲ-Ⅲ得到齿形Ⅲ，它相当于齿形Ⅱ顺时针转过 φ' 角，齿根宽度减小 Δf。图中 a、b、c 三点即为切削刃的齿顶，分圆，齿根三点在截面上的投影。若在截面Ⅰ和Ⅲ之间再作若干个截面便可在 a 和 c 两点间得到若干个切削刃上的点在端面上的投影，连接这些点就

是切削刃在端面上的投影，它就是产形齿轮的齿形。从图中可看出，这个产形齿轮的齿形比通过分度圆的渐开线齿形的齿形角小。例如对于 $m=5$，$\alpha=20°$，$Z_0=20$，$\gamma=5°$，$\alpha_d=6°$的插齿刀，齿顶处的误差达0.0269mm，齿根处的误差达－0.0094mm，齿形总误差为0.036mm，超过了工厂中常用的7级精度齿轮的齿形总误差的允许值0.016～0.032mm。计算表明：插齿刀的前角，后角越大，齿形误差也越大。

从上面的分析可知，有前角后，插齿刀的切削刃在端面中的投影已不是渐开线了，而且齿形角减小，也就是说，所形成的产形齿轮齿顶变厚，齿根变薄。为了减少这种误差，可让产形齿轮的齿形在图示位置绕 b 点顺时针方向旋转，让其 b 点和渐开线齿形相切。这就是说要修正插齿刀的齿形角。修正后的齿形角略大于标准的齿形角，其值可由下式求得

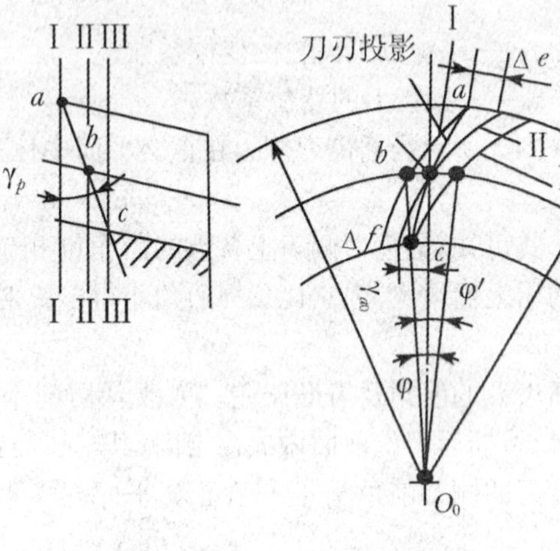

图9－43 插齿刀前角引起的齿形误差

$$\tan\alpha'_0 = 1-\frac{\tan\alpha_0}{1-\tan\alpha_0\tan\gamma} \qquad (9-59)$$

式中，α'_0 为修正后的齿形角。

插齿刀的齿形角经修正后，切削刃在端面上的投影仍然不是渐开线，但由于在分圆处这投影曲线和理论的渐开线相切，因而误差很小，而且加工齿轮时可得到标准的分圆压力角。在齿顶和齿根处其投影曲线均大于理论宽度。但误差是不大的，例如当插齿刀 $m=8$，$Z_0=13$，$\gamma=5°$，$\alpha_d=6°$时，齿顶处齿形误差为＋0.011mm，齿根处为＋0.0079mm，均在允许的公差范围内。而且这种齿形误差将使齿轮得到微量的顶切和根切，这将有利于减小齿轮传动发生干涉的可能性。

插齿刀齿形角修正后，切削刃在端面的投影齿形角为 α_0。加工时是产形齿轮和被加工齿轮啮合传动，因而在校验插齿刀和齿轮的啮合关系时，插齿刀的齿形角仍用 α_0 计算。修正后的齿形角 α'_0 仅在制造和检验插齿刀时使用。

插齿刀重磨时，一定要保持原来的顶刃前角不变，否则将会增加被加工齿轮的齿形误差。

9.5.4 直齿插齿刀的选用

选用插齿刀时，首先应根据被加工齿轮的类型和精度等级选择与之对应的插齿刀类型和精度等级，然后再选插齿刀的各种参数，其中模数、分圆压力角和齿顶高系数应与被加工齿轮一致。如果所选用的插齿刀是全新的标准插齿刀，可查阅有关的刀具手册，确定它的最大变位系数 x_{0max} 和最小变位系数 x_{0min}。若选用的插齿刀是使用过的，且经过重磨的，须测量出插齿刀前端面上的变位系数。

测定插齿刀变位系数 x_0 的方法与测定变位齿轮变位系数的方法相同。首先测定前端面齿形的公法线长度 W'_k，然后用下式计算

$$x_0=\frac{W'_k-W_k}{2m\sin\alpha_0} \qquad (9-60)$$

式中，W'_k——实测的插齿刀前端面公法线长。

W_k——$x_0=0$ 时的公法线长。

W_k 可按下式计算

$$W_k = m \cdot cos\alpha_0[\pi(K-0.5)+Z_0 inv\alpha_0] \quad (9-61)$$

式中，K'——测量公法线长度时的跨齿数。

K'的按下式计算

$$K' = 0.111Z_0 + 0.5 \quad (9-62)$$

在掌握了上面的参数之后，还须对所选用的插齿刀进行下面一系列的验算，合格后方能采用。

1. 齿轮过渡曲线干涉

用插齿刀加工出来的一对齿轮啮合传动时，有发生过渡曲线干涉的可能。

图 9-44a 所示是插齿刀加工齿轮时的情况，K_1 点是插齿刀外圆与啮合线的交点，由此可得到被加工齿轮渐开线的起始点 F，F 点以下为过渡曲线。F 点的齿形曲率半径 ρ_{01} 为

$$\rho_0 = \overline{A_1A_2} - \overline{K_1A_2} = \alpha_{01} sin\alpha_{01}' - \sqrt{r_{a0}^2 - r_{b2}^2} \quad (9-63)$$

式中，a_{01}——插齿刀与小齿轮的中心距；

α_{01}'——插齿刀与小齿轮的啮合角；

r_{a0}——插齿刀顶圆半径；

r_{b0}——插齿刀基圆半径。

而

$$inv\alpha_{01}' = \frac{2(x_1+x_0)}{Z_1+Z_2} tan\alpha_0 + inv\alpha_0 \quad (9-64)$$

$$\alpha_{01} = \frac{m(Z_1+Z_0)}{2} \cdot \frac{cos\alpha_0}{cos\alpha_{01}'} \quad (9-65)$$

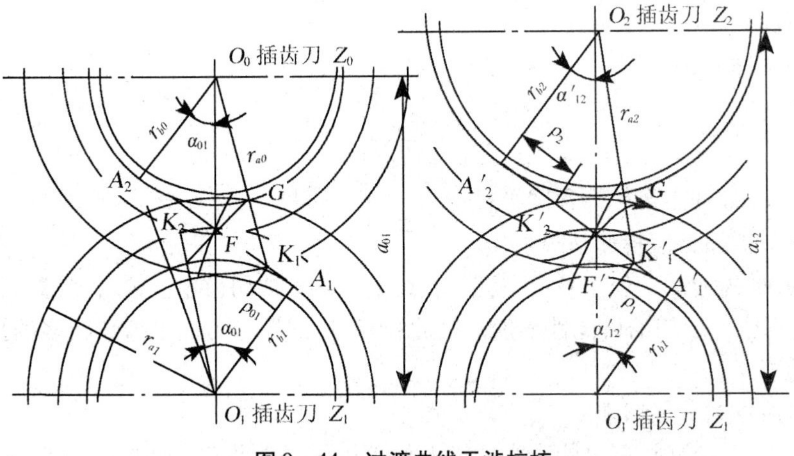

图 9-44 过渡曲线干涉校核

图 9-44b 所示为加工好的小齿轮 Z_1 与共轭的大齿轮 Z_2 啮合时的情形。K'_1 点为大齿轮 Z_2 的齿顶圆与啮合线的交点，F'点为小齿轮齿形上大齿轮所要求的渐开线齿形的起始点，在该点，大齿轮的齿顶与小齿轮的齿根啮合，该点的曲率半径为 ρ_1。显然，为使齿轮 Z_1 与 Z_2 能正常啮合传动，必须使加工时的渐开线起始点 F 低于点 F'，或写成

$$\rho_1 \geqslant \rho_{01} \qquad (9-66)$$

ρ_1 的计算方法和 ρ_{01} 类似，只须将式(9－63)～式(9－65)中插齿刀的参数换成大齿轮的参数即可。

同理，用该插齿刀加工的大齿轮 Z_2 与小齿轮 Z_1 啮合传动时，小齿轮齿顶与大齿轮齿根不发生干涉的条件可写成

$$\rho_2 \geqslant \rho_{02} \qquad (9-67)$$

上式中的 ρ_{02} 仍可用式(9－63)计算，只须把齿轮 Z_1 的参数换成对应的齿轮 Z_2 的参数，若再把其中插齿刀的参数换成小齿轮 Z_1 的参数便可计算出 ρ_2 之值。

计算表明，用同一把插齿刀切出一对标准齿轮（即 $x_1 = x_2 = 0$），若小齿轮的齿根过渡曲线不与大齿轮发生干涉的话，则大齿轮齿根过渡曲线一定不会与小齿轮发生干涉。此时，只需采用式(9－66)校验即可。但对于变位齿轮，则必须分别校验小齿轮和大齿轮的过渡曲线干涉问题。

2. 被加工齿轮根切

如图 9－44(a)所示，插齿刀加工齿轮时，若啮合的起始点 K_1 超过啮合极限点 A_1，齿轮将被根切。因此，要不产生根切，必须使

$$\rho_{01} \geqslant 0$$

即

$$a_{01} sin\alpha_{01}{}' - \sqrt{r_{a0}^2 - r_{b0}^2} \geqslant 0 \qquad (9-68)$$

计算表明，插齿刀的变位系数 x_0 减少，齿数 Z_0 增加，齿顶高度 h_{a0} 增加，被加工齿轮齿数 x_0 减少，被加工齿轮变位系数 x_1 减少等，都会使根切的可能性增大。因此，在使用旧插齿刀工齿数少的齿轮时，特别要进行这一项验算。

3. 被加工齿轮顶切

如图 9－44a 所示，插齿刀加工齿轮时，若齿轮的齿顶圆与啮合线的交点 K_2 超过啮合极限点 A_2 时，齿轮的齿顶将进入插齿刀的基圆之内，这时，齿轮的齿顶将不可能被切出渐开线齿形，而是被切掉、产生所谓的顶切现象。

不发生顶切，必有

$$O_1K_2 \leqslant O_1A_2$$

即

$$r_{a1} \leqslant \sqrt{(a_{01} sin\alpha_{01})^2 + r_{b1}^2} \qquad (9-69)$$

式中，r_{a1}——被加工齿轮齿顶圆半径；

r_{b1}——被加工齿轮的基圆半径。

计算表明，插齿刀的变位系数 x_0 减小，齿数 Z_0 减少，被切齿轮齿数增多，被切齿轮的变位系数 x_1 减小，都会使顶切的可能性增加。因此，当使用旧插齿刀加工齿数较多的齿轮时，有必要进行此项验算。

4. 插齿刀齿根圆参加切削

用插齿刀加工齿轮时，有可能产生插齿刀的齿根圆碰到齿轮的外圆。为防止这种现象发生，必须使齿轮齿顶与插齿刀根圆的径向间隙 $c_{01} \geqslant 0$，即有

$$C_{01} = a_{01} - r_{\alpha 1} - r_{f0} \geqslant 0$$

式中，r_{f0}——插齿刀的齿根圆半径。

分析表明，插齿刀与工件变位系数之和的绝对值 $|x_0 + x_1|$ 较大时，产生负径向间隙的可能

性增加;插齿刀与工件的齿数和 Z_0+Z_1 越小时,产生负径向间隙的可能性亦大;加工标准齿轮时,插齿刀变位系数的绝对值 $|x_0|$ 越大,插齿刀齿数越少等均有可能产生负径向间隙。

9.5.5 插齿刀的发展方向

近年来,插齿刀的改进主要朝着下列方向进行:在各种高速钢插齿刀上采用氮化钛 *TiN* 涂层,或复合涂层,以提高插齿刀的耐用度;扩大硬质合金的使用范围,各种硬质合金刀片按各种不同形式配置在插齿刀的切削部分上;设计新型的装配式刀具结构。在这些发展方向中较有代表意义的是硬质合金插齿刀和不重磨盘形插齿刀。

1. 硬质合金插齿刀

这种插齿刀是专门用来加工淬硬齿面的一种镶焊硬质合金刀片的插齿刀。如图 9－45 所示,都做成负前角形式,一般用于精加工,其顶刃不参加切削。硬质合金插齿刀可加工齿面硬度为 *HRC*45～64 的各种内齿轮,双联齿轮和带台肩的齿轮,其加工设备简单,操作方便,在一定程度上代替了磨齿工艺,提高了硬齿面的精加工效率,降低了加工成本,而且具有插齿刀的精度储备较大,新、旧插齿刀的使用精度比较稳定等优点。

2. 不重磨盘形插齿刀

如图 9－46 所示,不重磨插齿刀由两大部分组成:(1)夹持部分,由齿环状刀体 6,压板 3 和联结头 8 等组成;(2)切削部分是薄型不重磨刀片 5,呈齿环状用高速钢制成,在刀片表面涂覆一层 *TiN* 材料,从而显著地提高了刀片的耐磨性。齿形的变位系数,顶刃和侧刃的后角等均采用优化方法确定。组装好的插齿刀,用安装普通插齿刀的方法安装在插齿机主轴上。当插齿刀的刀片达到磨钝标准后,只需要换刀片。

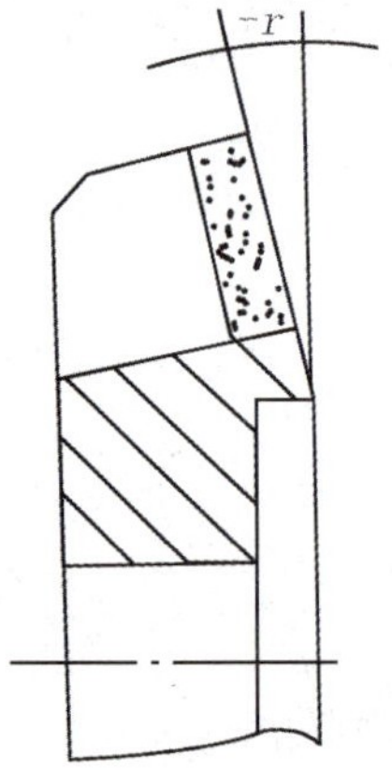

图 9－45 硬质合金插齿刀

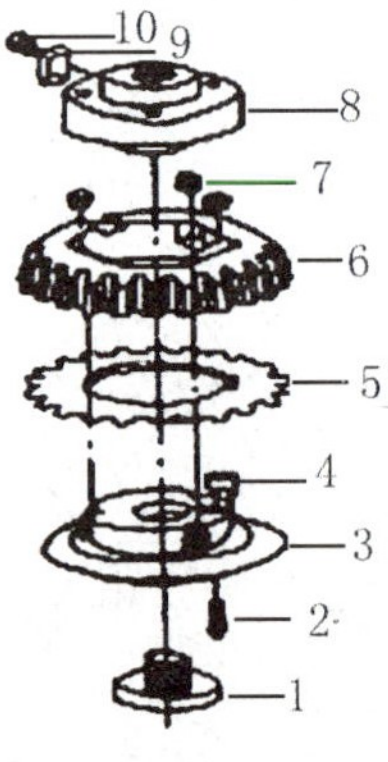

1. 压紧螺栓;2. 键紧固螺钉;3. 压板;
4. 定位键;5. 不重磨刀片;6. 刀体;
7. 装配螺钉;8. 联接头;9. 压块;10. 螺钉

图 9－46 不重磨插齿刀

不重磨盘形插齿刀的磨损小,精度高。整体插齿刀经过重磨后外径会减小,刀具轴向尺寸也减小,因而刀具与工件之间的距离和冲程都会改变,为此,需重新调整机床。采用不重磨插齿刀,只需更换刀片,刀具尺寸和几何参数都不变,因而不需重新调整机床,不仅缩短了停机时间,提高了生产率,而且几何参数稳定,提高了被加工齿轮质量。

▲ 思考题

1. 用盘形齿轮铣刀加工直、斜齿轮时,刀号如何选择?
2. 为什么说齿轮滚刀是一种通用刀具,而蜗轮滚刀是一种专用刀具?
3. 试比较加工蜗轮时径向进给与切向进给的优缺点。
4. 螺旋槽阿基米德蜗轮滚刀的轴向齿形与其基本蜗杆的轴向齿形有哪些不同?

第10章 磨 削

磨削加工是一种历史悠久的加工方法,同时又是一种最有发展前途的加工方法。因为它既能加工普通材料又能加工超硬材料;既能作粗加工又能作精加工及超精加工。目前磨削加工精度可达$IT6 \sim IT4$,表面粗糙度为$Ra1.25 \sim 0.01\mu m$。。磨削加工对毛坯余量要求很小,特别适用于毛坯的现代化生产方法,现在有些工件可以从毛坯直接进行精磨加工。此外,磨削加工生产效率高,容易实现生产过程自动化。因此磨削加工在机械制造工业中的地位日显重要,在工业发达的国家磨床已占机床总数的25%左右,个别行业可达40% ~50%。

本章主要介绍砂轮特性及选用,磨削加工的基本规律,重点分析砂粒的切削厚度及磨削表面质量。

§10.1 砂 轮

10.1.1 砂轮的特性及选择

砂轮是由结合剂将磨料颗粒粘结而成的多孔体。磨料起切削作用,结合剂把磨料结合起来,使之具有一定的形状、硬度和强度。结合剂没有填满磨料之间的全部空间,因而有气孔存在。如图10-1所示,砂轮是由磨料、结合剂、气孔三部分组成。

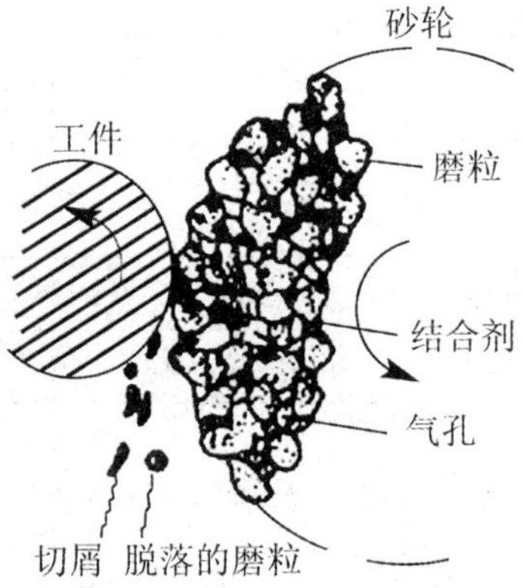

图10-1 砂轮的构造

磨料的种类、磨料颗粒大小、结合剂的种类、砂轮硬度及组织是决定砂轮特性的基本参数。

1. 磨料。常用磨料可分为氧化物系、碳化物系和超硬磨料系三大类。氧化物系主要成分为Al_2O_3,碳化物系主要以碳化硅、碳化硼为基体,根据其纯度或添加的金属元素不同又可分为不同品种，超硬磨料系主要有人造金刚石和立方氮化硼。表 10－1 列出了各种常用磨料的名称、代号、颜色和用途。

表 10－1 磨 料

系别	名称	代号	颜色	适用范围
氧化物	棕刚玉	*A*	棕褐色	磨削碳钢、合金钢、青铜、可锻铸铁
	白刚玉	*WA*	白色	淬火钢、高速钢
	铬刚玉	*PA*	玫瑰红色	高速钢、不锈钢、
碳化物	黑碳化硅	*C*	黑色带光泽	铸铁、黄铜、耐火材料及其他非金属材料
	绿碳化硅	*GC*	绿色带光泽	硬质合金、宝石、光学玻璃
	碳化硼	*BC*	黑色	研磨硬质合金
超硬磨料	金刚石	*D*	白淡绿、黑色	硬质合金、宝石、光学玻璃、陶瓷
	立方氮化硼	*CBN*	棕黑色	高速钢、不锈钢、耐热钢

2. 粒度。粒度表示磨料颗粒的大小。通常把磨料颗粒按大小分为磨粒和微粉两大类。磨粒用筛分法确定粒度号，粒度号就是磨粒刚好可通过的筛网每英寸长度（25. 4*mm*）上的孔眼数。粒度号愈大，表示颗粒愈小。微粉类的磨粒的尺寸小于 63*μm*（*GB*2477－83），它的粒度号表示在显微镜下测得的该颗粒最大尺寸的微米数。粒度号愈大，微粉颗粒尺寸愈大。

磨料粒度对磨削生产率和加工表面粗糙度影响很大。一般来说粗磨用粗粒度，精磨用细粒度。当工件材料软，塑性大和磨削面积大时，为避免堵塞砂轮，采用粗粒度。

磨料的粒度号、尺寸和应用列于表 10－2。

表 10－2 粒 度

类别	粒度号	适用范围
磨粒	8#、10#、12#、14#、16#、20#、22#、24#	荒磨
	30#、36#、40#、46#	粗磨
	54#、60#、70#、80#、90#、100#	半精磨、精磨
	120#、150#、180#、220#、240#	精磨、超精磨
微粉	W_{63}、W_{50}、W_{40}、W_{28}	超精磨、螺纹磨、珩磨
	W_{14} W_{10}，W_{7}，W_{5}，$W_{3.5}$，$W_{2.5}$，$W_{1.5}$，W_{1}，$W_{0.5}$	镜面磨、精研

3. 结合剂。把磨料粘结在一起组成的材料称为结合剂，它的性能决定砂轮的强度、耐冲击性、耐腐蚀性、耐热性及砂轮寿命等。结合剂对磨削温度和加工表面粗糙度均有一定的影响。常用结合剂及选择见表 10－3。

表 10－3　　**结合剂**

类别	代号	适用范围
陶瓷	*V*	除薄片砂轮外，能制成各种砂轮，适用于各种磨削加工。
树脂	*B*	荒磨砂轮、磨窄槽、切断用砂轮、高速砂轮、镜面磨砂轮。
橡胶	*R*	磨削轴承沟道砂轮、无心磨导轮、切割薄片砂轮、抛光砂轮。
金属	*J*	用于金刚石砂轮

4. 硬度。砂轮硬度是指在磨削力的作用下，磨粒从砂轮表面脱落的难易程度。砂轮硬，磨粒较难脱落；砂轮软，磨粒容易脱落。砂轮硬度主要由结合剂的粘结强度决定，与磨粒本身硬度无关。

砂轮硬度对磨削质量和生产率有很大影响。砂轮硬度选择得当，在磨削过程中，当磨粒钝化后能及时从基体上自行脱落，露出新的锋利的磨粒担负切削工作，使磨削过程正常进行。这样，不但砂轮磨耗小，而且切削效率高，加工表面质量好。

砂轮硬度及选择见表 10－4。

表 10－4　　**硬　度**

等级	超软			软			中软		中			中硬		硬	超硬
代号	*D*	*E*	*F*	*G*	*H*	*J*	*K*	*L*	*M*	*N*	*P*	*Q*	*R*	*S*	*T*
选择	磨淬硬钢选 *L*～*N*；磨淬合金钢选 *H*～*K*；高质量磨削选 *K*～*L*；刃磨硬质合金钢刀具选 *H*～*J*。														

5. 组织。砂轮的组织表示磨粒、结合剂和气孔三者体积比例关系。磨粒在砂轮体积中所占比例越大，砂轮的组织越紧密，气孔越小；反之组织疏松。砂轮的组织可分为紧密、中等、疏松三大类，如图 10－2 所示，细分为 0－14 组织号，其中 0－4 号属紧密类，用于成形精密磨削；5－8 号中等，用于淬火钢、刀具刃磨；9－12 号疏松类，用于磨削韧性大而硬度低的材料；；13－14 大气孔，用于磨削热敏感性大的材料。

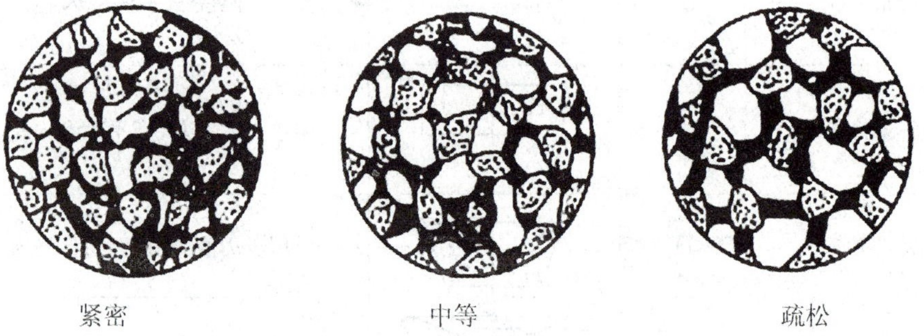

图 10－2　砂轮的组织

疏松类砂轮，磨粒占的比例越小，气孔越大，砂轮越不易被切屑堵塞，切削液和空气也易进入磨削区。使磨削区温度降低，工件因发热而引起的变形和烧伤减小。但疏松类砂轮易失去正确廓形，降低成形表面的磨削精度，增大表面粗糙度。

10.1.2 砂轮的形状、尺寸及用途

根据不同的用途，磨削方式和磨床类型号，将砂轮制成不同的形状和尺寸，并标准化。表10－5为常用砂轮形状、代号、标记及主要用途。

在生产中为便于对砂轮管理和选用，通常将砂轮的形状、尺寸和特性标注在砂轮端面上，其顺序为：形状、尺寸、磨料、粒度号、硬度、组织号、结合剂、线速度。其中尺寸一般指外径×厚度×内径。例如：$P300\times30\times75WA60L6V35$ 即代表该砂轮是平形，外径300mm，厚度30mm，内径75mm，白刚玉磨料，60号粒度，中软，6号组织，陶瓷结合剂，最高线速度35m/s。

表10－5　　常用砂轮的形状、代号、标记及主要用途

砂轮名称	代号	断面简图	基本用途
平形砂轮	1	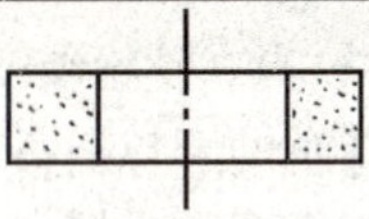	用于外圆磨、内圆磨、平面磨、无心磨、工具磨、螺纹磨和机用砂轮等。
双斜边砂轮	4	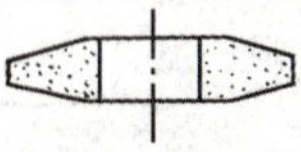	用于磨齿轮齿面和单线螺纹。
双面凹砂轮		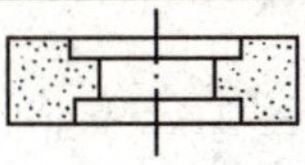	用于外圆磨和刃磨刀具、无心磨的磨轮和导轮。
薄片砂轮	41	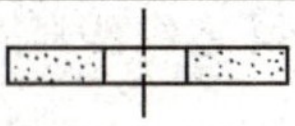	用于切断和开槽等。
筒形砂轮	2	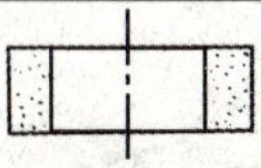	用于立式平面磨床上。
杯形砂轮	6	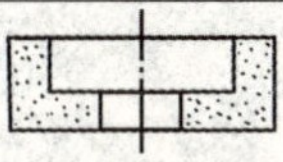	用于刃磨刀具、磨平面和内孔等。
碗形砂轮	11	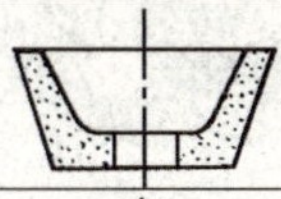	用于刃磨刀具、磨机床导轨。
碟形砂轮	12a	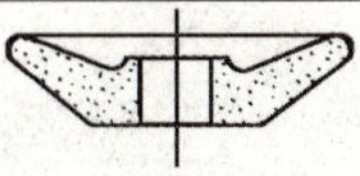	用于磨铣刀、铰刀、拉刀、齿轮齿面等。

10.1.3 金刚石砂轮和立方氮化硼砂轮

1. 金刚石砂轮。金刚石砂轮具有优良的磨削性能，是目前磨削和切割硬质合金、玻璃、陶瓷和半导体等硬材料的最佳磨具。用金刚石砂轮磨削出的硬质合金刀具，表面粗糙度小，刃口锋利，表面残余应力小，无裂纹。且砂轮消耗量很小，生产效率比碳化硅砂轮提高5倍以上。经刃磨后的刀具使用寿命比用碳化硅砂轮磨出刀具提高1－3倍。

金刚石砂轮的结构如图10－3所示。由基体、过渡层和工作层组成。基体一般用塑料、铝合金、铜或钢制造。过渡层由结合剂组成，作用是将磨料层与基体牢固结合，保证磨料层全部使用。工作层由金刚石粉，结合剂和填料组成。金刚石砂轮常用的结合剂有青铜和树脂。不同结合剂的砂轮性能不同，适用范围也不同。

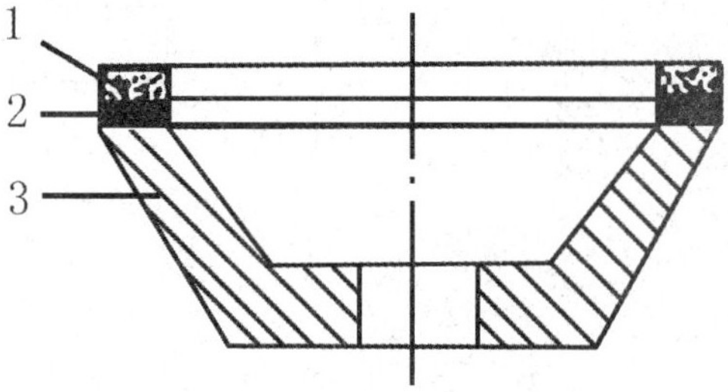

图10－3 金刚石砂轮构造

金刚石砂轮的特性要素，基本上与普通砂轮相同，只是没有组织这个要素，而增加一个浓度概念。浓度是指金刚石砂轮工作层单位体积(cm^3)内所含金刚石的质量，并以百分比数表示。较常采用的浓度有25%、50%、100%和150%。浓度为100%的砂轮工作层单位体积内含4.39克拉(0.88g)的金刚石粉，其余浓度的含量，可按比例类推。

2. 立方氮化硼砂轮。立方氮化硼的硬度仅次于金刚石，其耐热性和化学稳定性均比金刚石好。立方氮化硼砂轮填补了金刚石砂轮所不能适应加工的范围，主要用于加工各种超硬高速钢，耐热钢和钛合金。

立方氮化硼砂轮的构造和金刚石砂轮构造相似，由工作层，过渡层和基体组成。

§10.2 磨削运动和磨削要素

10.2.1 磨削运动

磨削时一般有四个运动，图10－4表示外圆磨削和平面磨削的切削运动。

1. 主运动。砂轮的旋转运动是主运动，砂轮外圆的线速度即主运动速度 v_c

$$v_c = \pi d_o \cdot n_o / 1000 m/s \quad (10-1)$$

式中，d_o－砂轮直径(mm)；

n_o－砂轮转速(r/s)。

2. 径向进给运动。砂轮相对于工件径向的运动。其大小用径向进给量 f_r 表示。f_r 指工作台每双(单)行程内工件相对于砂轮径向移动的距离，单位为 $mm/dstr$，当工作台每单行程作进给时，单位为 mm/str，当作连续进给时，单位为 mm/s。一般情况下，$f_r = 0.005 \sim 0.02 mm/dstr$。径向进给量亦称磨削深度 a_{sp}。

3. 轴向进给运动。工件相对砂轮轴向的进给运动。轴向进给量用 f_a 表示。它指工件每转一转或工作台每一次行程，工件相对砂轮的轴向移动的距离。一般情况下 $f_a=(0.2\sim0.8)B$；B 为砂轮宽度，单位为 mm；f_a 单位：圆磨为 mm/r，平磨为 mm/str。

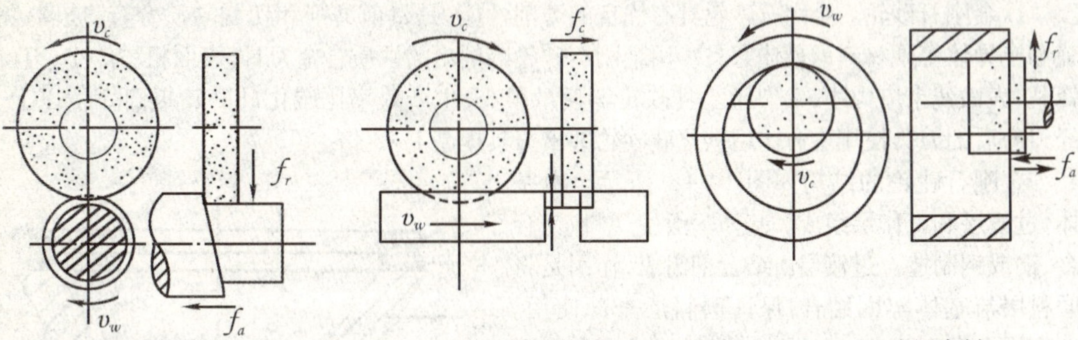

(a)外圆磨削　　(b)平面磨削　　(c)内圆磨削

图 10－4　磨削运动

4. 圆周进给运动。工件的旋转运动。工件外圆的线速度，即为圆周进给运动速度 v_w。外圆磨削时

$$v_w=\pi d_w n_w/1000m/s \qquad (10-2)$$

式中：d_w－工件直径(mm)；

n_w－工件转速(r/s)。

10.2.2 磨削时金属切除率

磨削时，每秒钟金属切除量：

$$Q=1000v_w f_r f_a mm^3/s \qquad (10-3)$$

Q 亦称为切除率，它表示磨削的生产率。而每秒钟内砂轮每 1mm 宽度所切除的金属量，则称为单位砂轮宽度切除率，以 Z_Q 表示

$$Z_Q=\frac{Q}{B}=\frac{1000v_w f_r f_a}{B}mm^3/smm \qquad (10-4)$$

10.2.3 砂轮与工件加工表面的接触弧长

砂轮与工件加工表面的接触长度不仅影响同时参加磨削的磨粒数目及磨粒负荷，而且对磨屑的容纳和排除及冷却条件的改善都会有影响，因此，了解磨削时接触弧长是很重要的。如图 10－5 所示。

现在来分析平面磨削时的接触弧的长度。由图 10－5 可知：

$$l_c=\frac{1}{2}d_0\theta \qquad (10-5)$$

式中，θ 为砂轮与工件表面的接触角。

由于 θ 的数值很小，所以有

$$\theta\approx sin\theta=\sqrt{1-cos^2\theta}$$

$$=\sqrt{1-(1-2f_r/d_o)^2}$$

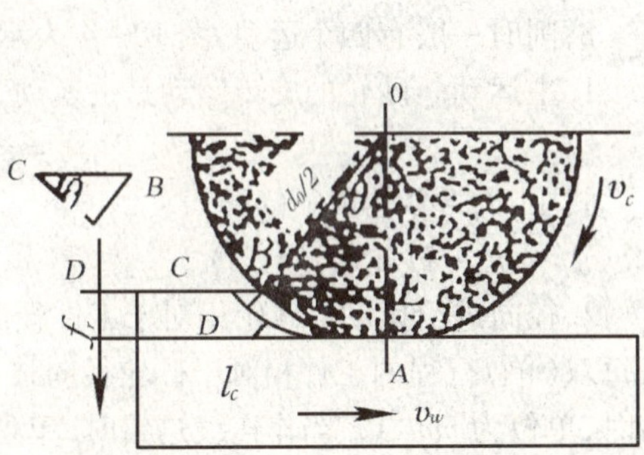

图 10－5　砂轮与工件接触弧长

$$= \sqrt{(f_r/d_o) - (f_r^2/d_o^2)} \quad (10-6)$$

通常 $d_o \gg f_r$，故可略去二次项，得

$$\theta = sin\theta = 2\sqrt{f_r/d_o} \quad (10-7)$$

$$l_c = \sqrt{f_r \cdot d_o} \quad (10-8)$$

10.2.4 砂轮等效直径

为了比较内、外圆磨削和平面磨削方式的特点，提出了“砂轮等效直径”或“砂轮当量直径”的概念。所谓砂轮等效直径就是接触弧长相等时外圆（或内圆）磨削时的砂轮直径换算成假想的平面磨削时的砂轮直径。在径向进给量 f_r 保持一定值时，如果砂轮等效直径相同，则外圆（内圆）磨削和平面磨削时的接触弧长相等。

以图 10－6 所示的外圆磨削为例来推导砂轮等效直径。从图 10－6 可知

$$f_r = x_1 + x_2 \quad (10-9)$$

而工件和砂轮的接触弧长度可近似相等即

$l_c = \sqrt{x_2 d_o}$ 或 $l_c = \sqrt{x_1 d_w}$

根据砂轮等效直径的概念，设砂轮等效直径为 d_{oe}，则平面磨削的接触弧长为

$l_{ce} = \sqrt{f_r \cdot d_{oe}}$

显然，此两接触弧长必须相等即

$$l_c = l_{ce} \text{或}$$

$$\sqrt{f_r d_{oe}} = \sqrt{x_1 d_w} = \sqrt{x_2 d_o} \quad (10-10)$$

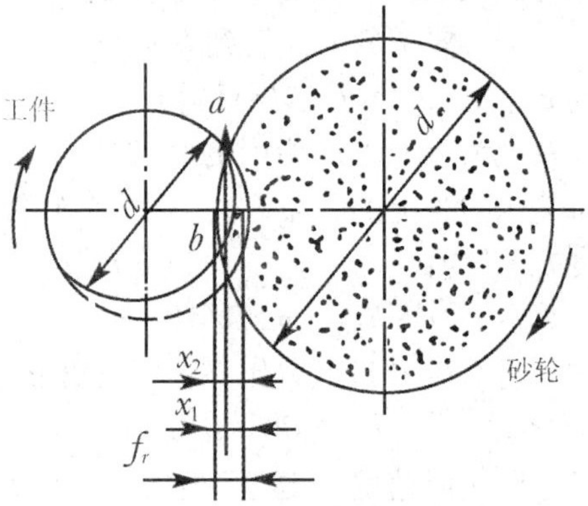

图 10－6　外圆圆磨削的几何图形

联解式（10－9）、（10－10）并整理得外圆磨削时的砂轮等效直径

$$d_{oe} = d_w d_o/(d_w + d_o) \quad (10-11)$$

同理可得内圆磨削时的砂轮等效直径为

$$d_{oe} = d_w \cdot d_o/(d_w - d_o) \quad (10-12)$$

表 10－3　几种磨削方式的等效直径和接触弧长

磨削方式	外圆磨削 Ⅰ	平面磨削 Ⅱ	内圆磨削 Ⅲ
径向进给量 $f_r(\mu m)$	25	25	25
砂轮直径 $d_o(mm)$	400	400	400
工件直径 $d_w(mm)$	200	∞	550
砂轮等效直径 $d_w = \frac{d_o d_w}{d_w \pm d_o}(mm)$	133	400	1467
接触弧长度 $l_c = \sqrt{f_r d_{oe}}(\mu m)$	1.8×103	3.3×108	6×103

有了砂轮等效直径的公式,可以分析这几种磨削方式中磨削条件间的关系。表 10－3 列出了径向进给量,砂轮直径相同条件下几种磨削方式的接触弧长。从中可以看出接触弧长以内圆磨削为最大,平面磨削次之,外圆磨削最小。因此内圆磨削的砂轮耐用度最大,平面磨削次之,外圆磨削最小。

10.2.5 单个磨粒的磨削厚度

磨削厚度是磨削过程中重要的切削参数,磨削厚度大小对磨削力、磨削温度、磨削表面质量和砂轮的磨损产生很大影响。所以,分析磨削厚度对于分析磨削过程中的问题是很有意义的。

由于砂轮表层上的砂粒的形状与分布是随机的。不同的磨粒在磨削过程中的作用各不相同。为了便于分析,通常假设磨粒前后对齐并均匀地分布在砂轮外圆表面上。图 10－7 是在上述假设条件下的平面磨削情况。

当砂轮上的 A 点转到 B 点时,工件上的 C 点移动到 B 点,这时 ABC 这层材料被磨掉了。此时磨去的最大厚度为 BD,参加切削的磨粒数为 $B \times m$(m 为砂轮每毫米周长上的磨粒数)。则单个砂粒的最大切削厚度 h_{Dgmax} 为:

$$h_{Dgmax} = BD/AB \cdot m \qquad (10-13)$$

将△BCD 近似看作一直角三角形,则:

$$BD = BC \cdot \sin\theta \qquad (10-14)$$

砂轮以速度 v_c 运动,当从 A 点转到 B 点时如需要时间 t_m,在同样时间内工件以 v_ω 的速度移动了 BC 段距离,则

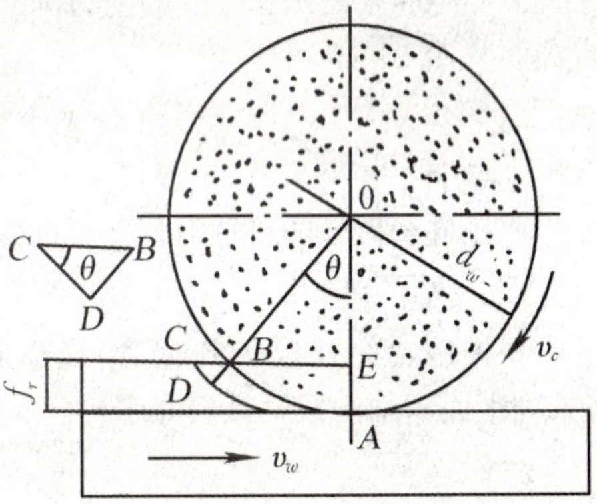

图 10－7　磨削切削的厚度

$$AB = v_c \cdot t_m \qquad (10-15)$$

$$\overline{BC} = v_w \cdot t_m \qquad (10-16)$$

将式(10－14)、(10－15)、(10－16)、(10－17)代入式(10－13)得

$$h_{Dgmax} = \frac{2v_w}{v_c m} \cdot \sqrt{f_r/d_0} \qquad (10-17)$$

式中,h_{Dgmax}——单个磨粒的最大切削厚度(mm);

v_c, v_w——分别为砂轮、工件的速度(m/s);

m——砂轮每 mm 圆周长度上的磨粒数(mm^{-1})

f_r——径向进给量 mm;

d_0——砂轮直径(mm)。

在上述推导中,没有考虑到砂粒沿砂轮宽度方向的分布是不连续的,因此砂轮的($B-f_a$)一段还要参加切削工作,使每颗砂粒的实际切削厚度还要减小,考虑到这种情况,式 10－17 应改为

$$h_{Dgmax} = (2v_w \cdot f_a/v_c m \cdot B) \cdot \sqrt{f_r/d_o} \qquad (10-18)$$

同理可得外圆磨削时每个磨粒的最大切削厚度为

$$h_{Dgmax} = (2v_w \cdot f_a/v_c \cdot m \cdot B)\sqrt{f_r/d_o + f_r d_w} \qquad (10-19)$$

应该指出，上述公式是假定磨粒均匀分布的前提下得到的。实际上，因磨粒在砂轮表面分布极不规则，各个磨粒的切削厚度相差很大。但从上式可知：工件速度 v_w，轴向进给量 f_a 和径向进给量 f_r 增加时，h_{Dgmax} 将增加；砂轮速度 v_c、砂轮直径 d_o 和砂轮宽度 B 增大时，h_{Dgmax} 将减小；砂轮磨粒越细，m 就越大，h_{Dgmax} 减小。

单个磨粒的切削厚度加大时，作用在磨粒上的切削力也增大，将影响砂轮磨损，磨削温度及被加工零件的表面质量。

§10.3 磨削过程

10.3.1 砂轮的表面形貌及磨粒的形状特点

1. 磨粒的形状特点。磨粒，一般是用机械破碎磨料而获得的。磨粒具有多种多样的几何形状，常见的几种形状如图 10－8 所示。磨粒的顶尖角 α 通常为 90°～120°，因此，切削时基本上是负前角切削。磨粒的切削刃和前面形状也是极不规则的，往往是空间曲线和空间曲面。磨粒的切削刃钝圆半径 r_m 多在几个到几十个微米。

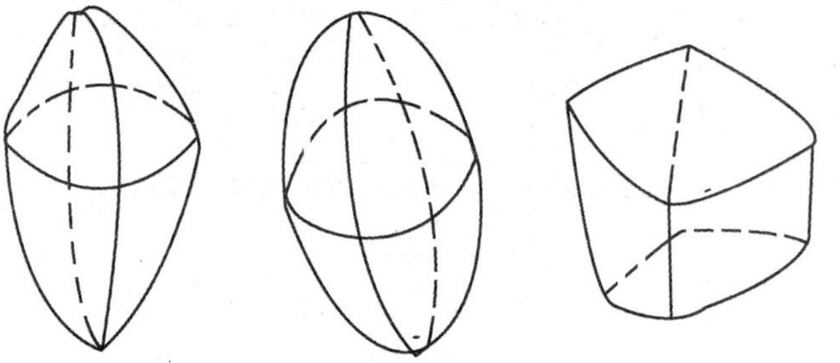

(a)圆锥形　　(b)球形　　(c)平面圆锥形

图 10－8 磨粒的形状

2. 砂轮的表面形貌。磨粒在砂轮中的位置分布和取向是随机的，每个磨粒也可能有多个切削刃。如图 10－9 所示的是以 xy 坐标平面与砂轮最外层工作表面相接触时，磨粒在 XYZ 坐标平面内的分布状态。以平行于 YZ 坐标面所截取的磨粒切削刃轮廓图，称砂轮工作表面的形貌图。砂轮表面形貌在磨削过程中是取决于磨削条件而不断变化的，是磨削时间的函数。通过对砂轮表面形貌特征和磨削条件的了解，在一定程度上可以预测磨削已加工表面粗糙度，分析及控制磨削过程。

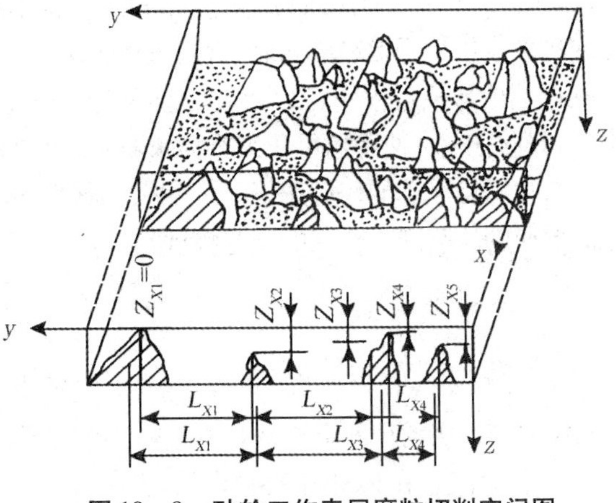

图 10－9 砂轮工作表层磨粒切削空间图

精磨时，为使已加工表面粗糙度较小，希望砂轮表面单位面积上的磨粒数多，磨粒间距分布均匀，同时砂轮表面的磨粒等高性好。粗磨时，砂轮表面单位面积上的磨粒数可少些，以增加容屑空间，保证生产率较高。

10.3.2 磨屑的形成过程

磨削时，工件表面被砂轮表面凸出锋利的磨粒切削成磨屑。其典型过程如图 10－10 所示。大致可分为滑擦、耕犁及切削三个阶段。

滑擦阶段，由于磨粒具有很大的负前角和较大的刃口钝圆半径，而切削厚度又很小，当磨粒开始接触工件时，工件表面发生弹性变形，磨粒只能在工件表面进行滑擦（滑动和摩擦）。

当磨粒继续切入工件，磨粒作用在工件上的法向力增大到一定值后，工件表面金属产生塑性变形，使磨粒前方受挤压金属向两边塑性流动，在工件表面耕犁出沟槽，而沟槽的两侧微微隆起，构成磨粒切入过程的耕犁（刻划）阶段。

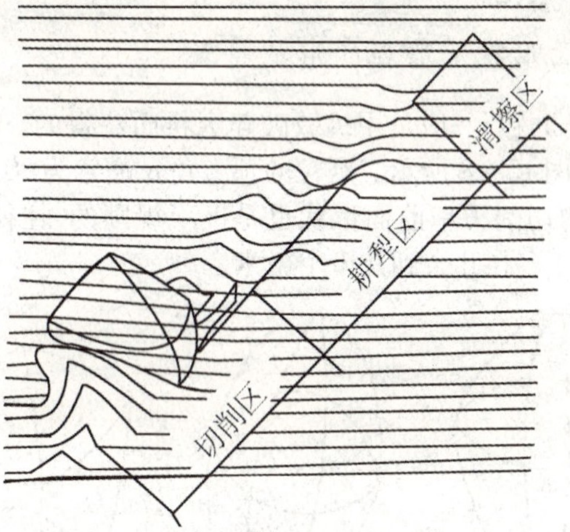

图 10－10　磨削过程中隆起现象

当磨粒继续进一步切入工件，其切削厚度增大到某一临界值后，磨粒前方金属在磨粒的挤压下发生滑移而成为切屑从前面流出，此即切削阶段。此时一个完整的切削过程才告完成。

在砂轮表面，由于磨粒的形状、分布和高低各不相同，一些较钝或突出高度较小的磨粒只能起滑擦或耕犁作用而不能形成切屑，所以，磨削过程是包含切削、滑擦、耕犁作用的综合复杂过程。

在磨屑的形成过程中，因为磨擦速度很高，产生强烈的滑擦、耕犁、挤压，并产生很高的温度。又由于切削厚度小，使磨屑尺寸细小而形状各异。将其放大观察，可以看到有带状切屑，节状切屑和一些熔化后烧尽了的切屑灰烬。一些蝌蚪状切屑和球状切屑则是由于在高温作用下，切屑一端溶化而形成的。磨削时看到的火花，是切屑离开工件后氧化和燃烧的现象。

10.3.3 磨削阶段

在磨削过程中，由于 F_P/F_c 的比值较大，f_r 较小，机床、工件和夹具系统弹性变形等原因，使实际磨削深度与每次的径向进给量有所差别，由此，可将磨削过程分为如图 10－11 的三个阶段。

1. 初磨阶段。在最初几次径向进给中，由于机床、工件、夹具工艺系统的弹性变形，实际磨削深度小于径向进给量。机床、工件、夹具工艺系统刚性愈差，此阶段的磨削时间愈长。

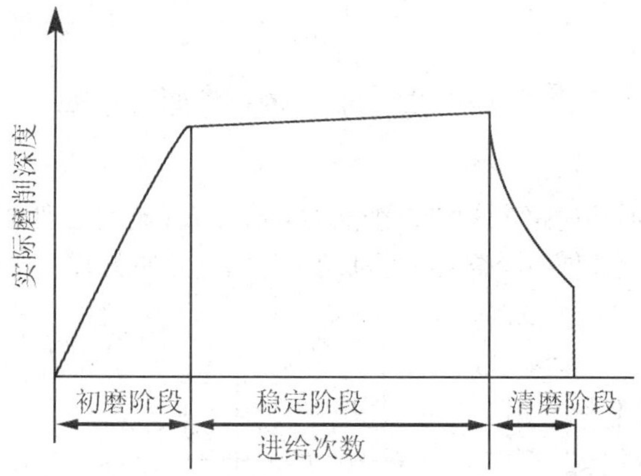

图 10－11 磨削过程的三个阶段

2. 稳定阶段。当系统弹性变形达到一定程度后，继续进给时，其实际磨削深度基本上等于径向进给量。

3. 清磨阶段。当磨削余量即将磨完时，径向进给运动停止，力减小。由于工艺系统的弹性变形逐渐恢复，使实际磨削深度大于零。因此，在无切深情况下应增加走刀次数，使实际磨削深度逐渐趋于零，磨削火花消失，这个阶段叫清磨（光磨）阶段。清磨阶段可以提高磨削精度，减小表面粗糙度。

从图 10－11 中可知，要提高生产率，应缩短初磨阶段和稳定阶段。要提高表面质量，必须保持适当的清磨进给次数和清磨时间。

10.3.4 磨削过程的特点

磨削和其他金属切削加工一样，磨屑的形成也要经过弹性变形、塑性变形和滑移的过程。也有力和热的产生，但磨削过程也有它自己的特点。其特点是：

1. 切削速度高。磨削速度很高，通常是车、铣切削速度的 10～20 倍。因此，被磨削的金属变形速度很快，在磨削区域内短时间大量发热，温度很高。据估计瞬时温度可达 1000℃左右。

2. 冷硬程度高。磨削加工的冷硬程度比其他加工时严重得多。这是因为砂轮表面露出较矮的磨粒只起滑擦作用，且磨粒中大多数是负前角和小后角，磨粒切削刃钝圆半径相对切削厚度很大，使工件表层金属受到强烈的挤压变形。特别是磨粒钝化后和进给量很小时，金属变形更加严重，因而冷硬程度也较其他切削加工大得多。

3. 单个磨粒的切削厚度非常小。在切削过程中，最小的切削厚度在极限情况下为 0.05*mm* 左右，而在磨削中每颗磨粒的切削厚度可小到数微米。所以磨削可以得到高的加工精度和比较小的表面粗糙度。

4. 砂轮有自砺作用。在磨削过程中，砂轮上的磨粒磨钝后，切削力的增长将使磨粒破裂而生成新的切削刃或从基体上自行脱落，及时露出新的、锐利的磨粒来担负切削工作，这种作用称砂轮的自砺作用。其他切削加工的刀具不具备这种特点。

5. 能量消耗大。砂轮相当于一把有无数齿的铣刀，而且进给量小，使得切屑极其细碎，切屑变形程度很大，所以，磨削所消耗能量为一般切削加工的 10～20 倍。

§10.4 磨削力和磨削功率

磨削也和其他切削加工一样，可以把总磨削力分解为 F_f（轴向磨削力）、F_p（径向磨削力）和 F_c（切向磨削力）三个分力。几种不同类型的磨削加工三向分力如图 10－12 所示。其中，$F_c=(0.1\sim0.2)F_p$，特别大。

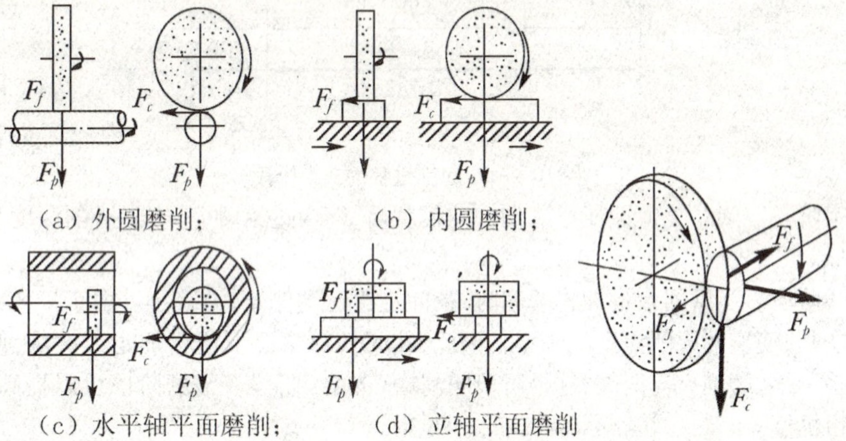

（a）外圆磨削；（b）内圆磨削；

（c）水平轴平面磨削；（d）立轴平面磨削

图 10－12　三向磨削分力

试验证明：干磨退火碳素钢时，材料剪切所消耗的能量占 20～30%，摩擦所消耗的能量占 70～80%，这反映出了滑擦的影响。磨削力的经验公式如下：

$$F_c=9.81[C_F(v_w\cdot f_r\cdot B/v_c)+\mu\cdot F_p](N) \quad (10-20)$$

$$F_p=9.81C_F(\frac{\pi}{2})(v_\omega\cdot f_r\cdot B/v_c)\cdot tan\alpha(N) \quad (10-21)$$

式中：B－磨削宽度(mm)；

C_F－切除单位体积的切屑所需的能量(N/mm^2)见表 10－4；

α－假想磨粒为圆锥形时的锥顶半角；

μ－工件和砂轮之间的摩擦系数(表 10－5)。

表 10－4　各种工件材料的 C_F 值（$GB80R1A$ 和 $TL80R1A$ 砂轮）

工件材料	花岗石	硅	纯铁	铸铁	高速钢
$C_F(N/mm^2)$	4300	5500	2800	4900	18000

表 10－5　磨削时摩擦系数 μ 的数值

工件材料	切削液砂轮	豆油	轻油	乳化液	水	干磨
退火碳素钢	$A46NV$0.21	0.61	0.35	0.82	0.73	
淬火高速钢	$A46GV$	0.10	0.15	0.16	0.38	0.32

磨削功率 P_c 为：

$$P_c=F_c\cdot v_c/1000(KW)$$

式中，F_c –切向磨削力（N）；

v_c –砂轮速度（m/s）。

§10.5 砂轮的磨损和修整

10.5.1 砂轮的磨损

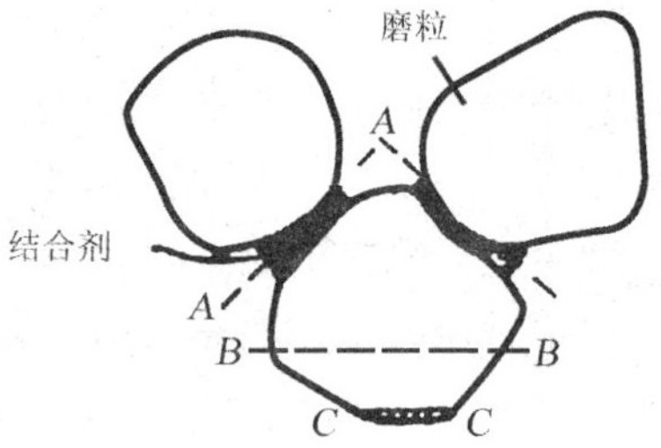

图 10–13 砂轮的磨耗磨损及破碎磨损

砂轮的磨损可分为磨耗磨损和破碎磨损（图10–13）。磨耗磨损（图 $C-C$ 部分）的特征为磨粒一层一层被磨掉。它是磨粒和工件之间的摩擦引起的。破碎磨损是磨粒的破碎（图中 $B-B$ 部分）或者结合剂的破碎（图中 $A-A$ 部分）引起的。破碎磨损的强烈程度取决于磨削力大小和磨粒或结合剂的强度。两种磨损相比，破碎磨损所消耗砂轮的重量较大。对软砂轮来说，结合剂的破碎比磨粒的破碎要多些。但从磨损后的影响来说，磨耗磨损影响大些。这是因为磨耗磨损直接影响到砂轮磨损表面的大小及磨削力的大小等，而这些因素又反过来影响破碎磨损。影响砂轮耐用度以及磨削区温度的高低和被磨工件的表面质量。

此外，磨削下来的磨屑嵌入砂轮磨粒的空隙中，使砂轮表面被堵塞也能使砂轮失去磨削能力。

砂轮磨损后若继续使用就会使磨削效率降低，磨削表面质量下降；同时发生振动和噪声，应及时修整。

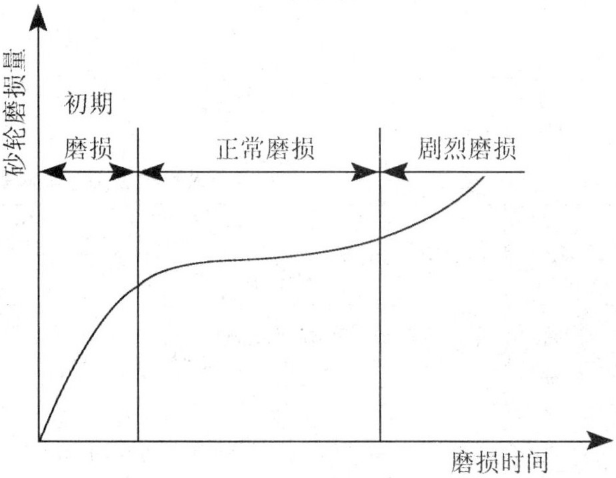

图 10–14 砂轮的磨损过程

砂轮的磨损过程也可分为三个阶段。如图10–14所示，每一个磨损阶段的机理是不相同的。初期磨损中，主要是磨粒的破碎磨损，这是由于砂轮即使修整后仍不平整，少数磨粒比较突出，工作时它们的负荷比较大，迅速破裂。此外，修整过程中有些磨粒内部产生内应力及裂纹，工作中也会破裂，因此初期磨损阶段的曲线较陡。正常磨损阶段有一定数量的磨粒产生破碎磨损，但主要是磨耗磨损，故曲线较缓，磨损较小。剧烈磨损主要是结合剂的破碎磨损，所以曲线较陡，磨损剧烈。

砂轮耐用度是指砂轮相邻两次修整间的加工时间，用秒来表示。精磨时，耐用度可用磨削出的工件数目来表示。

砂轮常用的合理耐用度的数值表见表10–6。

表 10 - 6　　砂轮常用合理耐用度数值

磨削种类	外圆磨	内圆磨	平面磨	成型磨
耐用度(s)	1200 ~ 1400	600	1500	600

粗磨时,应保证砂轮耐用度合理值。精磨时,耐用度应当按加工精度要求来选择,以免砂轮磨损太大而达不到精度要求。

10.5.2 砂轮的修整

砂轮磨损后应进行修整,以消除钝化的磨粒和堵塞层,恢复砂轮的切削性能及正确形状。常用修整砂轮的工具有大颗粒金刚石笔,多粒细碎金刚石笔和金刚石滚轮,如图 10 - 15 所示。多粒细碎金刚石笔修整效率高,修整表面质量高。金刚石滚轮修整效率更高,适用于修整成形砂轮。目前常用的是大颗粒金刚石笔。

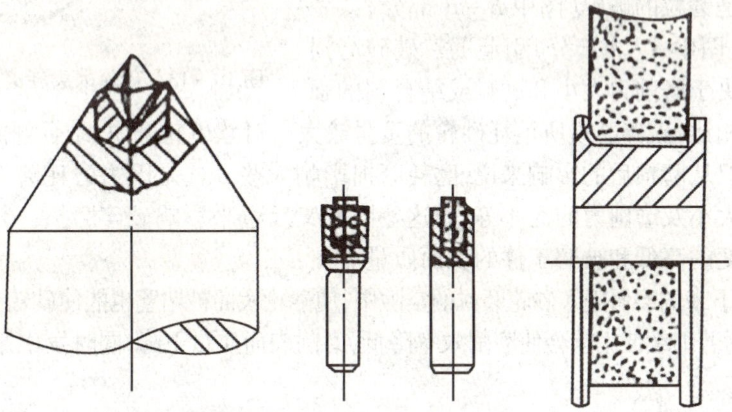

(a)大颗粒金刚石笔　(b)多粒细碎金刚石笔　(c)金刚石滚轮

图 10 - 15　修整砂轮用的工具

用大颗粒金刚石笔修整时,必须根据磨削要求来合理选择修整进给量和修整深度。其修整用量见表 10 - 7。

表 10 - 7　　大颗粒金刚石笔修整用量

修整用量	磨削工序				
	粗磨	半精磨	精磨	超精磨	镜面磨削
修整进给量 ($mm \cdot r^{-1}$)	与砂轮磨粒平均直径相同	0.03 ~ 0.08	0.02 ~ 0.04	0.01 ~ 0.02	0.006 ~ 0.1
修整深度(mm)	0.01 ~ 0.02	0.0075 ~ 0.01	0.005 ~ 0.0075	0.002 ~ 0.003	0.002 ~ 0.003
修整层厚度(mm)	0.10 ~ 0.15	0.06 ~ 0.10	0.04 ~ 0.06	0.01 ~ 0.02	0.01 ~ 0.02
修整次数	0	1	1 ~ 2	1 ~ 2	1 ~ 2

§10.6 磨削表面质量

磨削表面质量主要包括表面粗糙度,表面烧伤和表面残余应力。

10.6.1 表面粗糙度

磨削表面粗糙度是由砂轮上的磨粒在工件表面上形成的残留痕迹和磨削过程中各种原因引起的振动波纹引起。

残留痕迹与所选用的砂轮的粒度,硬度,砂轮的修整质量及磨削用量有关。粒精度越细,径向和轴向进给量小,砂轮修整得平整,磨粒等高性好,则磨削表面粗糙度小。

磨削过程中产生的振动,将使加工表面留下振动波纹,如图 10－16 所示。振动远比残留痕迹对表面粗糙度的影响大。消除振动减小波纹的主要措施是:严格控制磨床主轴的径向跳动;砂轮及其高速旋转的部件要经过仔细的平衡;保证磨床工作台慢行时无爬行;提高磨床动刚度;磨削用量和砂轮要选择合理。

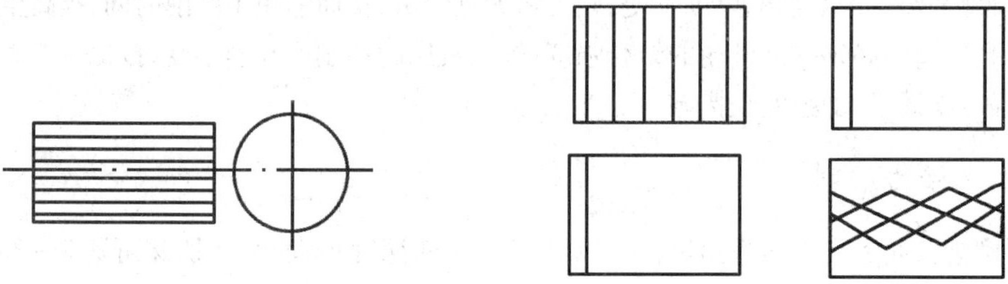

(a)圆柱形零件　　(b)平面零件

图 10－16　磨削表面的波纹

10.6.2 磨削表面烧伤

由于磨削时产生高温,使工件加工表面的金属组织发生相变,其硬度和塑性等发生变化,这种表层变质的现象叫表面烧伤。

烧伤的表面呈黄褐色,它是工件表面在高温下形成的氧化膜,氧化膜的颜色随烧伤程度不同而变化。轻度的烧伤需经过酸洗才会呈现出来。

表面烧伤损坏了零件表层组织,影响零件的质量和寿命。

减小和防止烧伤的主要措施是:减小磨削过程中热量的产生和加速热量的散发;正确选用砂轮,以及保持砂轮良好的切削性能;选择合理切削用量;采用好的切削液及正确的润滑方法。

10.6.3 残余应力

磨削后的表面往往有残余拉应力和压应力。残余压应力可提高零件的疲劳强度和耐磨性,而残余拉应力却使零件表面翘曲,强度降低,当它超过材料的强度极限时,就会使零件产生裂纹。

表面裂纹严重影响零件的质量，在交变载荷作用下，微小的裂纹将会迅速扩展导致零件损坏。

产生磨削表面残余应力的主要原因是金属组织相变引起的体积变化；温度引起的不均匀的热胀冷缩和残留的塑性变形。

减小残余应力的措施是：降低磨削温度和工件表面的温度梯度；控制恰当的进给量；适当增加清磨次数。

§10.7 高效磨削方法简介

以提高效率为目的的先进的磨削方法在生产中常用的有：高速磨削、强力磨削和砂带磨削。

10.7.1 高速磨削

砂轮线速度超过 45*m/s* 以上的磨削称为高速磨削。

高速磨削能提高效率的原因是砂轮线速度提高后，单位时间内通过磨削区的磨粒数目增加，若保持单个磨粒的磨削的厚度不变，则可增大进给量，从而缩短了磨削时间，提高生产率。

实现高速磨削必须提高砂轮的结合强度；提高机床的动刚度和静刚度；按比例增大电动机功率；增强冷却效果；加强安全措施。

10.7.2 强力磨削

强力磨削又叫大切深缓进给磨削。其特征是切削深度很大，一次切深可达 2～20*mm*，工件进给速度小，仅为 10～300*mm/min*。

强力磨削由于切入深度大，砂轮和工件的接触弧长，单位时间内砂轮工作表面参加切削的磨粒数目多，加上它将粗、精加工几道工序合并，使生产效率可以成倍提高。

强力磨削应保证机床主轴有足够的刚度；机床电动机有足够的功率；应有大流量，高压冷却冲洗系统和高效率的过滤装置；应选用超软级疏松组织砂轮；机床工作台进给时无爬行并有快速返程装置。

10.7.3 砂带磨削

图 10－17 是砂带磨削设备的示意图，环形砂带安装在压轮和张紧轮上，当工件由传送带送至支承板和接触轮之间的磨削区时，即受到高速砂带的切削。

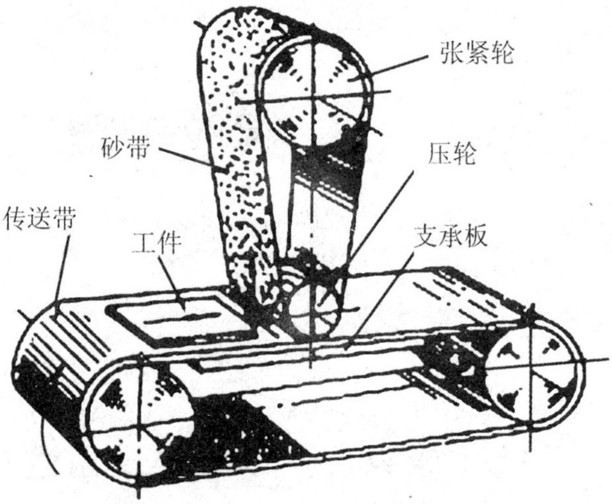

图 10－17 砂带磨削设备示意图

砂带由磨料、结合剂及基体组成，如图 10－18 所示。基体有纸、布和纸布混合型三种。结合剂可以是动物胶或合成树脂。

砂带磨削由于粘附在基体上的单层磨粒几乎每颗都可以参加切削，砂带的长度和宽度不受制造上的限制，从而使生产效率比普通磨削高 5～20 倍。此外，砂带磨削还有设备简单，加工质量高，能磨复杂形面等优点。

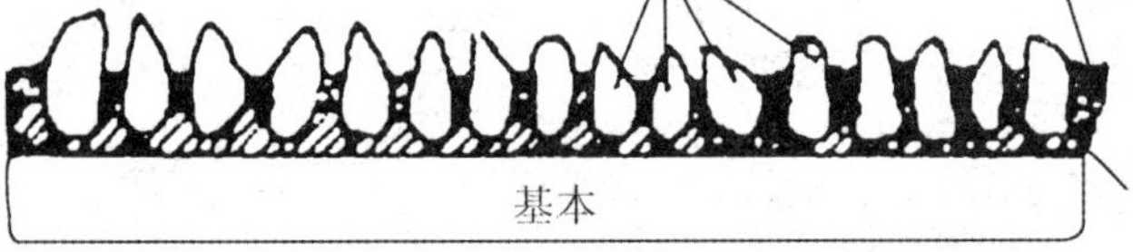

图 10－18 砂带的构造

思考题

1. 砂轮有哪些组成要素？
2. 常用的磨料有哪几种？各有何特性？
3. 何谓砂轮硬度？砂轮硬度与磨料硬度结合剂强度各有何关系？
4. 砂轮硬度对磨削质量和生产率有什么影响？如何选择砂轮硬度？
5. 砂轮组织号表示什么意思？组织号对砂轮的性能有什么影响？
6. 磨削过程分为哪三个阶段？如何运用这一规律来提高磨削效率和表面质量？
7. 何谓等效直径？使用等效直径的意义何在？
8. 磨削表面质量包括哪些方面？为提高磨削质量应采取哪些措施？
9. 什么叫高速磨削？高速磨削有什么特点？应注意什么问题？
10. 试画出外圆磨削时的切削(磨削)分力。该分力的大小与一般切削加工相比有何特点？

第 11 章　螺纹刀具

螺纹连接广泛应用于各种传动机构、紧固零件和测量工具等方面。按照螺纹的种类、精度和生产批量的不同，可以采用不同的方法和螺纹刀具来加工螺纹。按加工方法不同可分为按切削法和滚压法加工两大类。

§11.1 螺纹刀具的种类及用途

11.1.1 按切削加工的螺纹车刀

1. 螺纹车刀。螺纹车刀是刀具刃形由螺纹牙形决定的简单成形车刀。螺纹车刀有平体、棱体、圆体等形式。近年来平体螺纹车刀已广泛采用机夹式和可转位结构，如图 11 -1 所示。螺纹车刀结构简单，制造容易，加工精度较高，通用性好，但生产率较低。

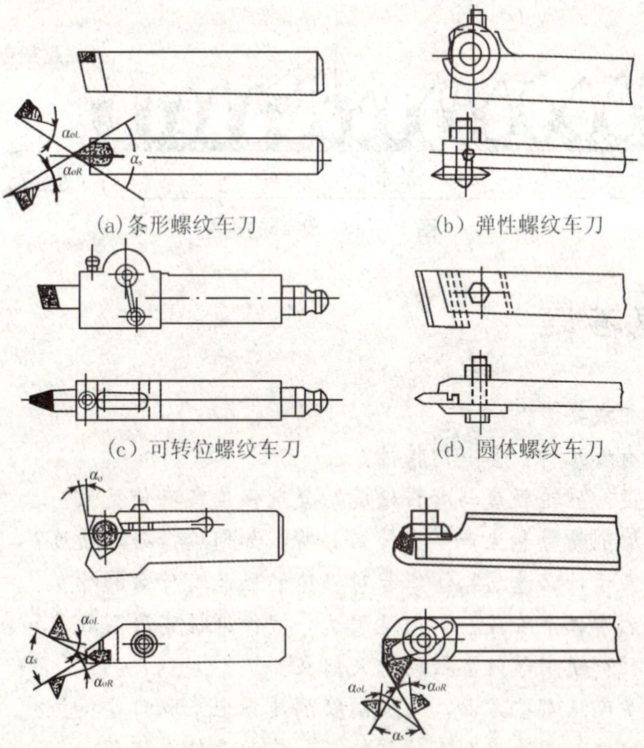

图 11 -1　螺纹车刀

2. 螺纹梳刀。螺纹梳刀实质上可认为是多齿的螺纹车刀。有平体、棱体和圆体三种（图

11-2)。螺纹梳刀的刀齿分为切削部分和校准部分。切削部分有斜角 $k_r=25°\sim30°$,刀齿廓形高度不完整,齿高逐齿加大;校准部分有完整的齿形,起校准修光作用。螺纹梳刀只需一次走刀,就能切完一个零件,生产效率较高,适用于成批生产。

(*a*)平体螺纹梳刀　(*b*)棱体螺纹梳刀　(*c*)圆体螺纹梳刀

图 11-2　螺纹梳刀的形式

3. 螺纹铣刀。螺纹铣刀分盘形和梳形两种。盘形(图 11-3*a*)用于加工大螺距或矩形传动螺纹;梳形(图 11-3*b*)用于加工普通螺纹,它的外形呈外环形。加工时使铣刀轴线和工件轴线平行,铣刀与工件全长接触。切削时,工件旋转一周并相对铣刀在轴向移动一个螺距,即能切出所需螺纹。

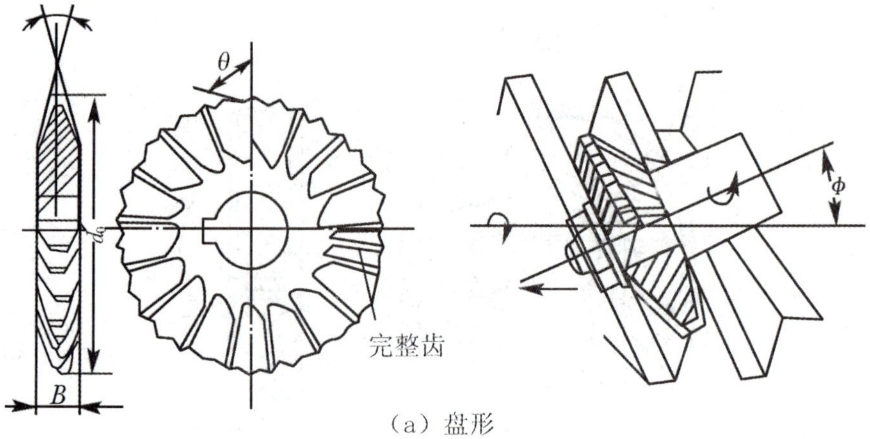

(a) 盘形

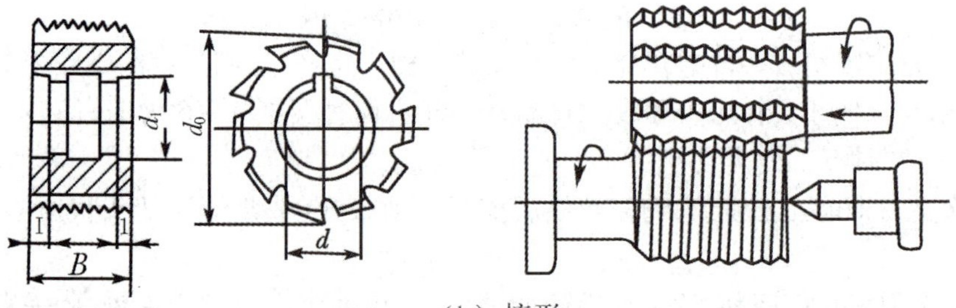

(b) 梳形

图 11-3　螺纹铣刀

4. 板牙。板牙实质上是具有切削角度的螺母,是加工外螺纹的标准刀具之一。按照结构的不同,板牙可分为:圆板牙(图 11-4*a*)、方板牙(图 11-4*b*)、六角板牙(图 11-4*c*)、管形板牙(图 11-4*d*)、钳工板牙(图 11-4*e*)等。板牙的刀齿也分切削部分和校准部分。圆板牙的结构如图 11-5,其两端都做出切削锥部,用于加工圆柱螺纹。而加工锥形螺纹的圆板牙只做一个切削锥部。板牙螺纹廓形是内螺纹表面,较难磨削,热处理产生的变形等缺陷无法消除,所以切出螺纹质量较差，板牙寿命较低。但由于结构和使用都很简单，因此在单件小批生产中仍被广泛使用。

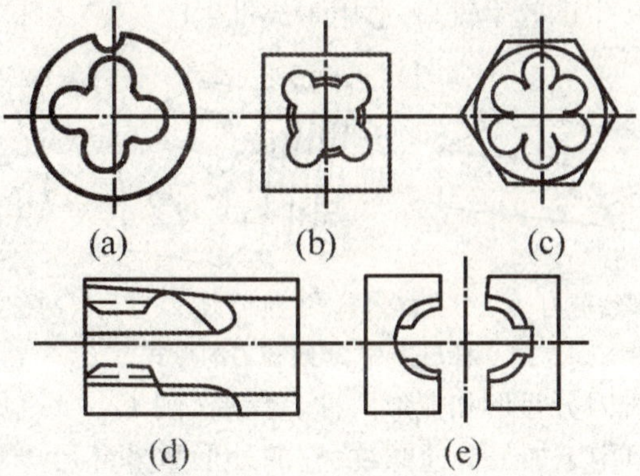

图 11－4　板牙的类型图

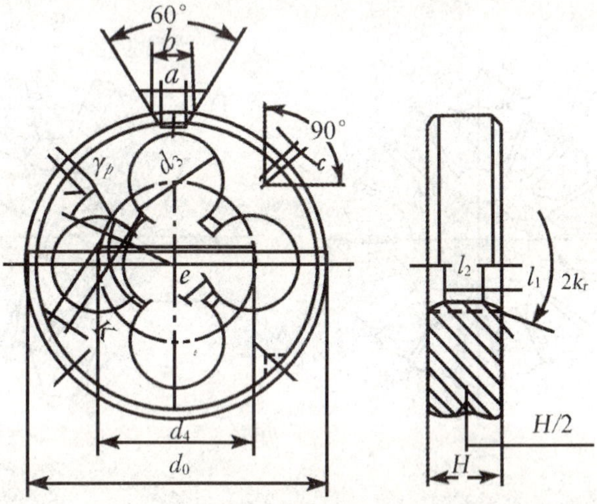

图 11－5　圆板牙的结构

5. 自动开合螺纹切头。自动开合螺纹切头是一种高生产率、高精度的螺纹刀具。它分切外螺纹的自动开合板牙头和切内螺纹的自动开合丝锥两种（图 11－6 为前者）。与普通圆板牙和丝锥相比，它具有下列优点：

(1) 一次走刀即能切出螺纹，切完螺纹后梳刀自动张开（或收缩），切头快速退回，故生产率高。

(2) 所用梳刀可精确磨削，切头能准确调整尺寸，故加工出螺纹质量较高，一般能达到一个新的水平 6～8 级精度，粗糙度 R_a 为 3.2～1.6μm。

(3) 同一切头经调整梳刀后，可以加工一定范围内其他规格的螺纹。

(4) 刀具重磨次数多，使用寿命长。但这种切头结构复杂，成本较高，故仅在大量生产中应用。

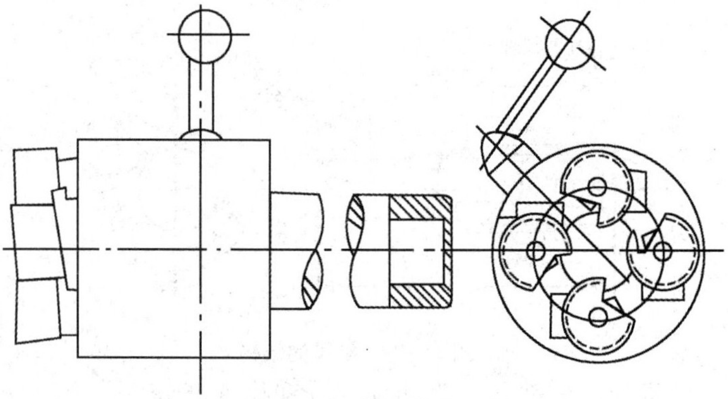

图11－6　板牙切头

11.1.2 按滚压法工作的螺纹刀具

利用滚压加工使零件表面层产生塑性变形而形成螺纹。用这种方法滚压出的螺纹金属纤维连续,螺纹的物理机械性能好,表面质量高,生产率高,滚压工具寿命长。在成批、大量生产中,广泛采用滚压法加工各种外螺纹。常用的滚压工具有滚丝轮(图11－7)、挫丝板(图11－8)及螺纹滚压头等。

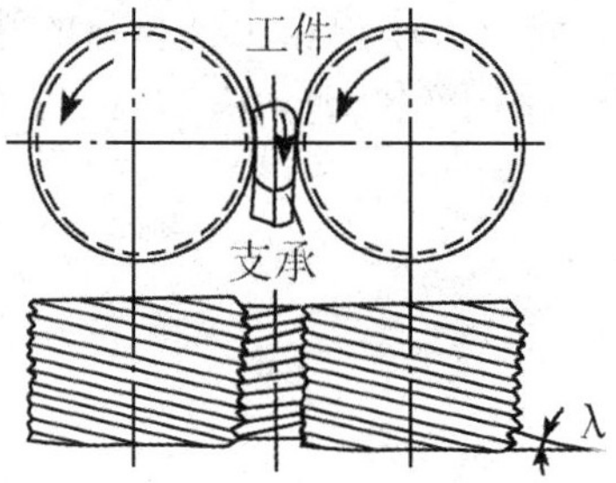

图11－7　滚丝轮滚压螺纹

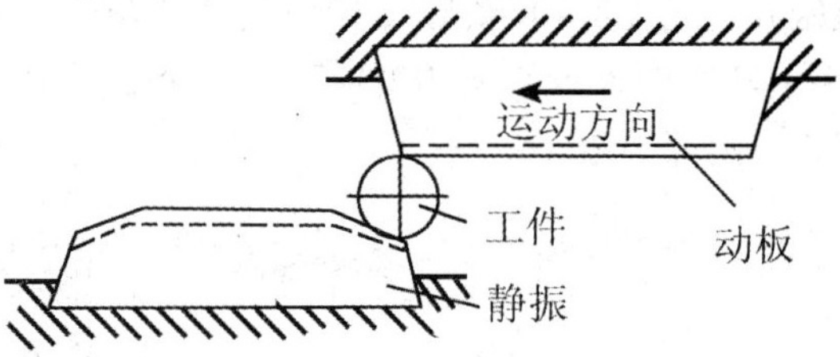

图11－8　挫丝板

§11.2 丝　锥

丝锥的外形很像螺栓,是使用最广泛的内螺纹标准刀具之一。对于中小尺寸的螺孔而言,丝锥甚至是惟一的加工刀具。按用途和结构不同,丝锥可分为手用丝锥、机用丝锥、螺母丝锥、梯形螺纹丝锥等。

11.2.1 丝锥的结构

丝锥由工作部分和柄部组成(图11－9)。

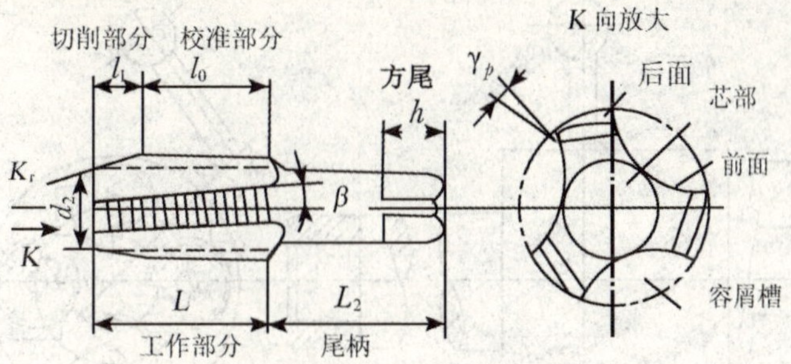

图 11－9　丝锥的结构

1. 工作部分。丝锥的工作部分分为切削部分和校准部分。切削部分担负主要切削工作，为使负荷分配在几个刀齿上，磨有锥角 $2k_r$。校准部分是丝锥工作时的导向部分，并作为切削部分的后备部分。为了减少和已加工表面的摩擦，它的外径和中径向柄部作成倒锥（即逐渐缩小）。铲磨丝锥的倒锥量为（0.05～0.12）$mm/100mm$，不铲磨丝锥的倒锥量为（0.12～0.20）$mm/100mm$。

2. 柄部。丝锥柄部用于装夹和传递扭矩，端部制成方头，标记打在柄部上。

11.2.2 丝锥几何角度

丝锥几何角度有前角、后角和切削锥角（图 11－10）。前角大小根据工件材料的性质确定，加工钢和铸铁 $\alpha_p = 3° \sim 10°$，加工铝合金 $\alpha_p = 15° \sim 18°$。手用丝锥 $\alpha_p = 4° \sim 6°$。机用丝锥 $\alpha_p = 4°$。切削锥半角 k_r

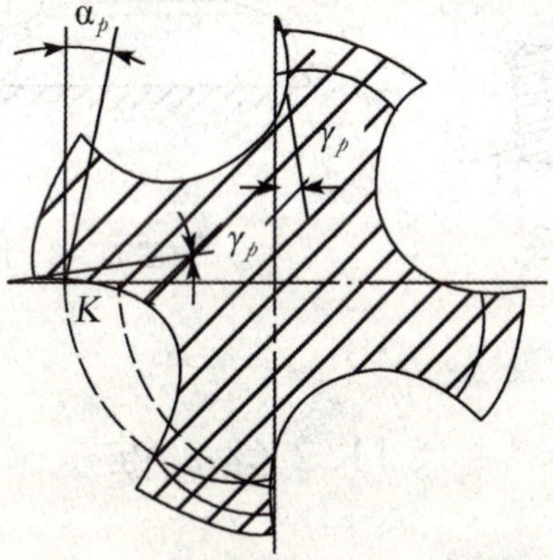

图 11－10　丝锥工作部分的几何参数

$$\tan k_r = \frac{H}{l_1}$$

式中，H—螺纹齿高（mm）；

l_1—丝锥切削部分长度（mm），如图 11－11 所示。

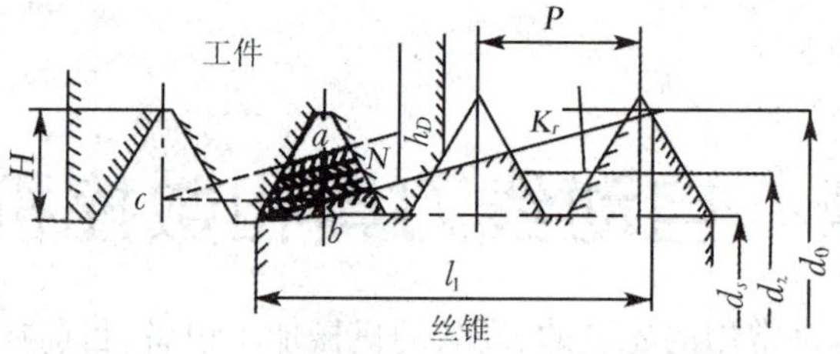

图 11-11 丝锥的切削部分及其切削情况

设丝锥的槽数为 N,螺距 P,每个刀齿的切削厚度为 h_D

$$h_D = \frac{p \cdot \sin k_r}{N}$$

上式表明:切削锥角、槽数和螺距是确定丝锥每齿切削负荷的三要素。k_r 大,h_D 则大,刀齿负荷重,轴向力增大,切入时导向性差,表面质量下降。因此加工质量要求高时,k_r 应取小值。

11.2.3 丝锥的容屑槽

槽数 N 少,容屑空间大,切屑不易堵塞。三槽较四槽减小扭矩 10~20%;槽数 N 多,导向性好,加工螺纹表面质量好。容屑槽可做成直槽和螺旋槽,容屑槽的旋向根据排屑方向决定(图 11-12)。决定丝锥的容屑槽形状和尺寸时,需考虑有合理的前角、足够的容屑空间和丝锥强度,切屑卷曲和排除方便,便于制造,倒退旋出时刀背处不致发生刮伤已加工螺纹表面等。一般常用的槽形是由一个直线形前面和两圆弧 R、R_1 组成的(见图 11-13),它基本上能满足上述对槽形的要求。

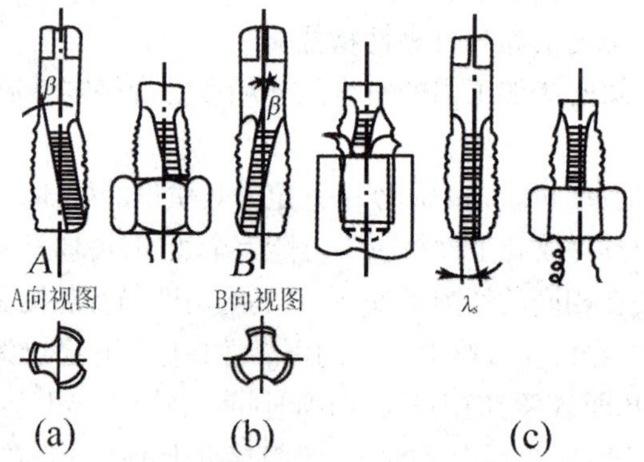

图 11-12 容屑槽方向

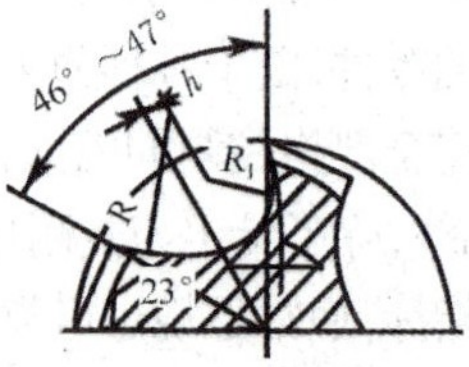

图 11-13 常用丝锥的槽形

思考题

1. 螺纹刀具有哪些类型?它们的用途如何?
2. 绘图说明丝锥的结构及各参数。
3. 丝锥切削部分的螺纹廓形与校准部分的螺纹廓形有什么不同?为什么?

第 12 章　自动线刀具和数控机床刀具

自动线和数控机床是常用的先进的、高效的机械加工设备，目前在机械加工的各部门得到日益广泛的应用。自动线刀具和数控机床刀具是既具有单机通用刀具的特点，又具有自动线和数控机床的正常工作，发挥其先进、高效的性能起着非常重要的作用。

本章简要地介绍自动线刀具和数控机床刀具的特点、种类和使用方法。

§12.1. 自动线刀具

12.1.1 自动线刀具的特点

自动线上所用刀具必须适应自动线特有的工作条件，使自动线上的机床设备与刀具能在最佳条件下工作，否则对自动线的大量投资就不能达到预期的效果，丧失了自动线应有的优越性。为了满足自动线生产率高，辅助时间少的要求，自动线刀具应有如下特点：

1. 切削性能稳定可靠。由于自动线的工作特点，自动线刀具比单机通用刀具更要求具有高的硬度，足够的强度和韧性以及较好的耐磨性和热硬性。

评价上述性能的综合指标是尺寸耐用度指标和可靠性指标。

所谓尺寸耐用度是指在两次调整之间所能加工出的符合尺寸精度的合格零件数或相应的加工时间。

目前，生产上通常用刀具的平均切削时间，也就是耐用度来评定刀具质量的好坏。但是，切削一批相同的零件，由于各种原因，使用的刀具材质和工件材质不可能完全相同，再加上刃磨质量等一些不能完全严格控制的因素，所以，即使在相同的切削条件下，刀具耐用度仍有随机变动性。因此，在自动线，除了给出刀具耐用度的平均值外，还应给出刀具的可靠性指标。它已成为选择刀具的关键性指标，通常是规定可靠度 $P \geqslant 0.9$（即 90%）时刀具的切削时间。例如 $T_P = 1$ 小时，表示刀具耐用度为 1 小时其可靠性为 90%。研究表明，当耐用度的随机变量接近于正态分布时，如以耐用度的平均值作为标准时，刀具的可靠性只有 50%。

2. 可靠的断屑或卷屑。断屑和卷屑对保证自动线正常工作有着特别重要的意义。自动线上刀具的参数应易于切屑折断、卷曲和排出，从而不影响刀具的寿命，不妨碍自动线的工作循环，不妨碍切削液的浇注，不擦伤加工表面，不影响零件的输送和定位等。自动线上断屑一般采用的方法是：(1)采用断屑块和断屑槽；(2)采用特殊形状的容屑槽断屑；(3)用高压切削液强迫断屑；(4)利用振动和间断切削断屑等。

3. 应具有高的精度。为了刀具切削部分的几何尺寸变化要小，刀杆和刀片反复装卸也能保持精度稳定。可转位车刀上的刀片一般要选用 M 级以上精度（通用机床常用 U 级精度），这要求装刀片的刀杆的加工精度也应提高。为此，国外常用不需预调的精化刀具，其刀尖位置精度高达0.025~0.05mm。这已达到一般锥度量规的精度要求了。

4. 精确而迅速的预调。刀具的磨损量有时虽未达到磨钝标准，但却已造成了工件尺寸的变化，即超过了刀具的尺寸耐用度。这时，为了保证工件尺寸在预定的公差范围内，必须对刀具及时进行调整。为了减少调整时间，这种调整应当是简便迅速的。

5. 快速或自动更换。为了减少因更换刀具而造成的停机时间，必须实现快速换刀。一般采用线外调整刀具，即在预调室内把刀具的相对尺寸调整好，然后再装到机床上，同时，还可采用耐用度计数器，按规定耐用度定时更换刀具，即是在自动线的自动循环过程中换刀。

6. 各种必要的刀具工作状态检测装置。在自动线上应安装刀具工作状态的检测装置，如刀具破损的预测与报警装置。自动线上刀具虽然是定时更换的，但生产过程中往往会由于一些偶然性因素，诸如刀具或刀片，以及工件材料上的一些缺陷造成刀具的突然崩刃或折断，这时就必须及时报警。

7. 标准化、系列化和通用化。为了有利于编排加工程序和刀具的管理，自动线刀具应特别注意“三化”问题。自动线上的刀具不少是使用厂家自行设计和制造的专用刀具，这些刀具也应使其系列化，纳入工厂的标准。

12.1.2 自动线刀具的调整与更换

1. 自动线刀具的调整。带有调整装置的刀具主要具有以下优点：

(1)能够补偿由于刀具磨损而造成工件径向尺寸的变化，刀具材料可充分利用；

(2)快调整速度，大大减少循环外的时间消耗，提高机床负荷率；

(3)提高调整精度，从而可大大缩小工件径向尺寸分布区；

(4)对刀具或刀片的制造精度的要求可以降低，从而降低了制造成本；

(5)如果把测量装置与调整装置接合起来，并使其自动化，便可实现刀具的自动补偿功能。

刀具的调整可分为位移和变位两种主要方式，而后一种方式仅适用于镗刀的调整。

表12-1给出了各种调整方式的图示及其应用的范围。

表12-1　　刀具调整方式

刀具调整方式		图示	应用
刀具位移	移动	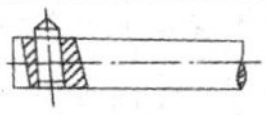	镗刀
		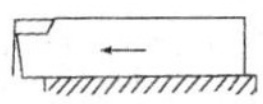	车刀
	摆动	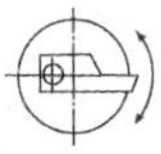	镗刀
	刀夹变形	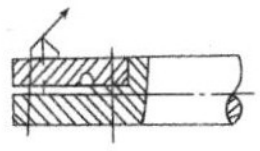	常用于镗刀自动调整装置
	刀头涨开	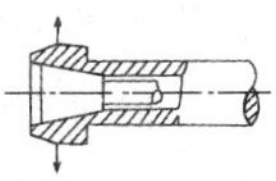	铰刀
镗杆变位		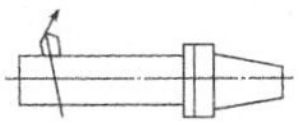	常用于镗刀自动调整装置

在镗小孔时，由于镗杆的直径很细，很难在镗杆上附加调整机构，特别对于自动调整，机构

比较复杂，元件多，占体积大，因此只能采用镗杆变位的方式进行调整。这种方法的缺点是由于镗杆轴心与机床主轴轴心有偏移，回转时会因不平衡而引起振动，从而限制了镗杆转速的提高。此外，调整元件的误差会通过镗杆长度而放大到刀尖上，影响调整精度。

利用刀具位移方式调整又可分为：

(1)利用刀具直线运动进行调整，常见于镗刀和车刀的调整；

(2)利用刀具摆动，使刀具的刀尖产生径向微量位移进行调整，可用于镗刀的调整；

(3)利用刀夹弹性变形，使刀具的刀尖产生径向微量位移进行调整。常用于镗刀的自动补偿；

(4)利用刀头涨开的方式进行微量调整，多用于铰刀的调整。

2. 自动线刀具的更换。在一条自动线上有众多不同类型、不同规格的刀具以不同的切削用量在工作，由于它们之间的耐用度有时相差悬殊，必须按其耐用度的大小进行分组，以便实现分批定期强制更换。各组应设有计算刀具实际工作循环的计数器，当达到规定循环数时，便发出信号，进行强制换刀。

如果各把刀具的耐用度相差甚大，又难于按组进行强制换刀时，最好对它们强制检查。调整工在进行检查刀具的同时要更换已用钝了的这一组刀具，这样可以减少刀具破损的危险性。在时间损失方面，强制检查与强制更换相比较，增加得不多，因为调整工只需检查那些容易磨损的刀具。

更换刀具的基本方式有下列四种：

(1)更换刀片

更换刀片的方式只适用于机械夹固式刀具(含可转位刀具)，其优点是：

①被更换元件小，装卸轻便。若是可转位刀具，当一个切削刃磨损后，只需将刀片转位，由新的一边切削刃进行切削，待几边切削刃都磨损后才更换刀片；

②刀体不换，减少了刀具的制造量与周转量；

③换刀精度由刀片精度保证，随着刀片精度的提高及精密级刀片产量和品种的增加，采用更换刀片的换刀方式就更显示出优越性，因为这时无需作任何调整。

其缺点是：

①为了保证刀片的互换性及换刀精度，对刀片的质量要求较高，各个表面均需磨削，以提高刀片精度和粗糙度等级，从而使制造成本增加。

②由于自动线上布置拥挤，机床上的工作空间很小，刀片的拆装以及刀片支承面的清理不方便。

更换刀片的方式一般用于数控机床和自动线上个别工序和多刀加工机床上。

(2)更换刀具

更换刀具的优点如下：

①对刀片的精度及粗糙度要求不高，降低了刀片制造成本；

②可在机外进行换刀预调，能保证较高的换刀精度；

③换刀简便迅速。

其缺点是：

①对刀体的精度和粗糙度要求较高，刀体须经过磨制；

②刀具上备有调整装置，刀具制造成本高；

③需有机外的预调装置。

(3)更换刀夹

其优点是:

①对刀片和刀体的精度要求都不高;

②可在机外进行更换预调,换刀精度很高;

③有利于自动换刀。

④当机床上刀具比较多的情况下,采取少数刀夹可装置许多刀具,预先调整好,装到机床上,这样更有利于缩短换刀时间。

其缺点是:

①被更换的元件大而笨重,装卸不方便;

②需专门设计刀夹,刀夹的制造精度要求较高;

③与更换刀体方式比较,机外对刀装置更为复杂,调整也比较麻烦;

④影响刀架系统刚性。

更换刀夹的方式主要用于数控机床上的自动换刀装置,也可用于自动线上。

(4)更换刀柄

其优点是:

①便于采用标准刀具;

②同类机床上的刀柄可以通用,便于系列化、标准化。

其缺点是:

①刀具与刀柄的连接往往需用莫氏锥套等中间环节,影响刀具的定位精度和刚性;

②需专门的机外预调装置。

更换刀柄的方式广泛用于数控机床及自动线上的铣刀、镗刀、丝锥以及钻头、扩孔钻、铰刀等孔加工刀具的更换。

§12.2 数控机床刀具

随着机械产品的形状和结构不断更新,迫使机床设备向通用性和灵活性方向发展,或者说,使机床设备具有“柔性”,以适应生产对象频繁变化的需要。数控机床就是能满足这种要求的一种新型设备。数控机床主要用于加工单件,中小批量,形状复杂的零件。对于加工批量较大的零件,也正陆续采用数控机床。从发展的趋势看,数控机床已逐步取代专用机床用于自动线生产。

由于数控机床的加工过程是自动进行的,因此,对刀具的要求,如可靠的断屑,高的耐用度,快速调整与更换等要求都与自动线刀具基本相同。但由于其工作的特点,刀具也有一些特殊的地方,诸如刀具的存储,在机床上的安装和自动换刀,以及为达到以上目的而具有的一套刀具柄部标准系统等。

12.2.1 数控机床刀具的更换

近年来,出现了自动换刀的数控机床(即多工序数控机床,或称“加工中心”),自动换刀数控机床是一种自动化的新型数控机床,其工作原理与一般数控机床大致相同,区别在于这种机床上的工件一次装夹后,数控系统能控制机床自动更换刀具,顺序地对工件各个加工表面完成铣、镗、扩孔、铰孔及攻丝等多种工序加工,因此,机床必须具有自动换刀的装置。

1. 转塔头自动换刀装置

如图 12－1 所示为多主轴自动转塔头进行自动换刀的数控机床上加工零件外圆、端面和内孔的情况。刀具的配置根据零件工艺要求而定,其工序为:1－粗车外圆,2－钻孔,3－精车外圆,4－镗孔,5－外圆切槽,6－内孔切槽,7－车螺纹,8－精镗孔。每道工序所使用的是通用刀具。为实现刀具的预调和快速装夹,应具有专用刀夹和刀夹与主轴的连接基座。图 12－2 为转塔头上刀具的夹持系统组成示意图。与主轴Ⅰ连接的是刀座Ⅱ,刀座须根据机床主轴结构的型式设计;Ⅲ是快换刀夹,用于刀夹的预调;Ⅳ为刀具预调部分,其上安装着可预调带转位刀片的刀具Ⅴ。夹持系统中的预调部分力求标准化、通用化。

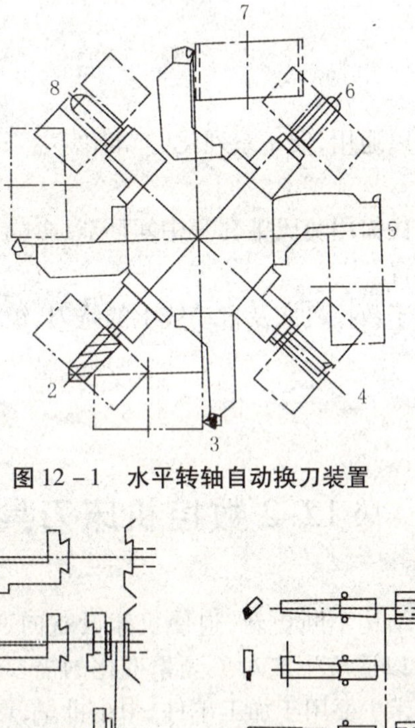

图 12－1　水平转轴自动换刀装置

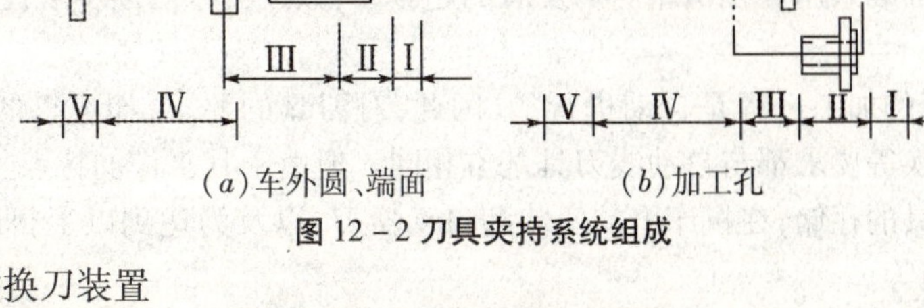

(a)车外圆、端面　　(b)加工孔

图 12－2 刀具夹持系统组成

2. 刀库自动换刀装置

如图 12－3 所示,刀库自动换刀装置的换刀顺序如下:

(1)机床工作台快速向右移动,工件5从主轴3下面移开,同时,刀库1移到主轴下面,使刀库中的某一个空刀座对准主轴;

(2)主轴箱下降,将用过的刀具2插入刀库的空刀座中;

(3)主轴箱上升,刀库同时回转,将下一工步的刀具对准主轴;

(4)主轴箱下降,将下一工步所需刀具插入机床主轴内;

(5)主轴箱带着刀具上升;

(6)机床工作台快速向左返回,刀库移开,同时将工件移到主轴下面,整个换刀过程完毕。

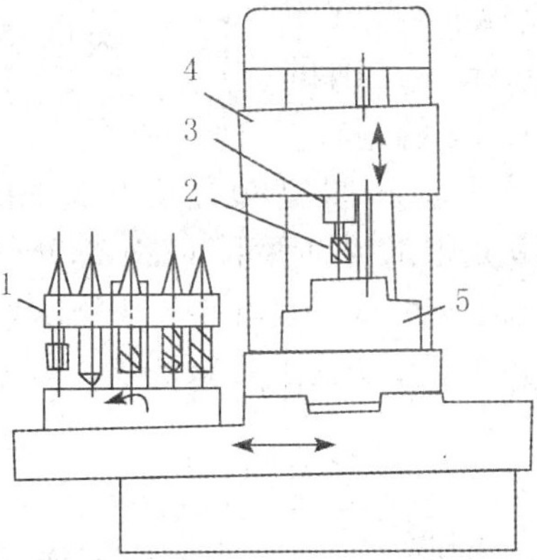

1. 刀库; 2. 刀具; 3. 主轴; 4. 主轴箱;5. 工件

图12－3　刀库自动换刀装置

3. 刀库、机械手联合动作的自动换刀装置

利用机械手换刀如图12－4所示,机械手3将已切削过的刀具2从主轴中取出,并送回,插入刀库4中,然后从刀库中取出所需的刀具装入主轴中。

刀库、机械手联合动作的自动换刀装置换刀时间较前两种自动换刀装置都短,是目前采用最多的一种自动换刀装置。

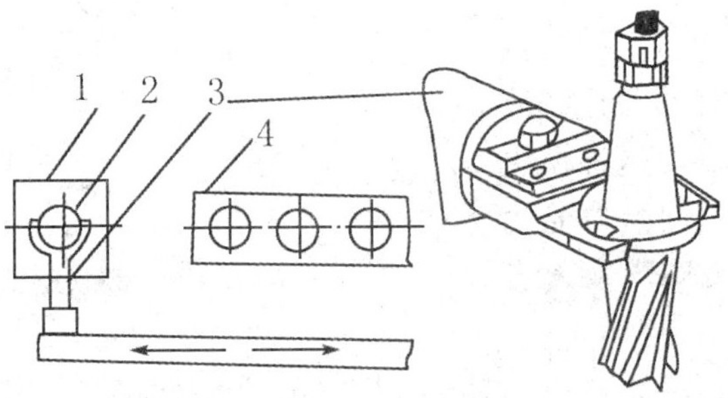

1. 主轴箱; 2. 刀具; 3. 机械手;4. 刀库

图12－4　机械手换刀装置

12.2.2 数控车床刀具的工具系统

1. 工具系统概述

数控机床工具系统比数控机床刀具的含义更加广泛,它除了指数控机床刀具本身之外,还包括实现刀具快换所必须的定位机构,夹紧机构,抓拿机械以及刀具的保护机构等。数控机床工具系统一般分为两大类:镗铣类数控机床用工具系统和车床类数控机床用工具系统。

镗铣类数控机床用工具系统是指在镗铣类数控机床上对零件进行加工所使用的一系列刀具及其装夹工具的总称。它通常包括各种规格的铣削、钻孔、攻丝、镗孔、铰孔及锪孔等工具。在进入 80 年代以前，镗铣类数控机床用工具系统都是整体结构，如图 12－5 所示，每把工具的柄部与夹持刀具的工作部分连成一体。这样，不同品种和规格的工作部分都必须加工出一个能与机床相连接的柄部，致使工具规格，品种繁多，给制造、使用和管理带来诸多不便。属于这种类型的工具系统有我国的 *TSG*82 工具系统，日本的 *TMT* 工具系统等。

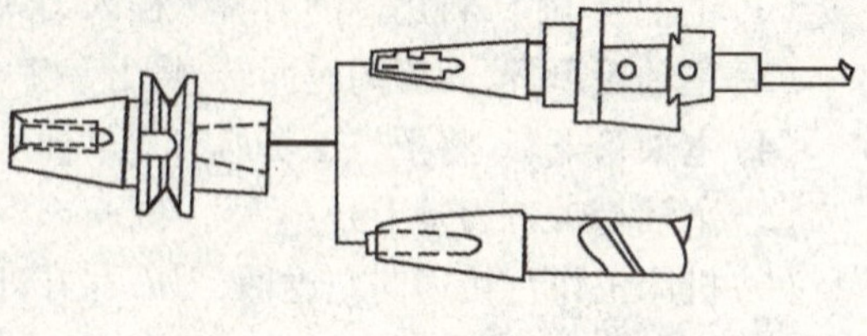

图 12－5　整体结构的工具系统

为了克服整体式工具系统的缺点，20 世纪 80 年代以来，相继出现了多种多样的模块式工具系统。所谓模块式工具系统就是把工具的柄部和工作部分分割开来，制成各种系列化的模块，然后使用不同规格的中间模块，组装成一套套不同规格的模块式工具。这样，既方便了制造，也方便了使用和管理，大大减少了用户的工具储备量。因此，工具系统的模块化代表了工具系统发展的总趋势。

图 12－6 所示为我国的 *TMG*－10 模块式工具系统，它分为主柄、中间联接杆和工作头三部分，各模块的联接采用短圆锥定位，中心螺钉拉紧。属于这类工具系统的还有德国 *Komet* 公司的 *ABS* 工具系统，瑞典 *Sandvik* 公司的 *Varilock* 工具系统等。

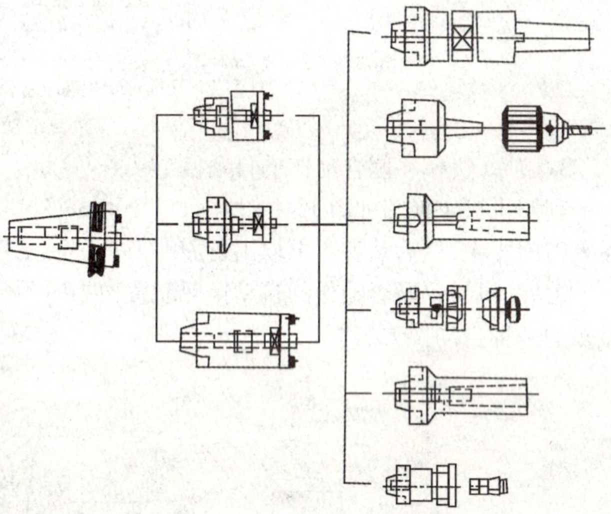

图 12－6　模块结构的工具系统

数控车床用工具系统主要由两部分组成，即刀具和刀夹。这种刀具系统一般可将刀具从刀夹中卸下，为自动换刀提供了方便。刀具和刀夹联接部分的刚性及精度都很高。这种模块式刀具若辅以刀具测头，进给力监测以及自动换刀装置，便可实现无人看管，自动加工。

如图 12－7 所示为瑞典 *Sandvik* 公司的 *BTS*（*BlockToolSystem*）工具系统。该工具系统主要由三部分组成：切削头 1，连接部分 2 和刀体 3。切削头有各种不同的形状，用以完成车削、镗削、钻孔、切断、攻丝等加工操作。刀体内部装有拉紧机构，拉紧靠碟形弹簧和增力杠杆将力传到拉杆的前端拉紧刀头。需要松开时，可使用液压活塞头或手动装置反向推动拉杆尾端螺母。这种模块式工具系统换刀迅速，手动换刀需 5 秒种，机动换刀只需 2 秒种，其径向定位精度可达 ±0.002*mm*，轴向定位精度可达 ±0.005*mm*。这种连接方式的不足之处是连接部分易粘切屑，影响刀头定位精度，且不易清除。

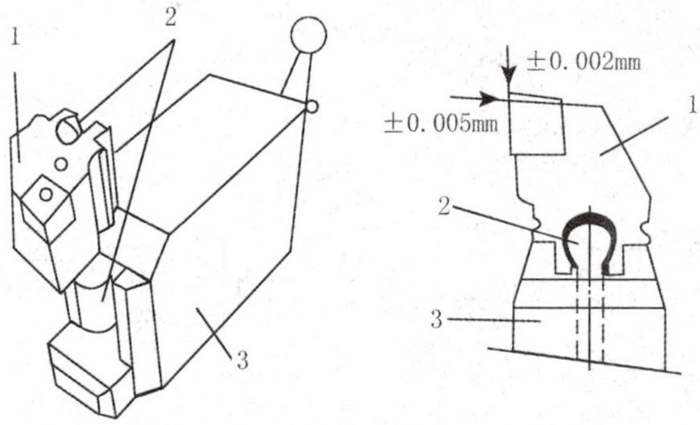

图 12－7 模块式车床工具系统

2. *TSG* 工具系统

为了适应数控机床自动化生产的要求，于80年代初我国制定了整体式镗铣类数控机床工具系统的标准，（*JB/GQ*5010－1983，《*TSG*82 工具系统型式与尺寸》，以及 *JB/GQ*5017－1986，《镗铣类数控机床用工具制造与验收技术条件》），该标准中规定了各种刀柄、刀杆、接长杆等工具代号、结构、尺寸系列、连接形式及适用范围。还规定了与机床连接采用锥柄形式，因为锥柄具有定心精度高，刚性好，装夹方便，机械手行程短以及和机床连接部分结构简单等优点。用于加工中心机床、带有机械手夹持槽的锥柄代号为“*JT*”，柄部锥度为7:24。锥柄与刀具的连接形式有：

锥柄（*JT*）——直柄接杆（*ZB*）——刀具（图 12－8*a*）；

锥柄（*JT*）——锥柄接杆（*KH*）——刀具（图 12－8*b*）；

锥柄（*JT*）——带扁尾的莫氏锥孔刀具（图 12－8*c*）；

锥柄直接连接镗孔刀具（*JT*－*T*）（图 12－8*d*）。

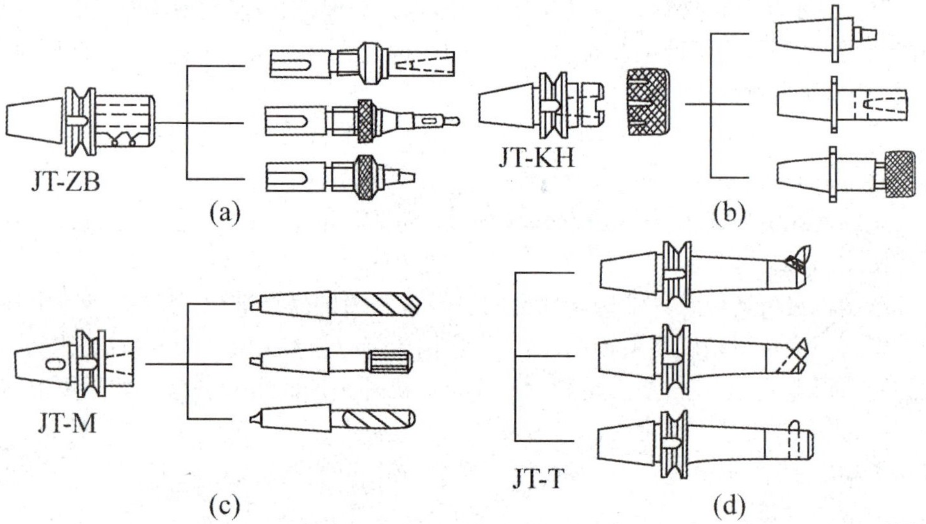

图 12－8 *TSG* 工具系统

工具系统中还规定了工具的尺寸系列标准，例如尺寸系列编号：

*JT*40－*ZB*32－*XS*16－60

*JT*40－*J*32－95 接长杆刀柄，柄部锥度40#，其锥度为7:24，大端直径 *Φ*44.45*mm*，与接长杆相配合的尺寸为 *Φ*32*mm*，伸出主轴长度为95*mm*。

$ZB32-XS16-60$ 三面刃铣刀接长杆,与接长杆刀柄相配合的尺寸为 $\Phi32mm$,与三面刃铣刀连接部分的直径为 $\Phi16mm$,长度 $60mm$。

如图 12-9 所示,上面的接长杆 2 可以和接长杆刀柄 1 配合使用。

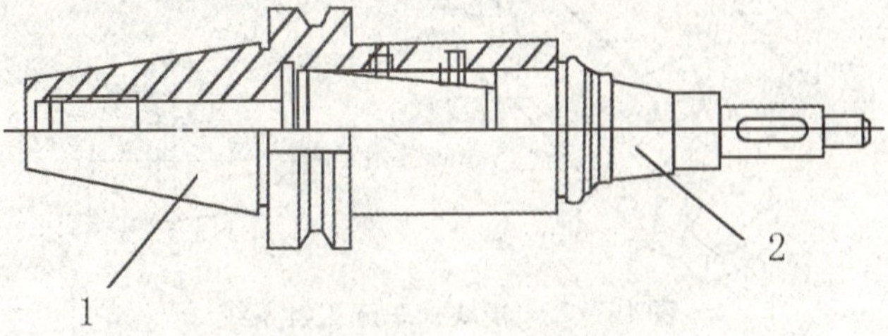

1. 刀柄　　　　2. 接长杆

图 12-9　接长杆刀柄与接长杆的配合

又如,$JT45-M2-45$ 带扁尾莫氏孔刀柄,柄部锥度 45°,锥度 7:24,大端直径 $\Phi57.15mm$,与刀具相连接的孔的锥度为莫氏 2 号,装入机床主轴后,伸出长度为 $45mm$。

从上面的含义可知,工具系统的编号给出了两个主要信息:若为刀柄,左端给出与机床主轴连接的规格和尺寸;右端给出与刀具(或与接长杆)连接的主要尺寸。

12.2.3 数控机床刀具选用的一般原则

数控机床刀具可分为标准刀具和专用刀具两大类。为了提高加工的适应性,同时考虑到数控机床刀库的容量有限,所以应尽量减少使用专用刀具,而选用通用标准刀具或刀具标准组合体。数控机床上常用的刀具有:可转位车刀,高速钢麻花钻,机夹扁钻,扩孔钻,铰刀,镗刀,立铣刀,面铣刀,丝锥和各种复合刀具等。刀具的选用与其使用条件、工件材料和尺寸、断屑情况及刀具和刀片的生产供应等许多因素有关。若选择合理,不但能发挥数控机床应有的效率,而且还能提高加工质量,降低生产成本。刀具的结构型式有时也对工艺方案的拟定起着决定性的作用,必须认真对待,综合考虑。其一般选择原则如下:

1. 为了提高刀具的耐用度和可靠性,应尽量选用各种高性能、高效率、长寿命的刀具材料制成的刀具,例如各种超硬材料(人造金刚石,立方氮化硼,高性能复合陶瓷)制成的刀具。即使选用通用的高速钢($W18Cr4V$ 和 $W6Mo5Cr4V2$)与硬质合金刀具时,也应尽量选用有涂层的型号。在使用前,刀片须经过严格检验。

2. 应选用机夹可转位刀具结构。现行的可转位车刀国家标准($GB5343-85$)中规定的刀具品种。因其刀尖位置精度要求较低,因此只适用于带有快换刀夹的数控机床,因为刀具上刀尖位置的制造误差,可通过快换刀夹和刀具一起在机外预调时得到补偿。如果要求刀具不经过预调使用,则应选用精密级可转位车刀或精化刀具。

3. 为了集中工序,提高生产率,保证加工精度,应尽可能选用复合刀具。其中,以孔加工复合刀具使用最为普遍。

4. 精加工孔时,可采用镗孔或铰孔工艺,由于镗刀结构简单,刃磨和调整方便,因此只要在镗杆刚度足够的条件下,应尽量采用镗刀,尤其是当孔径大于 $80mm$ 时,更宜采用镗刀加工。

5. 应尽量选用各种高效刀具,如高刚性麻花钻,钻扩四刃钻,硬质合金单刃铰刀,精密微调镗刀,波形刃立铣刀等。

思考题

1. 自动线刀具有哪些特点?
2. 自动线刀具的调整有哪些方式?各用于何种刀具的调整?
3. 自动线刀具的更换有哪些基本方式?各有什么优缺点?
4. 什么是数控机床刀具的工具系统?模块式工具系统有何特点?
5. 简述数控机床刀具选用的一般原则。

附　录

附录Ⅰ　金属切削主要基本术语新、旧对照表

新术语	符号	旧术语	符号
过渡表面	–	加工表面	–
前面(前刀面)	A_γ	前刀面	A_γ
后面(后刀面)	A_α	后刀面	A_α
副后面	A_a'	副后面	A_a'
作用主切削刃	S_a	实际工作主切削刃	–
切削速度	v_c	切削速度	v
假定工作平面	p_f	进给剖面	p_f
背平面	p_p	切深剖面	p_p
正交平面	p_o	主剖面	p_o
前面正交平面	p_g	最大前角所在部面	–
后面正交平面	p_b	最小后角所在剖面	–
侧前角	γ_f	进给前角	γ_f
背前角	γ_p	切深前角	γ_p
几何前角	γ_g	最大前角	γ_{max}
侧后角	α_f	进给后角	α_f
背后角	α_p	切深后角	α_p
基后角	α_b	最小后角	α_{min}
作用切削刃长度	l_{as}	实际工作切削刃长度	$l\ se$
背吃刀量	a_{sp}	切削深度	a_p
切削层公称横截面积	A_D	实际切削面积	A_{ce}
切削层公称宽度	b_D	切削宽度	a_w
切削层公称厚度	h_D	切削厚度	a_c
切屑厚度压缩比	Λ_h	切屑变形系数	ζ
一个切削部分的总切削力	F_r	切削合力	F_r
进给力	F_f	走刀抗力	F_x
背向力	F_p	吃刀抗力	F_y
切向力	F_c	主切削力	F_z
作用力	F_a	Fx 与 Fz 的合力	F_{xz}
推力	F_D	Fx 与 Fy 的合力	F_{xy}
切削层单位面积切削力	K_c	单位切削力	p
切削功率	P_c	切削功率	p_m

附录Ⅱ　本书常用名词、术语和符号

A 任意平面孔的拉削余量

A_{α}　主后面

A_{α}'　副后面

A_{γ}　前面

A_{D}　切削层公称横截面积

A_{Dtot}　总切削层横截面积

$\overline{A_{Dtot}}$　总切削层横截面积的平均值

a_{o}　中心距

a_{se}　侧吃刀量;铣削宽度

a_{k}　冲击值

a_{sp}　背吃刀量;铣削深度

b_{a}　第一后面的宽度(即刃带宽度)

b_{r}　第一前面的宽度(即倒棱宽度)

b_{D}　切削层公称宽度

b_{c}　倒角刀尖长度

b_{ψ}　钻头横刃长度

c　比热;最小壁厚

c^{*}　齿轮副标准顶隙系数

c_{o1}　齿轮齿顶与插齿刀根圆的径向间隙

d　工件直径;刀具孔径;刀片内切圆直径

d_{1}　工作蜗杆分度圆直径;刀片孔径

d_{a1}　工作蜗杆外径

d_{ao}　滚刀外径

d_{c}　钻芯直径

d_{fo}　滚刀根圆直径

d_{m}　工件已加工表面直径

d_{o}　刀具外径(砂轮直径)

d_{se}　等效砂轮直径

d_{w}　工件待加工表面直径

F　一个切削部分的总切削力

F_{a}　作用力

F_{c}　切削力

F'_{c}　单位切削宽度上的切削力

F_{D}　推力

F_f 进给力
F_p 背向力
f 每转进给量
f_a 砂轮磨削加工的轴向进给量
f_r 磨削加工的径向进给量
f_z 每齿进给量
G 铰刀的制造公差;假定工作平面与工作平面之间的夹角
H 圆体成形车刀中心高出量;铰刀的备磨量;容屑槽深度
HBS 布氏硬度
HRA 洛氏 A 标度硬度值
HV 显微硬度
h 刀齿廓形高度;刀尖比工件中心的高出量
h_{ao} 滚刀刀齿齿顶高
h_a^* 被加工齿轮的齿顶高系数
h_D 切削层的公称厚度
h_{Dav} 切削层的平均厚度
h_o 滚刀刀齿全齿高
K 每齿铲削量;容屑系数
K_v 铲削当量
K_r 相对加工性
k 导热系数
k_c 切削层单位面积切削力
L 拉刀全长、滚刀切削部分长度
L_c 砂轮与工件的接触弧长
l_{sa} 作用切削刃长度
M 扭矩
m 齿轮模数;耐用度指数;可转位车刀的位置尺寸;刀体壁厚;砂轮单位圆周上的磨粒数
m_{xo} 滚刀的轴向模数
m_x 工作蜗杆的轴向模数
N 每转铲削次数;容屑槽数
NB 刀具径向磨损
n 工件或刀具的转速
P 功率;孔的扩张量
P_c 切削功率
P_e 机床功率
p_f 进给功率
p_{oL} 滚刀刀齿左侧后面导程
p_{oR} 滚刀刀齿右侧后面导程
p_k 滚刀容屑槽导程

p_z 螺旋槽导程
p_b 后面正交平面
p_c 单位材料切除率的切削功率
p_f 假定工作平面
p_{fe} 工作平面
p_g 前面正交平面
p_n 法平面
p_{ne} 工作法平面
p_o 正交平面
p_{oe} 工作正交平面
p_p 背平面
p_{pe} 工作背平面
p_r 基面
p_{re} 工作基面
p_s 主切削平面
p'_s 副切削平面
p_{se} 工作切削平面
Q 材料切除率;切削热
R_α 工件表面粗糙度
R_{max} 工件表面粗糙度的最大高度
r_{ao} 插齿刀齿顶圆直径
r_{a2} 内齿轮齿顶圆半径
r_n 齿轮的基圆半径
r_{eo} 滚刀齿顶圆弧半径
r_{eo} 滚刀齿顶圆弧半径
r_{io} 滚刀齿根圆弧半径
r_ε 切削刃钝圆半径
S 主切削刃;刀片厚度
S 副切削刃
S_o 插齿刀分度圆齿厚
T 刀具耐用度
T_c 最经济耐用度
T_p 最大生产率耐用度
t_m 机动时间
VB 后刀面磨损宽度
v_c 切削速度
v_e 合成切削速度
v_f 进给速度
v_T 刀具耐用度为 T 时允许的切削速度

附录

v_{60}刀　具耐用度为 60min 时允许的切削速度
x_1　被加工齿轮的变位系数
x_o　插齿刀的变位系数
Z　刀具的齿数或头数
Z_e　同时工作的刀齿数
Z_k　滚刀的圆周齿数
Z_v　斜齿圆柱齿轮的当量齿数
α　被加工齿轮分度圆压力角;线膨胀系数;拉刀后角;磨粒的锥顶角
α_a　插齿刀齿顶压力角
α_b　基后角
α_{bo}　插齿刀基圆压力角
α_c　插齿刀侧刃后角
α_d　齿轮刀具顶刃后角
α_f　侧后角
α_{fe}　工作侧后角
α_n　法后角
α_{ne}　工作法后角
α_o　后角;插齿刀分度圆压力角
α_{oe}　工作后角
α'_o　副后角;插齿刀与工作齿轮的啮合角
$\alpha_{o\varepsilon}$　倒角刀尖后角
α_p　背后角;滚刀刀齿沿螺纹方向的后角
α_{pe}　工作背后角
α_{xo}　滚刀基本蜗杆齿形角
β　摩擦角;外圆柱上的螺旋角,斜齿轮分度圆螺旋角
β_{bo}　插齿刀基圆螺旋角
β_f　侧楔角
β_n　法楔角
β_o　楔角
β_p　背楔角
β_1　可转位刀片斜置方向角
β_2　可转位刀片的偏转角
γ_f　侧前角
γ_g　几何前角
γ_n　法前角
γ_o　前角
γ_p　背前角
σ　延伸率
ε　相对滑移;剪应变;齿间角

ε_r　刀尖角

η　合成切削速度角;机床的效率

θ　磨擦角;切削温度;瞬时接触角

k_r　主偏角

k'_r　副偏角

Λ_h　切削厚度压缩比

λ_s　主切削刃刃倾角

μ　摩擦系数

Σ　两螺旋齿轮轴线间的夹角

σ　应力;主应力

τ　剪切应力;成形车刀的倾斜角

φ　剪切角;钻尖半角

Ψ　钻头横刃斜角

Ψ_λ　流屑角

附录Ⅲ　实验指导

实验一　车刀角度测量

一、实验目的

1. 加深理解刀具切削部分的构造要素，刀具角度坐标系，刀具角度坐标平面和刀具的标注角度。

2. 了解车刀量角仪的结构和使用方法，学会用车刀量角仪测量车刀的标注角度。

二、实验内容

1. 利用车刀量角仪测量外圆车刀的 γ_0、α_0、k_r、λ_s、γ'_0、λ'_s、α'_0、k'_r 等角度。

2. 利用车刀量角仪测量切断刀的 γ_o、α_0、k_r、λ_s、α'_0 等角度。

3. 把上面所测得的角度分别填入实验报告的附表 1－1 和附表 1－2 中，并根据以上所测得的角度数值计算派生角度 β_0、ε_r、φ_r 也填入实验报告的附表 1－1 和附表 1－2 中。

4. 利用公式计算：（将公式和计算结果写入实验报告）

$$tan\gamma'_0 = tan\gamma_0 \cdot cos(k_r + k'_r) + tan\lambda_s \cdot sin(k_r + k'_r)$$

分析 γ'_0，并验证实测 $\gamma_0{}'$ 与计算的 $\gamma_0{}'$ 是否相等。

三、实验所需设备、仪器、工具和试件

1. 车刀量角仪（SJ84 型——上海机械专科学校制造）。

2. 外圆车刀和切断刀。

四、实验原理

车刀量角仪的结构，如附图 1－1。

序号	名称
1	底座
2	主柱
3	旋钮
4	滑块
5	小刻度盘
6	小指针
7	小转盘
8	大刻度盘
9	测量片
10	车刀
11	旋钮
12	转盘
13	滑板
14	定位面A
15	定位面B
16	转盘座
17	指针

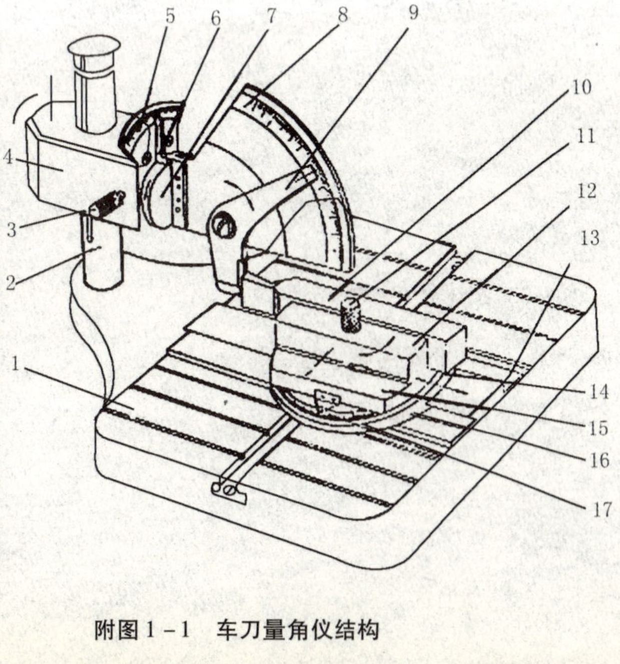

附图 1－1　车刀量角仪结构

立柱 2 固定在底座 1 上。测量片 9，大扇形刻度盘 8，小转盘 7，小指针 6，小扇形刻度盘 5 等装在滑块 4 上。滑块 4 可沿立柱 2 上下滑动，并能停留在所需的任意高度位置。滑块 4 内装有弹簧与钢珠，借弹簧引起钢珠与立柱 2 之间的摩擦力，可防止滑块 4 因自重而下落。立柱 2 上有三条相隔 90°的角度槽，上端与圆环槽相通，当滑块 2 上移到顶端，钢珠落入圆环槽内，则滑块 2 能转动，使钢珠处于立柱上任意一个槽中，即可调整测量片 9 具有三个相互垂直的工作位置。

测量片 9 的下端有水平刀口，垂直刀口（附图 1－2），拨动时，测量片 9 可绕芯轴转动。测量片 9 转动的角度在大扇形刻度盘 8 上显示出来。这部分结构是用于测量车刀前角、后角、刃倾角。

定向转盘 12 能绕转盘座 14 中心转动，转动的角度可用指针 17 指示，并用旋扭 11 固紧，这部分结构用于测量车刀主、副偏角。

被测车刀放在转盘 12 上，根据测量时的需要，可随转盘 12 转动，或随转盘座 14 沿 T 型槽左右滑动，也可沿滑板 13 前、后滑动，以使被测刀具表面或刀刃测量片 9 接触。

车刀量角仪调整时，应使水平刀口与转盘水平工作台上放置车刀的平面平行，其垂直刀口与放置车刀的平面垂直，这时，指针 6、指针 9、指针 17 均分别对准零度刻线。

五、实验方法步骤

1. 测量主偏角 k_r 及副偏角 k'_r。附图 1－3 是测量外圆车刀主偏角 k_r 的示意图。

测量前，先把车刀量角仪调到原始位置，即所有指针指向零，然后把被测的车刀放在车刀量角仪的转盘 12 的定位平面 A 上，并使车刀的平面紧紧靠在车刀量角仪转盘 12 的定位块滑板 13 的定位面上，再移动转盘 12，使车刀处于适当位置，然后向下移动滑块 4，大扇形刻度盘 8 和测量片 9 随着向下移动，也处于适当位置，这时，即可按顺时针的方向转动转盘 12，使车刀的主刀刃与测量片 9 的 C 面密合，则固连于转盘 12 上的指针 17 在转盘座 14 上所指出的刻度即为主偏角 k_r 的大小。

测量车刀副偏角 k'_r 时，可参照附图 1－3 进行。副偏角的测量和主偏角的测量方法基本相同，只是将车刀放在转盘 12 的定位平面 B 上，反时针方向转动转盘 12，使车刀的副刀刃与测量片 9 的 C 面密合，则固连于转盘 12 上的指针 17 在转盘座 14 上所指出的刻度值即为副偏角 k'_r 的大小。

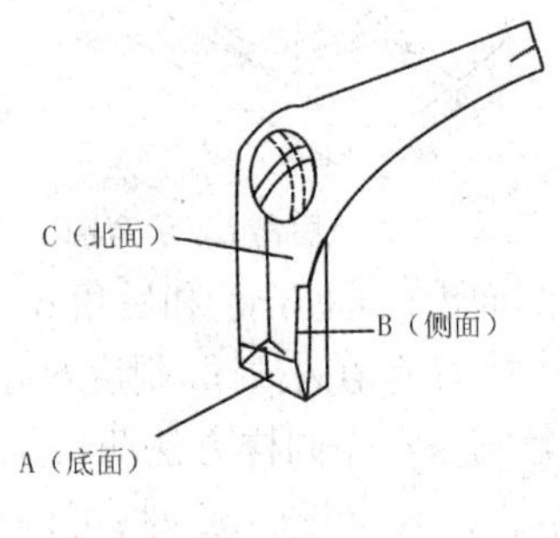

附图 1－2　测量片的测量平面

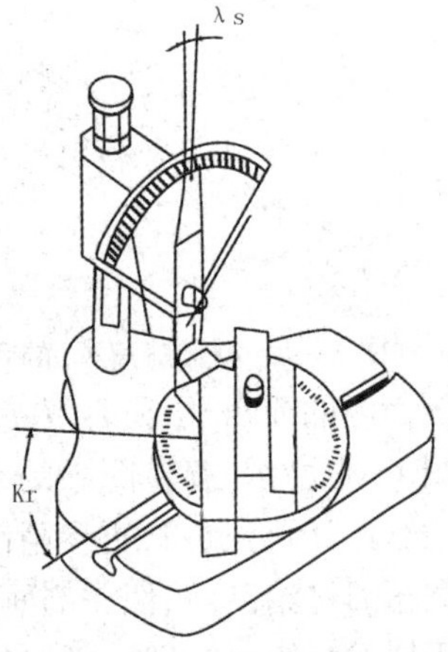

附图 1－3　测量主偏角 k_r 示意图

2. 测量车刀刃倾角 λ_s。测量外圆车刀刃倾角 λ_s 时，同样可参照附图 1－3 进行测量，即在测完主偏角 k_r 之后，并使车刀量角仪滑块 4，连同大扇形刻度盘 8，测量片 9 上升，再适当移动转盘 12 上的定位块，使主刀刃与测量片的 A 面（底面）密合，测量片 9 在大扇形刻度盘 8 上所指的数值即为刃倾角 λ_s 的数值。

测量副刃倾角 λ'_s 同测量主刃倾角 λ_s 方法基本相同，只是副刀刃与测量片 9 的 A 面贴合即可。

3. 测量外圆车刀的前角 γ_0。附图 1－4 为测量外圆车刀的前角 γ_0 的示意图。当测量车刀的前角 γ_0 时，须在测知主偏角 k_r 之后进行，即令转盘 12 从测得主偏角 k_r 时的位置开始反时针偏转 90°，或者将车刀量角仪处于原始位置，使转盘 12 旋转 $90°-k_r$，再使测量片 9 上的 C 面作为主剖面 P_0，垂直主刀刃在基面上的投影，再移动转盘上的定位块使车刀处于适当位置，并调整车刀量角仪，使测量片 9 的 A 面（底面）与前面密合，则测量片 9 在大扇形刻度盘 8 上所指出的数值即为所测的前角 γ_0 的大小。

4. 测量外圆车刀的后角 α_0。测量外圆车刀的后角 α_0 可参照附图 1－5 进行。在测量完前角 γ_0 之后，将车刀向刀杆尾端移动，并将滑块 4 连同大扇形刻度盘 8、测量片 9 下降，让测量片的 B 面与车刀的主后面密合，这时，测量片 9 指针在大扇形刻度盘 8 上所指的刻度数值即为外圆车刀后角 α_0 的大小。

5. 测量车刀副前角 γ'_0 和副后角 α'_o。测量车刀副前角 γ_0' 也可参照附图 1－4 进行。这与测量 γ_0 的调整车刀量角仪的顺序是一样的，只不过转盘 12 的旋转方向与测量 γ_0 时的放转方向是相反的。并使测量片 9 的 C 面作为副剖面，垂直副刀刃在基面上的投影，再移动转盘上的定位块使车刀处于适当位置，并使测量片 9 的 A 面（底面）与前面密合。则测量片 9 在大扇形刻度盘 8 上的所指出的数值即所求的副前角 γ_0' 的大小。

在测量 α_0 时，可参照附图 1－5 进行。这与测量 α_0 的调整顺序是一样的。只不过转盘 12 旋转方向与测量 α_0 时相反，并使测量片 9 的 B 面与车刀的副后面密合。这时，测量片 9 指针在大扇形刻度盘 8 上所指的刻度数值即为外圆车刀副后角 α_0'。

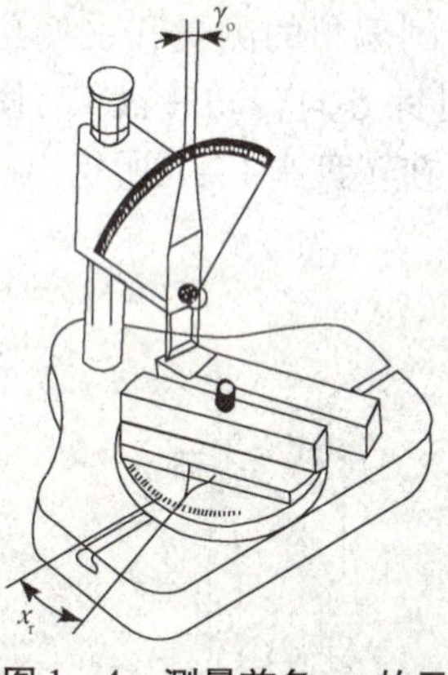

附图 1－4　测量前角 γ_0 的示意图

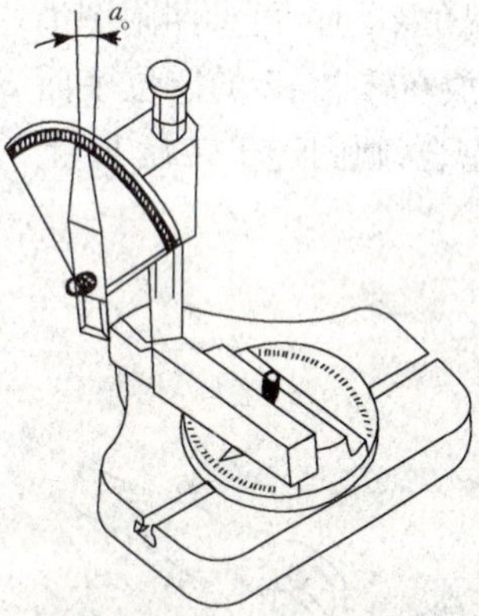

附图 1－5　后角 α_0 示意图

6. 测量法剖面内的前角 γ_n 和后角 α_n。当测量法剖面内的前角 γ_n 和后角 α_n 时，均需参照车刀量角仪附图 1－1 所示，旋转图中的小转盘 7，使小指针 6 在小扇形刻度盘上转动一个刃倾角 λ_s 的数值之后（注意正负），再参附图 1－4 按测量 γ_0 和 α_0 同样方法测得 γ_n 和 α_n。

7. 测量外圆车刀进给剖面、切深剖面中的前、后角即 γ_f，α_f 与 γ_p、α_p 时，可调整转盘 12，使车刀量角仪处于原始位置，并锁紧。可利用滑块的两个工位，参照附图 1－4，按测量 γ_0 和 α_0 同样的方法测得 γ_f，α_f 与 γ_p、α_p 值。

8. 切断刀的各角度 γ_0、α_0、k_r、k'_r、γ'_0、α'_0 的测量同外圆车刀的测量方法完全相同。

实验报告一　车刀角度测量

_____________专业_________级____________班

学号______姓名______________指导教师______________

实验日期20___年_____月____日成绩______

一、实验报告内容

1. 记录测量的车刀角度数值,分别填入附表1－1和附表1－2中。
2. 计算车刀各剖面角度值,并与测量结果比较。
3. 作图表示车刀几何形状,并标注出γ_0、α_0、k_r、k'_r、λ_s之角度值。

二、测量与计算数值记录表

附表1－1　被测车刀几何角度值

车刀名称	车刀测量角度(度)											
	γ_0	α_0	k_r	k_r'	λ_s	α_0'	γ_n	α_n	γ_f	α_f	α_p	γ_p
75°外圆车刀												
切断刀												

附表1－2　被测车刀各剖面角度与计算值比较

车刀名称	角度	测量值	计算式	计算值
75°外圆车刀	γ_p			
	α_p			
	γ_f			
	α_f			
	γ'_0			
	γ_n			
	α_n			
切断刀	γ_p			
	γ_f			
	γ'_0			
	α'_0			
	k'_r			

三、作图表示车刀的几何形状

要求:按视图投影关系,大致以1∶1的比例绘制所测量的车刀切削部分图,并在视图与剖面图中正确标注车刀的静止角度。

1. 车刀名称————75°外圆精车刀。
2. 车刀名称————切断刀。

实验二　影响断屑的主要因素

一、实验目的

1. 掌握刃倾角 λ_s 控制切屑流向的方法。

2. 掌握进给量 f 和断屑槽宽 B 影响断屑的方法。

二、实验内容

1. 在车床上加工工件时，使用不同刃倾角车刀(无断屑槽)，注意观察切屑流出方向。

2. 在车床上加工工件时，使用不同刃倾角车刀(有断屑槽)，注意观察断屑情况及屑形。

三、实验所需设备、仪器、工具和试件

1. 机床 C620 普通车床。

2. 刀具

(1) YT5 硬质合金车刀(无断屑槽)。

(2) YT5 硬质合金车刀(外斜式断屑槽)。

(3) YT15 硬质合金车刀(平行式断屑槽)。

3. 工件

(1)45 钢 $\phi40\times350$((mm)一件。

(2)20 钢 $\phi40\times350$(mm)一件。

4. 工具和仪器：车刀量角仪

四、实验方法步骤

1. 用 75°硬质合金车刀车削工件外圆

(1) 固定实验条件(以下数据供参考)。

刀具几何参数：$\gamma_0=30°$、$\alpha_0=6°$、$k_r=75°$、$k'_r=15°$、$\lambda_s=-15°$、$b_{r1}=0.3mm$、$\gamma_{01}=45°$

切削用量：

$$v_c=80m/min、f=0.4mm/r、a_{sp}=5mm。$$

(2) 观察记录切屑流向。

改变　　$\lambda_s=-15°$、$\lambda_s=0°$、$\lambda_s=5°$。

2. 用 90°硬质合金车刀车削工件外圆

(1) 固定实验条件(以下数据供参考)。

刀具几何参数：

$\gamma_0=20°$、$\alpha_0=4°$、$k_r=90°$、$k'_r=8°$、$\lambda_s=4°$、$b_{r1}=0.2mm$、$\gamma_{01}=45°$、带外斜式断屑槽 $B=2.5mm$、$\tau=8°$。

切削用量：

固定 $v_c=120m/min$、$a_{sp}=0.5mm$、改变 $f=0.2mm/r$；$f=0.3mm/r$；$f=0.4mm/r$；$f=0.1mm/r$。

(2) 观察断屑、屑形。

3. 用 90°硬质合金车刀车削工件外圆

(1) 固定实验条件(以下数据供参考)。

刀具几何参数：

$\gamma_o=12°$、$\alpha_o=4°$、$k_r=90°$、$k'_r=10°$、$\lambda_s=3°$、$b_{r1}=0.3mm$、$\gamma_{01}=5°$、$\gamma_\varepsilon=0.3mm$、带平行式断屑槽，改变槽宽 $B=2mm$、$B=2.5mm$、$B=3mm$。

切削用量：

固定 $v_c = 60m/min$、$f = 0.5mm/r$、$a_{sp} = 2mm$。

(2)观察断屑、屑形。

实验报告二　影响断屑的主要因素

__________专业_______级_________班

学号_____姓名__________指导教师__________

实验日期20___年____月___日成绩_____

一、实验条件

机床			仪器								
工件	材料	工件直径	工件长度			强度			硬度		
刀具	材料	结构	γ_0	α_0	k_r	k'_r	λ_s	γ_{01}	b_{r1}	r_ε	b'_ε
切削用量	v_c	a_{sp}		f			f			f	

二、实验数据记录

车刀名称	几何参数								切削用量			切屑流向	断屑情况
	γ_0	α_0	k_r	k'_r	λ_s	b_{r1}	γ_{01}	r_ε	v_c	a_{sp}	f		
75°外圆车刀													
90°外圆车刀(带外斜断屑槽)													
90°外圆车刀(带平行断屑槽)													

三、实验结果分析

实验三　车削力的测量

一、实验目的

1. 了解电阻应变式车削测力仪的工作原理和方法。

2. 了解背吃刀量 a_{sp} 与进给量 f 对主切削力 F_z 的影响规律。

3. 学会测量切削力及实验数据的处理，建立切削力经验公式的方法。

二、实验所需设备、仪器、工具和试件

1. 机床普通车床，如 C620。

2. 仪器

(1)八角环形电阻式三向车削测力仪。

(2)Y6D－3A 型动态电阻应变仪(也可用 Y4D－3A 代用)。

(3)SC－16 光线示波器。

(4)磁饱和稳压器(50Hz、220V)。

(5)功率表。

3. 工具、量具

(1)游标卡尺。

(2)读数显微镜。

(3)钢直尺。

(4)万能量角器。

4. 刀具：硬质合金车刀

5. 试件：45 钢

6. 其他

计算器、双对数坐标纸

三、八角环形电阻式三向测力仪的实验原理

1. 测力仪的结构。附图 3－1 是八角环形电阻式三向测力仪的结构简图，它是由一块整体钢材加工出上、下两个八角环(弹性变形元件)和刀夹而形成的。八角环的内、外表面上，共粘贴有 20 片具有电阻值为 200Ω 箔式的应变片，分别组成三个全桥电路来测定三个切削分力 F_c、F_p、F_f。

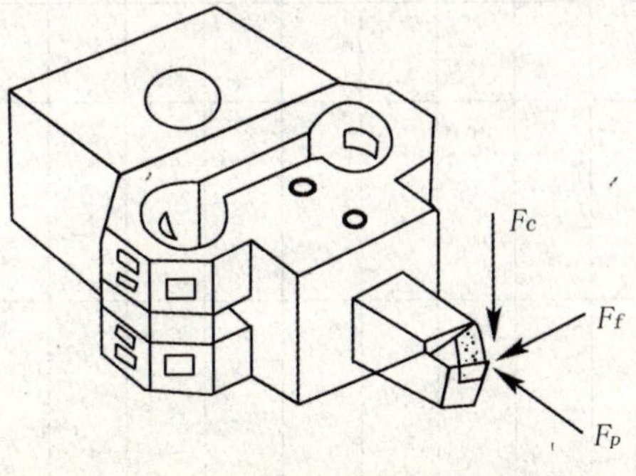

附图 3－1　八角环形电阻式三向测力仪

2. 测力仪的工作原理。八角环形电阻式三向车削测力仪的工作原理是当切削力作用于测力仪上时，测力仪的八角环——弹性元件即产生变形，于是粘贴在弹性元件上的电阻应变片也随之产生变形，然后由应变片电阻组成的电桥产生电压（或电流）输出，并经放大和记录，从而测出切削力的数值（这个数值是根据事先测定的“标定值”折算出来的）。

3. 仪器连接的工作过程。由于测力仪的应变非常小，因此，电桥输出的电压很微弱，所以必须通过应变仪放大，然后再用光线示波器进行记录。仪器的连接如附图 3－2。

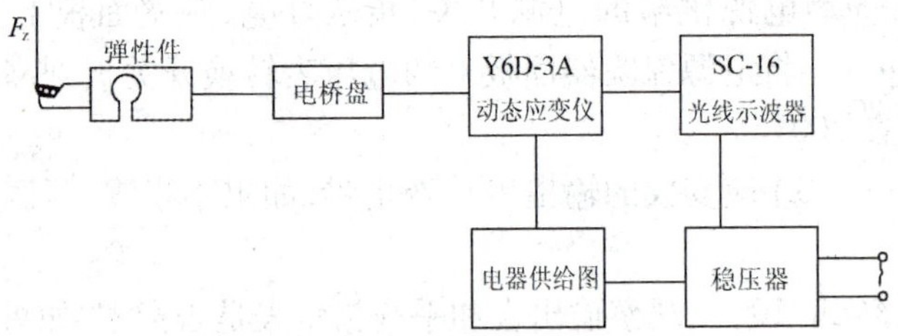

附图 3－2　仪器联接图

4. 测力仪的静态标定曲线。由于动态应变仪放大的电讯号、经光线示波器记录下来的电压（电流）波形高度，不是切削力的大小，而是弹性元件的应变量。因此，必须预先求出电压（电流）波形高度与作用在刀具上切削力的关系，即静态标定。

通过静态标定画出切削力与电压（电流）波形高度的关系曲线，即标定曲线。当测量切削力时，就可由动态应变仪放大的电讯号，经光线示波器记录的波形高度，可直接在标定曲线上查出切削力的大小。标定曲线如附图 3－3。

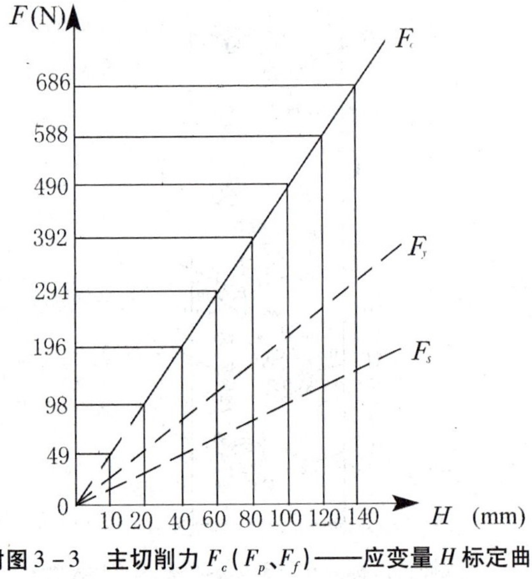

附图 3－3　主切削力 F_c（F_p、F_f）——应变量 H 标定曲线

四、实验方法步骤

（一）准备工作

1. 安装工件、刀具和连接仪器

将工件和刀具安装好，并按附图 3－2 方框图将仪器与测力仪相连接，然后检查各开关的工作位置，各仪器应处于下列状态：

（1）DY——3 型电源供给器面板上的“电源开关”和“高压开关”全在关闭位置，电表转换开关在“灯丝”位置。

(2)*Y6D*－3*A* 型应变仪上的衰减开关(附图 3－4)在“*O*”,标测开关在“测”,标定开关在“0”,电阻平衡的粗细开关在“细”,输出开关在“平衡”“0”。

(3)*SC*——16 型光线示波器电源开关在关闭位置,起辉按钮、电机开关全部关闭。确定接线无误后,可将电源线引向电网待用。

2. 应变仪的平衡调节

(1)打开 *DY*——3 型电源供给的电源开关,指示灯亮,观察面板上的电压表,指针应在12——12.5*V*,约5*min* 后,将电源保险器面板上的电压表转换开关扳到高压一边,打开高压开关,电表指针应稳定在300*V*。

(2)观察 *Y6D*——－3*A* 应变仪的输出表是否指零,如果不指零,可调节电位器,使表针指零。

(3)将衰减开关转到“100”,观察输出表和平衡指示表是否指零,如果不指零,用电阻平衡和电容平衡调节到两个表针大致指零。之后,将衰减开关依次转到“30”、“10”、“3”、“1”,再分别调节到两个表针指零。如果电阻平衡电位器扳至端点仍不能使输出表针指零,则将它下面的粗细开关扳向“粗”以增大电平衡范围。

(4)将衰减开关放在所需位置(位置1时可测 ±100 微应变,余类推)即可开始使用。

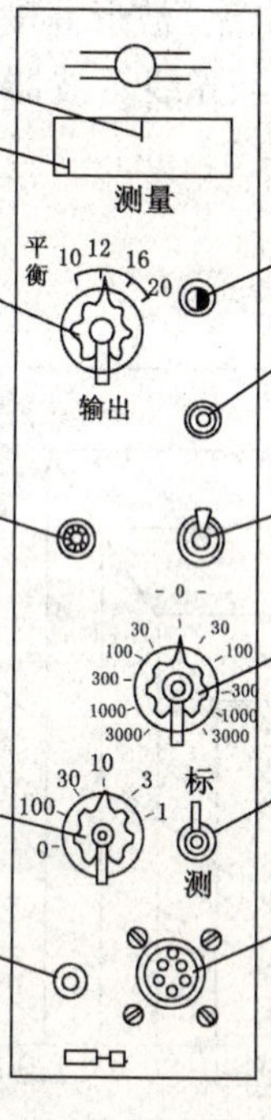

入插头2. 标测开关3. 标定开关;4. 电容平衡;
调节;6. 平衡指示电表;7. 输出电表;8. 输出开关;
衡;10 粗细转换开关;11. 衰减开关;12. 灵敏度微调

附图3－4　应变仪的调节图

3. 示波器的调节

(1)打开电源开关,指示灯亮,预热 10－30 分钟。

(2)按起辉按纽,点亮高压水银灯,打开光点栅极分格光栅,调整振子位置使在观察屏所需位置上聚成小光点。

(3)根据被测信号的频率,选择记录速度和时间。

(4)使用时应注意,若高压水银灯点燃正常后又突然熄灭,则不能马上起辉点燃灯泡,而应等冷却后才能再次起辉。

4. 应变仪的使用

(1)将输出开关扳到测量一边的“12”、“16”等位置上(F_c6——5000 振子用“12”,F_c6——2500 用“16”),观察示波器的光点位置,不应有移动,否则证明电桥不平衡,应重新调整使之平衡。

(2)电标定:电“标定”信号是测量的标准尺度,以便衡量被测应变信号的大小,将“标测”开关扳向“标”,用“标定”开关振出相应的标准应变,然后按下示波器“拍摄按纽”进行拍摄。

(3)测量:将“标测”开关扳向“测”一边,并锁牢示波器“拍摄”按纽,即可进行测量。

(二)切削实验。利用单因素法(即固定其他条件不变,只改变一个参数的方法)测出切削力。

1. 测定背吃刀量 a_{sp}、进给量 f 对主切削力 F_c 的影响

(1)实验条件如下

车床型号;

电动机功率:

切削方式:

试件材料:

试件硬度:$HB =$

试件直径:$d_w^{'} =$

刀具材料:

刀具几何参数:$\gamma_0 =$、$\alpha_0 =$、$\alpha'_0 =$、$k_r =$、$k'_r =$、$\lambda_s =$

卷屑槽型:槽底圆弧半径 $R_n =$

槽宽 $B =$

槽深 $h =$

槽斜角 $\tau =$

切削用量:$n =$ 　　r/min($v =$ 　　m/min)

(2)测定 a_{sp}对 F_cz 的影响由切削力公式 $F_c = C_{Fc} \cdot a_{sp}^{x_{Fc}} \cdot f^{y_{Fc}}$可知,当固定$f$时,上式就变成 $F_c = C_{a_{sp}} \cdot a_{sp}^{x_{Fc}}$,因此,用一系列切削深度进行切削,记下相应的读数,根据标定值(1 格即 $1mm = 118.58N$)所算出切削力来,填入实验报告的附表 3－1 中。

$f =$ 　　mm/r

附表 3－1

$a_{sp}(mm)$						
格数						
$F_c(N)$						

(3)测定f对 F_c 的影响。同上,当固定 a_{sp}时,切削力公式可表达为 $F_c = C_f \cdot f^{y_{Fc}}$,用一系列进给量下进行切削,记下相应的读数并折算出切削力来,填入实验报告的附表 3－2 中

$a_{sp} =$ 　　mm

金属切削原理与刀具

附表 3－2

$f(mm/r)$								
格数								
$F_c(N)$								

标定值

外加标准力(N)		490	980	1470	1960	2450	2940	3920	标定值 N/mm
示波器光点偏移量(mm)	Z向	4.25	8.35	12.5	16.55	20.75	24.9		118.58
	Y向	4.4	8.65	12.85	17.1	21.35	25.65	33.1	115.15
	X向	6.9	13.45	20.25	27.1	33.75	40.3		73.01

2. 建立主切削力 F_c 经验公式。采用双对数坐标法来建立主切削力 F_c 的经验公式。在主切削力 $F_c = C_{Fc} \cdot a_{sp}{}^{x_{Fc}} \cdot f^{y_{Fc}}$ 中主要是求指数(x_{Fc},y_{Fc})和(C_{Fc})。

从实验可知,$F_c = f(a_{sp})$,$F_c = f(f)$ 在直角坐标中都为一条曲线,因此,可列出曲线方程。即

$$F_c = C_{a_{sp}} \cdot a_{sp}{}^{x_{Fc}} \qquad (1)$$

$$F_c = C_f \cdot f^{y_{Fc}} \qquad (2)$$

为求出曲线方程中的指数(x_{Fc},y_{Fc})和系数($C_{a_{sp}}$,C_f)可将方程式(1)、(2)两边取对数,即可得到对数方程(3)、(4),

$$1gF_c = 1gC_{a_{sp}} + x_{Fc} \cdot 1ga_{sp} \qquad (3)$$

$$1gF_c = 1gC_f + y_{Fc} \cdot 1gf \qquad (4)$$

该(3)、(4)两个方程式在对数坐标中基本上都是一条直线。

根据上面的各组实验数据,在双对数坐标纸上画点,作出表示 $a_{sp} - F_c$,$f - F_c$ 的关系直线,显然(3)、(4)式相当于直线方程。

当切削深度 $a_{sp} = 1mm$,进给量 $f = 1mm/r$ 时,$1gF_c = 1gC_{a_{sp}}$、$1gF_c = 1gC_f$,去掉等号两边的 $1g$,则 $F_c = C_{a_{sp}}$、$F_c = C_f$。

指数 x_{Fc},y_{Fc} 为直线的斜率,可用图解法在附图 3－5a、附图 3－5b 中量取 AB,BC 及 $A'B'$,$B'C'$(两线段数值),然后相比,可求得指数。

$$x_{Fc} = \frac{AB}{BC} = tan\alpha, y_{Fc} = \frac{A'B'}{B'C'} = tan\beta$$

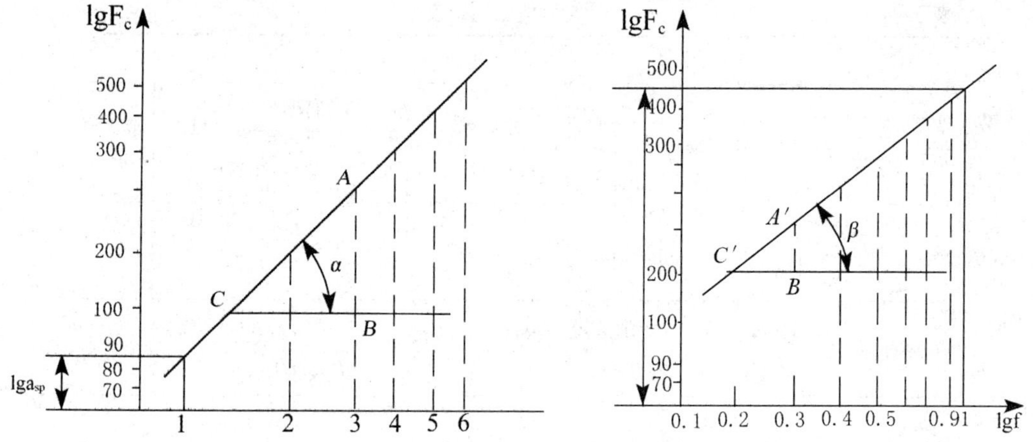

a、F_c-a_{sp}线　　b、F_c-f线

附图 3－5

把(1)、(2)两式合并，即得在本实验条件下 F_c 与 a_{sp}、F_c 与 f 的经验公式：

$$F_c=C_{Fc}\cdot a_{sp}{}^{x_{Fc}}\cdot f^{y_{Fc}}\qquad C_{Fc1}=\frac{C_f}{a_{sp}{}^{x_{Fc}}}、C_{Fc2}=\frac{Ca_{sp}}{f^{y_{Fc}}}$$

从理论上讲，

$$C_{Fc}=\frac{C_f}{a_{sp}^{x_{Fc}}}=\frac{C_{a_{sp}}}{f^{y_{Fc}}}$$

但因仪器的稳定性及操作等因素引起误差的影响，往往 $C_{Fc1}\neq C_{Fc2}$，因此，要取平均值，即

$$C_{Fc}=\frac{C_{Fc1}+C_{Fc2}}{2}$$

实验报告三　车削力的测量

__________专业__________级______________班

学号________姓名___________指导教师___________

实验日期20______年_______月________日成绩______________

一、实验记录(如下列各附表)

附表 3－3　　实验原始数据表

机床名称、型号			测力仪型式			应变仪型号			记录仪型号		
波形高度标定值 (N/mm)			放大器衰减值			示波器振子频率			振子的电阻		
F_c	F_p	F_f	F_c	F_p	F_f	F_c	F_p	F_f	F_c	F_p	F_f

车刀结构	车刀材料	车刀在测力仪中安装位置		
		车刀伸出长度	刀尖高度	刀尖至侧面位置
焊接式车刀	$YT15$	$35mm$	与车床中心高同	$11mm$

表 3－4　　a_{sp}——F_c 实验数据记录表（mm）

工件材料	车刀几何参数											
	γ_0	α_0	$\alpha_0{}'$	k_r	k'_r	λ_s	负倒棱 $b_{r1}\times\gamma_{01}$	断屑槽 型式	断屑槽 槽宽	断屑槽 槽深	过渡刃	修光刃

工件直径	转速 $n(r/mm)$	切削速度 $v_c(m/min)$	进给量 $f(mm/r)$

顺序	背吃刀量 $a_{sp}(mm)$	波形高度标定（N/mm）	波形高度 $h(mm)$	主切削力 $F_c(N)$
1	0.5			
2	0.6			
3	0.7			
4	0.8			
5	0.9			
6	1			
7	1.5			
8	2			
9	2.5			
10	3			
11	4			
12	5			

附表 3－5　　$f-F_c$ 实验数据记录表（mm）

工件材料	车刀几何参数											
	γ_0	α_0	α'_0	k_r	k'_r	λ_s	$b_{r1}\times\gamma_{01}$	断屑槽 型式	断屑槽 槽宽	断屑槽 槽深	渡刃	修光刃

工件直径	转速 $n(r/min)$	切削速度 $v_c(m/min)$	背吃刀量 $a_{sp}(mm)$

续表

顺序	进给量 $f(mm/r)$	波形高度标定 (N/mm)	波形高度 $h(mm)$	主切削力 $F_c(N)$
1	0.05			
2	0.08			
3	0.1			
4	0.2			
5	0.3			
6	0.4			
7	0.5			
8	0.6			
9	0.7			
10	0.8			
11	0.9			
12	1			

二、求车削力的经验公式

1. 在双对数坐标附图 3－6 与附图 3－7 上标注出 F_c 与 a_{sp}、F_c 与 f 的测量点，画出通过大多数点的直线。

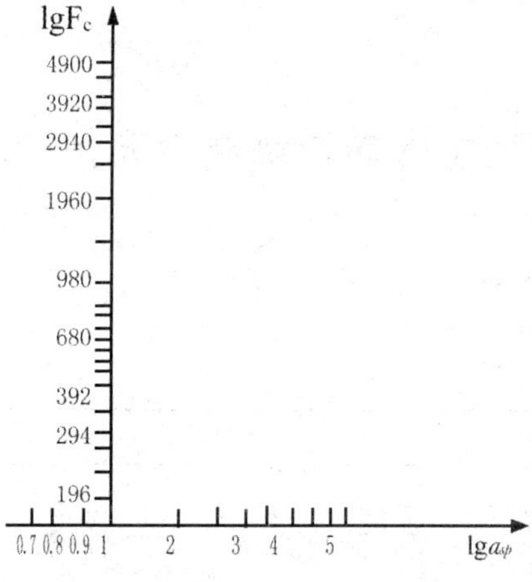

附图 3－6　$a_{sp}-F_a$ 的关系

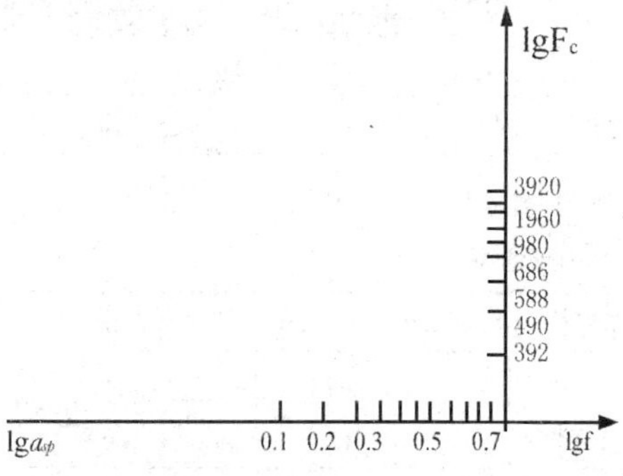

附图 3－7　f——F_c 的关系

2. 当 $f=0.3mm/r$ 时，$1ga_{sp}-1gF_c$ 关系式，由附图 3－6 求得：

$$1gF_c=1gC_{a_{sp}}+tan\alpha\cdot 1g_{a_{sp}}$$

$$\therefore F_c=C_{a\,sp}\cdot a_{sp}{}^{x_{Fc}} \quad (1)$$

式中，$x_{Fc}=tan\alpha$，——直线方程式斜率

$C_{a_{sp}}$——$a_{sp}=1$ 时的 F_z 值。

则 $x_{Fc}=$＿＿＿＿＿＿，$C_{a\,sp}=$＿＿＿＿＿＿＿＿。

3. 当 $a_{sp}=3mm$ 时，$1gf-1gF_c$ 关系式由附图 3－7 求得：

$$1gF_c=1gC_f+tan\beta\cdot 1gf$$

$$\therefore F_c = C_f \cdot f^{y_{Fc}} \qquad (2)$$

式中，$y_{Fc} = tan\beta$——为直线方程式斜率

C_f——为 $f=1$ 时 F_c 的值。

则 $C_f =$ ________，$y_{Fc} =$ ________。

4. 综合(1)、(2)式得：

$$F_c = C_{Fc} \cdot a_{sp}{}^{x_{Fc}} \cdot f^{y_{Fc}}$$

当 $f=0.3mm/r$ 时，$C_{Fc1} \cdot a_{sp}{}^{x_{Fc}} \cdot f^{y_{Fc}} = C_{a\,sp} \cdot a_{sp}{}^{x_{Fc}}$

$$\therefore C_{Fc1} = \frac{C_{a_{sp}}}{0.3^{y_{Fc}}}$$

当 $a_{sp} = 3mm$ 时，$C_{Fc2} \cdot a_{sp}{}^{x_{Fc}} \cdot f^{y_{Fc}} = C_{Fc} \cdot f^{y_{Fc}}$

$$\therefore C_{Fc2} = \frac{C_f}{3^{x_{Fc}}} =$$

故

$$C_{Fc} = \frac{C_{Fc1} + C_{Fc2}}{2}$$

$$\therefore F_c = C_{Fc} \cdot a_{sp}{}^{x_{Fc}} \cdot f^{y_{Fc}}$$

三、实验结果分析

1. 分析背吃刀量 a_{sp}、进给量 f 对车削力的不同影响？
2. 按 F_c 计算出的切削功率与所记录的功率表读数进行比较分析其间产生误差的原因？
3. 对本实验提出意见或改进建议？

实验报告四　测量影响已加工表面粗糙度的因素

________专业________级________班

学号________姓名______指导教师________

实验日期20______年________日______成绩______

一、实验条件

<table>
<tr><td>机床</td><td colspan="2"></td><td colspan="9">仪器</td></tr>
<tr><td rowspan="2">工件</td><td>材料</td><td>工件直径</td><td colspan="3">工件长度</td><td colspan="3">强度</td><td colspan="3">硬度</td></tr>
<tr><td></td><td></td><td colspan="3"></td><td colspan="3"></td><td colspan="3"></td></tr>
<tr><td rowspan="2">刀具</td><td>材料</td><td>结构</td><td>γ_0</td><td>α_0</td><td>k_r</td><td>k'_r</td><td>λ_s</td><td>γ_{01}</td><td>b_{r1}</td><td>γ_ε</td><td>b'_ε</td></tr>
<tr><td></td><td></td><td></td><td></td><td></td><td></td><td></td><td></td><td></td><td></td><td></td></tr>
<tr><td rowspan="2">切削用量</td><td colspan="4">a_{sp}</td><td colspan="4">f</td><td colspan="3">v_c</td></tr>
<tr><td colspan="4"></td><td colspan="4"></td><td colspan="3"></td></tr>
</table>

二、实验数据记录表

附表 4－1　残留面积对已加工表面粗糙度影响

影响因素 / 项目	$f(mm/r)$					k'_r(度)					$\gamma_\varepsilon(mm)$				
	0.05	0.1	0.2	0.3	0.4	5°	10°	15°	20°	30°	0.3	0.5	1	1.5	2
残留面积高度 R_{max}															
实测 R_a															
计算 R_a															
表面粗糙度 √															

三、实验结果分析

附表 4－2　积屑瘤对已加工表面粗糙影响

影响因素 / 项目	$v(m/min)$								
	3	5	15	20	40	60	80	100	120
积屑瘤变化情况									
已加工表面粗糙度变化情况									
表面粗糙度 √									

综合分析影响已加工表面粗糙度的因素，从而提出降低表面粗糙度的措施。

实验五　测定影响已加工表面粗糙度的因素

一、实验目的

1. 分析改变刀具几何参数、切削用量对已加工表面粗糙度的影响规律。

2. 观察在不同切削条件下，已加工表面粗糙度的等级差异。

二、实验内容

固定实验条件：

工件材料 45 钢，$YT15$ 硬质合金车刀，刀具几何参数：$\gamma_0=20°$、$\alpha_0=4°$、$k_r=90°$、$k'_r=8°$、$\lambda_s=3°$、$\gamma_{01}=45°$、$b_{r1}=0.2-0.4mm$、断屑槽宽 $B=2-2.5mm$、$b_\varepsilon'=0.3-0.4mm$、$r_n=0.5mm$。切削用量 $v_c=20m/min$、$f=0.2-0.3mm/r$、$a_{sp}=0.5-1mm$。

1. 残留面积对已加工表面粗糙度的影响

(1)按上面的实验条件，改变 $f=0.05$、0.1、0.2、0.3、$0.4mm/r$，仔细观察已加工表面残留面积变化规律，对已加工表面粗糙度作出等级评定，即

$$R_a = \frac{R_{max}}{4} = \frac{f}{4(cotk_r + cotk'_r)}$$

将测量、计算结果填入实验报告附表4-1中。

(2)按上面的实验条件,改变 k'_r =5°、10°、15°、20°、30°,仔细观察已加工表面残留面积变化规律,对已加工表面粗糙度作出等级评定,即

$$R_a = \frac{R_{max}}{4} = \frac{f}{4(cotk_r + cotk'_r)}$$

将测量、计算结果填入实验报告附表4-1中。

(3)按上面的实验条件,改变 γ_ε =0.3、0.5、1、1.5、2mm,仔细观察已加工表面残留面积变化规律,对已加工表面粗糙度作出等级评定,即

$$R_a = \frac{f^2}{8\gamma_\varepsilon} = \frac{0.0321f^2}{\gamma_\varepsilon}$$

将测量、计算结果填入实验报告附表4-1中。

2. 积屑瘤对已加工表面粗糙度的影响按上面给定的实验条件,改变 v_c =3、5、15、20、40、60、80、100、120m/min,仔细观察车刀前面上积屑瘤变化规律,对已加工表面粗糙度作出等级评定,将结果填入实验报告附表4-2中。

读者反馈意见

亲爱的读者：

感谢您对《金属切削原理与刀具》的支持和热爱，为了今后为您提供更好的服务，请您抽出宝贵的时间来填写下面意见反馈表，以便我们更好地对本教材做进一步的改进，同时如果您在使用本教材的过程中遇到了什么问题，或者有什么好的建议，也请您来信、来电告诉我们。

地址：北京市丰台区科学城南极星大厦 108 室

电话：010 - 83794590/83794403

电子邮箱：caikai6223@263.net

网址：WWW.KFHWH.CN　QQ：649319527　　QQ：1694299827

教材名称：《金属切削原理与刀具》

个人资料：

姓名：＿＿＿＿＿＿年龄：＿＿＿＿＿所在院校/专业＿＿＿＿＿＿＿＿＿＿

文化程度：＿＿＿＿＿＿＿通讯地址：＿＿＿＿＿＿＿＿＿＿＿＿＿＿＿＿＿

联系电话：＿＿＿＿＿＿＿电子信箱：＿＿＿＿＿＿＿＿＿＿＿＿＿＿＿＿＿

您使用本书是作为：□指定教材□选用教材□辅导教材

您对封面设计的满意度：

□很满意□满意□一般□不满意□改进建议＿＿＿＿＿＿＿＿＿＿＿＿＿＿

您对本书印刷质量的满意度：

□很满意□满意□一般□不满意□改进建议＿＿＿＿＿＿＿＿＿＿＿＿＿＿

您对本书的总体满意度：

从语言质量角度看□很满意□满意□一般□不满意□

从科技含量角度看□很满意□满意□一般□不满意□

本书最令您满意的是：

□指导明确□内容充实□讲解详尽□实例丰富

您认为本书在哪些地方应进行修改？（可附页）

＿＿＿＿＿＿＿＿＿＿＿＿＿＿＿＿＿＿＿＿＿＿＿＿＿＿＿＿＿＿＿＿＿＿

＿＿＿＿＿＿＿＿＿＿＿＿＿＿＿＿＿＿＿＿＿＿＿＿＿＿＿＿＿＿＿＿＿＿

您希望本书在哪些方面可进行改进？（可附页）

＿＿＿＿＿＿＿＿＿＿＿＿＿＿＿＿＿＿＿＿＿＿＿＿＿＿＿＿＿＿＿＿＿＿

＿＿＿＿＿＿＿＿＿＿＿＿＿＿＿＿＿＿＿＿＿＿＿＿＿＿＿＿＿＿＿＿＿＿